中国科学技术大学本科“十四五”规划教材

科学第一课丛书/总主编 包信和

生命科学与医学第一课

魏海明 主 编

中国科学技术大学本科精品教材出版专项经费支持

科 学 出 版 社

北 京

内 容 简 介

中国科学技术大学生命科学与医学部的20余位著名专家和学者，以专题讲座的形式、通俗易懂的语言和生动精彩的案例，介绍了生命科学与医学相关领域的基础知识和学科发展动态，以及研究成果与前沿进展。其内容涉及细胞生物学、分子生物学、结构生物学、免疫生物学、神经生物学、遗传学、生物化学、生物进化论、植物学、生物技术、生殖医学、肿瘤生物学和临床医学等领域。

本书适合各类在校大学生和高年级的高中生阅读，以培养学习兴趣为主、以传授知识为辅，以感召学生为主、以教育学生为辅。同时，还可为大学教师教学研究作参考。另外，社会大众也可阅读，以掌握一些生命科学和医学知识，提升科学素养和医疗保健意识。

图书在版编目(CIP)数据

生命科学与医学第一课/魏海明主编. —北京：科学出版社，2024.7
（科学第一课丛书/包信和总主编）
ISBN 978-7-03-077784-3

Ⅰ. ①生… Ⅱ. ①魏… Ⅲ. ①生命科学–文集②医学–文集 Ⅳ. ①Q1-0 ②R-53

中国国家版本馆CIP数据核字(2024)第021094号

责任编辑：蒋　芳　国晶晶/责任校对：郝璐璐
责任印制：张　伟/封面设计：许　瑞

科学出版社 出版
北京东黄城根北街16号
邮政编码：100717
http://www.sciencep.com
北京富资园科技发展有限公司印刷
科学出版社发行　各地新华书店经销
*
2024年7月第　一　版　开本：787×1092　1/16
2024年7月第一次印刷　印张：20
字数：470 000

定价：89.00元

（如有印装质量问题，我社负责调换）

《生命科学与医学第一课》编辑委员会

丛 书 序

科学技术的发展是人类社会进步的重要推动力量。自工业革命以来，科学技术在各个领域都取得了显著的突破。随着信息时代的到来，科学技术的发展更是日新月异，不断改变着人们的生活方式和社会面貌。

在物理学领域，人们探索着微观世界和宏观世界的奥秘，从高能粒子到宇宙空间，不断拓展着人类认知的边界。在化学领域，人们开发了各种新材料、新工艺和新技术，为人类的生产和生活提供了更多的可能性。在生物学领域，人们通过对生命的探索，揭示了生命的本质和规律。同时，科学技术的发展也带来了许多新兴的领域和交叉学科。例如，人工智能、生物技术、纳米技术等新兴领域，以及环境科学、能源科学、地球科学等交叉学科，都在科学技术的发展中得到了快速的发展。

“科学第一课丛书”是一套全新的科学丛书，旨在激发学生对科学的兴趣，拓宽他们的知识面和眼界，培养其创新思维和解决问题的能力。

本丛书以中国科学技术大学（以下简称“中国科大”）的“双一流”学科为基础进行编写。自建校之日起，中国科大就把服务国家战略需求、为党和国家培养尖端科技人才，作为自己始终不渝的价值追求。习近平总书记曾三次到学校考察，肯定中国科大“作为以前沿科学和高新技术为主的大学，这些年抓科技创新动作快、力度大、成效明显”，勉励学校“要勇于创新、敢于超越、力争一流，在人才培养和创新领域取得更加骄人的成绩，为国家现代化建设作出更大的贡献”。习近平总书记的殷切嘱托对中国科大是莫大的鼓舞，激励着全校师生瞄准世界科技前沿，立足国内重大需求，执着攻关创新，在基础性、战略性工作上狠下功夫，为实现中华民族伟大复兴贡献力量。

本丛书力求展现世界科技前沿进展，涵盖学科范围广泛，包括数学、物理学、化学、天文学、地球物理学、材料科学与工程、计算机科学与技术、核科学与技术、安全科学与工程等“双一流”学科。每册图书都围绕一个具体的学科领域展开，从基本的科学原理到最新的科研成果，全面介绍了该领域的前沿科学知识。同时，注重跨学科的融合和创新，将不同学科的知识点相互渗透，激发学生的兴趣。

本丛书的编写团队由一批优秀的教师和科研人员组成，既有两院院士，又有国家级教学名师，他们具有深厚的学术背景和丰富的教学经验。在编写过程中，注重内容的科学性和前沿性，同时也注重语言的通俗易懂和文字的生动形象。我们希望这套丛书，不仅可以帮助中国科大一代代学子，还能惠及全国的大学生，乃至更广泛的大众读者，从中了解科学的魅力和价值，激发他们对科学的热爱和追求。

最后，感谢所有参与本丛书编写的老师们，他们的辛勤工作和无私奉献使得这套丛书得以顺利出版。感谢中国科大教务处的积极组织，正是在他们的热心推动下，本套丛书才得以出版。我们也感谢所有支持和关注本丛书的朋友们，感谢你们的支持和鼓励。

让我们一起走进科学的世界，探索未知的领域，开启智慧的旅程！

中国科学技术大学校长

中国科学院院士

包信和

2023年11月20日

前　言

很多即将进入大学或刚刚进入大学的同学想要了解生物医学的基本概况，经常会问这样的问题——“我很好奇生物医学，但是不知道其中具体有哪些方向”，“我比较喜欢生物学，但不知道从事生物学研究的人过的是一种什么样的生活”，“我对医学感兴趣，但只在电视和医院里粗略了解过医生的工作”，以及包括“生物领域的毕业生好就业吗，未来的医学将会往哪个方向发展”。面对诸如此类的困惑，打开《生命科学与医学第一课》这本书，较为系统地学习生命科学与医学相关前沿知识，就会找到相应的答案。

为了在高中生和本科生中推介生命科学和医学的价值与魅力，吸引更多的高中生和本科生学习生命科学与医学专业，近年来，在中国科学技术大学生命科学与医学部各位教授的大力支持下，在大一新生中开设“生命科学与医学”系列讲座。该系列讲座以培养兴趣为主、以传授知识为辅，以感召学生为主、以教育学生为辅，从生命科学领域一位位杰出人物、一项项重大发现起始，拓展到生命科学与医学的意义及其对人类进步的贡献。该系列讲座涉及细胞生物学、分子生物学、结构生物学、免疫生物学、神经生物学、生物化学、普通生物学、肿瘤生物学、临床医学等领域。以该讲座为基础，编写了这本《生命科学与医学第一课》，隶属中国科学技术大学倾力打造的“科学第一课丛书”。

本书虽然没有学科的系统性与完整性，但所选内容位居科学前沿，有助于了解当前生命科学与医学研究的最新进展；本书避免过多使用晦涩的科学术语，力求以通俗易懂的语言使读者快速获取知识，产生科学兴趣；本书虽为大学教材，但同样适合学过生物的高中生阅读，多数内容都可读懂。

本书由国内一流的师资队伍编写，其中包含多名两院院士、国家级人才项目特聘教授、国家杰出青年科学基金获得者、国家优秀青年基金获得者、国家和省级教学名师等，他们将自己的研究成果与本领域研究进展相结合，编织成生动有趣的科学故事，向读者展开生命科学的瑰丽画卷。中国科学技术大学校长包信和院士认为，“科大新医学”是适应现代医学新形势而产生的，要透彻理解人类生命和各种疾病特征，发现新的治疗技术、新的医疗设备、新的靶点药物，就必须“理工医交叉融合，医教研协同创新，生命科学与医学一体化发展”，为此，本书还邀请了多位医学专家介绍医学研究及其进展。

本书在成书过程中，博士后沈亦青、徐秀秀、胡孜鸣、张璟鹤、杜祥慧和粘志刚，以及博士生秦敬坤、王旭奔、胡芯钰、刘曼甜和陈耀晞等，参与本书的文字整理和制图。在此，向以上科研工作非常繁忙的各位博士后和博士生表示感谢！

本书具有延续性、超前性和相对的独立性，担负着“培养促进社会发展所需要的德才兼备人才”及“不断地发现新的科学规律，发明新技术，推动发展新文化”的使命，集聚优秀的师资，讲授丰富多样的知识，实施高品质的教学，将与中国科学技术大学其他精品课程一起，推动科技人才的培养。

魏海明

2023 年 8 月 15 日

目　　录

第一讲　生命科学的使命

魏海明 教授，免疫学家，国家级人才项目特聘教授，“全国高校黄大年式教师团队”负责人。

生命科学（或生物科学）作为一门基础科学，属于自然科学的一个部分。传统意义上的生物学一直是农学和医学的基础，涉及种植业、畜牧业、渔业、医疗、制药、卫生等方面。随着生物学理论与方法的不断发展，它的应用领域不断扩大，注重研究生物（包括植物、动物和微生物）的结构、功能、发生和发展规律，阐明和调控生命活动，改造自然，为农业、工业和医学等实践服务。生命科学不仅在宏观研究方面取得了进展，在微观领域也不断取得突破，学科分支越来越细，包括动物学领域、植物学领域、微生物学/免疫学领域、生物化学领域、生态学领域、现代生物技术领域、细胞及分子生物学领域、生物物理领域（结构生物学）、生物医学领域、生物信息领域、神经生物学、发育生物学、系统生物学等。本书选择几项生命科学与医学领域重要的发现，来回答生命科学的使命及意义。

一、DNA 双螺旋结构的发现

20 世纪 40 年代末和 50 年代初，DNA 被确认为遗传物质，生物学家们不得不面临着一个难题：DNA 应该有什么样的结构，才能担当遗传的重任？它必须能够携带遗传信息，能够自我复制传递遗传信息，能够让遗传信息得到表达以控制细胞活动，并且能够突变并保留突变，这四点，缺一不可。如何建构一个 DNA 分子模型解释这一切呢？

1952 年 5 月，由剑桥大学国王学院的女科学家富兰克林（R. Franklin，1920～1958 年）拍摄的，标注为“51”号的 X 射线衍射图，是当时最早、最清晰的关于 DNA 分子结构的照片，图片上的 DNA 呈“B”字形。同年，美国化学家鲍林（L. C. Pauling，1901～1994 年）发表了关于 DNA 三链模型的研究报告，这种模型被称为 α 螺旋。受到这两项工作的启发，25 岁的詹姆斯•沃森（James Dewey Watson）对 DNA 结构产生浓厚兴趣，他反复盯着鲍林的三链模型和富兰克林的“B”形 X 射线衍射照片，发现图片中 DNA 内部是一种螺旋形的结构，立即产生了一种新的概念：DNA 不是鲍林的三链结构而应该是双链结构。沃森兴奋不已，他和年龄上的老大哥、学术上的小师弟弗朗西斯•克里克（Francis Harry Compton Crick，1916～2004 年）得出一个共识：DNA 是一种双链螺旋结构。他俩立即行动起来，在实验室中联手搭建 DNA 双螺旋模型，从 1953 年 2 月开始，经过不到两周的彻夜奋战，终于在 3 月 7 日，将 DNA 模型搭建成功。1953 年 4 月 25 日出版的 *Nature* 杂志上，同时刊登了 3 篇关于 DNA 结构最新进展的简短文章，一篇是沃森和克里克合写的，一篇是威尔金斯（M. H. F. Wilkins，1916～2004 年）与他的两位合作者写的，第三篇是富兰克林和另一位合作者写的，这 3 篇文章一起开创了 DNA 双螺旋时代。

沃森、克里克和威尔金斯因为发现 DNA 双螺旋结构，三人一起分享了 1962 年的诺贝尔生理学或医学奖。富兰克林因患病已于 1958 年去世，与诺贝尔奖失之交臂，但富兰克林的原始图片和原始数据，对沃森和克里克设计出 DNA 双螺旋结构起到重要启发作用。

DNA 双螺旋的碱基位于双螺旋内侧，磷酸与糖基在外侧，通过磷酸二酯键相连，形成核酸的骨架。碱基平面与假想的中心轴垂直，糖环平面则与轴平行，两条链皆为右手螺旋。双螺旋的直径为 2nm，碱基堆积距离为 0.34nm，两核苷酸之间的夹角是 36°，每对螺旋由 10 对碱基组成，碱基按 A-T，G-C 配对互补，彼此以氢键相连。维持 DNA 双螺旋结构稳定的力主要是碱基堆积力。双螺旋表面有两条宽窄深浅不一的大沟和小沟，即绕 B-DNA 双螺旋表面上出现的螺旋槽（沟），宽沟称为大沟，窄沟称为小沟。大沟、小沟都是由碱基对堆积和糖-磷酸骨架扭转而成。DNA 超螺旋是 DNA 本身的卷曲，一般是 DNA 双螺旋的弯曲欠旋（负超螺旋）或过旋（正超螺旋）的结果。

DNA 双螺旋结构（图 1.1）的发现开启了分子生物学时代，使遗传研究深入到分子层次，“生命之谜”被打开，人们得以清楚地了解遗传信息的构成和传递的途径。在以后的近 50 年里，分子遗传学、分子免疫学和细胞生物学等新学科如雨后春笋般出现，一个又一个生命的奥秘从分子角度得到了更清晰的阐明，DNA 重组技术更是为利用生物工程手段的研究和应用开辟了广阔的前景。

图 1.1　剑桥大学校园内的 DNA 双螺旋结构模型

二、单克隆抗体技术的建立

1957年，澳大利亚的伯内特（F. Burnet，1899～1985年）提出抗体产生的克隆选择学说，他认为每个淋巴细胞都带有一种特异性受体，抗原与之结合并将其选择出来，该淋巴细胞随之被激活并增殖，形成可产生对应抗体的克隆。虽然伯内特因此而获诺贝尔奖，但是并没有给出实验证据。剑桥大学的米尔斯坦（C. Milstein，1927～2002年）教授认为，证明一个B淋巴细胞克隆能够产生一种抗体，最好的方法是将这个B淋巴细胞挑选出来，对它进行克隆化培养，形成的单克隆如果只分泌一种抗体，那么就能证明伯内特的克隆选择学说是正确的。米尔斯坦的实验一开始就遇到麻烦，他无法让一个B淋巴细胞在体外长期培养，也就是说，他无法让B淋巴细胞在体外克隆，B淋巴细胞在体外培养几天后就会死亡。

苦恼不已的米尔斯坦去巴塞尔开会，在巴塞尔研究所遇到小他将近20岁的克勒（G. J. F. Köhler，1946～1995年），这位1946年出生的小伙子虽然年轻，但对培养细胞很有经验，其对细胞选择培养很感兴趣，米尔斯坦向这位小伙子介绍自己实验的价值以及遇到的困难，并邀请克勒到剑桥大学来工作。克勒对剑桥大学医学研究委员会（Medical Research Council，MRC）的分子生物学实验室仰慕已久，对米尔斯坦的设想兴奋不已，很快就加入米尔斯坦的实验室，成为一名博士后研究人员，师徒二人的合作由此开始。

他们实验遇到的最大问题仍然是B淋巴细胞在体外无论添加多好的营养剂都活不多久，但他们注意到骨髓瘤细胞类似B淋巴细胞，这个肿瘤细胞似乎是永生不死的，他们就在想，如果把一个能够产生抗体但是很快会死亡的B淋巴细胞，和一个不会产生抗体但长远不死的骨髓瘤细胞杂交融合，会不会得到一个既会产生抗体又长远不死的细胞呢？理论上是可能的，因为之前有人就提出过这样的设想，但因为没有找到有效的方法，一直未能实现。虽然理论上他们没有很大突破，但他们找到了一种细胞选择培养系统和一个突变的骨髓瘤细胞，这得益于他们深厚的生物化学功底。

细胞要想活下去，就必须能自己合成核酸，合成核酸的途径有两条：一条叫从头合成途径，一条叫补救合成途径，B淋巴细胞虽有两条体内核酸合成途径但在体外不能长期存活。骨髓瘤细胞因为次黄嘌呤-鸟嘌呤磷酸核苷转移酶的突变，不能利用次黄嘌呤和胸腺嘧啶通过补救合成途径合成核酸，又因为从头合成途径被选择性培养基中的氨基蝶呤阻断，因而在体外也活不了。只有B淋巴细胞和骨髓瘤细胞融合后利用补救合成途径合成核酸，才能活下来。借此原理，他俩首先利用聚乙二醇（PEG）的疏水性将经过抗原免疫的小鼠B淋巴细胞（已具备产生抗体的能力）和突变的骨髓瘤细胞融合在一起，形成新的杂交瘤细胞，这个细胞能够在含有氨基蝶呤的培养基中存活，因为它的体内有来源于B淋巴细胞的酶，又遗传了骨髓瘤细胞的永生性。他们的第一个目标实现了，一个B淋巴细胞终于长成了克隆，这就是真正的单细胞克隆，我们可以简称为单克隆。他们接下来要检测这个单克隆是不是能分泌抗体，并且是不是只分泌一种抗体，他们又一次获得成功，所有的单克隆只产生一种抗体，他们完美地证明了伯内特的克隆选择学说（图1.2）。1984年，克勒和米尔斯坦同获诺贝尔生理学或医学奖。

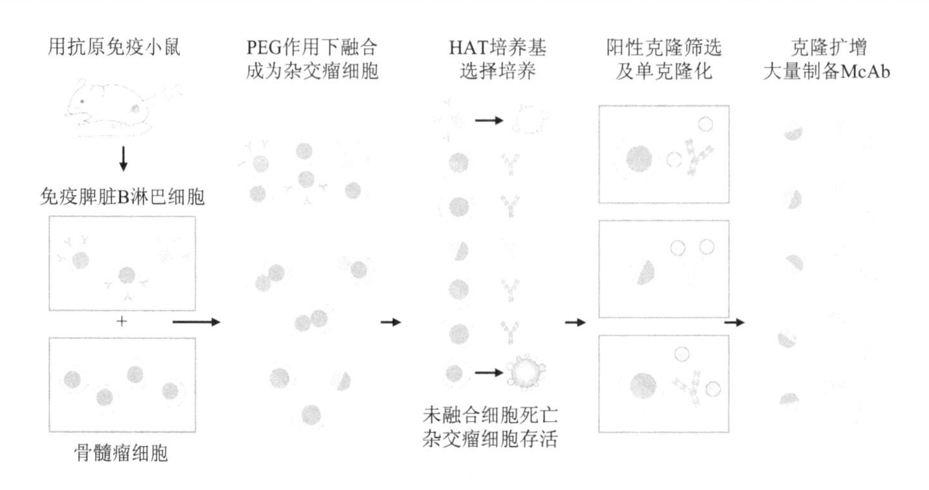

图 1.2　单克隆抗体的制备

HAT：次黄嘌呤-氨基蝶呤-胸腺嘧啶核苷；McAb：单克隆抗体

单克隆抗体技术证明了克隆选择学说，利用该技术生产的单克隆抗体为人类带来福音。也就是说，将产生抗体的 B 淋巴细胞与骨髓瘤细胞杂交，获得既能产生抗体，又能无限增殖的杂交瘤细胞，杂交瘤细胞产生的抗体为单克隆抗体，相应技术称为单克隆抗体技术。

由单克隆抗体技术发展出基因工程抗体技术。从杂交瘤细胞中提取总 RNA，逆转录成 cDNA，再经聚合酶链反应（polymerase chain reaction，PCR）分别扩增出抗体的重链和轻链可变区（V_H 和 V_L）基因，按一定的方式克隆到人源化表达载体中，在宿主细胞中表达并折叠成有功能的抗体分子，筛选出高表达的细胞株，再用亲和层析等手段纯化其表达产物，就能得到大量单克隆抗体。单克隆抗体/基因工程抗体药物已在临床得到广泛应用，比如 1986 年第一个抗体药物——CD3 单克隆抗体，用于治疗移植排斥反应。随后，治疗类风湿关节炎的肿瘤坏死因子（TNF）抗体，治疗乳腺癌的表皮生长因子受体 2（HER2）抗体，治疗结肠癌的血管内皮生长因子 A（VEGFA）抗体，治疗类风湿关节炎和非霍奇金淋巴瘤的 CD20 抗体等，陆续在临床得到应用。

三、基因工程技术的产生

基因工程技术是在分子生物学和分子遗传学综合发展基础上于 20 世纪 70 年代诞生的一门崭新的生物技术科学。1972 年，伯格（P. Berg，1926～2023 年）在斯坦福大学第一次体外构建重组 DNA 分子，即将 λ 噬菌体基因和大肠杆菌（*Escherichia coli*）半乳糖基因插入猿猴空泡病毒 40（SV40）环状 DNA 中。1973 年，加州大学旧金山分校的科恩（S. Cohen）和斯坦福大学的博耶（H. Boyer）等在体外通过限制性内切酶切割产生的片段来构建新的质粒 DNA，将新构建的质粒转化插入大肠杆菌中，形成具有生物学功能的复制子，具有来自亲本 DNA 分子的遗传特性和核苷酸碱基序列。随后，博耶和硅谷风险投资公司的罗伯特•斯旺森（Robert Swanson）合作成立美国基因工程技术公司

（Genentech Inc.），该公司利用基因工程技术生产了一系列药物，比如 1977 年生产了生长激素抑制素；1982 年生产了人工胰岛素，成为第一种市场化的 DNA 重组药品；1985 年注射用促生长素上市；1986 年干扰素 α-2a 上市，用于毛细胞白血病的治疗；1987 年组织-血纤维蛋白溶酶原激活素（t-PA）上市，用于溶栓治疗。

基因工程技术是指将一种生物体（供体）的基因与载体在体外进行拼接重组，然后转入另一种生物体（受体）内，使之按照人们的意愿稳定遗传，表达出新产物或新性状。基因工程技术的基本操作步骤即为体外重组 DNA 的过程。首先选择目的基因所适合的运载工具，如质粒、病毒等，然后用同一种限制性内切酶分别切割载体和目的基因，使其产生相同的黏性末端，再加入适量的 DNA 连接酶，在生物体外将目的基因的 DNA 与载体的 DNA 结合起来，形成重组 DNA（或重组质粒），将重组的 DNA 杂合分子，借鉴细菌或病毒侵染细胞的途径，转移到选定的生物体细胞中，使重组的 DNA 在受体细胞中复制、转录、翻译得以表达。把目的基因装在载体上并通过载体将目的基因运到受体细胞的这一过程称为转染，在一般情况下，转染成功率仅为百分之一。为此科学家们创造了低温条件下用氯化钙处理受体细胞和增加重组 DNA 浓度的办法来提高转化率。采用氯化钙处理后，能增大受体细胞的细胞壁通透性，从而使杂种 DNA 分子更容易进入。另外也可用基因枪法、激光微束穿孔法、显微注射法等方法直接将目的基因转入受体细胞（如受精卵细胞）。目的基因导入受体细胞后，就可以随着受体细胞的繁殖而复制，由于细菌的繁殖速度非常快，在很短的时间内就能够获得大量的目的基因产物。

近年来，中国生物技术蓬勃发展，由于国家高技术研究发展计划（即 863 计划）、国家科技攻关计划和国家自然科学基金都将生物技术作为优先发展领域予以重点支持，中国生物技术整体研究水平迅速提高，取得了一批高水平的研究成果，为中国新兴生物技术产业的建立和发展提供了技术源泉，中国基因工程制药产业进入快速发展时期。1989 年，中国批准了第一个在国内生产的基因工程药物——重组人干扰素 α1b，标志着中国生产的基因工程药物实现了零的突破。重组人干扰素 α1b 是世界上第一个采用中国人基因克隆和表达的基因工程药物，也是中国自主研制成功的拥有自主知识产权的基因工程类新药。从此以后，中国基因工程制药产业从无到有，不断发展壮大。

四、克隆羊多利的产生

1996 年 7 月 5 日，英国科学家伊恩·威尔穆特（Ian Wilmut，1944～2023 年）博士成功地克隆出了一只小羊，小羊与它的“母亲”外貌几乎相同。这只小羊的名字就是多利（Dolly）。

该实验将供体母羊的乳腺细胞核移植到被去除细胞核的卵子细胞中，由此发育而成多利羊。它证明了哺乳动物的特异性分化细胞也可以发展成一个完整的生物体。

多利的产生与三只母羊有关。一只是怀孕三个月的芬兰多塞特母绵羊，两只是苏格兰黑面母绵羊。芬兰多塞特母绵羊提供了核内全套遗传信息，即提供了细胞核（称之为供体），被称为基因母亲；一只苏格兰黑面母绵羊提供无细胞核的卵细胞，被称为线粒体母亲；另一只苏格兰黑面母绵羊提供羊胚胎的发育环境——子宫，是多利羊的“生”母，即生育母亲。其整个克隆过程简述如下：

从芬兰多塞特母绵羊的乳腺中取出乳腺细胞，将其放入低浓度的营养培养液中，细胞逐渐停止了分裂，此细胞称为供体细胞；给一只苏格兰黑面母绵羊注射促性腺激素，促使它排卵，取出未受精的卵细胞，并立即将其细胞核除去，留下一个无核的卵细胞，此细胞称为受体细胞；利用电脉冲的方法，使供体细胞和受体细胞发生融合，最后形成了融合细胞，电脉冲还可以产生类似于自然受精过程中的一系列反应，使融合细胞也能像受精卵一样进行细胞分裂、分化，从而形成胚胎细胞；将胚胎细胞转移到另一只苏格兰黑面母绵羊的子宫内，胚胎细胞进一步分化和发育，最后形成一只小绵羊。出生的多利小绵羊与芬兰多塞特母绵羊具有几乎完全相同的外貌（图 1.3）。

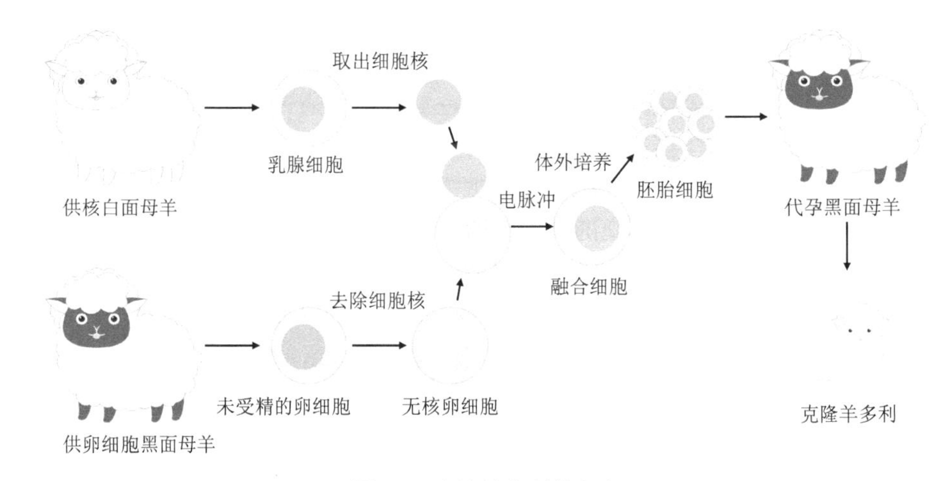

图 1.3　克隆羊多利的产生

从理论上讲，多利继承了提供体细胞的芬兰多塞特母绵羊的遗传特征，它是一只白面羊，而不是黑面羊，它们就像是一对隔了 6 年的双胞胎。分子生物学的测定也表明，它与提供细胞核的羊，有完全相同的遗传物质（确切地说，是完全相同的细胞核遗传物质。还有极少量的遗传物质存在于细胞质的线粒体中，遗传自提供卵母细胞的受体）。

与以往的胚胎移植培养不同，威尔穆特从 6 岁母羊乳腺细胞建立的细胞系培育出世界上第一只用成体细胞发育成的哺乳动物，具有深远的意义。证明高度分化成熟的哺乳动物乳腺细胞，仍具有全能性，能像胚胎细胞一样完整地保存遗传信息，这些遗传信息在母体发育过程中并没有发生不可恢复的改变，还能完全恢复到早期胚胎细胞状态，最终仍能发育成与核供体成体完全相同的个体。应用这种克隆技术，可以繁殖优良物种，建立实验动物模型，克隆异种纯系动物，拯救濒危动物等。

五、试 管 婴 儿

哺乳动物卵子体外受精的历史可以追溯到 20 世纪初。鼠胚短期培养分析为人类胚胎体外研究开辟了新的前景。这个阶段的研究真正开始于 20 世纪 30 年代，当时平卡斯（G. Pincus，1903～1967 年）和他的同事恩茨曼（Enzmann）与桑德斯（Saunders）最初将未成熟的兔子卵母细胞从卵泡移至培养基中，发现它们需要12小时才能成熟。他们还研究了人类的卵母细胞，在时间上得出类似的结论。这误导了后来的研究人员，他们在培养12小时后给卵子授精，但未能成功。

这项研究的另一实验始于20世纪50年代，当时爱德华兹（Edwards）获得了他在小鼠发育遗传学方面的博士学位，他发现鼠和其他啮齿动物的卵子约需要12小时才能成熟，灵长类动物和人类的卵子需要更长的时间才能成熟。爱德华兹与格拉斯哥大学的约翰·保罗（John Paul）和罗宾·科尔（Robin Cole）合作，利用从二细胞阶段到囊胚阶段的兔子胚胎，制造了世界上第一个胚胎干细胞。分裂的内细胞团在体外无止境地分裂了200代或更多代。当囊胚被完整培养时，滋养外胚层形成一个薄层，为内细胞团分化成身体的每一个组织提供一个表面。爱德华兹专注于在体外培养成熟人类卵母细胞，使它们可以在体外受精，并获得用于各种目的的人类胚胎。最后，发现人类卵母细胞完全成熟需要约37小时，这意味着授精时间应设定在35～40小时，以实现受精。爱德华兹基于惠滕（Whitten）、比格斯（Biggers）和哈姆（Ham）早期研究的严格培养条件，以及与他在剑桥大学的博士生的合作，1969年实现了人类卵子在没有任何明显的精子获能需求的情况下受精。

爱德华兹的研究受到了几个因素的推动，包括人类不孕不育发病率极高的临床需求，人类干细胞治疗的巨大前景，胚胎植入前遗传学诊断/筛查的潜力，以及将科学、医学和伦理带入人类不孕不育治疗的决心。

帕特里克·斯特普托（Patrick C. Steptoe，1913～1988年）在腹腔镜检查方面的工作表明，可以在腹腔镜的引导下进入卵巢卵泡抽取卵母细胞。最初，注射尿促性素（HMG）和人绒毛膜促性腺激素（HCG）的妇女卵泡破裂和排卵的时间预测约为37小时，人类卵母细胞很快就从她们的卵泡中抽取出来。然而在伦理上，培养人类胚胎遭到强烈反对，试管授精、胚胎植入前遗传学诊断/筛查和干细胞的概念遭到排斥。有一段时间，爱德华兹在剑桥大学只有三四个支持者。但在临床需要的驱动下，反对意见遭到拒绝，他们继续开展体外培养人类胚胎工作。爱德华兹同时也向世界上的畸形学家们询问以这种方式受孕的试管婴儿和体外培养婴儿的潜在风险，他们鼓励他继续下去，因为胚胎培养产生的动物后代中没有出现异常现象。1978年7月25日，全球首位试管婴儿在英国诞生，之后澳大利亚（1980年）、美国（1981年）等陆续诞生试管婴儿。所有参与其中的人都觉得这是一件“大事”，可以改变不孕不育的现状，爱德华兹因此获得2010年诺贝尔生理学或医学奖。

体外受精（*in vitro* fertilization，IVF）是指哺乳动物的精子和卵子在体外人工控制的环境中完成受精过程的技术。它与胚胎移植技术（ET）密不可分，合称为IVF-ET。IVF-ET即运用促排卵药物使妇女一个周期产生多个卵子，将卵子取出体外，和精子共培养，形成受精卵后继续培养，受精卵卵裂，形成早期胚胎后移植入宫腔的过程，以此解决不孕不育夫妇的生育问题（图1.4）。在生物学中，将体外受精胚胎移植到母体后获得的动物称试管动物。临床体外受精的许多持续改进始于20世纪80年代初。具有代表性的例子包括：在卵泡期、排卵期和黄体期使用不同化合物的卵巢刺激方案的发展，胚胎培养条件的改善，经阴道超声的发展（允许卵巢反应监测，不需要全身麻醉就能提取卵母细胞，目前还可以将胚胎移植到宫腔），超低温保存剩余胚胎导致额外的怀孕机会，体外受精运输技术（体外受精实验室位于远离诊所的地方），卵子或胚胎捐赠和改进的胚胎移植技术。20 世纪 90 年代初，由巴勒莫（G. D. Palermo）等在比利时布鲁塞尔首创的卵胞质内单精子注射（intracytoplasmic sperm injection，ICSI），也就是第二代“试管婴儿”得到重要发展，男性生育能力严重受损的夫妇，无法通过传统的体外受精来受孕，但采用 ICSI 技术可获得成功。1990 年报道的另一项突破是在 DNA 扩增后对植入前胚胎特异性基因突变疾病的诊断。

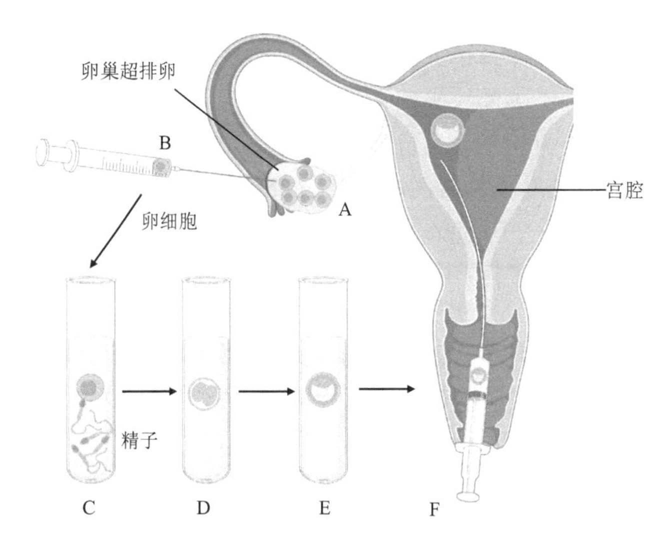

图 1.4 体外受精-胚胎移植技术

A.超排卵；B.卵子采集；C.体外受精；D、E.受精卵培养；F.胚胎移植

尽管最初受到医学界和社会的冷落，体外受精技术现在已经牢固地确立了其在不孕不育临床治疗中的地位。试管授精的适应证已经从输卵管阻塞扩大到严重的男性因素疾病，或其他不明原因的低生育能力情况。西方国家出生的孩子中有 1%～3%可能是通过试管授精出生。没有人能反驳这样一种说法：试管授精现在是治疗不孕不育的关键手段，对西方世界的后代做出了重大贡献。然而，我们不能对当前试管婴儿实践的缺点（主要是高多胎率、治疗成本高和复杂性）视而不见，仍然需要对技术本身进行优化。

六、干细胞工程

干细胞是一类未分化的细胞或原始细胞，是具有自我复制能力的多潜能细胞。在一定条件下，干细胞可以分化成机体内的多功能细胞，形成任何类型的组织和器官，以实现机体内部建构和自我康复能力。多能干细胞（pluripotent stem cell，PSC）可以无限增殖并分化为三胚层细胞。这些特征使 PSC 成为各种疾病和损伤细胞治疗的有效来源。两种类型的人类 PSC（hPSC）正在探索用于临床：胚胎干细胞（ESC）和诱导多能干细胞（iPSC）。

人类 ESC（hESC）是在小鼠 ESC 生成 17 年后的 1998 年由詹姆斯 • 汤姆森（James Thomson）研究小组首次报道的。小鼠和人类 ESC 之间的这种长时间滞后是由于形态和培养条件的实质性差异。hESC 已经被探索用于各种疾病和损伤细胞的治疗，如脊髓损伤、年龄相关性黄斑变性和 1 型糖尿病等（图 1.5）。在临床使用方面，hESC 有两个问题：关于人类胚胎使用的伦理问题和移植后的免疫排斥。为了克服这些问题，多个研究小组一直在试图通过核移植的方式从患者自己的体细胞中产生 hESC。1996 年，通过核移植技术培育出多利羊，这一策略得到了推广。但人类核移植 ESC 的生成在技术上仍然具有挑战性。

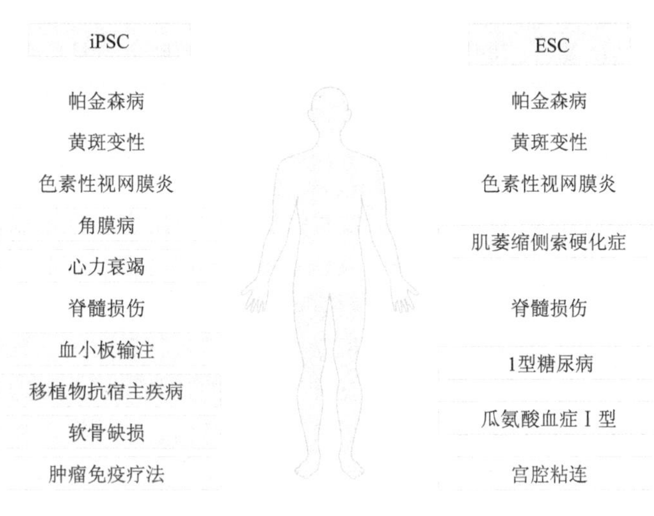

图 1.5　干细胞治疗的临床试验种类

日本科学家山中伸弥（Shinya Yamanaka）等采用了一种不同的方法从体细胞中生成 PSC。另外，绵羊红细胞克隆的成功，以及体细胞和小鼠 ESC 之间的细胞融合成功的重编程，也使科学家们受到鼓舞，他们假设体细胞的多能性可能是由 ESC 中存在的特定因子诱导的，并基于这一假设从小鼠 ESC 中寻找重编程因子。科学家们确实发现了四种能够诱导小鼠胚胎和成年成纤维细胞多能性的因子——Oct3/4、Sox2、Klf4 和 c-myc，这种新型 PSC 被命名为 iPSC。

人类 iPSC（hiPSC）于 2007 年产生，基于在 hESC 研究中积累的知识，在短短的一年时间内完成了从小鼠到人的 iPSC 的进展。从那时起，许多组织一直试图将 iPSC 引入患者内，其中一些已经在临床试验中进行测试。2012 年，因对“体细胞重编程技术”的研究，时任京都大学教授的 Yamanaka 获得当年的诺贝尔生理学或医学奖。

目前对 PSC 的期望达到了有史以来的最高水平。然而，为了将 PSC 技术应用于更多患者，还有许多挑战需要解决，最重要的挑战有三个：致瘤性、免疫原性和异质性，需要深入研究这些挑战和提供潜在的解决方案来加快 hPSC 治疗的发展。

（1）致瘤性。PSC 的一个重要优势是其无限增殖的潜力，然而，这种特性是一把双刃剑，因为如果细胞在移植后继续增殖，它们可能会导致肿瘤。第一，如果未分化和/或不成熟的细胞保留在从 iPSC 分化的最终细胞产品中，由于不正确的模式可能会出现畸胎瘤或肿瘤。第二，如果重编程因子在 iPSC 中保持活性，它们可能会促进肿瘤的发生。第三，PSC 体外培养过程中发生的基因突变可能导致其致瘤性。

（2）免疫原性。免疫排斥是细胞治疗中的另一个关键问题。从患者自身细胞中产生的 iPSC 为使用 PSC 进行自体移植提供了前所未有的机会。然而，自体 iPSC 的免疫原性一直存在争议。2011 年，Zhao 等报道 C57/BL6（B6）小鼠衍生的 iPSC 在皮下移植到 B6 小鼠时，往往不能产生畸胎瘤。但在畸胎瘤形成的病例中，作者观察到了排斥反应的迹象，如 T 淋巴细胞浸润。作者将这种明显的自体 iPSC 的免疫原性归因于异常的基因表达。最近，线粒体的从头突变被认为是自体 iPSC 新表位的潜在来源。然而，自体 iPSC 的免疫原性并没有得到其他文献的支持。

（3）异质性。PSC 具有相同的特性：多能性和无限增殖。但是，每个 PSC 细胞系在形态、生长曲线、基因表达和分化成各种细胞系的倾向上都不同。这种“异质性”是包括细胞疗法在内的下游应用的一个障碍。

hPSC 在细胞治疗和其他应用方面的潜力巨大，针对超过 14 种疾病和损伤的细胞疗法已经或即将进入临床试验阶段。hPSC 技术的更复杂应用也在稳步取得进展，包括：从造血干细胞中分化出用于治疗白血病和其他血液疾病的造血干细胞，创造用于治疗肝衰竭的类肝器官，创造用于肾衰竭的类肾器官等。虽然将 hPSC 衍生产品用于患者仍面临挑战，但已经有几个令人鼓舞的成功案例激励我们积极行动起来，数百名科学家正在继续努力，以克服存在的障碍。例如，正在开发敏感的体外系统，如器官芯片模型，以预测致瘤性，并已确定可以减少异质性的因素。我们有信心在不远的将来，可以将 PSC 技术作为一种可行的选择，在全球范围内治疗患者。

七、组 织 工 程

1988 年瓦坎蒂（J. P. Vacanti）和兰格（R. Langer）等发表了一篇题为《利用生物可吸收人工聚合物作为基质进行选择性细胞移植》的论文。该论文描述了在细胞培养中，将细胞制剂附着在可降解的人工聚合物上，然后将这种聚合物-细胞支架植入动物体内。利用细胞收获技术，将单细胞、细胞簇的胚胎与成年大鼠和小鼠肝细胞、胰岛细胞及小肠细胞接种到多种不同的可生物降解聚合物上。65 只胚胎和 14 只成年动物作为供体，115 个聚合物支架植入 70 只受体动物体内，其中 66 只植入肝细胞，23 只植入肠细胞和肠细胞簇，26 只植入胰岛制剂。细胞在培养物中仍然存活，培养 4 天后，聚合物-细胞支架被植入宿主动物体内，或植入大网膜、肩胛间脂肪垫或肠系膜，结果显示有细胞活性、有丝分裂象和细胞团血管化（图 1.6）。他们将这一概念称为“嵌合新形态发生”。随着时间的推移，它为现在的组织工程提供了主要基础。

1993 年，他们在 *Science* 杂志上发表了一篇题为《组织工程》的论文，在文中，他们将组织工程定义为“应用工程学和生命科学原理开发可恢复、维持或改善组织功能的生物替代品的跨学科领域”。如今，组织工程是一个蓬勃发展的领域，已经取得多方面进展，当然在未来也面临很多挑战。

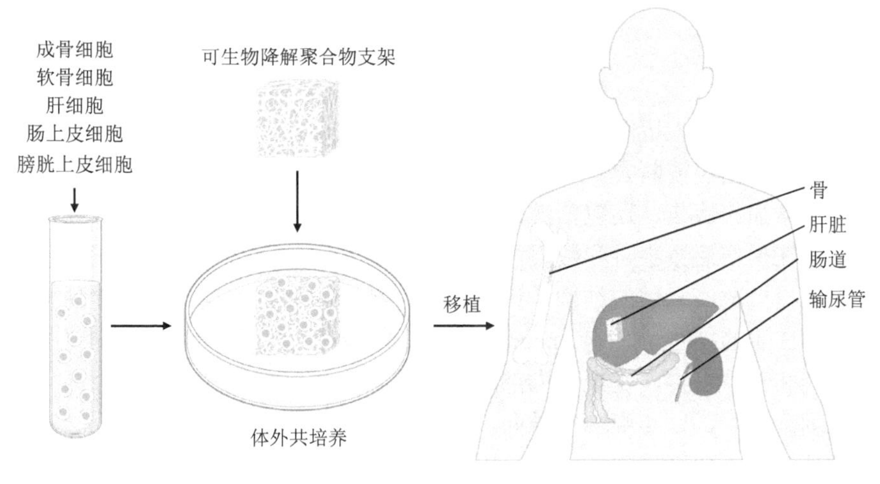

图 1.6 组织工程示意图

（一）肝脏和重要器官

在描述组织工程的最初论文中，科学家们进行了肝脏、胰腺和肠道细胞支架植入体内的尝试，这项工作带来了按需构建重要器官以解决全球器官短缺的希望。经过初步的原理论证，科学家们进行了增加移植肝细胞量的研究。小肠系膜作为一个大的血管化组织床，用于在多个肠系膜叶片之间放置肝细胞支架。同基因 Wistar 大鼠肝脏经胶原酶灌注获得肝细胞，接种于 1cm×3cm 聚羟基乙酸无纺布丝状膜片上。膜片厚度为 2mm，密度为 500000 细胞/cm^2。将其植入 26 只葡萄糖醛酸转移酶缺陷大鼠体内。每只动物植入 8 张膜片后 96%的动物有中度炎症、新生血管和肝细胞。在植入正常肝细胞的动物中，46%检出结合胆红素，而在没有植入肝细胞的动物中未检出结合胆红素。

达尔马提亚犬肝细胞存在先天性代谢缺陷，导致尿酸降解为尿囊素的能力下降，进而使血液和尿液中尿酸水平的上升。以 4 只雄性达尔马提亚犬作为正常肝细胞受体，被植入 1.5×10^{10} 个供体比格犬的正常肝细胞，尿酸排泄量从第 2～6 周的 136.3μmol/（kg·d）降至 44.1μmol/（kg·d）。对照动物保持不变。

虽然这些结果很有前景，但得出的结论是，目前还不能制造出用于人体实验的器官。因为这些方法都依赖于血管生成以形成永久性的带血管的新组织，只有这样才能存活下来。因此，科学家们开发了一种新的方法，其中血管供应被设计和工程化作为细胞支架植入的一部分。使用标准的光刻技术，将血管和毛细血管网络的分支结构蚀刻在硅和硼硅酸玻璃（pyrex）表面作为模板，将肝细胞和内皮细胞从二维模型中分离，形成单细胞单层。两种类型的细胞均在这些表面存活并增殖。此外，肝细胞维持白蛋白生成。然后，将提升的单层组织折叠成致密的三维组织，从而展示了一种大规模生产新组织的新方法。1997 年，科学家们描述了使用一种新型的 3D 打印机原型，直接在数百微米的三维尺度上制造用于组织工程的复杂支架，为组织工程制造肝脏等重要器官奠定了坚实基础。

（二）脊髓

每年约有 1 万美国人遭受脊髓损伤（spinal cord injury，SCI）。脊髓损伤后的功能障碍主要表现为轴突损伤或断裂、神经元和神经胶质细胞丢失以及髓鞘脱失。SCI 病理不仅由最初的机械损伤决定，还包括继发性过程，如缺血、缺氧、自由基形成和兴奋性毒性，这些过程在损伤后数小时和数天内发生。科学家们试图开发一种组织工程方法，通过一种植入物模拟健康脊髓的结构，该植入物包括一种聚合物支架，其中种植了模仿完整脊髓灰质和白质的神经干细胞（neural stem cell，NSC）。该聚合物层设计为种植 NSC，用于细胞替代和营养支持，支架的内部通过多孔聚合物层刺激灰质，外部部分通过长而轴向的气孔刺激白质，以实现轴突导向，并通过径向气孔促进液体运输，同时抑制瘢痕组织向内生长。该支架可被量身定制，以适应成年大鼠脊髓中线外侧半切形成的空洞。

在一项 50 只动物研究中，与病变对照组相比，将支架-神经干细胞单元植入 SCI 半切成年大鼠模型可促进远期功能改善（某些动物可持续 1 年）。在伤后 70 天，植入支架+细胞的动物表现出协调的、负重的后肢行走。组织学和免疫细胞化学分析表明，这种恢复可能部分归因于继发性损伤过程中组织丢失的减少以及胶质瘢痕的减少。束道示踪显示皮质脊髓束纤维穿过损伤中心至尾髓，这一现象在未治疗组中不存在。在治疗的动物中未观察到局部生长相关蛋白-43（growth associated protein-43，GAP-43）表达增加，这些结果提示可能存在再生成分。

虽然啮齿类动物模型显示脊髓损伤后高度自发恢复，但在非人灵长类动物和其他大型脊椎动物模型中，由于考虑到动物护理问题，无法实现脊髓的完全横断。为了克服这些局限性，科学家们在非洲绿猴中进行了胸椎节段（T_9、T_{10}）脊髓半切断术。由于模型具有生理耐受性，因此可以在损伤后较长一段时间进行行为学分析，并扩展至预设的研究终止点，在此点进行组织学和免疫组化分析。4 只猴子接受了评估，1 只在病变部位未接受植入物，1 只接受聚乳酸-羟基乙酸共聚物[poly（lactide-co-glycolide），PLGA]支架，2 只接受植入人神经干细胞（hNSC）的 PLGA 支架。该研究也显示了与大鼠研究相似的疗效和安全性。最近，这一程序被批准用于人体实验。目前，已有 2 例患者接受治疗，未出现不良后果，初步结果良好。

（三）血管

科学家们通过脉冲灌注血管培养系统，利用生物可降解聚合物基质上生长的血管细胞，在体外制备小口径自体动脉。理想的生物移植物应具有融合的内皮细胞和分化的、静止的平滑肌细胞，以及足够的机械完整性和弹性，以允许缝线保留和耐受体循环动脉压力。科学家开发出用于容器培养的仿生系统，由包含工程容器的生物反应器组成，并在一个平行流动系统中组装。在最初的实验中，向从牛主动脉中层分离培养的平滑肌细胞悬液中移入管状生物可降解聚羟基乙酸（PGA）支架，并在反应器中固定。对 PGA 支架表面进行化学修饰，增加亲水性，增加对血清蛋白的吸附，改善平滑肌细胞附着。平滑肌细胞接种 30min 后，在生物反应器中填充培养基，并在脉动径向应力条件下培养 8

周。对照组血管在其他条件相同的情况下不施加脉动径向应力。

为了评估这些培养的动脉在体内的实际效用，科学家们在小型猪中进行了初步的植入研究。取6月龄动物的颈总动脉小活检标本，体外移植物对照在无搏动血流的情况下进行。所有动物均植入右隐动脉，这是股动脉的一个分支，是后肢远端最大的动脉。对动物进行长达4周的随访，之后取出移植物，通过多普勒超声检查评估术后移植物的组织学和收缩功能。术后24天，血管造影检查显示脉冲异种移植血管通畅，无狭窄或扩张迹象。根据多普勒超声检查评估，脉冲式自体移植物保持开放4周。目前正在使用脱细胞系统对这种通用方法进行人体实验，初步获得了有希望的结果。

（四）其他领域

在其他研究中，科学家们对软骨、心脏瓣膜、骨、肠、泌尿系统结构、肌腱和肌肉进行了工程改造。这项工作还帮助人类创造了现已批准用于烧伤患者和糖尿病皮肤溃疡患者的皮肤、膀胱和软骨。已有超过100万患者接受了组织工程的人造皮肤的移植，用于烧伤或糖尿病皮肤溃疡康复。

结合这些组织形成的必要生物学原理发现，科学家们开发了新的化学方法来生产支架材料，细胞可以在支架上附着、增殖，以及增加血管生成，协调一致产生正常组织。此外，还创造了新的生物可降解材料，以进一步推进组织工程的支架技术。其他贡献包括首次制造控制干细胞分化材料的方法，使用干细胞制造肌肉的方法，使用材料制造心脏组织的方法，以及在完全无异种、无血清环境中合成用于生长干细胞或诱导性多能干细胞（iPSC）的附着面。

八、新冠病毒免疫病理及干预

在过去的20年里，各种冠状病毒，包括2003年的严重急性呼吸综合征冠状病毒（SARS-CoV）、2012年的中东呼吸综合征冠状病毒（MERS-CoV）和2020年的新型冠状病毒（SARS-CoV-2），在世界各地不同的国家和地区造成了许多健康危机。

SARS-CoV-2的基因组序列与SARS-CoV有近80%的同源性，与MERS-CoV有约50%的同源性。在最新和更广泛的筛查中，过去几年从马来西亚沙捞越地区医院收集的肺炎患者样本被发现是犬源性冠状病毒感染，猪衍生的冠状病毒也被发现。由SARS-CoV-2引起的全球急性传染性“新型冠状病毒感染（COVID-19）”是迄今最广泛、持续时间最长和最具危害的疾病之一。

从2020年初开始，COVID-19疫情已在全球范围内传播，虽然全球已完成数十亿剂疫苗接种为控制疫情带来了希望，但疫苗接种速度和疫苗的保护能力距离建成普遍免疫屏障仍有较长时间。此外，我们仍缺乏特异性的抗SARS-CoV-2药物。因此，在开发广谱疫苗和特效药的同时，我们应该进一步研究COVID-19导致死亡的机制，制定更有效的治疗预案。

COVID-19的临床表现范围可以从无症状感染到轻度自限性流感样疾病，再到危及生命的多器官衰竭。大多数 COVID-19 患者表现为轻或中度症状，约少数患者发展为重症肺炎，极少数患者进展为危重症。因此，降低多器官功能衰竭的发生率是提高 COVID-19 治愈率、降低病死率的关键。重症 COVID-19 患者肺部病理可见大量炎性巨噬细胞浸润及白细胞介素（IL）-1β、IL-6 等炎性细胞因子分布。由致病性 T 淋巴细胞和炎性单核细胞引发的炎症风暴被认为是判断 COVID-19 严重程度的关键。这些细胞释放以粒细胞-巨噬细胞集落刺激因子（granulocyte-macrophage colony-stimulating factor，GM-CSF）和 IL-6 为代表的促炎因子，募集更多的炎症细胞进入肺部等器官，形成“细胞因子释放综合征”，炎症风暴的进一步加重最终将导致重症 COVID-19 患者多器官功能衰竭和死亡。基于这些基本发现，靶向这些炎症细胞因子或其受体以缓解炎症风暴的 COVID-19 免疫治疗策略使 COVID-19 患者获益。

中国一项探索托珠单抗治疗 COVID-19 的研究（包括 21 例重症监护病房患者）结果首次鼓励了这一治疗策略。通过阻断 IL-6 信号通路治疗 COVID-19 的临床试验，包括 IL-6 受体拮抗剂（托珠单抗和沙利尤单抗）和 IL-6 抑制剂（司妥昔单抗），以及托珠单抗需要与标准抗病毒治疗相结合，这一点在国际多中心临床试验的比较中得到了肯定。

为了进一步完善 COVID-19 免疫治疗策略，更好地降低患者死亡风险，有必要基于近期研究结果重新分析 COVID-19 炎症风暴的过程。以急性呼吸窘迫综合征（acute respiratory distress syndrome，ARDS）这一重症 COVID-19 的典型演变为切入点，梳理重症炎症风暴的过程，尝试基于抗病毒免疫反应、炎症免疫反应和炎症细胞死亡的结合，为未来研究提出有针对性的分级治疗预案。虽然该三维分级治疗方案的各个方面都被证明是有效的，但整体治疗方案仍然是一种理想化的策略。因此，为了检验其优越性和更早地应用，应该重视在符合伦理要求的前提下，将三维分级治疗方案应用于临床试验。

与普通流感病毒类似，SARS-CoV-2 进入大多数人的呼吸道后，也会激活抗病毒免疫反应，引起炎症反应，导致咽喉疼痛、咳嗽、发热等轻微症状。在某些情况下，病毒难以控制，并逃逸到肺泡内刺激炎症因子过度释放，引发炎症风暴并发展为 ARDS，其过程包括以下三阶段。

1. 起始：SARS-CoV-2 侵入Ⅱ型肺泡上皮细胞

SARS-CoV-2 是通过呼吸道飞沫传播的，其感染从鼻、口腔和眼睛开始，然后沿着肺部的肺泡传播。SARS-CoV-2 是一种有包膜、正义单链 RNA 病毒，属于 β 冠状病毒属，具有高致病性。SARS-CoV-2 编码 4 种结构蛋白，其中核衣壳（nucleocapsid，N）蛋白与 RNA 结合形成螺旋衣壳，刺突（spike，S）蛋白、包膜（envelope，E）蛋白和膜（membrane，M）蛋白构成病毒膜蛋白，其中 S 蛋白介导病毒进入宿主细胞。S 蛋白的主要受体是在Ⅱ型肺泡上皮细胞中表达的血管紧张素转换酶 2（ACE2）。SARS-CoV-2 的 S 蛋白编码基因与 SARS-CoV 高度变异，核苷酸同源性小于 75%。S 蛋白呈三聚体三叶草状，有 3 个 S1 顶端和 1 个三聚体 S2 茎，受体结合域（receptor-binding domain，RBD）位于每个 S1 顶端的尖端。S 蛋白中的 RBD 介导与靶细胞表面的 ACE2 直接接触后，跨膜丝氨酸蛋白酶（TMPRSS2）切割 ACE2 的 C 端肽，增强 S 蛋白驱动的病毒侵袭。此外，在大多数白细胞、血小板和内皮细胞上表达的 CD147 分子也是 SARS-CoV-2 S 蛋白中 RBD 的宿主受体，参与病毒与靶细胞的相互作用，帮助病毒入侵。当病毒成功感染II型肺泡上皮细胞后，会将自身 RNA 注入细胞内并实现大量复制，释放更多病毒感染附近的其他靶细胞。

由于需要防御呼吸空气带来的病原微生物，肺泡表面的液体层驻留有免疫细胞，尤其是具有吞噬功能的巨噬细胞，占 95%以上，称为肺泡巨噬细胞。SARS-CoV-2 可能通过 S 蛋白非 RBD 区域的糖基化位点与细胞表面的 C 型凝集素受体结合，直接感染这些髓系细胞，这种识别模式并没有诱导干扰素的抗病毒免疫应答，反而导致大量炎症因子的释放。根据所接受的刺激条件，巨噬细胞可极化为促炎 M1 型巨噬细胞或抑制炎症的 M2 型巨噬细胞。在生理状态下，肺泡巨噬细胞表现出抗炎的 M2 表型。M2 型巨噬细胞的内体囊泡呈微碱性，可抑制 SARS-CoV-2 核酸与病毒颗粒成分的分离，并帮助溶酶体降解病毒。这可能是大多数感染者症状较轻，能够在早期有效控制病毒的原因之一。在一些严重病例中，失控的病毒诱导肺泡细胞释放细胞因子，以及支气管肺泡灌洗液中较高比例的 M1 型巨噬细胞和中性粒细胞，目的是激活更强的抗病毒免疫应答，但它也产生了强烈的炎症反应和肺泡损伤。M1 型巨噬细胞质地较软，吞噬作用较好，但 M1 型巨噬细胞的内体囊泡呈酸性，有助于 SARS-CoV-2 核酸与病毒颗粒成分分离，从而有助于病毒扩增。此外，它还增加了病毒从 M1 型巨噬细胞扩散到全身血液的风险。

2. 加剧：炎症通过血管传播

COVID-19 患者炎症的增加导致体温和炎症相关临床指标，如 C 反应蛋白、血清铁蛋白、IL-6 进一步升高。随着炎症和病毒扩散到血液，T 淋巴细胞被迅速激活，过度激活的 T 淋巴细胞发展为致病性 T 淋巴细胞，产生粒细胞-巨噬细胞集落刺激因子（GM-CSF）和 IL-6 等因子。GM-CSF 进一步激活 $CD14^{+}CD16^{+}$炎症单核细胞，产生大量的 IL-6 和其他炎症因子（如 IL-1β、IL-8、IL-18 和 TNF-α），从而形成炎症风暴，导致肺部和其他器官严重的免疫损伤（图 1.7）。多数重症 COVID-19 患者根据血常规报告诊断为淋巴细胞减少，尤其是 T 淋巴细胞减少。这不仅与 T 淋巴细胞过度活化后合胞体引起的细胞凋亡或死亡有关，还可能与肺等器官的炎症浸润有关。危重症患者的肺、心、肠等组织病理学检查中，可见明显的炎性细胞浸润，包括炎性巨噬细胞、中性粒细胞、病理性 T 淋巴细胞。

与淋巴细胞减少相反，感染患者毛细血管或炎症组织中的中性粒细胞增多也是 COVID-19 严重程度的标志，大多数炎症因子可促进中性粒细胞的活化。活化的中性粒细胞释放细胞因子和趋化因子，DNA-蛋白复合物形成中性粒细胞胞外诱捕网（neutrophil extracellular trap，NET）来诱捕和杀灭病原微生物。NET 形成过程中，释放多种细胞内损伤相关分子模式（damage-associated molecular pattern，DAMP），激活模式识别受体，导致周围免疫或非免疫细胞产生过度的促炎细胞因子和趋化因子，同时释放组蛋白、DNA、髓过氧化物酶（MPO）、中性粒细胞弹性蛋白酶、组织蛋白酶和蛋白酶-3 以及其他颗粒状蛋白，它们会导致组织坏死增加。重症 COVID-19 患者肺组织中 NET 相关信号通路上调，血浆中 MPO-DNA 复合物水平较高。活化的中性粒细胞还可通过释放 NET 激活补体，引起内皮损伤和坏死性炎症，进一步促进静脉血栓形成。此外，NET 可以通

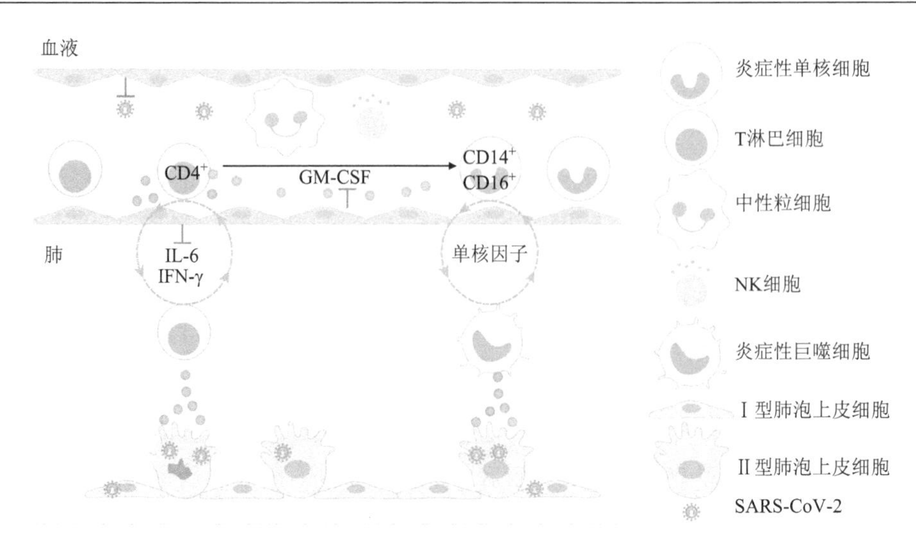

图 1.7　新型冠状病毒免疫损伤机制及干预策略

SARS-CoV-2 感染后迅速激活 $CD4^+$T 淋巴细胞，产生 GM-CSF、IL-6 等，形成炎症风暴，再激活病原性 T 淋巴细胞（$GM\text{-}CSF^+IFN\text{-}\gamma^+$）和炎症性单核巨噬细胞（$CD14^+CD16^+$）等，这些活化的免疫细胞大量进入肺循环，发挥免疫损伤作用；此外，Ⅱ型肺泡上皮细胞正常情况下产生表面活性物质，抑制单核巨噬细胞的过度激活，SARS-CoV-2 可以通过Ⅱ型肺泡上皮细胞上的血管紧张素转换酶 2（ACE2）受体直接入侵该细胞，使Ⅱ型肺泡上皮细胞产生表面活性物质的能力丧失，单核巨噬细胞的激活完全失控，进一步引起大面积肺损伤；在目前没有抗单核巨噬细胞和抗 GM-CSF 药物的情况下，必要时可以使用抗 IL-6 受体抗体（托珠单抗），早期干预重症患者

过细胞外 DNA 激活血小板，为红细胞和活化血小板的结合提供支架，从而促进更广泛的连接网络，放大免疫性血栓的形成。事实上，最近的一项研究表明，SARS-CoV-2 还可直接感染血管内皮细胞，导致重症 COVID-19 患者多个器官（如肺、心、肾、小肠和肝）的炎症单核细胞（或中性粒细胞）蓄积。重症 COVID-19 患者还存在弥散性血管内凝血的临床症状，血清 D-二聚体升高，凝血酶原时间延长。综合来看，病毒的直接攻击和血管内皮细胞浸润导致的炎症免疫细胞浸润，会使血管内皮细胞的紧密连接松动，从而促进血管渗漏和炎症风暴通过循环系统向全身多个器官扩散，进一步加重肺部损伤。

3. 恶化：炎性细胞死亡加重多系统炎症

虽然细胞死亡（如焦亡、凋亡和坏死性凋亡）是控制病原微生物感染的重要机制，但炎症细胞死亡也会导致炎症因子和细胞内容物的释放，包括警报素和 DAMP，从而引起严重的炎症反应。

细胞焦亡是一种由半胱氨酸天冬氨酸蛋白酶（caspase）-炎症小体或 Gasdermin 级联介导的炎性细胞死亡形式，表现为细胞持续扩张直至细胞膜破裂，导致细胞内容物释放，激活强烈的炎症反应。焦亡也是非信号肽炎症因子释放的主要机制，如 IL-1β 或 IL-18 的释放依赖于 caspase-1 依赖性 Gasdermin D 级联反应。在重症 COVID-19 患者的肺组织病理和外周血中，也观察到巨噬细胞的焦亡通过 NLRP3 炎症小体激活和 caspase-1 的裂解，导致 IL-1β 和 IL-18 的释放。

细胞凋亡最初被认为是一种非炎性形式的细胞死亡，它通过膜囊泡分解细胞，以避免细胞内容物的直接释放。然而，越来越多的证据表明，由于凋亡蛋白 caspase 家族和裂解细胞执行者 Gasdermin 家族之间的交互作用，凋亡并不总是炎症沉默。例如，在驱动细胞凋亡启动的 caspase 级联中，caspase-3 可以裂解 Gasdermin E，caspase-8 可以裂解 Gasdermin D，在特殊条件下裂解细胞，如 SARS-CoV-2 的 ORF3a 蛋白刺激。SARS-CoV-2 还可诱导气道上皮细胞表现出凋亡和细胞病变特征。

与中性粒细胞释放 NET 相比，血栓和组织损伤诱导的细胞炎性死亡会释放更多的 DAMP。重型 COVID-19 患者血清中内源性 DAMP 分子 S100A8/A9、HMGB1 和乳酸脱氢酶水平较高。最新报道显示，重症 COVID-19 患者会产生大量针对细胞内自身抗原的自身抗体，间接支持炎症细胞死亡促进过度炎症状态形成的理论。

肿瘤坏死因子 α（TNF-α）和干扰素 γ（IFN-γ）这两种炎症因子在炎症反应末期显著升高，可诱导 PANoptosis，这是一种受调节的广泛的炎症细胞死亡模式，并为凋亡和坏死所需的相互作用和激活提供了分子支架。总之，由于血液循环系统的扩散，炎症细胞死亡产生的大量炎症因子、DAMP 和警报素将炎症风暴从肺部完全放大到全身多系统，不仅使肺部恶化，还会诱发多器官衰竭，导致难以挽救的死亡。

COVID-19 临床表现复杂，从无症状到伴有呼吸衰竭、感染性休克和多器官衰竭的危重症。面对 SARS-CoV-2 全球传播导致的越来越多的重症病例，迫切需要实验疗法和药物改造来缓解 COVID-19。自 COVID-19 大流行以来，全球研究机构和医院开展了密集的研究工作和临床试验，并以前所未有的速度开发了针对 SARS-CoV-2 的治疗方法和多种疫苗，使 COVID-19 的管理取得了重大进展。因此，除了对症治疗外，目前还有一些在抗病毒和抗炎方面被证实有益的治疗方法，被推荐在紧急使用授权（EUA）下使用或在已获许可的临床试验中进一步评估。小分子抗病毒药物被认为是控制 COVID-19 暴发的基本要求，就像奥司他韦在抗击流感病毒中发挥着重要作用。Paxlovid，即奈玛特韦片/利托那韦片组合包装的一种口服药物，可以用于治疗 COVID-19，疗效较好。针对 SARS-CoV-2 的中和抗体已进入临床，取得一定疗效。有 3 种 IL-6 信号拮抗剂被用于缓解 COVID-19 的炎症风暴，包括阻断 IL-6 受体的单克隆抗体（托珠单抗、沙利尤单抗），该单克隆抗体已被授权用于各种风湿病，以及靶向 IL-6 的单克隆抗体（Siltuximab）已被授权用于卡斯尔曼综合征。托珠单抗在缓解 COVID-19 炎症风暴方面的肯定疗效首先始于在 21 例重症 COVID-19 患者中联合常规抗病毒药物的临床试验的初步结果。随后，一项大型国际多中心随机对照试验（EMPACTA，NCT04372186）的结果表明，对于未接受机械通气的 COVID-19 住院患者，在标准治疗的基础上加用托珠单抗可降低患者的机械通气或死亡风险。另一项大型随机对照试验（REMAPCAP，NCT02735707）的结果也一致，该试验还表明，对 ICU 内的危重 COVID-19 患者使用托珠单抗或沙利尤单抗治疗可改善包括生存在内的结局。阻断 IL-6 受体的单克隆抗体已被中国、英国和美国政府批准用于 COVID-19 患者治疗。在 WHO 最新发布的 COVID-19 治疗生活指南中，强烈推荐托珠单抗或沙利尤单抗用于重型和危重型 COVID-19。总体而言，三维分级治疗方案是挽救 COVID-19 重症患者生命的理想组合，其有效性需要在伦理学和临床研究指南的前提下反复检验，期望取得满意效果。

主要参考文献

Cohen S N, Chang A C, Boyer H W, et al., 1973. Construction of biologically functional bacterial plasmids *in vitro*[J]. Proceedings of the National Academy of Sciences of the United States of America, 70(11): 3240-3244.

Fauser B C, Edwards R G, 2005. The early days of IVF[J]. Human Reproduction Update, 11(5): 437-438.

Köhler G, Milstein C, 1975. Continuous cultures of fused cells secreting antibody of predefined specificity[J]. Nature, 256: 495-497.

Langer R, Vacanti J, 2016. Advances in tissue engineering[J]. Journal of Pediatric Surgery, 51(1): 8-12.

Takahashi K, Tanabe K, Ohnuki M, et al., 2007. Induction of pluripotent stem cells from adult human fibroblasts by defined factors[J]. Cell, 131(5): 861-872.

Vacanti J P, Morse M A, Saltzman W M, et al., 1988. Selective cell transplantation using bioabsorbable artificial polymers as matrices[J]. Journal of Pediatric Surgery, 23(1 Pt 2): 3-9.

Watson J D, Crick F H C, 1953. Molecular structure of nucleic acids: a structure for deoxyribose nucleic acid[J]. Nature, 171(4356): 737-738.

Xu X L, Han M F, Li T T, et al., 2020. Effective treatment of severe COVID-19 patients with tocilizumab[J]. Proceedings of the National Academy of Sciences of the United States of America, 117(20): 10970-10975.

Yamanaka S, 2020. Pluripotent stem cell-based cell therapy-promise and challenges[J]. Cell Stem Cell, 27(4): 523-531.

Zhou Y G, Fu B Q, Zheng X H, et al., 2020. Pathogenic T-cells and inflammatory monocytes incite inflammatory storms in severe COVID-19 patients[J]. National Science Review, 7(6): 998-1002.

Zhou Y G, Xu X X, Wei H M, 2021. Complex pathophysiological mechanisms and the propose of the three-dimensional schedule for future COVID-19 treatment[J]. Frontiers in Immunology, 12: 716940.

第二讲　基因组时代的生物进化论

沈显生 教授，植物学家和生态学专家，安徽省教学名师。

自达尔文的《物种起源》出版算起，160 多年已经过去。生物进化论曾经过几起几落，但最终还是被科学界所接受。事实上，生物进化论已经成为生物学的思想精髓。正如俄裔美籍遗传学家杜布赞斯基（Theodosius Dobzhansky，1900～1975 年）所说："如果不从进化的角度出发，则生物学中的一切问题将毫无意义。"不仅如此，在一些发达国家，人们已将是否懂得生物进化论和量子理论，作为判断一个人科学素养水平的标准。时至今天，生物学已经进入了基因组时代，那么，我们应该持有一个什么样的生物进化观呢？下面，从生物进化论的思想源泉、生物进化论的发展、拉马克主义的复活和基因组时代的进化观，共 4 个方面，简要地介绍生物进化论的发展历程与新进展。

一、生物进化论的思想源泉

（一）达尔文生物进化论的思想源泉

对于达尔文（Charles Robert Darwin，1809～1882 年）的生平大家都比较了解，尤其是对他在 1831 年至 1836 年乘坐"贝格尔"号科学考察船环球航行的经历比较熟悉。因此，许多人便把达尔文所形成的生物进化的思想源泉，归因于他的环球考察经历。其实，早在达尔文环球航行的 60 多年前，就已经有人进行过多次环球航行和远航，像英国探险家兼船长詹姆斯•库克（James Cook，1728～1779 年）曾进行过 3 次环球航海（1768～1771 年，1772～1775 年，1776～1779 年），以及英国植物学家兼探险家约瑟夫•班克斯（Joseph Banks，1743～1820 年）也进行了 3 次远航（1766 年，1768～1771 年，1772 年），他们也采集了大量的生物标本，为什么他们没有提出生物进化论呢？

根据人们后来的研究以及达尔文本人的自述，关于他的生物进化论的思想源泉，应该包括以下 4 个方面。

（1）继承和精炼了历史上前辈们的思想财富。达尔文在 1861 年《物种起源》第 3 版的引言中，坦诚地述说自己进化论思想的形成是受到了一些前辈的影响，并列举了像他的祖父和拉马克等 34 位先行者。

（2）具备非凡的天赋和热爱大自然的浓厚兴趣。达尔文对大自然的热爱从小就达到了痴迷的程度。同时，他对大自然有一种敏锐的非凡的洞察力，他自己也承认这一点。另外，他勤奋学习，并从植物园和动物园的工作人员那里获取到大量有价值的有关动植物驯化的经验。

（3）受到科学灵感的点燃。一是受到采集自加拉帕戈斯群岛的鸟类标本鉴定结果的启发，13种新地雀的标本促使达尔文有了物种可变思想。二是马尔萨斯《人口原理》一书思想火花的点燃，导致了“物竞天择，适者生存”，以及“生存斗争”思想的形成。

（4）内心屈服于环球考察的科学成果。达尔文原毕业于剑桥大学基督学院（神学院），但在大量的环球考察的科研成果面前，尤其是考察回来后长达8年的藤壶专心研究结果，最终使得他放弃了原有的信仰，导致其世界观发生了根本性的改变，生物进化的思想已经牢不可破。

我们回顾一下达尔文在《物种起源》中的生物进化论，其主要论点是：首先，物种会变，物种是渐变的，遗传变异具普遍性。其次，自然选择（与华莱士共享知识产权）是进化的动力，适者生存是进化的法则。再者，因环境资源是有限的，在繁殖过剩情况下，生存竞争是必然的。最后，首创了生命之树，相信万物共祖。

（二）拉马克生物进化学说的思想来源

事实上，最早提出生物进化理论的并不是达尔文。早在1809年，说来也很巧，就是达尔文出生的那一年，拉马克（Jean Baptiste Pierre Antoine de Monet Lamarck，1744～1829年）出版了他的鸿篇巨制《动物哲学》（*Zoological Philosophy*）一书，他非常强调环境对生物的直接影响，器官的用进废退，获得性遗传（后天环境的影响），高等动物的意志和欲望可促进（主动）进化等，这一系列有关生物进化的观点和思想被称为拉马克学说。当拉马克的获得性遗传的生物进化论一问世，就遭到了人们猛烈的批评和攻击。可以说，当时的拉马克是一个很悲惨的失败者。因前车之鉴，达尔文考察回来后等了23年才出版《物种起源》。为什么他要等这么久？他已经读过法国博物学家拉马克1809年出版的《动物哲学》，仍然担心当时的社会对生物进化的认知、成熟度不够，不能接受进化论。因此，达尔文在1859年的第1版《物种起源》中没有提及获得性遗传思想。但是，在出版后他也受到一些反对者的攻击，在缺乏遗传学支持的背景下，达尔文迫于无奈只好在第2～6版中，逐渐地将拉马克学说的内容添加到自己的《物种起源》之中。

拉马克是一位难得的天才，他虽然出身贫民家庭，但聪明好学，参军退役后，自学成才。他调查并出版了《法国植物志》（1778年），声名鹊起。1783年，拉马克荣任法国科学院院士，在法国巴黎博物馆研究无脊椎动物，曾享有无脊椎动物学之父的美誉。英文“Biology”就是由拉马克创立的。现在看来，拉马克之所以会形成生物进化的思想，与他早年编写《法国植物志》的野外调查和后来从事的无脊椎动物分类研究有很大关系。

在19世纪的欧洲，人们对待拉马克“获得性遗传”学说的态度是不同的。

支持者的典型代表是俄国的米丘林（I. V. Michurin，1855～1935年），他相信，通过环境刺激可动摇果树的遗传性，便运用定向培育、驯化、远缘杂交和无性杂交（嫁接）等手段，培育出300多个果树的新品种，并把果树向北方寒冷地区推进了几百公里，曾获列宁勋章。遗憾的是，后来在苏联时期出现“米丘林-李森科遗传学派”，他们以此从政治的目的来对抗或反对美国的摩尔根遗传学派。

反对拉马克学说的典型代表，是德国的魏斯曼（A. Weismann，1834～1914年），他通过连续切断22代小鼠尾巴，然后让其交配，以期待得到无尾巴的小鼠。他以这样野蛮且荒谬的实验结果来批驳拉马克，这是对“获得性”遗传的严重曲解，魏斯曼把它理解成了“获得性状”的遗传。无独有偶，道金斯（R. Dawkins，1941 年生）在《自私的基因》（1976 年）中也曲解和讥讽拉马克学说。他举例说，竹节虫是 6 条腿，但缺失 1 条腿的竹节虫交配后，繁殖的后代仍然是 6 条腿。然而，好在天下自有公道。直到 1980 年，美国的动物学家和进化生物学家迈尔（E. Mayr）对拉马克学说给予了客观公正的评价，并没有全盘否定。

（三）关于达尔文与拉马克生物进化理论的区别

生物进化是一个极其复杂的科学领域。无论是拉马克，还是达尔文，他们只是触及到生物进化的冰山一角。在当时，许多生物进化问题都不能解释。正如进化论的反对者米瓦特曾向达尔文质问道，“为什么只有非洲才分布有长颈鹿呢？”达尔文如实回答，“不知道。”长颈鹿的体形奇特，头部距地面高达 5m，心脏的高度 3m，所以它的收缩压是 260mmHg。这样，它若低头喝水时突然抬起头来就很容易头晕。这怎么解决呢？大自然是神奇的，基因组的魔力是巨大的，长颈鹿在长期的自然环境适应中居然进化出了特殊的动脉系统。它的动脉在进入大脑之前，形成一个像篮球网一样的反复分叉的网络，然后再流向大脑，这样，血液压强在这个球形网里面便得到了缓冲。在 19 世纪的时候，地球上找不到长颈鹿的近亲。直到 1901 年，人们终于在刚果热带雨林发现了欧卡皮鹿，这个短脖子个子矮小的鹿居然就是长颈鹿的亲兄弟。它们兄弟俩的脖子都是 7 节颈椎（哺乳动物均 7 节），那么，为什么长颈鹿的脖子会这样长呢？达尔文和拉马克都认为是进化而来的，但在进化机制或称为进化的动力方面，两者有着截然相反的观点。

达尔文认为是自然选择的结果，进化是随机的。长颈鹿中有脖子长的和脖子短的，脖子短的获得食物少，因此留下的后代也少；而脖子长的获得食物多，则留下的后代就多。这样经过多代的选择与淘汰，长颈鹿的脖子就变得很长。在整个进化过程中，长颈鹿总是处于被动的地位，只能耐心等待变异的出现。

拉马克认为是主动适应环境的结果，适应是有方向性的。因为大树是越长越高，低矮处的树叶先被吃完，剩下的树叶是越来越高，长颈鹿的脖子因频繁使用，根据用进废退法则，在欲望的驱动下会越来越长；也可以说这是高处的树叶的环境诱导作用，这便是每一代长颈鹿的后天获得性的累加效应。在整个进化过程中，长颈鹿总是处于主动的积极的地位。

动物除了要适应环境外，还要对其食物进行适应。一个典型的例子也是长颈鹿，由于它专门啃咬树叶，所以，它没有必要保留上下两排门牙。在长期的进化过程中，长颈鹿只保留了一对下门牙，还是外飘牙。这样，它一抬头，下门牙就很方便地把树叶的叶柄切断，剩下的半截叶柄还可以保护腋芽。我们可以设想一下，假如长颈鹿只保留了上门牙，它就需要低头咬树叶，每当咬一片树叶时，叶片上方的枝条由于弹性就会朝着长颈鹿的额头抽打一次。此外，它往下低头咬叶片的时候，会把叶柄基部从树枝上撕下来，这一撕，腋芽或枝条甚至会死亡。

我们站在长颈鹿的角度看问题，它当然喜欢通过抬头咬树叶。由于天天如此，代代如此，长颈鹿的上下门牙的使用频率就不同，最终导致长颈鹿的上门牙退化，下门牙得到了强化，并且下门牙在切断叶柄时的受力方向不是垂直的。因此，长出 1 对外飘牙，是最有效的。当然，一旦长颈鹿选择了树叶作为它们的特定食物，那么在牙齿结构上也就产生了适应。这样，它们就必将要放弃吃禾草，以避免与牛和马的生态位重叠而导致激烈竞争。

在生物的协同进化中，捕食者与猎物的“军备竞赛”，就是“魔高一尺，道高一丈”相互主动适应的结果。像鹿科、马科、牛科和猪科的动物，在与猫科和犬科奔跑的军备竞赛中，两者的脚掌骨都转变成了腿的一部分，仅靠脚趾着地。长颈鹿的腿特化最明显，第 3 趾和第 4 趾着地，这样便大大延长了腿的总长度，跑得更快。从长颈鹿的骨骼系统看，脚掌骨占腿长的 2/5，大腿的骨骼占 1/5。虽然过长的腿给长颈鹿带来了身高和奔跑速度的优势，但也带来了一些不便。比如，长颈鹿在喝水的时候是特别累的，前腿必须弯曲，呈蹬马步状态，甚至连睡觉都得站着睡。

现在，可以帮助达尔文回答“为什么只有非洲才有长颈鹿”的问题。因为非洲才有广袤的稀树草原。非洲几乎每年会定期发生自燃的火灾，把草原里的双子叶植物和藤本植物都淘汰了。这样，草原中没有了藤本植物，就不会把长颈鹿绊倒，如果被绊倒，长颈鹿很难爬起来。长颈鹿只能在稀树草原里生活，通过高大的身躯和长颈，把每一棵金合欢大树的树冠“修剪”得像化学实验室的“漏斗”一样，这就是非洲稀树草原典型的外貌特征。

二、生物进化论的发展

（一）生物进化论的“奠基石”——遗传学的诞生

尽管达尔文比拉马克要幸运得多，但在当时或后来相当长的时间内，达尔文都受到了一些反对或质疑。原因是达尔文的生物进化的思想过于超前了，支持进化论的学科还没有诞生。

孟德尔（Gregor Johann Mendel，1822～1884 年）以豌豆为实验材料，多年来一直默默地研究植物遗传，其论文“植物杂交实验”于 1866 年正式发表，首次解释了生物体的性状是如何遗传的。但令人遗憾的是，该论文无人问津，没有得到学术界的重视，等于石沉大海。直到 1900 年，孟德尔定律（分离定律、自由组合定律）才被 3 位植物学家重新发现，生物进化论的第一块坚实的“奠基石”问世了。从此，在科学界开创了一门全新的科学——遗传学。

1902 年，俄国克鲁泡特金（P. A. Kropotkin，1842～1921 年）的《互助论》（全译《互助论：进化的一个要素》）出版。他没有否定达尔文的生存竞争，但他强调在生物进化上，种内互助比竞争显得更重要。从今天的种群生态学看，《互助论》的出版无疑是对生物进化论的重要补充与发展。

1910 年，美国的摩尔根（T. H. Morgan, 1866～1945 年）在红眼果蝇交配实验中，幸运地发现了一只异常的白眼雄果蝇。从此，摩尔根的连锁与交换定律诞生了，摩尔根因此荣获了1933年诺贝尔生理学或医学奖。连锁与交换遗传定律在生物进化论中，占有非常重要的地位，毫无疑问，它是生物进化论的另一块重要的“奠基石”。

（二）综合进化论的形成与发展

在20世纪的中期，随着几本有关生物进化的名著面世，如1937年杜布赞斯基的《遗传学与物种起源》、1942年赫胥黎（J. S. Huxley）的《进化：现代的综合》和迈尔的《动物学家的系统分类学与物种起源观点》、1944年辛普森（G. G. Simpson）的《进化的节奏与模式》、1950年斯特宾斯（G. L. Stebbins）的《植物的变异和进化》，以及后来霍尔丹（J. B. S. Haldane）和赖特（S. Wright）等加入了研究队伍，才使得达尔文的进化论得以不断地补充和修正，标志着人们对生物进化的研究进入了综合进化论的时代。

综合进化论的核心思想是：享有一个基因库的种群是生物进化的基本单元；物种形成和生物进化的机制包括基因重组、自然选择和隔离3个方面。

但在达尔文的进化论中，个体是自然选择进化的主体。而在综合进化论中，修正了这种观点，认为种群才是自然选择进化的主体。生物的个体会因为偶然因素而失去交配的机会，不足以将性状稳定地遗传下去，而种群作为一个庞大的基因交流群体，有利于基因型或性状在各代之间稳定地遗传。

（三）生物进化论遇到的新“挑战”

自20世纪中期以来，随着分子生物学、发育生物学和古生物学所出现的新进展和新发现，达尔文的进化论受到了来自这三个方面的挑战。

1953年，沃森和克里克发现了DNA的双螺旋结构。从此，人类对遗传学的探究进入了分子生物学的时代。

1968年，木村资生（M. Kimura，1924～1994年）提出了分子进化中性学说，认为分子进化速率具恒定性，在生物大分子功能上的重要性与分子组成成分单元的置换率之间成反比，许多分子的突变是无害的或中性的，不受自然选择所制约，而遗传漂变在进化过程中是十分重要的。目前，人们对他的进化速率的恒定性即分子钟的理论给予肯定，但对中性突变不受自然选择却提出了一些质疑。

随着我国云南澄江和湖北清江，以及澳大利亚埃迪卡拉和加拿大伯吉斯页岩等地，发现了寒武纪生物大爆发的现象（如奇虾、三叶虫等多门类的动物），这对达尔文的物种渐变理论构成了挑战。同时，也发现有些活化石的古生物进化速率非常慢，像海豆芽、鲎、矛尾鱼等。因此，古生物学研究指出生物进化不是匀速的，而是“走走停停”的。在人们提出生物大爆炸假说的同时，也提出生物进化的“间断-平衡”学说（或称速变-稳态学说）。

发育生物学对“基因家族”的发现，认为生物进化是有“飞跃”的。像啄木鸟的舌头是着生在左鼻孔，然后经过头皮下方，绕到后脑壳，再从下颌骨伸出来。这是达尔文的渐变理论无法解释的，只能用“飞跃”突变的Hox基因家族来解释。

“Hox 基因家族”通常含有 13～15 个基因，主要控制动物的体节发育（器官分化）。但“Hox 基因家族”的进化不是匀速的，如果“Hox 基因家族”处于活跃期，生物进化速度就快速。相反，它们处于平静期，生物进化速度十分缓慢。这样，我们就能够解释前面的生物大爆发现象和“间断-平衡”学说。

以动物颈椎为例，HoxC6 基因控制颈椎的发育，在不同的脊椎动物中，HoxC6 基因表达区域的前后移动便产生了脊椎动物颈椎的多样性。像小鼠脊柱是 7 节颈椎和 13 节胸椎；鸡是 14 节颈椎和 7 节胸椎；鹅是 17 节颈椎；爬行类是 0 至多数颈椎（蛇无颈椎）；两栖类具 1 节颈椎；鱼类无颈椎。由于颈椎都是 HoxC6 基因控制发育的，可以说，Hox 基因在分子水平上也有了“同源器官”的概念。

人们对基因家族的结构与功能了解之后，就可以任意地改造动物的器官。比如，人们将果蝇的“Hox 基因家族”的 BX-C 基因进行换位突变处理，结果导致果蝇头部原来生长触角的地方变成了一对附肢。同样，人们将小鼠的“Hox 基因家族”的部分基因进行同源转化，可导致小鼠腹部的肋骨数量沿脊柱向尾部增加，使得它的腹部变长，像蛇的腹部一样了。

再比如说，Pax6 基因控制动物眼睛的发育。如果将果蝇的 Pax6 基因切除后转移到附肢基因的旁边，结果会导致果蝇原来长复眼的地方却出现了光板，而某一对附肢变得膨大起来，并在其上形成了眼睛，即错位表达。

目前，最新研究发现，生物发育的基因时空调控是一个相当复杂的调控网络，在 DNA 中暗藏着第二套遗传信息系统，是由大量调控元件组成的。无论多么复杂的生物，其形态和功能都受到调节因子的控制。调节因子之间相互调控，形成复杂的调控网络信息，指导生物的发育。秀丽线虫（959 个细胞）的发育过程，包括每个细胞的分裂步骤都被人们研究清楚了，成为研究基因对发育进行调控的模式生物。

同样，人体的体节和四肢的发育也受到“Hox 基因家族”控制，研究已经发现人体的“Hox 基因家族”共有 13 个基因，它们分布在 2 号、7 号、12 号、17 号这 4 条染色体上。其中 13 个基因分为 A、B、C、D 4 个基因群，在功能上它们会影响人体的头部、颈部、躯干和四肢，具体情况见表 2.1。

表 2.1　对各个器官发育有影响的人体 Hox 基因家族

位置	基因群集	影响头部的基因	影响颈部的基因	影响躯干的基因	影响四肢的基因
7 号染色体 7q14～q15	HoxA	HoxA1 HoxA2 HoxA3 HoxA4	HoxA5 HoxA6	HoxA7	HoxA9 HoxA10 HoxA11 HoxA13
17 号染色体 17q21～q22	HoxB	HoxB1 HoxB2 HoxB3 HoxB4	HoxB5 HoxB6	HoxB7 HoxB8	HoxB9

续表

位置	基因群集	影响头部的基因	影响颈部的基因	影响躯干的基因	影响四肢的基因
12 号染色体 12q12～q13	HoxC	HoxC4	HoxC5 HoxC6	HoxC8	HoxC9 HoxC10 HoxC11 HoxC12 HoxC13
2 号染色体 2q31～q32	HoxD	HoxD1 HoxD3 HoxD4		HoxD8	HoxD9 HoxD10 HoxD11 HoxD12 HoxD13

2003 年 10 月，《合肥晚报》转载了一条图片新闻，柬埔寨曾出生了一头具 6 条腿的小牛。该小牛的 4 条腿正常，但在背部左前侧的皮肤上又生出 2 条半截的前腿，相当于“挂”在皮肤上。这不是一个普通基因的突变，而是牛的“Hox 基因家族”中与控制前腿发育的基因，进行了染色体之间的移位畸变。同样，人类也有像这头小牛一样的“飞跃”畸变，例如，在全世界已经报道有 3 位具有 4 条腿的女人。这些畸形突变的现象，现在可从“Hox 基因家族”的基因扩增或减数分裂时的 Hox 基因移位中得到解释。

总之，达尔文在当时没有遗传学和分子生物学的年代，仅依据他在航行中搜集的一些科学证据，通过他本人敏锐的洞察力和睿智的思考，在一个神学主导的社会背景下能够提出这样具有科学价值的生物进化论，其科学贡献是不可估量的。他当时的生物进化论的确不尽完善，在后来随着生命科学的发展受到了一些所谓的“挑战”，是可以预料的。但事实上，这些所谓的“挑战”最终都能“化干戈为玉帛”，已经转变成了生物进化论的重要补充内容，并促进了其发展。

三、拉马克主义的复活

（一）人们对拉马克学说的误解

这个标题是笔者从《生命三部曲》（2016 年）一书中“借”来的。毫无疑问，长期以来，在生物进化论的科学领域中，达尔文出尽了风头，而拉马克一直作为人们“贬斥”的对象。

然而，自 1980 年以后，进化论这个领域的情况有所变化，因为迈尔敢于站出来为拉马克说公道话。自那以后，到了 1996 年，《遗传的观念》作者赵功民写道：“拉马克是一位没有丰碑的伟人。”2002 年，《生物进化探秘》作者斯蒂尔写道：“在 20 世纪接近尾声的时候，拉马克至少在分子生物学的某一领域处于同达尔文同样的中心地位。”2005 年，《造物的谱系》作者彭新武写道：“站在今天科学发展的角度看，拉马克学说中的某些方面要比达尔文的进化论更具说服力。”2010 年，《生命的乐章：后基因组时代的生物学》作者诺布尔写道：“我所讲的故事，可能令读者感到震惊，答案就在于对拉马克学说以及

‘拉马克主义’的一系列疑虑和严重误解。”

（二）两个新兴学科将为拉马克学说带来新曙光

为什么在基因组时代，拉马克学说又重新受到了一些人的重视呢？笔者认为这与一些生物学领域的新学科和新发现的出现有关，至少是与表观遗传学和逆境生物学有关联。

在 20 世纪末，表观遗传学诞生了。表观遗传区别于经典 DNA 遗传，它是指在基因核苷酸序列不发生改变的情况下，生物体却表现出一些可遗传的新特征。那么，表观遗传的化学机制是什么呢？目前发现主要有：①DNA 甲基化，组蛋白的乙酰化；②蛋白质磷酸化或糖基化等；③蛋白质不同折叠方式也影响蛋白质表达与功能。生命是一个开放系统，这是一种新的生命观，是正确理解生命与环境关系的基础。而细胞膜正是生命体与环境之间的半透性界面。实际上，生物进化也体现在细胞膜的进化上。细胞膜上除了糖蛋白和糖脂外，据 *Cell*（2021 年 5 月）报道又发现了新的生物大分子——糖链 RNA。这个新发现，其生物学意义重大，甚至与病毒的起源都有关系。

在细胞中，蛋白质的表达与调控是非常复杂的，包括：表观遗传调节和非编码 RNA 调节。从 DNA 到蛋白质的修饰与表达的调控过程具两个特征：一是它们能够长期不断地受到自然的后天环境影响（可获得性），二是它们还可以短期遗传（可遗传性），只传 2～3 代。这个表达与调控过程即类似于拉马克的获得性遗传的特点。不仅如此，已经有人利用线虫来验证拉马克的“饥饿效应”。根据 *Cell*（2014 年 7 月）报道，饥饿的线虫可生成一组小 RNA，通过生殖细胞至少传递 3 代，并可延长其寿命。

目前，表观遗传研究的领域相当广泛，《自然 • 神经科学》（2004 年 6 月）曾报道动物的抚育行为也存在表观遗传编码。该实验运用 2 组小鼠作对比。高度负责任的小鼠母亲（称为“好母亲”）与极度漫不经心的小鼠母亲（称为“坏母亲”）各自所照顾的幼崽的表现是不同的。好母亲的幼崽安静友好；而坏母亲的幼崽急躁好斗。在成年后检查这些小鼠的海马区（调控应激反应的关键区域）发现，坏母亲所抚养幼崽的调控糖皮质激素受体的基因高度甲基化，敏感度高；而好母亲的幼崽糖皮质激素受体基因几乎没有甲基化。后续的互换幼崽的实验，以及向脑中注入曲古抑菌素 A（去甲基化的药物）的实验，都支持此结论。这说明，动物在出生后的获得性遗传是存在的。

近年来，一门与生态学有关的新学科诞生了，即逆境生物学。首先，我们要知道什么是逆境？逆境是指对一种生物或一个个体来说，极其恶劣的但又不致死的生态环境。而逆境生物学就是研究生命体在逆境条件下如何适应及分子机制的学科。2012 年 4 月，中国科学院在上海辰山植物园成立了植物逆境生物学研究中心。其研究方向包括：逆境胁迫、抗旱记忆、抗冻记忆、抗盐碱驯化、环境诱导、表型组学研究等。一般来讲，生物体对逆境的响应，首先是细胞膜的响应。因为细胞膜是细胞的门户，是细胞的大脑，或是“芯片”，具有细胞的识别、记忆、应答、通信和通道等功能。而细胞核不是细胞的大脑，仅是“生殖腺”，因为人工去除细胞核的动物细胞，还能够存活很长一段时间（可长达半个月以上），只是不能分裂而已。

对逆境环境的响应，植物不同于动物。首先，是在芽中或根尖中的原生分生组织中响应；然后，才在其他器官中进行响应与表达。植物的驯化过程就是逆境生物学需要研究的问题。当年的米丘林把一些果树向西伯利亚的北部推广种植的实验，其本质就是逆境生物学的问题，只是当时的研究手段非常简单而已。

（三）自然选择与生物适应是一枚“硬币”的正反面

那么，在今天看来，什么是获得性遗传呢？由长期的生活环境变化造成的遗传结构（指表观遗传结构，而非DNA结构改变）发生定向改变，并真实遗传（短期的遗传）的性状，才是获得性遗传。或者，我们也可理解为，是环境信息向遗传结构转化，表现型向基因型转化的过程。当年，华莱士在印度尼西亚一带进行探险考察时，发现当地土著人的手臂特别长，而腿特别短，这是由于他们世世代代生活在小岛上，很少走路，出门必须乘独木舟，导致了手和腿的用进废退，最终用遗传基因固化下来。此外，在人类长期驯化动物和栽培植物的过程中，也存在获得性遗传。

除了生活环境外，生活习惯和食物的性质对基因的结构与表达具有明显的诱导作用。

研究发现，淀粉酶基因是一个“可诱导基因”。在黑猩猩和人类中，都有唾液淀粉酶基因。但在黑猩猩中，该基因只有1个基因片段。在人类中，因食物性质的不同，不同的族群具2～15个淀粉酶基因的拷贝，平均是6个。在我国南方和印度以稻米为食物的人群中，其基因拷贝数目最多，为9～15个；而在畜牧业发达地区以肉和奶为食物的人群中，基因拷贝数目最少，只有2～5个。这说明人类唾液淀粉酶基因扩增的多少，是受食物性质所诱导的，在基因水平上也存在“用进废退”的现象。

不仅如此，单细胞生物也会在DNA基因水平上表现出“用进废退”。我们知道，许多酵母是以葡萄糖为能源。若仅提供半乳糖，酵母可通过4种酶（另有3个调控基因）先将其转化为葡萄糖（共7个基因负责半乳糖的转化）。可是，在日本有一种生活在树叶上的新酵母（*Saccharomyces kudriavzevii*），它不能利用半乳糖，发现与半乳糖代谢的7个基因序列部分丢失或残缺不全，而邻近的其他基因完好无损。如此看来，“用进废退”是生物的一个能量自我调整过程，符合生态学能量分配法则。例如，经常锻炼身体的人，骨骼密度会增大，肌肉更发达。

同样，人类的乳糖酶基因也是“可诱导基因”，该基因的开与关受乳汁食物所诱导。乳糖酶的功能是将乳糖分解为葡萄糖和半乳糖。当婴儿断奶后，体内逐渐不再产生乳糖酶。有些成年人完全丧失了乳糖消化的功能，当饮用牛奶时会出现腹泻、胀气等症状。然而，畜牧区的许多人，因为奶和奶制品的食物诱导，在调控基因的帮助下，会重新打开乳糖酶基因。甚至畜牧区的有些人从婴儿到成年因一直在吃奶制品，其乳糖酶基因就没有关闭过。因此，在欧洲、中东和美洲以畜牧业为主的人群中，其乳糖酶基因活跃的频度高达55%～90%；而亚洲和非洲以农耕为主的人群中，该基因活跃的频度很低，仅为1%～20%。

人们早就知道，应激性是生命的特征之一。在生物进化中，我们不能忽视动物的视觉对环境刺激的主动响应。动物通过视觉可感知进化压力，然后在生理和形态结构上产生响应。一般是环境刺激在先，形态响应在后。

1960 年，康奈尔大学的科研人员做了一个观察实验。在一个两端开有孔洞的玻璃箱中，把家蝇的蛹和寄生蜂放在箱内，10min 后取走家蝇的蛹，进行孵化观察；然后再更换另一批新蛹。这个实验持续了近 40 周。实验结果发现，孵化出来的家蝇和寄生蜂的种群数量变动趋势，近似于猎物和捕食者的周期波动，家蝇基本没有感觉到进化的压力或紧迫感。他们仅把这个实验作为对比实验。

然后，他们改进了实验，将 16 个箱子用管道连接起来，一次性放入家蝇蛹和寄生蜂，以及食物和水。在连续观察 38 周后，他们发现，在实验的中后期，家蝇的种群一直处于优势地位，把寄生蜂的种群数量压得很低。

这个实验说明，家蝇在没有压力的情况下，不会轻易地进化；而面对危险的环境时，家蝇会主动产生进化与适应。假如第 2 个实验继续做 100 周或更长的时间，会出现什么样的结局呢？另外，在第 2 个实验中，家蝇的基因发生突变了吗？笔者认为是没有的。当家蝇在箱内看见了自己同伴的蛹，被寄生蜂产卵后，新孵化出来的不是蝇而是蜂，它会感到一阵紧张甚至是恐惧，它的大脑接收了这个带有刺激的环境信号，并保持着记忆。在它所产生的卵和幼虫阶段都仍然保持着这个记忆，直到幼虫再次化蛹的阶段，这个带刺激性的记忆才开始表达为蛋白质重新排列的新特征，即家蝇蛹壁的厚度加厚，让寄生蜂的产卵器锥不动。每代家蝇都保持这种记忆，其基因可能没有突变，应该属于表观遗传的范畴。

由家蝇主动适应环境的实验，笔者就联想到一个比较经典的生物进化的例子，那就是桦尺蠖（胡椒蛾）主动适应环境的现象。19 世纪 40 年代，英国工业化污染日趋严重，环境问题开始显现。1858 年，桦尺蠖的黑化率仅为 5%；可到了 1897 年，英国污染相当严重，黑化率已达到 95%。

但是，自 20 世纪 50 年代开始，由于加大了环境治理力度，生态环境好转，后来，黑化率又降回到了 5%。这是一个很明显的问题，是桦尺蠖主动适应正在改变的环境，通过增加翅膀的黑色素，提高保护色的效果，这本来是属于表观遗传问题。可是，长期以来，许多人认为这是由鸟类捕食者选择的结果。在他们看来，桦尺蠖的眼睛是个“摆设”。甚至有人认为，这是基因的定向突变！一般来说，突变是不能进行回复突变的。实际上，人们到今天也没有找到桦尺蠖保护色的突变基因。在“DNA 狂热”或称为“基因决定论”的时代，一切生物变异的现象都得用基因来解释。

以上所举事例都是他人的材料，笔者自己在多年前也亲自观察到了一个昆虫拟态的例子。樟树在我国长江流域及以南地区广布，青凤蝶（*Graphium sarpedon*）的幼虫非常喜欢啃食樟树的幼叶。十多年前，笔者在金寨农村发现一棵樟树的幼叶被啃得很厉害，但却看不到虫子在哪里。当笔者戴上眼镜之后，才发现 3 只又肥胖又绿的青凤蝶幼虫趴在老树叶上，通过保护色隐蔽得很好（图 2.1A）。到了夜晚，它们会爬上枝条顶部啃食幼叶，白天在老叶片上休息。一旦进入化蛹期，它们爬到老叶片的背面结蛹。你会发现，青凤蝶蛹的形态是模仿樟树叶片的，它把植物分类学中关于樟科的关键特征“离基三出脉”，模仿得惟妙惟肖（图 2.1B），甚至连叶柄都模仿了。这说明幼虫的眼睛“观察”得很仔细，“记”得牢。但是，它们在模仿叶片的时候，却少了一段叶片中上部的主脉。请问，青凤蝶的拟态蛹，为什么会少了一段叶片主脉呢？

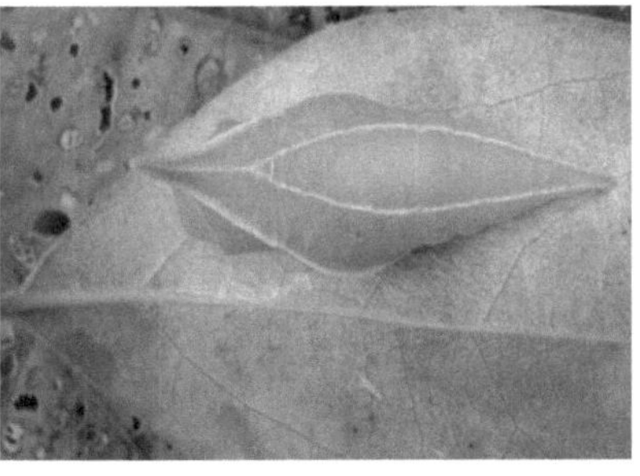

A　B

图 2.1　樟树叶上青凤蝶的幼虫和蛹

A. 3 只幼虫；B. 1 只蛹

因为它们在白天睡觉时，把这段主脉严严实实地压在了身下，看不见了！

我们再看看食虫植物猪笼草，它是如何适应新环境的。生长在我国海南岛的猪笼草是比较常见的，植物园的温室里常有栽培。它的叶片先端的主脉继续生长，形成瓶状或壶状的吊桶，边缘还生长一个盖子。用来吸引昆虫的蜜腺生长在非常光滑的桶口的内侧，以便于昆虫在寻找蜜腺时，极容易跌落在桶中，被消化吸收。

然而，在东南亚热带雨林的高海拔山地中，生长有 2 种猪笼草，由于在林下相对阴湿寒冷的环境中没有昆虫可捕，它们便转而与小型树鼩进行合作。这种体型最小的哺乳动物也喜欢吃糖汁，这里的猪笼草把吊桶“设计”得很大，一种猪笼草的吊桶像“马桶”，另一种猪笼草的吊桶像一个宽口“大喇叭”，但它们的吊桶盖都“设计”成垂直向上，并且比较大。在盖的内侧表面分布有大型分泌糖汁的泡状细胞，当树鼩跳上“马桶”后就能闻到香味，及时舔吸这些泡状细胞，受到刺激后，所有的分泌细胞都分泌糖汁。而猪笼草不是杀死树鼩，它只想从树鼩那里获得粪便，以补充氮素。因此，猪笼草在糖汁中“偷偷地”添加一种针对树鼩十分有效的泻药。在树鼩舔吸糖汁后不一会，它的肚子开始作响，等再过一会儿，它就憋不住了，就会把粪便拉在“马桶”里。至此，猪笼草想要吃“肉”（或氮素）的“愿望”就实现了。

我们不知道，环境信息是如何诱导这两种热带猪笼草通过改变叶片的捕虫器官的形态结构来适应新环境的？更加神奇而不可思议的是，猪笼草又不是“医生”，它是怎么知道哪种泻药对树鼩有特效呢？有些人认为，生物进化就是一个不断试错的过程。如果是这样的话，猪笼草需要等多久才能得到树鼩的粪便呢？

纵观整个生命世界，大家共享第一套遗传信息系统的 64 个密码子。生物协同进化中的互惠共生现象，在“你中有我，我中有你”这种相互“讨好”对方的生存模式中，笔者总觉得，好像是一方的细胞能够“读懂”或“破译”对方的细胞遗传密码。通俗地说，“三联体密码子”是所有生命体细胞的“官方语言”。一方的基因组能“听懂或理解”对方基因组有关结构与功能的信息。否则，许多协同进化的神奇现象，是无法解释的。

（四）生物的表型是如何确定的

在生命世界里，由基因控制的遗传性状是代代相传的，而由表观遗传控制的遗传性状只能连续遗传2～4代。然而，有些生物因环境的影响导致性状的改变却是不遗传的，我们称为环境饰变。在植物与环境相互作用中，环境饰变是比较普遍的现象。

我们都知道，植物的表现型=基因型+环境+基因组与环境互作。我们也可用公式来表达：P=G+E+GE。

对植物来说，营养状况和环境条件会影响植物的形态结构。一种植物在各种不同的营养状况和环境条件下所表现出来的形态结构变化幅度，称为表型可塑性。环境饰变属于表型可塑性。一般来讲，植物营养器官的表型可塑性较大，而生殖器官的表型可塑性较小。

凤眼莲（水葫芦）是大家很熟悉的植物。在一般的、不太肥的水体中养殖水葫芦，它的叶柄中部会膨大成空心的球形，因而得名水葫芦，这个球具有浮漂的功能（图2.2A）。当把水葫芦养殖在有机质非常丰富的水体中，它们会疯长，相互拥挤，叶柄特别长，完全没有球形膨大的部分（图 2.2B）。野外观察发现，水葫芦的两个极端形态都不遗传，通过改变水体营养或种群密度，它们会立即向着中间过渡状态发生形态改变，甚至最终实现形态的逆转与互换。

A

B

图2.2　水葫芦植株的环境饰变

A. 稀密度缺乏营养；B. 高密度富营养

不仅植物有环境饰变，动物也会出现环境饰变。大约2009年，中央电视台科教栏目播放的一个节目，为美国海洋科学家做的动物行为学实验。该科学家用长宽各10cm的黑色和白色小瓷砖，建造了一个小型水池，先在池底铺上沙子，再灌满水，然后放入几尾牙鲆（鲆科，双眼同在左侧）。没过多久，牙鲆就适应了新环境，它们可以停在沙子上休息。

当他用水泵抽出沙子，池底露出了黑白相间的小瓷砖后，牙鲆立即感到了紧张，池底的色斑与自己身体色斑反差太大，牙鲆就不敢停留在池底，每天的白天到处游动，实在是游不动了才在池底稍作休息。这种状态大约持续了一个月，科学家惊奇地发现，在牙鲆的身上逐渐显现出乒乓球大小的黑色圆斑。

牙鲆的保护色在这么短的时间里就发生了变化，该实验说明环境信息的视觉刺激能够产生适应作用。牙鲆通过眼睛接收环境信息，再经过大脑引起副交感神经兴奋，使得垂体分泌激素，让黑色素模拟环境重新分布并加深颜色。这个过程是一个主动的适应，但不会牵涉到基因突变。如果把这些具黑色圆斑的牙鲆再放到有沙子的水池里，它们的圆斑会很快消失。说明这些牙鲆的应激适应，应属于环境饰变。假如这些牙鲆的后代连续几十代或更长时间在这样的新环境生活，它们的幼鱼身体的色斑会发生改变吗？

虽然生物的性状和特征，有遗传的、短期遗传的和不遗传的，但可遗传的是主流。然而，当一个生命体处于一个变化着的和不可预测的开放的环境中，它是如何巧妙地调整自己的？正如《自私的基因》一书所说，一切生命体的“智慧”都蕴藏在基因组之中。

四、基因组时代的进化观

（一）基因决定论的时代已经过去

在20世纪早期，生物学处于“一个基因一个酶”的时代。到了20世纪中期，遗传学流行“一因多效和多因一效”的原则。可在20世纪末，生物学似乎处于“基因决定论”的时代，一切生命现象，都要用基因来解释。

当然，被子植物的叶序，如互生、对生和轮生，绝大多数的叶序是由多基因决定的，叶序为典型的多因一效的表型，是分类学的重要依据。一般来说，一种植物、一个属甚至有些科的植物，只有一种叶序。然而，像菊科的菊芋的叶序似乎与基因组无关，因为在同株植物上，有时候互生、对生和轮生3种叶序同时存在，叶序类型完全由环境空间的拥挤程度来决定。而像桃金娘科的桉树，一生中有2种叶序，未开花的幼苗因未性成熟，为交互对生叶序。成年大树全部为互生叶序。这说明桉树的叶序由多基因决定，并受到性激素和生长素的调控。不仅如此，在老树干上萌发的新枝条，在早期几年中是交互对生叶序，说明营养条件间接地影响基因功能的表达，从而改变顶芽的生长素浓度，以实现对叶序的调控。

据观察，最有趣的叶序现象，非榆树（*Ulmus pumila*）莫属。它是榆科的落叶大乔木，高达25m，在我国北方算是被子植物中最高的树种。榆树早春开花，榆钱即翅果4～5月成熟，落地后遇到雨天立即萌发。当年生（一年生）的幼苗为交互对生叶序，即每节生长2枚叶片（图2.3A）。然而，从第二年春天开始，一直到50～70年后死亡，榆树终生都是互生叶序（图2.3B）。

那么，为什么榆树只有一年生的幼苗是交互对生的叶序呢？这样的交互对生叶序有什么益处呢？一个偶然的机会，笔者想拔一棵榆树苗带回金寨农村去栽，以后吃榆钱更方便。令笔者没有想到的是，不足40cm的二年生榆树苗，竟然拔不出来，在回家拿了铲子后把它挖出来了。令人震惊的是，树苗地下部分是地上的2倍以上，接近3倍！此时，笔者突然明白了，榆树的基因组设计出2个叶序表型，在第一年里始终表达对生叶序的基因，通过叶片数量的加倍，提高光合作用面积；通过交互对生，使得上下叶片尽量不要相互遮光；同时叶片保持水平生长，与光线垂直。从而保证有更加丰富的营养往根部运输，让根尖使劲往深处生长。这样，为将来长成参天大树打好牢固的根基。

A

B

图 2.3　榆树叶序的发育规律

A. 一年生交互对生；B. 二年生以上互生

此外，小榆树苗的周围杂草丛生，竞争激烈，而交互对生叶序在增加光合营养后，也可适当保证地上部分的生长。从第二年开始，榆树打开了互生叶序的基因，永久关闭或沉默了交互对生叶序的基因。

榆树苗的所有形态变化，都是由基因组决定的。同样，裸子植物的松树，也具有树高根深的特性，小幼苗的根是地上部分的 4～5 倍。唐代诗人杜荀鹤曾对松树幼苗有过仔细的观察，并写道："自小刺头深草里，而今渐觉出蓬蒿。"这是多么精彩而生动的写照！

英国植物学家达西 • 汤普森（D'Arcy W. Thompson，1860～1948 年）在《生长与形态》一书中说："植物的叶序，是最令我难以理解的。"的确如此，被子植物约 28 万种，如此庞大的物种多样性，不正是因为位于茎端的顶芽中的"原套"结构在植物基因组的"指导"下，分化出不同位置和不同数量的"原基"所造成的吗？其中，"原基"位置的差异只有 2 种，即螺旋形排列和轮状排列。而"原基"数量的差异有多种，如 1、2、3、4、5 和多枚等。当然，仅有"原基"的位置和数量的差异，这是远远不够的。更加关键的环节，是植物基因组在何时何地进行精确表达，以便让这个"原基"发育成叶片、花萼、花瓣、雄蕊和心皮等器官。

从本质上说，被子植物的多样性是发生在顶芽（侧芽）中，这里是植物基因组"表演"的大"舞台"。但是，这个"舞台"是露天的，会受到各种环境因素的影响。

（二）模式生物的基因组说明什么

21 世纪，生物学进入了高速发展期，基因测序、基因克隆、基因敲除和基因编辑等技术都非常成熟。正如人们预期的那样，21 世纪是生物学的世纪，是基因组的时代，也有人称后基因组时代。

目前，基因组学的研究所涉及的模式生物共达 30 余种。其研究的成果和结论都是支持生物进化论的。至少从以下 3 条研究结论，可看出基因组学对生物进化论的贡献。

结论 1：越是高等（复杂性）的生物，基因数目和蛋白质数越多。大肠杆菌，碱基数：4.6×10^6 bp；基因数：4500；蛋白质数：2000～3000；酵母，碱基数：1.3×10^7 bp；基因数：6600；蛋白质数：4000～5000。人类，碱基数：3×10^9 bp；基因数 30000；蛋白质数：约 20000。由此可见，生物的等级（复杂性）与其基因组的大小呈正相关。

结论 2：基因数目的多与少，不能简单地对应于生物体的复杂性。线虫和果蝇的基因数目（约 12000），仅是酵母（约 6000）的两倍；人和鼠的基因数目（约 30000），是线虫和果蝇的两倍多。然而，从结构上看，线虫和果蝇比酵母何止高 2 倍的复杂程度；同样，人和鼠要比线虫和果蝇复杂得多。

结论 3：越是高等的生物，非编码 DNA 所占的比例越大。在人类的基因组中，有 95% DNA 不参与编码蛋白质。人们一直在思考，为什么会是这样呢？目前，有一些人专门研究非编码 DNA 或 RNA。一旦人们研究清楚了某个非编码 DNA 基因在何时失去编码功能的，以及知道它原来的功能是什么，这样的研究成果会对解读生物进化史具有重要的意义。

早在 2000 年，人类基因组的草图就已经绘制完成。那么，人和小鼠的基因组差别在哪里？根据 *Nature*（2020 年 7 月）有关人和小鼠的功能基因最新的研究，2003～2017 年，相关科研人员分 3 个阶段完成了人类基因组中的基因功能测试。在人类的基因组中，发现具有 20225 个蛋白质编码基因；37595 个蛋白质非编码基因；而人类的基因调控元件有 90 万个。在小鼠的基因组中，具有 21978 个蛋白质编码基因；32168 个蛋白质非编码基因；然而，小鼠的基因调控元件只有 30 万个。

原来，人类与小鼠的差别不是在基因数目上，而是在于基因调控元件上。人类的一个基因平均有 45 个调控元件，而小鼠却只有 15 个。差别在这里。

截至目前，除了模式生物外，人们还研究了大量的其他生物的基因。那么，在万物共组的方面有哪些分子证据呢？在三域或五界生物系统中，共有的基因约 500 个。同时，人们发现，与合成解码 mRNA 有关的蛋白质中，就有一段序列可称之“不朽的基因”。例如，在人类、番茄、酵母、古细菌和细菌 5 种生物中，共有一种称为延伸因子 1-α 的一小段蛋白质序列，其中如“-D-PGH-D-KNMITG-Q-D-L-”14 个氨基酸，在 30 亿年来都没有发生改变过。因此，人们形象地称为“不朽的字母（基因）”。因此，基因组的研究成果支持了生命世界的统一性，这与达尔文的万物共祖的观点不谋而合。

在遗传密码里，每个三联体会有 9 种突变组合，那么，$64\times9=576$。在 576 种突变组合中，有 135 种（23%）属于同义突变，而有 441 种（77%）为非同义突变。因此，在理论上讲，非同义突变大于同义突变，比例为 3∶1。

但是，在自然界中，人们发现，非同义突变远远小于同义突变，其比例是倒过来的，为 1∶3。这样看来，自然选择的真正作用主要是一直在“维稳”，让大量的突变变得无效，而不是鼓励或追求基因的有效变异。为什么生物界会存在着大量的同义突变呢？因为同义突变在进化上的意义是放慢进化速度，让物种在相当长的时期处于“稳定”的状态。但是，一旦生存环境发生改变，物种必将发生快速的定向选择与进化。

在过去，人们一直过于强调随机突变在生物进化上的意义。然而，*Nature*（2022 年 1 月）报道，突变不是随机的，突变出现的区域有明显的规律性。从实际情况看，也的确是这样。例如，禾本科的作物，会在有芒和无芒的品种之间进行频繁的突变。如果是豆科或十字花科的作物，非要让它的花被片突变出一个长芒，那简直是天方夜谭。因为它们根本就没有突变成长芒的可能性。

（三）生物进化机制的新观点

近些年来，生物进化论的研究领域十分活跃，各种新观点、新学说和新成果不断涌现。像《生物自主进化论》和《生物进化双向选择原理》等，都是值得一读的。其中，笔者对《生物进化的信息机制》一书中的观点，颇有同感。该书提出了生物进化的两种模式、三个信息系统以及五种进化机制。

两种模式是指硬进化和软进化。其中，硬进化是指生命体物质内涵方面的进化，表现为形态与器官功能的完善与提高；硬进化由自然选择判定，为适者生存。而软进化是指生命体信息（基因、心理、文化等）内涵方面的进化与扩增，表现为心理与感觉能力的改进与提高；软进化由“自我选择”后再经自然选择的判定，为“智者生存”。

生命信息是指一个物种的个体从生长发育、生理维持、生存行为、社会活动、繁衍生殖至死亡的整个生命过程，所需和所用的全部信息，共分为三个信息系统。第一个是遗传信息系统：是所有生物共有的。第二个是心理信息系统：从脊椎动物开始出现，或节肢动物开始，即有了脑神经节就算作有心理信息，像聪明的章鱼肯定是有心理信息的。第三个是文化信息系统：高级哺乳动物也会有原始的文化，只是程度比较低，这取决于文化的概念到底应该怎么定义，像灵长类动物的一雌多雄或一雄多雌的婚配制度难道不能算作它们的原始文化？

从人类遗传学来看，在各上下代之间，虽然每个人的染色体数目和基因组的总量大小同上一代保持不变，但其祖先的数目却是突然加倍的，即呈指数增长（图 2.4）。

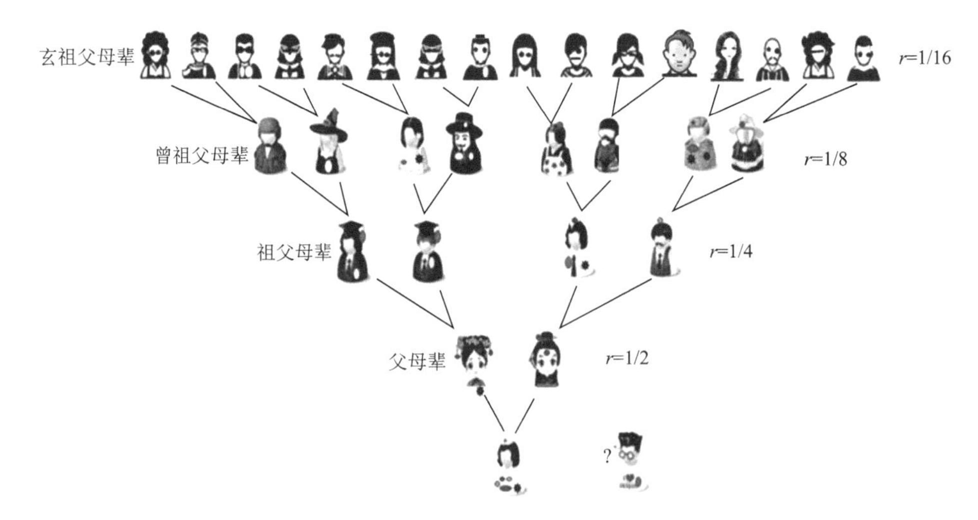

图 2.4　一个人的各代祖先的数目变化示意图

r 为亲缘系数，仅列出 4 代

再仔细看看这幅图，也许你就突然明白了古希腊哲学家柏拉图（Plato，公元前427～公元前347年）的三个哲学命题，“我是谁？”和“我从哪里来？”，然而，至于“我要到哪里去？”这第三个命题，进化生物学却无法预测。因为一个人的人生旅途的终极目标，是由一系列重要和关键的选择所决定的，当然也有机会和命运的成分。但从生态学看，人像动植物一样，人生的本质就是一个“吃土还土”的过程。因此，人生是短暂的，我们要理性地把握好自己的生命时光，只争朝夕。

从进化论的角度看，通过父母的基因组“洗牌”，除同卵双胞胎外，在世界上，我们每一个人都是独一无二的。同父亲或母亲相比，除近亲结婚的子女外，每个人一半的基因组是全新的。只要肯努力，你比你的父母会更加出色。因为在你的自信、自强与成功的背后，有双倍的祖先们的基因组作为先决条件和基础。这也验证了人们常说的“一代更比一代强”这句话。不仅如此，当今人类社会与科学技术的飞速发展和进步，除了与历史文化传承和生产力进步有关外，还与人类的基因组在代际的无限重组和手脑互动的作用都有关系。

因此，有性生殖可使得生物进化保持加速的状态，基因组的重组是生物进化的最大动力，为适应提供了多样的机会。

五种进化机制：突变-遗传机制、生殖重组机制、基因扩容机制、基因-心理转译机制和基因-文化进化机制，见表2.2。

表2.2　生物进化的五种机制类型

进化机制类型	进化机制的本质	适用范围	进化学说
突变-遗传机制	基因突变，染色体畸变	所有生物	达尔文进化论
生殖重组机制	减数分裂，基因重组	有性生殖生物	达尔文进化论
基因扩容机制	基因组扩增，基因加倍	真核生物	拉马克学说
基因-心理转译机制	个体经验信息和环境信息内化为心理信息	脊椎动物（中枢神经系统）	经验/先验心理（本能和意念） 拉马克学说
基因-文化进化机制	生存经验和认知转化为文化产物，由社会传承	人类文化与人类社会	多元文化载体 拉马克学说

注：此表引自韩明友（2016），略有修改

关于突变-遗传机制和生殖重组机制，大家非常熟悉。至于基因扩容机制，通过前面提到的淀粉酶基因的加倍所证实。对于基因-心理转译机制，在社会性寄生动物中，像杜鹃鸟自己不育雏，它把卵产在另一种鸟（柳莺、岩鹨等）的巢穴中，依靠其他鸟的代孵化和代养育的生活方式。可是，杜鹃幼鸟在眼睛都未睁开的情况下，把代妈妈的卵或幼鸟推出巢外，这种“恩将仇报”的“邪恶基因”已经固化在杜鹃的基因组里。另外，小鸡对老鹰的恐惧已经刻到基因组里。已经有动物行为学的实验证实，新孵化的小鸡对老鹰纸板模型都感到恐惧。但目前，尚无分子生物学实验来证实。对于基因-文化进化机制，则可以通过不同民族的儿童学习自己的母语，要比学习其他的民族语言要容易得多而得到证实。

（四）基因组时代的进化观

说到这里，已经谈了不少关于生物进化的理论与案例。那么，在 21 世纪，基因组时代的生物进化观，到底是什么呢？

（1）自然选择/适者生存，这两者不是各自独立的，而是同一个事件的两个方面（即环境与生物两大客体如同一枚硬币）。从环境的角度看是自然选择的过程，若从生物的角度看是主动或被动适应的过程，两者没有先后之分。从野外实际观察的情况看，自然选择具有两面性：十分恶劣的环境是一把“筛子”，会淘汰一些生物或个体；而相对温和的环境则是“导航员”，会发挥“引导”、“诱导”或逆境“塑造”作用。同样，自我选择/智者生存，也是如此。生物进化是一个既含被动，又含主动的双向适应过程。

（2）物种是客观存在的，是繁殖单元和分类学的基本单位，而种群享有共同基因库，是进化的基本单元。新物种形成的隔离机制，具有多样性。

（3）生物的高级类群的进化是无目的性和方向性的，通常为辐射适应进化，以占据更多的生态位；但是，生物的物种和种群以及个体的进化（适应）是有方向性的，因为它们直接与特定的生态环境相联系。但事实上，生物的高级类群是虚拟的，人为设置的，所有高级类群的进化，是通过种群（含地方特有物种）进化的积累而实现的。所以说，自然选择/生物适应，是有方向性的。因而，生物进化和生物演化是同义词。此外，生物进化不是匀速的，除了微进化以外，存在着“飞跃”的大进化。

（4）进化机制，除了基因突变、基因扩容、心理的与文化的进化外，在种群世代间的基因重组过程中，不仅出现了种群内的和物种内的基因组之间垂直混合，而且存在着大量的被微生物或病毒的基因组所进行的种间水平转移，这是生物界加速进化的主要原因之一。

（5）生物进化的动力，除了达尔文的自然选择和生存竞争外，还有捕食作用、种群内的互惠合作和种间的互利共生。

（6）地球上的生命是万物共祖。但生物进化之树不是原来想象的“橡树”的形状，而是呈“红树林”的模样，这是由基因的水平迁移所致。

总而言之，达尔文当年创立的自然选择、适者生存、生存竞争与万物共祖等理论，仍然是当今生物进化论的牢固根基。同时，随着表观遗传学、逆境生物学和生态学等新学科的发展，人们对拉马克学说的态度大有改变，至少要承认生物具有主动适应环境的能力，以及生物器官（分子）的用进废退法则，这些都符合生态学的能量权衡原理。

今天，我们不仅要坚信生物进化论，更重要的是要进一步发展和丰富生物进化论。在基因组时代，我们要拥有一个更加科学而全面的生命观和进化观。

展望未来，在不远的将来，随着“量子生命科学”的发展，必将会揭开生命本质的最后一层面纱。艾尔-哈利利（J. Al-Khalili）在《神秘的量子生命》一书中写道：“任何研究足够深入，一切事物都是量子的。没有量子态物质，就不会有生命。”薛定谔（Erwin Schrödinger, 1887～1961 年）曾说：“生命是量子的，生命的秩序是来自有序的有序。生命世界位于牛顿力学与量子力学的边缘。”如果真是这样，一个复杂的生命体应该包括两个部分，一半是肉体，一半是精神（意识）。从研究手段看，前者适用于牛顿力学，后者适用于量子力学。然而，一个生命有机体，是一个完整的、复杂的、开放的生命系统，必须由牛顿力学与量子力学共同携手来研究，方能揭开生命现象的本质与生物进化之秘密。

主要参考文献

安德烈亚斯·瓦格纳, 2018. 适者降临[M]. 祝锦杰, 译. 杭州: 浙江人民出版社.
巴顿 N H, 布里格斯 D E G, 艾森 J A, 等, 2010. 进化[M]. 宿兵, 等译. 北京：科学出版社.
董仁威, 2016. 生命三部曲：自然进化[M]. 合肥: 安徽教育出版社.
韩明友, 2016. 生物进化的信息机制: 对拉马克、达尔文理论的机制概括与拓展[M]. 北京: 高等教育出版社.
胡安·恩里克斯, 史蒂夫·古兰斯, 2021.重写生命未来[M]. 郝耀伟, 译.杭州: 湛庐文化/浙江教育出版社.
吉姆·艾尔-哈利利, 约翰乔·麦克法登, 2016. 神秘的量子生命: 量子生物学时代的到来[M]. 侯新智, 祝锦杰, 译. 杭州: 浙江人民出版社.
杰里·A.科因, 2009. 为什么要相信达尔文[M]. 叶盛, 译.北京: 科学出版社.
克鲁泡特金, 1984. 互助论：进化的一个要素[M]. 李平沤, 译.北京: 商务印书馆.
理查德·道金斯, 2012. 自私的基因[M]. 卢允中, 等译.北京: 中信出版社.
理查德·道金斯, 2014. 盲眼钟表匠: 生命自然选择的秘密[M]. 王道还, 译. 北京: 中信出版社.
诺布尔 D, 2010.生命的乐章：后基因组时代的生物学[M]. 张立藩，卢虹冰, 译.北京：科学出版社.
彭新武, 2005. 造物的谱系: 进化的衍生、流变及其问题[M]. 北京: 北京大学出版社.
尚玉昌, 2014. 动物行为学[M]. 2 版. 北京: 北京大学出版社.
王德利, 2009. 进化生物学导论[M]. 北京: 高等教育出版社.
肖恩·卡罗尔, 2012a. 无尽之形最美：动物建造和演化的奥秘[M]. 王晗, 译. 上海: 上海科学技术出版社.
肖恩·卡罗尔, 2012b. 造就适者: DNA 和进化的有力证据[M]. 杨佳蓉, 译. 上海: 上海科技教育出版社.
薛定谔 A, 2012.生命是什么[M].罗来鸥, 罗辽复, 译.长沙：湖南科学技术出版社.
赵功民, 1996. 遗传的观念[M]. 北京: 中国社会科学出版社.

第三讲　植物改变我们的生活

赵　忠 教授，植物学家，中国科学院引进专家。

在我们赖以生存的这个星球上，存在着各种各样的生命形式。科学家们试图用分界的方式将它们区分。然而，无论是最早提出的二界系统（动物界、植物界），还是三界系统（动物界、植物界、原生生物界），抑或是影响更大的五界系统（动物界、植物界、真菌界、原生生物界、原核生物界），“植物”无疑是生物圈中一个不容忽视的庞大的类群。作为“氧气制造厂”与“初级生产者”，地球上众多的生命依赖着植物生存。科学家们正不断努力了解植物，也致力于培育优良品种。如今，植物对于人类社会愈发重要，它们正以各种各样的新身份与新模样，出现在各个领域中。

一、有趣的植物

（一）植物的进化

地球上最早出现的植物属于菌藻类，其中细菌和蓝藻无疑是最原始的类群，菌藻类植物一度非常繁盛。到了4.38亿年前的志留纪，地球表面环境发生了很大的变化，植物由水域向陆地发展，绿藻进化为苔藓植物和裸蕨植物。3.6亿年前的石炭纪，盛极一时的裸蕨植物灭绝，代之而起的是石松类、楔叶类和真蕨类等，形成沼泽森林。距今2.8亿年前的二叠纪早期，地球表面大部分地区出现酷热、干旱的极其恶劣的气候环境，大部分石炭纪兴盛的主要植物因不能适应极端的环境变化而趋于衰落和灭绝，而裸子植物开始兴起，进化出管胞输导水分，形成茂密的森林。在距今1.4亿年前白垩纪开始的时候，被子植物从裸子植物当中分化出来，以惊人的速度“迅速”取代了曾一度占优势的蕨类和裸子植物，它们已发展成为目前植物界最繁盛和最庞大的类群。据估计，世界范围内现存约391 000个植物物种，被分为种子植物、蕨类植物、苔藓植物、轮藻、红藻和绿藻等植物（图3.1）。近年来，中外科学家合作发现了一个新型独特的藻类，称为华藻门。

植物的多样性造就了许多神奇的植物。比如，在亚洲东南部生长着的大王花是世界上最大的花，有“世界花王”的美誉。在东亚地区生长的赛黑桦（*Betula schmidtii* Regel）木质坚硬，比橡树硬3倍，甚至比普通的钢还要硬1倍，是世界上最硬的木材，人们把它用作金属的代用品。孟加拉国的一种榕树，它的树冠可以覆盖约15亩的土地，有一个半足球场那么大。美国加利福尼亚的巨杉，平均高度约100m，其中最高的一棵高达140m，直径12m，树干周长为37m，需要20多个成年人才能抱住它，它的树龄也达到了3500年以上。

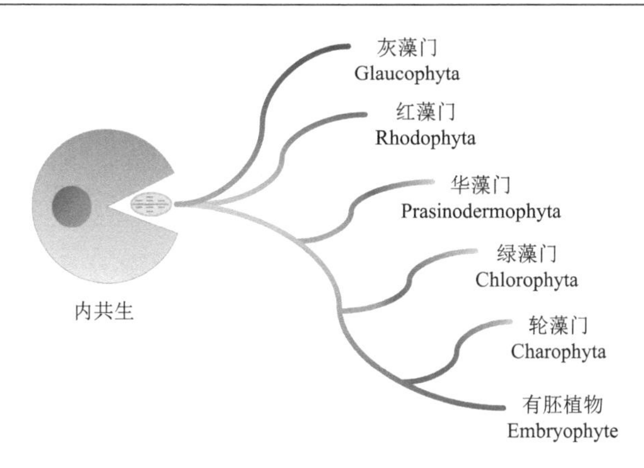

图 3.1　一个新的植物界进化树状示意图

（二）植物的重要性

植物是地球上生命存在和发展的基础。绿色植物产生了动物生存不可缺少的氧气，人们常将绿色植物比喻为大型氧气制造厂。通过光合作用，绿色植物在消耗掉大气中积累的二氧化碳的同时，每年约释放出 5.35×10^{11} t 氧气。1773 年，英国科学家普里斯特利（J. Priestley，1733～1804 年）做了一个有趣的实验：他把一只小白鼠单独放到密闭的玻璃罩里，小白鼠很快就死了；而当他把一盆植物和一只小白鼠一同放到一个密闭的玻璃罩里，并置于阳光下时，小白鼠却活了较长的一段时间。动物呼吸释放的二氧化碳是植物光合作用的原料，而植物光合作用产生的氧气，除了满足自身的需要外，还供给了动物用于呼吸。

植物也是自然界中的第一生产者，即初级生产者。地球上的植物每天通过光合作用将约 3×10^{21} J 的太阳能转化为化学能，固定空气中的二氧化碳，生成包含高能量的碳水化合物，作为植物本身以及其他异养生物的营养和活动的能量来源，我们将其用为“食物”。甚至，我们当今社会所利用的主要能源物质煤炭、石油和天然气等，也是以已经死去几千万年的植物通过光合作用而积累的碳水化合物为反应物，经过一系列复杂漫长的生物变化和化学变化而形成的。

植物还可以产生许多复杂的化合物，比如维生素 A、咖啡因、吗啡等，有着广泛的医疗和工业用途。例如，青蒿素就是其中的代表之一。1972 年，屠呦呦（1930 年生）和她的同事在黄花蒿中提取到了青蒿素。对于植物而言，青蒿素作为次生代谢产物可以帮助它们抵御细菌侵害，我们则将其应用于治疗疟疾。青蒿素是目前抵御疟原虫耐药性效果最好的药物，以青蒿素类药物为主的联合疗法也是当下治疗疟疾的最有效、最重要手段，屠呦呦也因此获得 2015 年诺贝尔生理学或医学奖。随着研究的深入，青蒿素的其他作用也越来越多地被发现和应用，如抗肿瘤、治疗肺动脉高压、抗糖尿病、抗真菌、调节免疫、抗病毒、抗炎等多种药理作用。

此外，植物在调节气温、保持水土、净化大气和水质等方面均有着极其重要的作用。可以说，植物为地球上绝大多数生物的生长发育提供了必需的物质和能量，也为它们的产生和发展提供了更加适宜的环境。

二、植物带来的思考

（一）关于“cell”

细胞首次被“看见”便是在植物中。1665 年，英国科学家罗伯特•胡克（Robert Hooke，1635～1703 年）用自制的光学显微镜观察到软木薄膜由许多小室组成，状如蜂窝，将其称为“细胞”（原意为小室），即英文“cell”。这个观察启发了人们广泛的思考：生命体生物学功能的执行是否以“cell”为基本单位？这直接导致了我们至今沿用的“细胞学说”基本概念的产生。

（二）什么是病毒

人类最早发现的病毒，烟草花叶病毒（tobacco mosaic virus，TMV）（图 3.2），也同样是在植物学研究中被发现的。

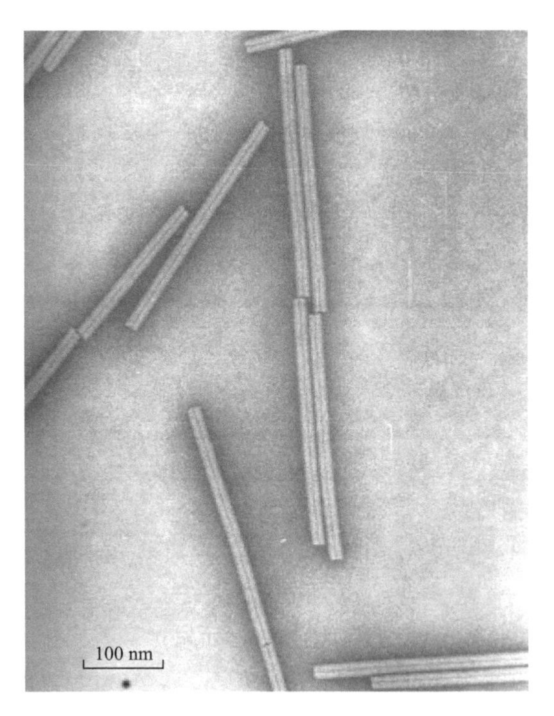

图 3.2　电子显微镜下观察的烟草花叶病毒

19 世纪，很多种植烟草的农民都有着这样的烦恼：烟草深绿叶子莫名其妙地出现浅绿色斑纹后会变得干瘪，使烟叶的产量和质量都受到严重的影响。于是，阿道夫 • 迈耶（Adolf Meyer，1866～1950 年）自 1879 年开始对烟草的种植展开了长时间的观察与实验研究，并将这种烟草疾病命名为“烟草花叶病”。迈耶用滤纸过滤了患病烟草的汁液，滤液涂在健康新鲜烟叶上后，新鲜烟叶也出现了斑点与干瘪的现象。他的研究证明了烟草花叶病是一种植物传染病。那么，是什么引起了这样的传染病呢？1876年，科赫（R. Koch，1843～1910年）鉴定出了炭疽杆菌，在世界上首次证明结核病是由细菌引起的，而非遗传性疾病。这一发现带来了新的热潮：动物罹患的一些疾病是因感染了某种特定的细菌造成，也就是“细菌致病理论”。受到科赫的启发，迈耶尝试探究烟草花叶病是不是也通过如细菌这样的病原体传染。遗憾的是，迈耶尝试接种了各种细菌，均未还原出烟草花叶病的症状。

继迈耶的研究之后，另一位科学家德米特里·伊万诺夫斯基（Dmitri Ivanovsky，1864～1920年）也开始探索烟草花叶病的病原体。与迈耶使用滤纸过滤不同，伊万诺夫斯基则使用了细菌无法通过的陶瓷过滤器过滤患病烟草的汁液。将滤液涂抹在未患病烟草叶片上，嫩叶依然被传染，伊万诺夫斯基对此的分析是：引起烟草花叶病的不是细菌，而是细菌的分泌物。当时，病毒本身还不被世人所知，人们相信能够通过陶瓷过滤器的只有毒素。

马丁努斯·拜耶林克（Martinus Beijerinck，1851～1931年）采取了和伊万诺夫斯基相同的实验方法，用陶瓷过滤器过滤了被感染的烟叶提取物后人工感染了健康的烟草。不出所料，健康烟草得了烟草花叶病。但与伊万诺夫斯基得到的结论不同，拜耶林克认为引起烟草花叶病的物质不是细菌分泌的毒素。他将被感染烟叶的汁液滤液反复多次稀释，并感染健康的烟草，发现大幅度稀释的滤液依然可以重现病症。因此，拜耶林克推断，引起烟草花叶病的致病物质并非无生命的化学物质，而是能够在烟草植物中增殖的生命体。为了探究致病物质是如何增殖的，拜耶林克又进行了一项对照实验，他用同样的方法过滤了健康烟草汁液，并用该滤液去稀释从被感染烟叶汁液中获得的滤液，对照组则是用无菌蒸馏水稀释，接着感染健康烟草，结果发现感染健康烟草的病症表现程度并没有差异，这意味着致病因子并没有在健康烟草叶子汁液的滤液中发生增殖，增殖似乎只在有活细胞的条件下才可能发生。拜耶林克在论文中提及该致病因子时大多使用“virus”（该词源自拉丁语，释义为“黏稠的液体”“毒素”，在中世纪晚期的英语中主要指“蛇的毒液”）表示，而只在论文题目和两个小节的标题中使用了“传染性活流质”这一术语。“传染性活流质”这一说法引发了关于烟草花叶病致病因子实体是液态物质还是粒子物质的争议。最终，在1935年，温德尔·斯坦利（Wendell Stanley，1904～1971年）成功晶体化了烟草花叶病毒的粒子，证明了引起烟草花叶病的物质是粒子性物质，为争论画上了句号。

（三）孟德尔定律

在尝试杂交以获得豌豆优良品种的过程中，遗传学的基本定律“孟德尔定律”横空出世。在孟德尔之前，人们尽管观察到生物存在遗传现象，但对遗传的本质和规律一直不清楚。

1854年初，孟德尔在修道院的花园利用8年的时间异花授粉耐心地培育了成千上万株豌豆。豌豆具有一些稳定的、容易区分的性状，比如，植株的高矮、花的颜色、豆荚的颜色、种子的颜色及皱缩与否等，孟德尔对它们进行了细致的观察。与同时代的博物学家不同，孟德尔的研究不仅仅局限于对表型的观察和描述，还创造性地将数学统计引入生物学现象分析之中，这使得他能够发现深层次规律。通过统计分析，孟德尔总结出遗传学的两个基本定律：分离定律和自由组合定律，统称为孟德尔定律。孟德尔定律可以说是遗传学的奠基，因此他也被誉为遗传学之父。

孟德尔首先从高茎、矮茎入手，尝试去获得子代均能长成高茎的品系。他收集了所有高茎植株的种子，第二年播种这些子代，剔除矮茎植株，并再次收集子代中高茎植株的种子，以此类推。重复筛选几年后，获得了子代均能够长为高茎的品系。在矮茎中进行了同样的操作后，也获得了子代均能长为矮茎的品系。

孟德尔还进行了异花授粉的尝试，他将低茎植株的花粉授给高茎植株的花，高茎植株的花粉则被授给低茎植株，结果发现两者的子代均为高茎植株。这是显性法则首次被发现。接着，孟德尔将这一批种子进行了培植，自花授粉，收集子代并在第二年播种。这一次，高茎、矮茎均有出现，统计后发现高茎植株与矮茎植株的比例约为 3∶1。

除了高矮茎，孟德尔也对于豌豆种子的皱缩与否进行了观察。表皮光滑的种子与皱缩种子杂交后，次年收获的种子均为光滑表皮。将这些种子再进行播种自花授粉后，第二年光滑种子与皱缩种子数量比例也为 3∶1。针对种子黄绿两种颜色进行相同的实验操作也得到了同样的结果（图 3.3）。孟德尔尝试分析了“3∶1”这个比例，提出了自己的理解，这便是“分离定律”，后世将其总结要点为“决定生物体遗传性状的一对等位基因在配子形成时彼此分开，随机分别进入一个配子中”。

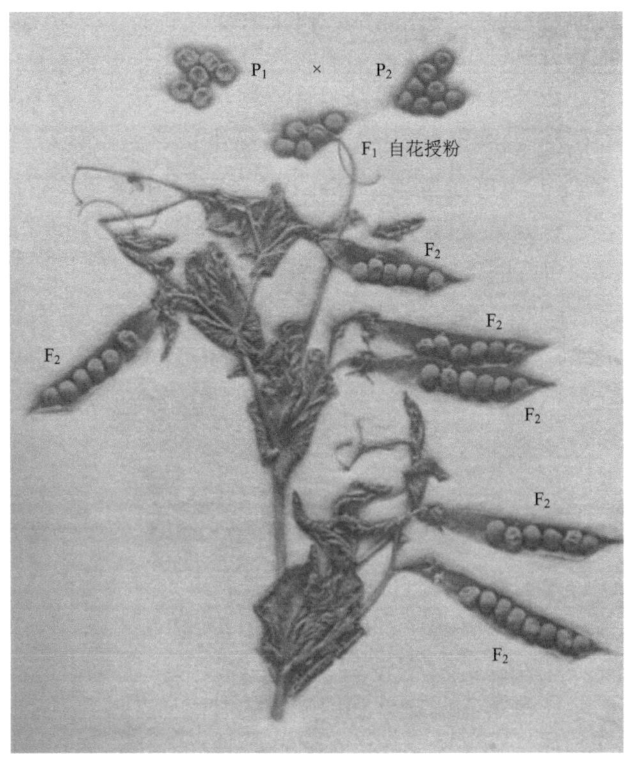

扫码查看彩图

图 3.3　孟德尔实验所用材料豌豆（具黄色与绿色、圆形与皱纹的种子）

此外，孟德尔还同时考虑了植株高矮茎、种子有无皱纹等多对相对性状，取具有两组相对性状差异的豌豆进行杂交，发现相对性状各自的遗传没有相互影响，每对相对性状单独都符合显性原则以及分离定律，这被称为“自由组合定律”，后世总结为“具有两对（或更多对）相对性状的亲本进行杂交，在子一代产生配子时，在等位基因分离的同时，非同源染色体上的非等位基因表现为自由组合”。

（四）发现转座子

冷泉港实验室的玉米地上，芭芭拉·麦克林托克（Barbara McClintock，1902～1992年）穿梭其间，欣赏着名叫“转座子”玉米的“跳跃之舞”。

在多数人印象中，玉米总是均一的金黄色，然而在美洲大陆上，同一根玉米上的籽粒颜色变化多种多样，玉米粒可以是白色、蓝色、褐色、棕红色的。带着这样的好奇，细胞遗传学家芭芭拉开展了一系列杂交实验与细胞学检测。

1944年，芭芭拉种下了一批9号染色体带有断裂端的玉米，自花授粉。细胞学检测发现，子代染色体的断裂端仍然发生在9号染色体的特殊位点，断裂之后，产生了一个具有着丝粒的片段和一个包括特殊位点在内的无着丝粒片段。正是这个无着丝粒片段的游离造成了其上携带的显性基因缺失，于是隐性基因得到了表达。从表型上看，胚乳糊粉层上无色背景显示出色素，于是就出现了玉米籽粒的不同颜色。芭芭拉认为，在这个位点上应该有一个导致染色体解离的控制因子，她将这种控制因子命名为Ds（dissociation）。当她运用“三点测交”精确测定Ds位点时，发现Ds的位置竟然是不稳定的，可以从染色体的一个位点跳到另一个位点。“转座子”概念就此诞生。实际上，Ds能否被解离，还受到另外一个激活因子Ac（activator）的调控。Ac可以促进Ds的解离，如果没有Ac，Ds无法解离。这就是著名的“Ac-Ds调控系统”。为了揭示这一系统的调控机制，芭芭拉花费了整整六年。20世纪40年代的人们刚刚接受DNA是遗传物质的概念，普遍认为DNA是高度稳定的，她的思想远超于同时代的科学家，通过缜密细致的推理为遗传学打开了新的篇章。

三、植物与新能源

（一）生物质能源

当今社会，人类依赖的常规能源包括石油、煤炭、电能等。石油与煤炭都是从植物而来，均是不可再生能源，其中石油的形成更是需要亿万年的转化，随着人类的消费，能源短缺乃至能源枯竭的警钟已经敲响，人类迫切地需要新型能源供应未来正常的生活。新型能源需要具有两个主要特点：丰富不会枯竭的储量与安全清洁的环保特性。在太阳能、风能、水能等自然能资源发展的同时，植物学家们也展开了利用植物提供清洁能源的研究。其中之一，便是生物质能的再利用。

生物质是指通过光合作用而形成的各种有机体，生物质能是太阳能以化学能形式储存在生物质中的能量形式。植物通过光合作用将二氧化碳和水结合形成碳水化合物作为主要形式，并在此过程中将太阳能储存在生物体内化合物的化学键中。植物每年固定1230亿t的二氧化碳，是地球上产量最高的生物质，其固定在生物质中的能量是全球每年总消耗量的5～10倍。其中最主要的两类生物质便是纤维素与淀粉。因此，它们也成了不可再生资源的替代品，可以通过各种途径加以利用。

直接燃烧是一种最常用、最直接的从生物质中提取能量的方式，但直接燃烧生物质属于高污染燃料能源，有悖于环保的理念，因此这种方式并不常被允许，基本只在农村大灶中使用。目前生物质燃料实际主要是生物质成型燃料，是将农林废物作为原材料，经过粉碎、混合、挤压、烘干等工艺后，制成块状或颗粒状等成形状态再用于直接燃烧的一种新型清洁燃料。此外，生物质还可以通过生物质能转化技术转化获得其他能源物质，比如常见的沼气、乙醇、生物柴油、氢气等（图3.4）。但这样的方式也存在较大的弊端，以微生物发酵技术利用生物质能为例，这种技术由于需要更大的成本去治理加工过程中产生的污水，发酵产品的价格也会随之升高，与石油这样的直接开采获得的产品相比，便失去了市场竞争优势。如何更低污染、更高效地将洁净能源从生物质中提取出来，仍然有待进一步探索。

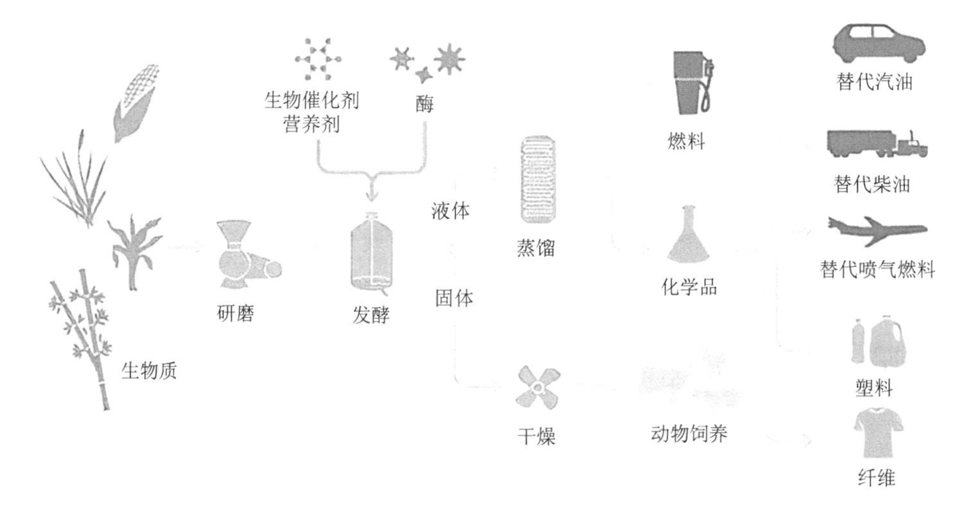

图3.4　植物生物质能的利用

（二）人工叶片

除生物质能源外，一种被认为有潜力的获得清洁能源的方式，是模拟光合作用。植物光合作用的简单过程是：利用太阳能，通过光系统电解水产生可激发电子，利用光合电子传递链推动氧化还原反应的进行，产生富含能量的还原性产物。受到这个过程的启发，科学家首先想要尝试去利用体外生物系统模拟在叶绿体中发生的过程，利用大气中富余的二氧化碳作为底物，在太阳能驱动的反应下，生成高能产物和清洁“废气”氧气，人们形象地将这种产品称为“人工叶片”。实现这样的想法必然是困难的，试想植物的光系统这样的生命体酶系统是多么庞大且复杂，当前的基因操作技术尚且未达到可以轻易构建蛋白质复合体的高水准，况且酶对环境条件的要求很苛刻，非常容易失活，生产活动中并不适用。

于是，科学家们转而去尝试用化学反应系统进行，各种不同的人工叶片接连出世。在一些设计中，稀土金属被用于催化水的光解反应，产生氢气。氢气有着高效率、低污染的特点，既可用于制造燃料电池，成为新一代无污染的高能燃料，又可以结合二氧化碳产生甲醇，冲淡人们对石油资源的依赖。“人工叶片”还有很大的发展空间，世界各国的科学家们都在不停做着新的尝试，或许在不久的将来，人工叶片将真正被应用于生活中。

（三）蓝藻的利用

蓝藻是一种能进行光合作用的原始单细胞生物，一些研究尝试通过基因改造使蓝藻能够生成清洁能源。由于它们光能自养型的属性，不用费心喂养，这使得大规模培养变得方便，有望成为理想的能源库。西北工业大学某课题组，就在2019年通过基因编辑技术研究出了一种可以向细胞外分泌蔗糖的蓝藻，并基于这一成果营造出一个类地球生态环境。实验蓝藻将合成的蔗糖排向体外后，通过循环水流可以收集碳水化合物，再经过其他工程菌的改造，便可以生产出氨基酸、维生素、能源等为人类生存提供生活能源的物质。另一个例子来自剑桥大学的一个研究团队，他们设计了一款小型“能源收割机”。这是一个仅由塑料、铝、蓝藻和水，这些简单且可回收的材料构成的生物光伏能源收集系统。蓝藻进行光合作用时产生微小的电流，可为一台微处理器持续供电。

四、植物学研究保障粮食安全

（一）粮食安全现状

粮食安全指保证任何人在任何时候能买得到又能买得起为维持生存和健康所必需的足够食品。这个概念包括了三个要点：确保生产足够数量的粮食，最大限度地稳定粮食供应，确保所有需要粮食的人都能获得粮食。

近年来，我国粮食安全保障能力得到了显著增强。随着百年变局的加速演进、国家经济建设的发展和人民生活水平的日益提高，我们同时也要清醒地认识到保障粮食安全依然面临着严峻的挑战。科技进步是驱动农业现代化，加快形成农业“新质生产力”的重要保障。植物生物技术与农业生产的结合一直以来都是推动农业生产力提升和保障粮食安全的重要基础。

（二）第一次绿色革命

纵观世界发展脉络，人类社会的进步伴随着农业的更新换代。早在新石器时代，人们便实现了从作物采集到半栽种的转变，初步有了农业的雏形。到了青铜器时代，青铜器的发明带来了锄耕式初始农业。铁器时代，更高效的犁耕代替了锄耕。300年前，英国迎来了农业革命，耕作方法的一个重要变化是作物轮作，改用萝卜和三叶草代替休耕，英国农业生产出现前所未有的增长。到 20 世纪 60 年代，“第一次绿色革命”开始了。

第一次绿色革命旨在培育和推广高产粮食品种，增加化肥施用量，加强灌溉和管理，使用农药和农业机械等方式，提高单位面积产量，增加粮食总产量。20 世纪早期，研究人员就开始通过杂交技术，选育性质更加优良的半矮化高产的小麦和水稻，这推动了 60 年代绿色革命的展开。墨西哥国际玉米和小麦改良中心筛选出了半矮秆小麦品种，菲律宾国际水稻所则得到了半矮秆“国际稻 8 号”水稻。半矮化高产的品种将更多的能量用于种子发育，更抗倒伏，辅以化肥的大量使用，极大地提高了粮食产量，适应了 60 年代亚洲和拉丁美洲人口的大量增长。

联合国粮食及农业组织发布的数据表示，1961～1990 年，世界谷物产量由 8.77 亿 t 增加到 19.52 亿 t，提高 1.2 倍，其中：墨西哥总产由 852 万 t 增加到 2556 万 t，提高 2 倍；菲律宾总产由 517 万 t 增加到 1474 万 t，提高 1.8 倍；印度总产由 8738 万 t 增加到 1.94 亿 t，提高 1.2 倍；中国总产由 1.09 亿 t 增加到 4.04 亿 t，提高 2.7 倍。

绿色革命期间，涌现了许多伟大的科学家，他们的努力拯救了在饥饿生死线上 10 亿人的生命。诺曼•博洛格（Norman Borlaug，1914～2009 年）成功培育出抗病、耐肥、高产、适应性广的半矮秆小麦，使小麦产量大幅提高。也因为在半矮秆小麦的研发上卓越的贡献，他于 1970 年获得诺贝尔和平奖。在亚洲推动绿色革命的华人科学家张德慈，解决了印度、菲律宾等许多国家的粮食问题，功勋卓著，被誉为“世界水稻大王”。

（三）中国“杂交水稻之父”袁隆平

中国“杂交水稻之父”袁隆平（1930～2021 年）先生，用行动回击了“谁来养活中国人”的质疑：中国要靠自力更生，自己养活自己。

1964 年，袁隆平在试验田中找到了一株珍贵的“天然雄性不育株”，经人工授粉，它结出了数百粒第一代雄性不育株种。自此，袁隆平开始针对“水稻雄性不育”展开实验研究。这项研究也很快引起了国家科学委员会的重视，因为雄性不育对于杂交水稻技术至关重要，雄性不育系本身没有花粉或花粉败育，它们无法正常自交，这解决了人工授粉中去雄的麻烦。十年的挫折与坚持，终于在 1974 年，第一个杂交水稻强优势组合“南优 2 号”出世了。往后两年，杂交水稻在全国大面积推广，增产幅度均大于 20%，秋收的喜悦洋溢在祖国的大地上。

1996 年，农业部立项中国超级稻育种计划。项目分为 3 期：第一期（1996～2000 年）产量指标为亩产 700kg；第二期（2001～2005 年）为亩产 800kg，袁隆平不负众望地完成了计划指标；第三期亩产 900kg，也在 2012 年被成功实现。

2017 年，超级杂交稻新品种“湘两优 900”亩产 1149.02kg，创造了世界水稻单产的最新、最高纪录。此时再回顾饥荒年代的 200kg 亩产，令人感叹：这就是中国“杂交水稻之父”的魄力。

（四）植物转基因工程

20 世纪 80 年代，植物转基因技术刚刚开始兴起。而今市面上，已经随处可见各类带着“转基因”标签的产品。那么，什么是“转基因技术”呢？转基因技术是指，把目的基因插入质粒或病毒等载体中，重连接后将其导入受体细胞中，使受体细胞获得新性状的技术。

各类转基因技术中，以农杆菌介导法使用最多。农杆菌生活在植物根系表面，依靠根尖组织渗透出来的营养物质而生存。农杆菌有两种，根癌农杆菌和发根农杆菌，它们分别携带着名为 Ti 质粒和 Ri 质粒的特殊质粒，质粒上有一段可转移的 DNA 片段称为 T-DNA。农杆菌通过侵染植物伤口进入细胞后，将 T-DNA 插入植物基因组中，被插入的片段可以稳定地遗传给后代，这便是农杆菌介导法植物转基因的理论基础。人们将外源的目的基因插入 T-DNA，借助农杆菌感染实现目的基因整合入基因组，再通过植物细胞与组织培养技术，生长出转基因植株。

科学家们已经培育出了许多兼具更多优良性状的转基因植株，比如，抗病虫害、抗旱的转基因土豆，高产量、耐储存的转基因番茄，能够抵抗除草剂的转基因大豆等，全球转基因作物种植面积达到 11%。有着更优良品质的作物，为人们的生产生活带来了巨大的便利与经济效益。

（五）新的革命

当前，第二次绿色革命也正在酝酿，科学家们正努力进行着局部先行突破。植物学研究方面与第一次绿色革命不同的地方是，相比之前的常规杂交育种，这一次的核心技术将会是分子生物学及基因工程技术，对植物基因组加以研究利用，培育出多种多样的转基因作物。希望通过国际社会共同努力，我们可以培育出既高产又富含营养的动植物新品种与功能菌种，在促进农业生产及食品增长的同时，确保环境可持续发展，共同实现富强和谐。

主要参考文献

贺学礼, 2017. 植物生物学[M]. 2 版. 北京: 科学出版社.

庄孝德, 1986. 从胡克到细胞生物学[J]. 细胞生物学杂志, 8(1): 1-6.

Creager A N H, 2022. Tobacco mosaic virus and the history of molecular biology[J]. Annual Review of Virology, 9(1): 39-55.

Krenek P, Samajova O, Luptovciak I, et al., 2015. Transient plant transformation mediated by *Agrobacterium tumefaciens*: principles, methods and applications[J]. Biotechnology Advances, 33(6): 1024-1042.

Li L Z, Wang S B, Wang H L, et al., 2020. The genome of *Prasinoderma coloniale* unveils the existence of a third Phylum within green plants[J]. Nature Ecology & Evolution, 4(9): 1220-1231.

Ravindran S, 2012. *Barbara* McClintock and the discovery of jumping genes[J]. Proceedings of the National Academy of Sciences of the United States of America, 109(50): 20198-20199.

van Dijk P J, Jessop A P, Noel Ellis T H, 2022. How did Mendel arrive at his discoveries?[J]. Nature Genetics, 54(7): 926-933.

第四讲　蓝藻水华暴发的分子机制

周丛照　教授，生物化学家，中国科学院引进专家。

蓝藻作为最古老的原核生物之一，经过几十亿年的繁殖演化，广泛分布在地球上的各个水域。而如今，随着科技与工业的发展，由于水体中氮元素、磷元素的富集，在我国以滇池、太湖和巢湖为代表，蓝藻过度增殖，水华大量暴发。如何应对这个新生的问题？如何用生物的手段找到更高效、更安全的治理方法？在本书中，我们将重点介绍蓝藻水华形成的分子机制，以及水华预警和治理的生物学方案。

一、蓝藻是古老的生物，而水华是新生的问题

蓝藻又名蓝绿藻，是一类革兰氏染色阴性、能进行光合作用的自养原核生物。大家或许很早就听说过蓝藻，但可能并不知道地球上 1/3 左右的面积都被蓝藻覆盖。对于这个数字，大家可能很诧异，这是因为地球表面的绝大部分都是水体，陆地面积相对比较小，而只要有水的地方就有蓝藻，甚至包括高寒区域的纳木错湖。由于我们肉眼看不见蓝藻细胞，当水体中蓝藻浓度比较低时，就很容易忽视它们。

在地球上，蓝藻已经存在了 25 亿年以上的漫长时间，它的历史远比我们人类要悠久得多。如今的研究发现，地球的历史约是 50 亿年，最开始的 10 亿年中地球就是一个没有任何生命的星球，直到 30 多亿年前，才逐渐演化出最初的生命形态。从 50 亿年前演化至今，现在的地球上总共有 2000 多种蓝藻，其中在中国已经被记录的有 1000 多种——事实上，由于我们对于这类资源调查的投入和积累相对较少，真实的种类数量要远超于此。

很多做分子生物学或者微观生物学研究的人，都会觉得资源调查相对艰苦而无趣，因为他们经常需要到臭水沟或者绿油油的水面里去取样。实际上，生命科学领域中几乎所有研究都是基于大自然的实验材料，其中很多特殊的实验材料大大加速了生命科学的重大发现。但是，在蓝藻这一领域，即使在太湖或巢湖，我们最近仍然分离出多株之前从来没被任何人报道过的蓝藻，而后面提到的噬藻体的报道就更少。因此，大家需要清楚地认识到，蓝藻实际上是一个很庞大、很复杂的群体，其中还有很多科学问题有待我们去探索。

蓝藻对我们最大的贡献，就是把地球从一个无氧的环境转变成一个有氧的环境。可以说，没有蓝藻，就没有后来基于氧气存活的各种生物，其中也包括我们人类。每次当笔者提到治理蓝藻的时候，总会有人问笔者，为什么就不能找点化学试剂把蓝藻全都消灭呢？如果你对蓝藻有更多了解，就会知道蓝藻是不可以杀光、也不可能杀光的。如果你把地球上所有的蓝藻都杀光了，地球上将减少 30%的氧气，就相当于把我们每个人放

到海拔 5000m 以上的高原地带生活。另外，蓝藻其实也没那么容易被完全消灭。当古猿进化为两足直立行走的人类始祖的时候，也就是大概是 800 万年前，蓝藻早就存在了，而真正意义上的智人大概只有十万年。

约 3000 万年前，三峡还没有形成，长江流域尚不存在，只有珠江流域。后来由于地壳运动，三峡形成，然后长江中下游冲积平原开始出现。人类是逐水而居的，而只要有水的地方就有蓝藻。蓝藻作为一种自养原核生物，奠定了生态系统可持续演化和发展的基石。

水体中正常生长的蓝藻是鱼类的天然食物，但是一旦蓝藻水华暴发，它就会释放毒素，造成鱼类的大量死亡。在 25 亿年的演化进程中，蓝藻为了适应环境，产生了大量的次生代谢产物，包括气和油，其中不乏一些高效产油或产氢的蓝藻株，它们具有作为替代能源的潜力。人类未来想要实现移民其他星球的愿望，势必需要水和氧气来合成碳水化合物驱动我们身体内的生长代谢。那么，在其他星球上人类如何获得这些生存的必需品呢？蓝藻就是其中一个非常重要的候选，它就能够以二氧化碳为原料合成碳水化合物，同时还可以释放氧气。

我们小时候都学过骆宾王写的诗“白毛浮绿水，红掌拨清波”。水为什么是绿的？由此可见，早在 1000 多年前，南方池塘中就有肉眼可见的蓝藻。最近 100 多年来随着工业化和城镇化的发展，城市逐水而建，产生大量的生活垃圾和工业废水，导致水体富营养化，蓝藻过度繁殖而形成水华。不仅是内陆湖泊，海洋中也发生了赤潮的现象——这主要是由于硅藻的大暴发所致，不同于蓝藻，硅藻是一类真核生物。当然，海洋中也同样有蓝藻，其中最丰富的原绿球藻是地球上最小的原核生物之一，直径只有 0.5～0.8μm，而淡水蓝藻的直径一般为 2～3μm。

人类有一种习惯，就是喜欢逐水而居。中国人所谓的风水，其实就是要风有风，要水有水。南方的很多城市都往往坐落在水的北面，在城市的南边往往有一条大河或者一个大湖。夏天的时候，南风一刮，水面凉风就吹到家里面，让人感觉到特别舒服。在江苏省也是这样的情况，江苏发展最好的三个城市就紧紧围绕在太湖周边。由此可见靠水而居，确实是很不错的选择，然而，离水太近有时也会对城市造成危害。例如，2007 年 5 月 28 日，由于太湖水华暴发，位于太湖的取水口被严重污染（图 4.1），无锡全市停水，超市的所有矿泉水全部被抢购一空。

云南的昆明四季如春，但是滇池的蓝藻水华甚至比太湖还要糟糕得多。滇池的海拔比较高，水体营养丰富，日照强烈，因此一年到头都是绿浪翻滚。在海埂边，如果你把手放到水里划一下，你的手就会被染成绿色，而且手上那种特殊的臭味会非常难以清除。据闻，滇池的部分区域有 2～3m 厚度的藻泥，而且还在逐年增厚。此外，滇池处于一个相对封闭的水系中，这就导致它的净化也非常困难。

合肥号称“大湖名城”“创新高地”，创新主要源于中国科学技术大学，而这里的大湖就是指巢湖。为了打造出真正的“大湖名城”，近些年安徽省和合肥市也在不断加大对巢湖综合治理的力度。

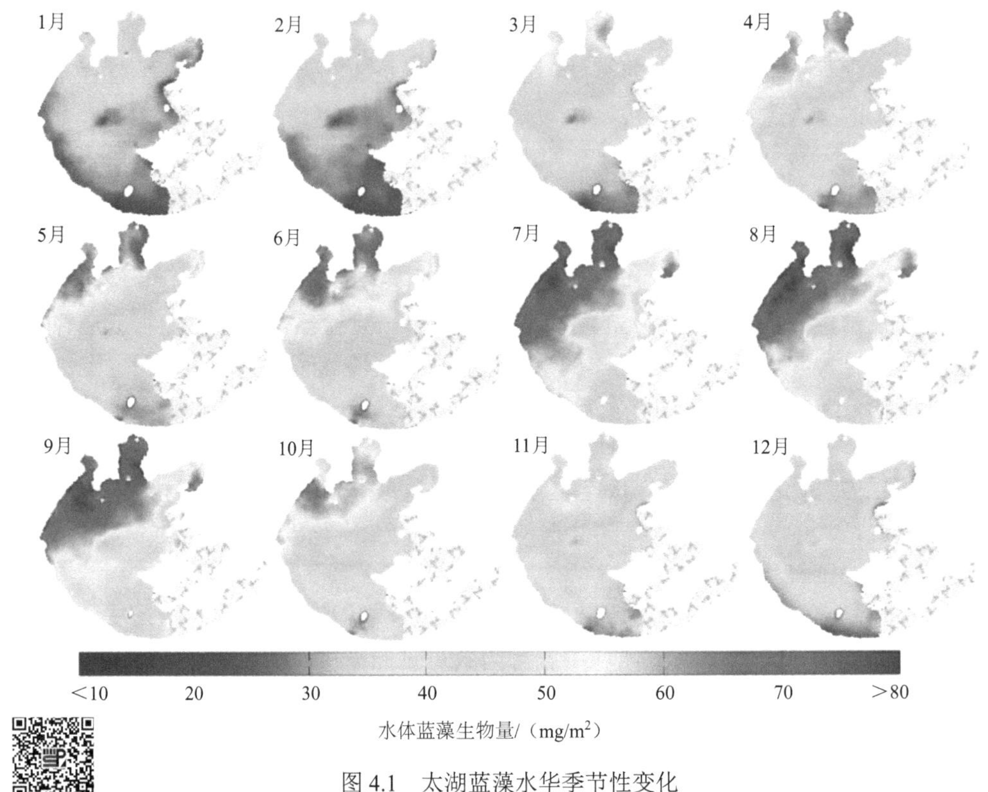

扫码查看彩图

图 4.1　太湖蓝藻水华季节性变化

如果在夏季分离巢湖中的蓝藻，往往会发现“铜绿微囊藻”这一种群，它是夏季巢湖水华中的优势种群。水华蓝藻的外面有一层透明的物质，像袋子一样把里边的单细胞微囊藻包起来，从而达到抱团取暖的效果，这层透明的物质其实就是胞外多糖组成的胶被。当水体营养丰富时，这些多糖把微囊藻粘在一起，形成一片胶带，其中的微囊藻可以共享营养。一旦营养不足，这些微囊藻还可把胶带吃掉来补充碳水化合物。同时，这么大尺寸的胶被，一般的小鱼小虾根本咽不下去，因此也是微囊藻的一种自我保护机制。

除了铜绿微囊藻，巢湖水华蓝藻的主要种群还包括颤藻、鱼腥藻、伪鱼腥藻等。巢湖中有 100 种左右蓝藻，丰度差异较大，丰度最低的种类可能只有最高的亿分之一。一般来说，实验室易于分离培养的都是优势种群蓝藻，而低丰度的则非常难以分离鉴定。巢湖中最多的两种蓝藻是铜绿微囊藻和鱼腥藻，它们的细胞直径都在 2～3μm。铜绿微囊藻还有一个非常奇妙的特征，其基因组的演化速度非常快，因此其多态性非常高。笔者研究所在巢湖已经分离了五六株铜绿微囊藻，并已完成全基因组的测序。序列分析结果表明，不同株系铜绿微囊藻的基因组序列变异程度非常高，而且可以观察到季节性演替的现象，这给水华治理带来了非常大的挑战。

另一个问题：为什么不可能将蓝藻完全消灭？蓝藻是一种完全自给自足的生物，是一种真正的自养生物。我们人类则是一种异养生物，离不开体内的细菌，当然还有各种人体无法自身合成的营养物质。罹患各种胃肠病的人，基本上就是肠道菌群出了问题。

蓝藻有高效的固碳途径，可以直接通过固定空气中的二氧化碳供养自身，而人类是不行的。此外，有些蓝藻还有异形胞，可以固氮，可直接将空气中的氮气还原为铵盐。

二、蓝藻的生存之道——“自给自足，给点阳光就灿烂”

蓝藻究竟是如何养活自己，还供给氧气和碳氮产物养活其捕食者的呢？我们知道，光合作用是地球上物质与能量转换的最重要的反应，也是生物学中最复杂的一个酶促反应。具体来讲，光合作用又被分成光反应和暗反应两个部分（图 4.2）。光反应实际上就是把光能转换成以 ATP 为通用“货币”的化学能，其中的光能转换是一个典型的量子物理问题。由于参与的各种分子太多，至今无法在物理层面研究其精细机制。暗反应实际上是碳固定的过程，把生成的 ATP 传递给光呼吸，这里最重要的一个酶称作核酮糖-1,5-二磷酸羧化酶/加氧酶（RuBisCO）。凭借光合作用，蓝藻能够以空气中的二氧化碳为原料生成碳水化合物，还有一些固氮蓝藻可以将空气中的氮气还原，获得足够的氮盐。蓝藻在生长过程中可以精确地维持碳氮平衡。

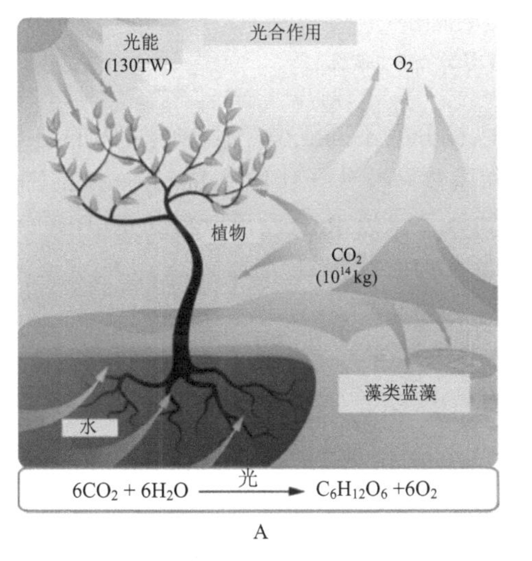

A

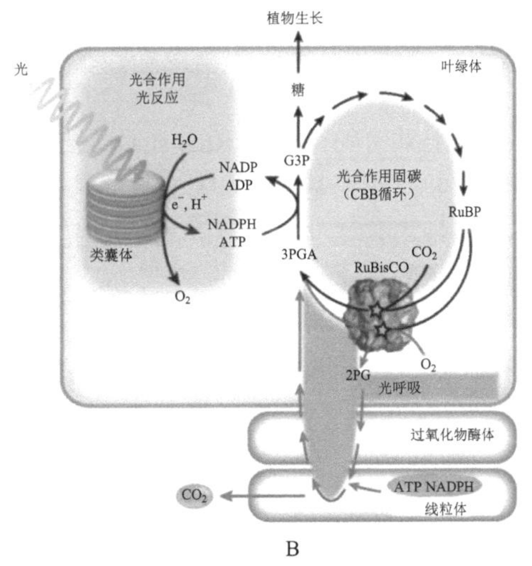

B

图 4.2　二氧化碳的固定

A. 光合作用示意图；B. CBB 循环图

蓝藻光合作用的暗反应发生在一种叫羧酶体的亚细胞器里面，这个亚细胞器完全由蛋白质组成（图 4.3）。因为 RuBisCO 是一个双功能酶，所以羧酶体既可以进行羧化反应，也可以进行加氧反应。在一个直径约 0.5μm 的近似正二十面体的羧酶体结构中，有成百上千个 RuBisCO。RuBisCO 催化反应的速度非常慢，每秒钟只催化 0.3 个反应。如果我们可以直接在化学水平上或者生化水平上改造 RuBisCO 酶的活性，就可以大大提高粮食产量。

除 RuBisCO 之外，羧酶体中还有另外一种酶。RuBisCO 反应需要两种底物，一种是 1,5-二磷酸核酮糖，另一种就是二氧化碳（注意，不是碳酸氢根）。二氧化碳溶于水后就变成碳酸氢根，碳酸氢根要变成二氧化碳则是一个酶促反应，需要一个叫碳酸酐酶的酶催化。碳酸酐酶是世界上反应较快的酶，每秒钟可以催化一百万个反应。生物进化如此奇妙，把一个快的酶和慢的酶“撮合”在一起，不知道两种酶在如此拥挤的羧酶体内，是如何共处一室并高效协同的。

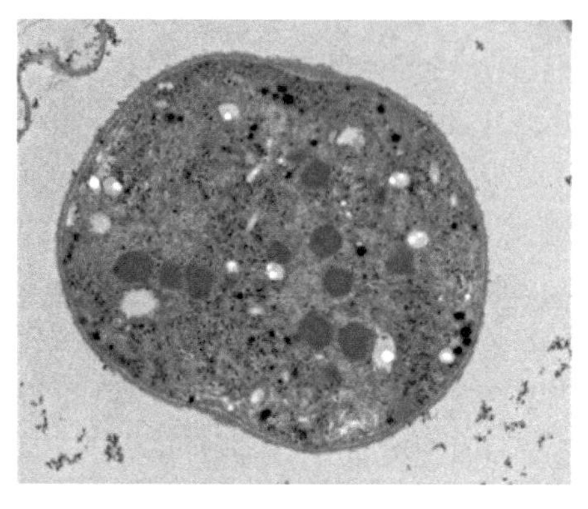
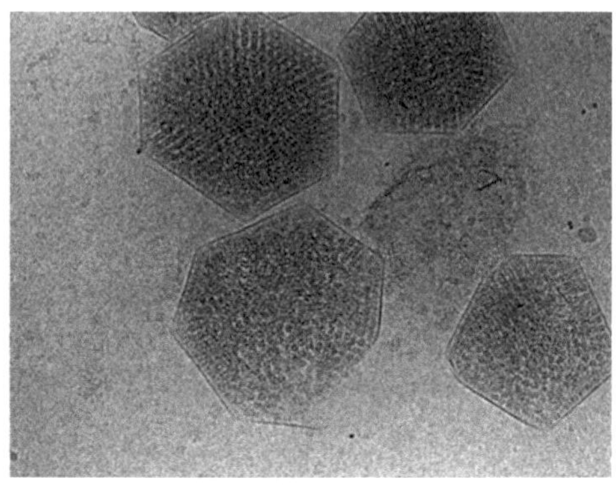

A　　B

图 4.3　β-羧酶体电镜图片

A. β-羧酶体负染切片；B. β-羧酶体冷冻电镜照片

地球上共有约 7 亿吨 RuBisCO，结构上可以被分为不同亚型，其中最常见的由 8 个大亚基和 8 个小亚基组成。大亚基的正确折叠和组装需要分子伴侣（chaperone）的辅助，而小亚基是不需要的。蓝藻和植物中普遍存在的分子伴侣 Raf1，可以帮助 RuBisCO 大亚基二聚体的稳定，并进一步组装成八聚体（图 4.4）。

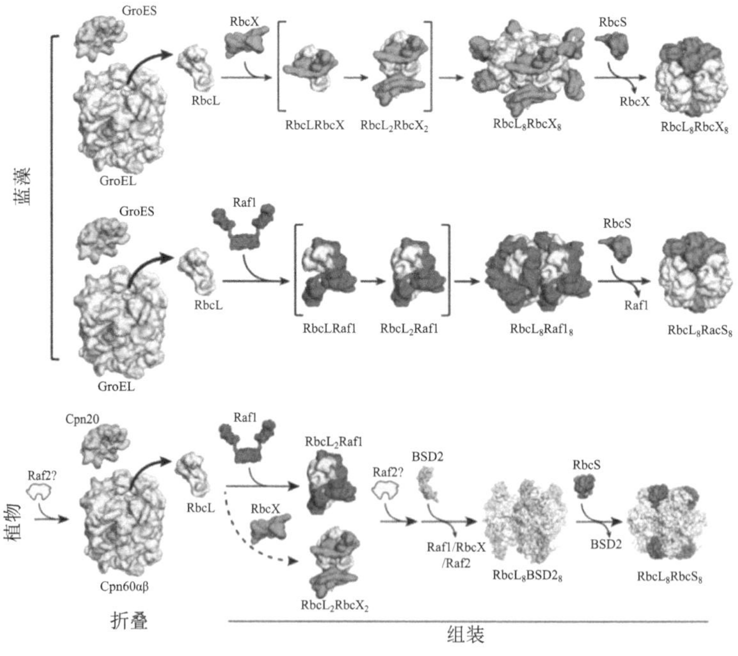

图 4.4　分子伴侣协助 RuBisCO 酶组装

实际上，光合作用的调控还包括更上游的部分。比如，在碳代谢中存在一个很重要的调控点，由 CcmR 和 CmpR 这两个转录因子组成，前者作为抑制因子，后者作为激活因子，分别在不同的二氧化碳浓度时发挥作用。

蓝藻如何感应胞内二氧化碳浓度偏低呢？我们最近解析了蓝藻是如何做到识别二氧化碳浓度的。碳/氮（C/N）代谢的反应中间产物 2-磷酸乙醇酸（2-PG），可以与 CcmR 的调控结构域结合，作为 CcmR 的激活子；而另一种反应中间产物 α-酮戊二酸（2-OG）可以与 CcmR 的另一个位点结合，作为 CcmR 的共抑制子。当胞内 C/N 比例较高时，三羧酸循环产生的 2-OG 可以下调蓝藻的碳吸收；而胞内 C/N 比例较低时，卡尔文循环产生的 2-PG 则会促进蓝藻的碳吸收。

蓝藻在几十亿年的历史中，演化出复杂而精细的调控机制，可以帮助蓝藻适应不同的生长环境，保证光合作用的效率，做到完全自给自足。

三、蓝藻的生存之道——“制毒专家，独霸江湖”

强大的光合作用让蓝藻能够生长、繁殖，但是蓝藻该如何在危险的环境中保护自己呢？在五千年文明史中，人类基本上都是不断地抢夺食物和各种资源，蓝藻其实也是一样的。当蓝藻通过光合作用在水体中繁殖到一定程度之后，就势必会遇到资源紧张的情况，这时候它就会释放一种毒素，即所谓的藻毒素，把其他物种杀死。巢湖中的蓝藻也不例外，尤其在水华暴发的时候，藻毒素释放量也会大幅提升，这也是常见的导致人类或者其他动物中毒的元凶。不同于一般的生物毒素，藻毒素可以耐受极端的温度和 pH，甚至连自由基也不能让它失活。

目前，已经有 50 多种藻毒素被鉴定出来，绝大多数都是一种环七肽的结构（图 4.5）。这种环状的寡肽非常稳定，一旦被人体吸收，由肝肠循环富集于肝脏之中，其上的羰基就会与蛋白磷酸酶上的自由巯基形成稳定的硫酯键，导致后者丧失正常活性。更糟糕的是，还有一些蓝藻分泌神经毒素，这些毒素可以穿过血脑屏障进入大脑，导致各种神经退行性疾病。

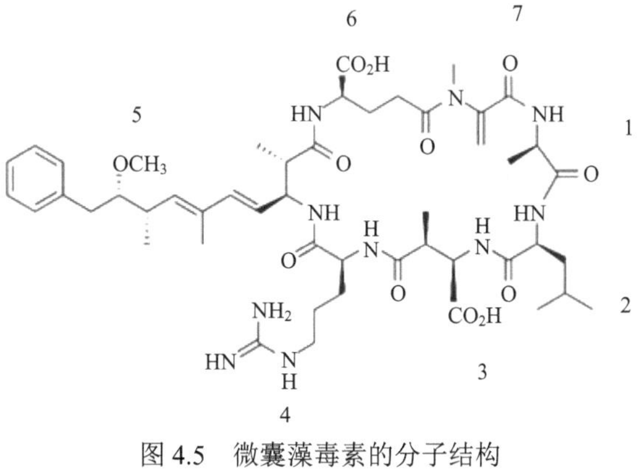

图 4.5　微囊藻毒素的分子结构

藻毒素合成的具体通路可以参考 KEGG 网站（KEGG: Kyoto encyclopedia of genes and genomes，https://www.kegg.jp/kegg/pathway.html），其中至少有 9 种重要的酶参与。

但截至目前，我们并不清楚每个酶到底是怎么工作的。藻毒素合成机制的研究意义在于，藻毒素作为一种非常稳定的寡肽，其天然合成方式对我们化学合成其他寡肽具有重要的参考价值。

如何生物降解藻毒素同样具有重要意义，这关系到该怎么处理富含藻毒素的淡水。来自澳大利亚的一个课题组发现，氨醇单胞菌可通过 4 种主要的酶降解微囊藻毒素，其中 mlrA 负责打开环状肽的碳环，mlrB 和 mlrC 负责直链肽的降解，mlrD 负责小肽段的转运。目前该降解途径尚未得到大面积推广应用。

四、蓝藻的生存之道——“任他光强光弱，我自主沉浮”

在化学武器之外，蓝藻还能通过物理手段保护自己免受光损伤。

在夏天阳光直射的正午，植物可以通过光保护机制减少叶片的水分蒸发和紫外线伤害，具体到微观层面，其实是在光照的刺激下，一些保护蛋白会盖在植物叶片的捕光蛋白上。但是，蓝藻作为微米级的微生物，不可能通过这么复杂的方式来保护自己，那么它该怎么办呢？一些蓝藻进化出“气囊”结构，占据蓝藻细胞内的大片区域。

从某种意义上，蓝藻可以算是世界上最小的微型潜艇。这些蓝藻可以利用气囊来调节其在水中的漂浮深度：当阳光太强的时候，就往水下沉一点；而阳光较弱的时候，又可以往水面方向上升一点。通过这样自主可控的沉浮，蓝藻就可以获得适宜的阳光强度和利用率，同时防止紫外线的灼伤，实现物理层面的“光保护”。

利用电子显微镜，我们可以看到气囊的真实结构。它实际上是一种空心柱状物，因此也被叫作“伪空胞”，其二维切面呈现为一个六边形（图 4.6）。

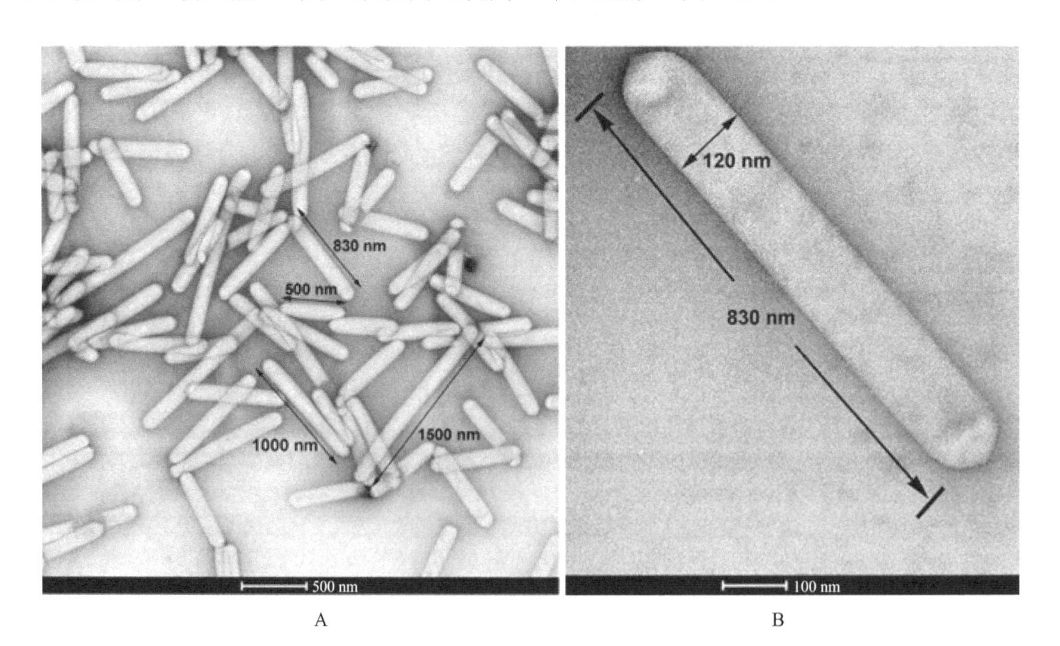

图 4.6　气囊负染图片

A. 数枚气囊；B. 单个气囊放大

研究发现,这么精密的结构,只需要两种蛋白组成:疏水蛋白 gvpA 和亲水蛋白 gvpC。目前，还没有精确定量这两种蛋白究竟是如何组合的——不论是排列的角度和层距，还是通过何种方式在两端收敛形成尖端封闭的囊状体。

现在已知的是，共有 14 个基因与伪空胞的形成有关，这比藻毒素的合成途径还要复杂。其中，gvpA、gvpF、gvpG、gvpJ、gvpL 和 gvpM 几乎在所有产伪空胞的微生物中出现，因此推测它们是合成伪空胞必需的。而其他基因究竟在这过程中起到什么作用，还有待进一步研究。

还有一个有趣的问题，我们知道蓝藻是在水中生活的，细胞本身内部也充满了液体。但是气囊内部是充满二氧化碳和氧气的，没有“充气泵”之类的工具，它究竟是怎么做到让特定的气体快速进入并被封闭在气囊中的呢？又是如何感应炙热的阳光，及时放气而下沉的呢？这些奇特现象背后的机制，仍然需要更进一步发掘。

五、蓝藻的生存之道——“牺牲小小自我，维持种群不灭”

以鱼腥藻为例，它有三种细胞形态：①营养细胞，就是水体中常见的绿油油的东西；②异形胞，相比营养细胞略大些，单个间生，可以固氮；③厚壁孢子，这是鱼腥藻用来越冬的细胞形态。

高中时大家学过真核生物的细胞分化，其实原核生物也有细胞分化，鱼腥藻的不同形态就是个很好的例子。营养丰富的时候，鱼腥藻在水中就是链状营养细胞；一旦水体中有机氮源缺乏时，它就会分化出一些异形胞，通过固定空气中的氮为侧翼的营养细胞提供有机氮源。异形胞发育成熟后就会死亡（一般 3～4 天），但它能让附近的 10 个左右营养细胞更好地活下去。通过这种方式，蓝藻兼备了厌氧固氮（异形胞）和产氧固碳（营养细胞）两种自养功能。

链状鱼腥藻的藻细胞之间是互相连通的，在相邻的异形胞和营养细胞的细胞壁之间存在一个胞间连接通道。这不是一个简单的静态通道，而是由多种蛋白质组成的可调节的主动运输通道。

营养不足时蓝藻分化出异形胞的现象很有趣、很奇妙,但背后的机制是什么呢?“营养缺乏”这么一个概念是如何被鱼腥藻感知的？具体是什么信号分子？我们发现，鱼腥藻中不存在 2-OG 脱氢酶（不同于其他很多物种的代谢通路），因此，三羧酸循环中产生的 2-OG，主要作为碳骨架进入谷氨酸/谷氨酰胺合成通路。一旦有机氮源（即铵盐）不足，胞内的 2-OG 就会富集，因此，2-OG 的浓度与氮源量呈正相关。

遗传学和化学生物学证据表明，鱼腥藻异形胞分化起始于 2-OG 感应蛋白 NtcA。当环境氮源缺乏时，胞内积累过多的 2-OG，NtcA 被高浓度 2-OG 诱导出构象的变化而激活。具体来讲，是 NtcA 结合 2-OG 后，两个 DNA 结合结构域之间的距离被拉近，可以更好地结合具有回文结构的特定 DNA 序列。此时的 NtcA 作为一个转录因子，可以激活下游一系列异形胞分化相关的通路。

异形胞分化的梯级激活其实是一个非常复杂的调控网络。生物体中类似的调控一般以正反馈开始，以负反馈结束。当有机氮源缺乏导致胞内 2-OG 积累时，NtcA 首先被活化，随后激活另一个全局性转录因子 HetR 的表达，而 HetR 又会反过来促进 NtcA 的表达，新产生的 NtcA 继续促进 HetR 表达，这样在异形胞的细胞内就形成了一个不断增强的正反馈，可以迅速启动异形胞的发育分化。对于靠近异形胞的营养细胞（一般是 5 个细胞及以内的距离），由于抑制信号分子 PatS 的快速扩散，HetR 被快速失活，从而形成一个负反馈，以保证邻近细胞不会分化为异形胞，从而实现以个体的牺牲换取大多数营养细胞的存活。

六、生物治理——“解铃还须系铃人”

前面所讲的都是蓝藻的各种生存之道，蓝藻如何自给自足、如何应对危险，通过这些机制，它们安安稳稳地在地球上生活了 25 亿年以上。现在的问题是，面对自然水体中这么多蓝藻高度繁殖，有没有什么办法去控制它呢？

如果统计近 15 年来巢湖蓝藻水华的覆盖度，就会发现水华其实具有非常明显的季节性消长规律（图 4.7）。夏天阳光充足，气温较高，蓝藻的生长速度快，因此就可以看见夏天水里绿油油的一片；一旦到秋末冬初，气温下降，水面上的蓝藻就会全都不见了。

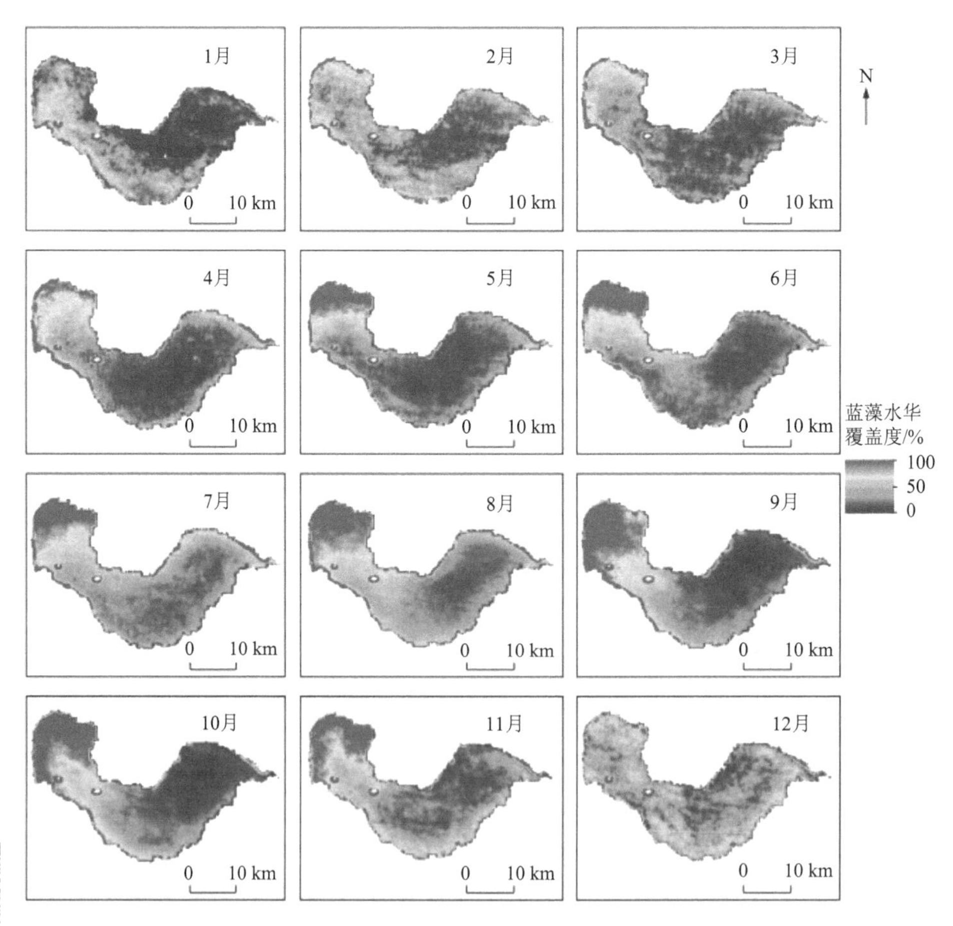

扫码查看彩图

图 4.7　巢湖蓝藻季节性变化（数据来源于巢湖管理局环境保护监测站）

这种季节性消长主要是由病毒宏观控制的，这一类型的病毒我们称之为噬藻体（图4.8）。噬藻体是自然界中蓝藻的天敌，是一种专门侵染蓝藻的噬菌体。海洋生物学研究表明，海洋中基本50%蓝藻的裂解消亡都是由于噬藻体导致的。由此可见，噬藻体对蓝藻的杀伤力有多强。它不仅参与调控水体中蓝藻的碳氮平衡、种群密度和季节性消长，也在蓝藻的群落结构演替过程中发挥不可替代的作用。近年来，噬菌体逐渐替代抗生素用于抗菌治疗和水产养殖，同样，噬藻体也可能成为一种新型的控制蓝藻水华的生物学手段。接下来要做的事情就是大量培养这种噬藻体。需要强调的是，噬藻体的繁殖方式是链式裂解反应，一个蓝藻细胞被噬藻体攻击后，24 小时内就能产生数百个子代噬藻体，继续侵染后可以释放更多的噬藻体。

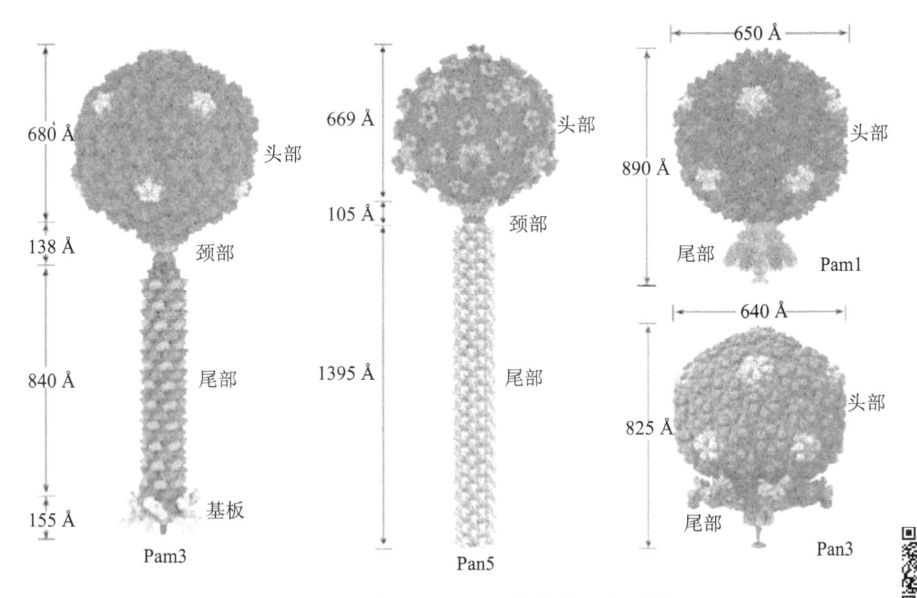

图 4.8　巢湖分离出的 4 种噬藻体的三维结构

扫码查看彩图

然而实际情况没有这么简单，因为一种噬藻体只针对某种蓝藻。水体中的一种蓝藻被压制后，但是水体中的营养物质没有移除，这时往往另一种蓝藻就会快速增长。因此，我们需要的并不是单一的一种噬菌体，而是针对水体中多种蓝藻的噬藻体集合，只有通过这种噬藻体集合才可以有效裂解水体中绝大部分的蓝藻优势种群。

从 2015 年起，我们在巢湖的 11 个采样点采集各种蓝藻水样，已经分离鉴定出多种水华中的蓝藻类型，其中，包括伪鱼腥藻 Chao1806、伪鱼腥藻 Chao1811、丝束藻 Chao1809、类丝束藻 Chao2018、黑丝藻 Chao1810、类黑丝藻 Chao2017、微囊藻 Chao1909、微囊藻 Chao1910 和颤藻 Chao2019 等。最后，我们进一步通过全基因组序列测定鉴定优势种群。同时，我们也分离出了不同类型的噬藻体（图 4.9），研究它们特异性识别和裂解蓝藻宿主的机制。

事实上，这么多种蓝藻和噬藻体，其实非常难以全部被逐一鉴定出来，尤其是一些实验室不可培养的株系。但是，这些源头性资源调查和基础研究，可以帮助我们理解噬藻体高效自组装和精准识别宿主的分子机制，以及针对不同类型的蓝藻，噬藻体又是如何通过快速进化而实现“道高一尺，魔高一丈”的。在此基础上，定量研究噬菌体特异性调控水华的时空消长规律，通过人工调控局部水域的蓝藻优势种群，最终实现蓝藻水华的环境友好的生物学治理。

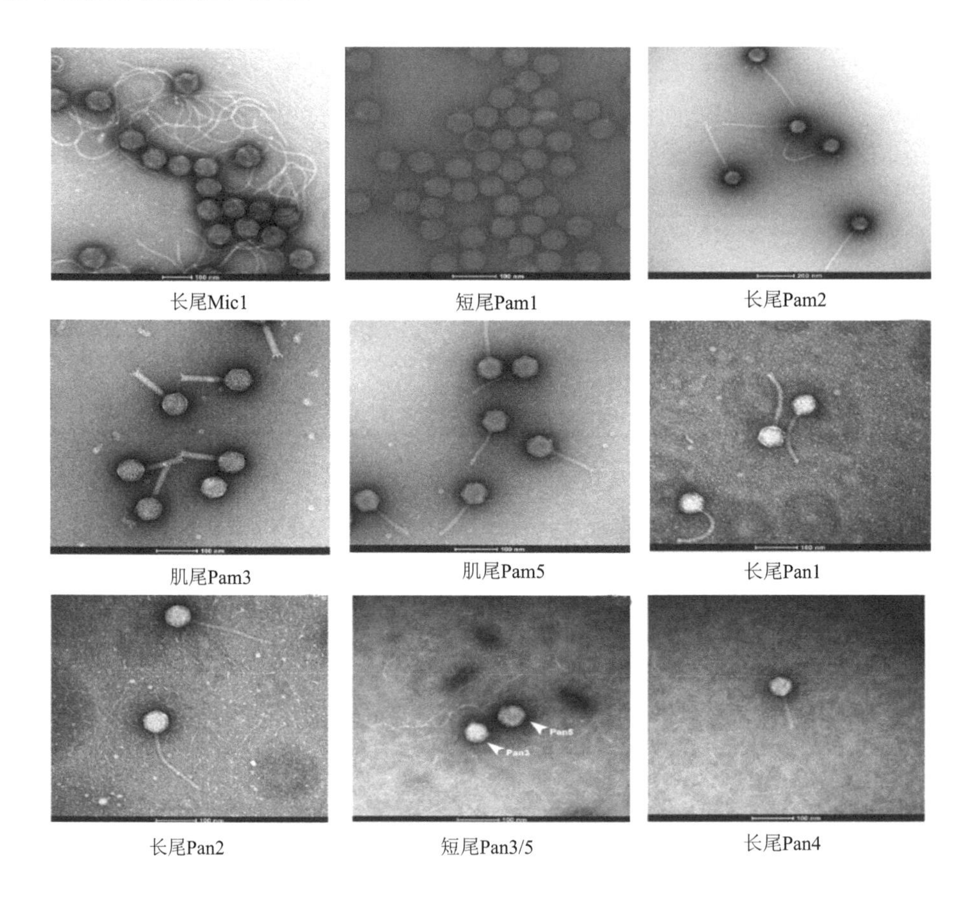

图 4.9　从巢湖中分离的噬藻体

主要参考文献

Aigner H, Wilson R H, Bracher A, et al., 2017. Plant RuBisCo assembly in *E. coli* with five chloroplast chaperones including BSD2[J]. Science, 358(6368): 1272-1278.

Bracher A, Whitney S M, Hartl F U, et al., 2017. Biogenesis and metabolic maintenance of Rubisco[J]. Annual Review of Plant Biology, 68: 29-60.

Hayer-Hartl M, Hartl F U, 2020. Chaperone machineries of rubisco—the most abundant enzyme[J]. Trends in Biochemical Sciences, 45(9): 748-763.

Laurent S, Chen H, Bédu S, et al., 2005. Nonmetabolizable analogue of 2-oxoglutarate elicits heterocyst differentiation under repressive conditions in *Anabaena* sp. PCC 7120[J]. Proceedings of the National Academy of Sciences of the United States of America, 102(28): 9907-9912.

Liu D, Yu S J, Cao Z G, et al., 2021. Process-oriented estimation of column-integrated algal biomass in eutrophic lakes by MODIS/Aqua[J]. International Journal of Applied Earth Observation and Geoinformation, 99: 102321.

Tillett D, Dittmann E, Erhard M, et al., 2000. Structural organization of microcystin biosynthesis in . *Microcystis aeruginosa* PCC7806: an integrated peptide-polyketide synthetase system[J]. Chemistry & Biology, 7(10): 753-764.

第五讲　我们的细胞

张华凤 教授，肿瘤细胞生物学专家，国家杰出青年科学基金获得者。

生命是什么？生命从何而来又如何行使功能？这些问题激发了广大生物学家的研究兴趣。1665 年，英国物理学家罗伯特·胡克（Robert Hooke，1635～1703 年）用自制的显微镜观察发现软木薄膜由许多小室组成，状如蜂窝，将其称为“细胞”（原意为小室），在人类历史上首次提出细胞和细胞结构的概念。不同化学成分的有机组合构成了细胞，不论是花草树木，还是飞鸟鱼虫，自然界的大多数生物都是由细胞组成的，细胞是生物体基本的结构和功能单位。细胞世界千变万化，上万亿的细胞组成了我们的机体，每一次呼吸、运动、思考都是细胞在为我们工作，充分研究和认识细胞，有助于理解生命本身的奥秘。随着科学技术和实验手段的进步，对细胞的认识不断加深，造就了当今细胞生物学的兴起与发展。

一、认 识 细 胞

对于人类和其他一些脊椎动物，一个新的生命来源于一个新的细胞，这个细胞就是受精卵。受精过程起始于一个获能的精子进入一个次级卵母细胞的透明带，直至卵原核和精原核的染色体融合在一起，受精过程完成。精卵相会后形成受精卵，整个生命的发育自此开始，其在母体子宫中一个受精卵分裂为两个细胞，继而以“2”的倍数分裂，直至数百万亿的细胞，最终发育成为成熟的健康机体，在短时间内重演亿万年进化历程（单细胞-多细胞-腔肠-无脊椎-脊椎动物形态）。

细胞增殖是机体生长发育的基础，是通过细胞分裂的形式实现的。细胞分裂是指由一个细胞分裂为两个细胞的过程。分裂前的细胞称母细胞，分裂后形成的新细胞称子细胞。真核细胞按照细胞核分裂的情况可分为 3 种，包括有丝分裂、减数分裂和无丝分裂。有丝分裂又称为间接分裂，细胞在分裂的过程中有纺锤体和染色体出现，是真核细胞分裂的基本形式。减数分裂产生染色体倍数减半的生殖细胞，即配子，这是有性生殖的必要条件。无丝分裂没有发生纺锤丝与染色体的变化，是细胞核和细胞质的直接分裂，因此又称为直接分裂。细胞分裂分为四个主要阶段：前期、中期、后期和末期。细胞分裂程序的精密调节对正常的细胞生长发育和配子发生至关重要。细胞分裂的功能障碍或失调可导致生长缺陷和增殖性疾病，如癌症和衰老相关疾病，包括阿尔茨海默病。因此，对细胞分裂途径和机制的研究能够帮助我们了解细胞调控及其与人类疾病的关系。

成年人体内约含有 10^{14} 个细胞，新生儿体内约含有 2×10^{12} 个细胞。多数人类细胞的直径为 10～20μm，也存在较大的细胞，如成熟卵细胞的单个直径约为 100μm。细胞体积小，肉眼不能直接看见，需要借助显微镜观察。人类的体细胞形态多种多样，如球形、方形、不规则形等。细胞的形态与其生理功能和所处的环境相适应。

人类所有生命活动都是以无数细胞的功能为基础的，每种细胞执行不同的功能，以红细胞和胰岛β细胞为例。

红细胞是血液中数量最多的一种血细胞，同时也是脊椎动物体内通过血液运送氧气的最主要媒介。一个成年人的血液中约有25万亿个红细胞，可在体内循环约120天，每个红细胞中约含有2.6亿个血红蛋白分子。血红蛋白占据了红细胞体积的95%左右，为了给血红蛋白腾出空间，红细胞在成熟的过程中会逐渐失去细胞核和其他细胞器，这也导致成熟红细胞合成新蛋白质的能力受损。血红蛋白四聚体中的每个α球蛋白和β球蛋白亚基都包含一个二价铁，它可以结合一个氧气分子，使血红蛋白和红细胞成为体内高度专业化的氧气载体。红细胞向不能直接从环境空气中获得氧气的组织细胞提供足够数量的氧气，从而为细胞内线粒体中氧化磷酸化过程提供燃料，实现高效的能量生产，进而使多细胞生物得以进化。衰老的红细胞通常比不成熟的红细胞具有更强的氧化应激状态，并且最终通过网状内皮系统巨噬细胞的吞噬作用被清除。

胰岛β细胞可以释放胰岛素来维持人和其他哺乳动物体内正常的葡萄糖稳态。由于久坐不动的生活方式和肥胖率的不断增加，糖尿病正在世界范围内流行，影响全世界超过8%的成年人，它是一种代谢紊乱性疾病，其特征是胰岛β细胞组成性丢失或功能障碍，体内血糖水平失控，最终导致多种长期并发症和器官损害，如心血管疾病、肾衰竭等。β细胞是哺乳动物胰岛内的主要细胞类型，也是循环血液中胰岛素的唯一来源。在1型糖尿病中，胰岛β细胞受自身免疫系统攻击，导致胰岛素分泌减少以及体内胰岛素的缺乏；与此不同的是，2型糖尿病通常是由于外周胰岛素抵抗，胰岛素敏感性下降，代偿性胰岛β细胞扩增并出现高胰岛素血症，这一过程逐渐导致胰岛β细胞接收葡萄糖刺激信号后分泌胰岛素的能力下降以及其细胞凋亡的增加。了解胰岛β细胞功能丧失和转换的机制，对于研发预防或减缓糖尿病的干预方案，开发针对糖尿病的新型治疗策略均至关重要。

二、干　细　胞

干细胞是指一类具有广泛的自我更新能力及多向分化潜能的细胞，在一定条件下，它可以分化成多功能的细胞。1999年，美国*Science*杂志将干细胞研究推举为21世纪最重要的10项科研领域之首。当前，干细胞研究已成为医学和生物学领域中最引人瞩目的热点之一。

分化能力是干细胞的主要特征之一，不同干细胞的来源不同，其分化能力也存在差异。根据其分化潜能不同，可将干细胞分为全能干细胞、多能干细胞和单能干细胞。全能干细胞是指能够发育成具有各种组织器官的完整个体潜能的细胞，如受精卵。多能干细胞具有分化出多种细胞组织的潜能，但不具备发育成完整个体的能力，发育潜能受到一定限制，如胚胎干细胞。单能干细胞是指只能向单一方向分化、产生一种或几种密切相关类型的细胞，如造血干细胞、神经干细胞、肌肉干细胞、精原干细胞等。

根据干细胞所处的发育阶段，干细胞可分为胚胎干细胞和成体干细胞两大类。胚胎干细胞来自囊胚的内细胞团，是一种高度未分化细胞，可无限增殖、自我更新并具有发育的多能性，理论上可以诱导分化为机体中所有组织和器官。胚胎干细胞区别于其他类型干细胞的独特特征之一是它们能够在长期培养中增殖，同时保持其多能性。无论在体内还是体外环境，胚胎干细胞都能被诱导分化为机体几乎所有的细胞类型。胚胎干细胞在体外可以实现大量扩增、筛选、冻存和复苏，并且能保持其原有的特性。成体干细胞是对胎儿、儿童和成人组织中存在的多潜能干细胞的统称。目前发现的成体干细胞主要有：造血干细胞、间充质干细胞、神经干细胞、表皮干细胞、骨骼肌干细胞、脂肪干细胞、胰腺干细胞、眼角膜干细胞、肝脏干细胞以及肠上皮干细胞等。在适当的诱导条件下，成体干细胞可分化成组成该器官组织的各种细胞类型，替代生理性衰老的细胞并在组织受损时起代偿性增生作用，维持机体的正常结构和功能。

干细胞在现代医学中具有至关重要的贡献，不仅因为其在基础研究中的广泛应用，还因为它为我们提供了在临床实践中开发新型治疗策略的机会。人类许多疾病或伤害，都是由于组织或器官受到损伤而引起。如果能够在体外保存和培养各种干细胞，使之形成组织和器官，就有可能对受到损伤的组织和器官进行修复和替换。干细胞因其具有向多种细胞谱系分化的能力，成为再生医学、组织工程和细胞替代疗法的理想候选材料（图 5.1）。

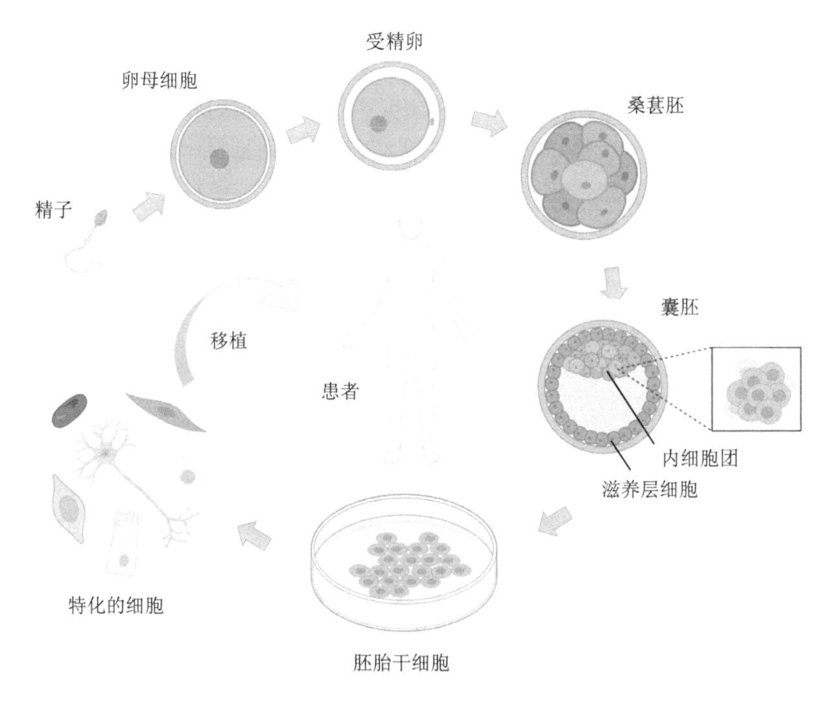

图 5.1　干细胞及其治疗策略

诱导多能干细胞（iPSC）提供了建立人类疾病模型的机会，对理解人类疾病的发病机制至关重要。由于其在干细胞领域中具有独特的优势，自发现以来，iPSC 迅速成为干细胞领域研究的热点。研究者们对这种细胞表现出强烈的研究兴趣，纷纷制订相关的研究计划。

2006年6月，日本京都大学的研究人员在国际干细胞研究协会的年会上首次提出“诱导多能干细胞”这一概念，同年在世界著名学术杂志 *Cell* 上报道了相关研究。研究团队利用病毒载体将 Oct3/4、Sox2、c-Myc 和 Klf 四个转录因子基因转入小鼠胚胎或成纤维细胞中，发现可诱导其重编程而得到一种在细胞形态、基因和蛋白表达、增殖和分化能力等方面都与胚胎干细胞类似的新细胞类型，即 iPSC。2007 年 11 月，美国和日本科学家将人类细胞诱导为 iPSC，被 *Science* 杂志评为 2008 年世界十大科技进展之首。

中国科学家在这一国际热点研究领域也做出了重要贡献。2009 年 7 月，*Nature* 杂志在线刊发了由中国科学院动物研究所和上海交通大学医学院共同完成的研究成果，他们首次利用 iPSC 通过四倍体囊胚注射得到存活并具有繁殖能力的小鼠，从而在世界上第一次证明了 iPSC 的全能性。周琪等制备了 37 株 iPSC，利用其中 6 株 iPSC 系注射了 1500 多个四倍体胚胎，最终 3 株 iPSC 系获得了共计 27 个活体小鼠，经多种分子生物学技术鉴定，证实该小鼠确实从 iPSC 发育而成，部分小鼠成功繁殖了后代，这是世界上第一次获得完全由 iPSC 制备的活体小鼠。研究团队将首只 iPSC 克隆鼠命名为“小小”。这项工作为进一步研究 iPSC 技术在干细胞、发育生物学和再生医学领域的应用提供了技术平台，将 iPSC 研究推到了新的高度。该成果受到国际干细胞研究界的高度重视，*Nature* 杂志网站称赞中国科学家“为克隆成年哺乳动物开辟了一条全新道路”。

2011 年 5 月，中国科学院上海生命科学研究院生物化学与细胞生物学研究所的惠利健研究团队在肝脏再生医学研究中取得突破性进展，利用一种称为直接转分化的方法将从小鼠尾部获取的成纤维细胞重编程生成了成熟的肝细胞样细胞。这一研究成果在线发表在 *Nature* 杂志上。惠利健研究团队将在肝脏发育及功能中起重要作用的 14 种转录因子转入小鼠尾部成纤维细胞中，并对这些转录因子形成的多种组合进行了筛选。研究人员证实在抑制细胞衰老机制的前提条件下，转入 3 个转录因子，即可将小鼠尾巴上的成纤维细胞转化成肝脏细胞。这种细胞具有和体内肝脏细胞类似的上皮细胞形态、基因表达谱，且获得了肝脏细胞的功能，如肝糖原积累、乙酰化低密度脂蛋白的转运、药物代谢和吲哚绿的吸收等。在进一步的动物实验中，研究人员证实转化型肝脏细胞在移植入模拟人类酪氨酸代谢缺陷疾病的小鼠后，可像正常肝细胞一样，在被移植的肝脏中增殖，重建受体小鼠的肝脏。小鼠的总胆红素、转氨酶、酪氨酸等肝功能指标均出现明显好转，濒临死亡的小鼠得以存活。这一研究首次证明了肝脏以外的体细胞可以被诱导直接转化为肝脏细胞，为将来从患者自体细胞诱导获得肝脏细胞进行移植的应用奠定了基础。这一发现在国际上尚属首次。*Nature* 杂志的编委和评审专家高度评价此项工作的开创性意义，他们认为研究中所建立的技术体系，作为一项重大突破，对同领域的研究工作具有指导意义。

iPSC 在制备和使用方面相对方便，具有极大的医学价值，可用于再生医学、药物筛选、新药开发以及疾病相关研究。例如，在研发新药时，研究人员可以使用培养的干细胞来测试药物功能及治疗效果。但是，目前 iPSC 的使用仍然存在一定风险，iPSC 在具有快速增殖和高分化潜能的同时，细胞核型易发生改变，导致遗传和表观遗传稳定性下降，可能引发癌症的发展。所以，就临床应用而言，安全有效的使用 iPSC 仍然是科学家们研究的重点。iPSC 技术何时能有效广泛的使用仍是未知数。

三、癌 细 胞

肿瘤（tumor）是指细胞过度生长和分裂时形成的一种异常的组织块。肿瘤可以是良性的，也可以是恶性的。良性肿瘤可能会长得很大，但不会扩散和侵入附近的组织或身体其他部位。恶性肿瘤则可以扩散到或侵袭附近的组织。我们将体内异常的细胞不受控制地分裂并侵入附近组织的疾病称为癌症，癌症泛指所有恶性肿瘤。癌细胞是产生癌症的病原。癌细胞与正常细胞不同，能够无限增殖并破坏正常的细胞组织，也可以通过血液和淋巴系统扩散到身体的其他部位。

癌症有几种主要类型。恶性上皮肿瘤是一种起始于皮肤或内脏器官上皮组织的癌症。肉瘤是一种始于骨、软骨、脂肪、肌肉、血管或其他结缔组织或支持性组织的癌症。白血病是一种始于造血组织（如骨髓）的癌症，导致产生过多的异常血细胞。淋巴瘤和多发性骨髓瘤是起源于免疫系统的癌症。中枢神经系统癌症则起源于大脑和脊髓组织。

癌症多样性的广度和范围令人生畏，跨越了遗传学、细胞和组织生物学、病理学等，不同癌症类型对治疗的反应也各不相同。随着科学技术的不断发展与科学研究的不断深入，将癌症特征的概念进行整合，其目的是提供一个概念性的支架，使其能够根据一组共同的潜在细胞参数，来合理解释各种人类肿瘤类型和变异的复杂表型，有助于我们更全面地了解癌症发生、发展的机制，并将其应用于癌症的治疗当中。

2000 年，瑞士洛桑联邦理工学院的道格拉斯•哈纳汉（Douglas Hanahan）教授和美国麻省理工学院的温伯格（R. A. Weinberg）教授共同在 *Cell* 杂志上发表了文章 *The Hallmarks of Cancer*。这篇综述性文章介绍了肿瘤细胞的六大基本特征，已被引用了上万次，几乎是每一位从事癌症研究的科研人员必读的经典综述性文献。2011 年，两位科学家再度合作，根据十年间的最新研究进展对癌症的特征进行了更新和拓展，撰写了 *Hallmarks of cancer: the next generation*，仍旧发表在 *Cell* 杂志上，将癌症的基本特征从 6 个扩展到 10 个。2022 年年初，哈纳汉教授发表在 *Cancer Discovery* 杂志上的文章 *Hallmarks of Cancer: New Dimensions* 对癌症的特征又进行了扩展，至此，癌症的特征已经达到 14 个。

癌症的特征可以理解为：人类细胞从正常状态到恶性肿瘤生长状态所获得的能力。这 14 个重要特征分别是（图 5.2）：

（1）维持增殖信号：正常组织能精密控制促生长信号的产生和释放，这些信号指示细胞进入生长和分裂周期，从而确保细胞数量的稳态、维持正常的组织结构和功能。但是癌细胞可以通过多种途径获得持续增殖的信号：癌细胞可以自己产生生长因子配体，通过同源受体的表达做出反应，自分泌各种生长因子刺激增殖；肿瘤微环境内的正常细胞也可以接收癌细胞的信号，旁分泌各种生长因子促进癌细胞增殖。

（2）逃避生长抑制因子：人体内除了有促生长信号外，还存在着对细胞增殖产生负面影响的生长抑制信号，如抑癌基因。在癌细胞中这些抑癌基因通常突变失活，因此失去了对癌细胞增殖的抑制作用。由密集的正常细胞群形成的细胞间接触作用可抑制细胞增殖，称为接触抑制，其在体内运行以确保正常组织稳态，但这种机制在肿瘤发生过程中被破坏。

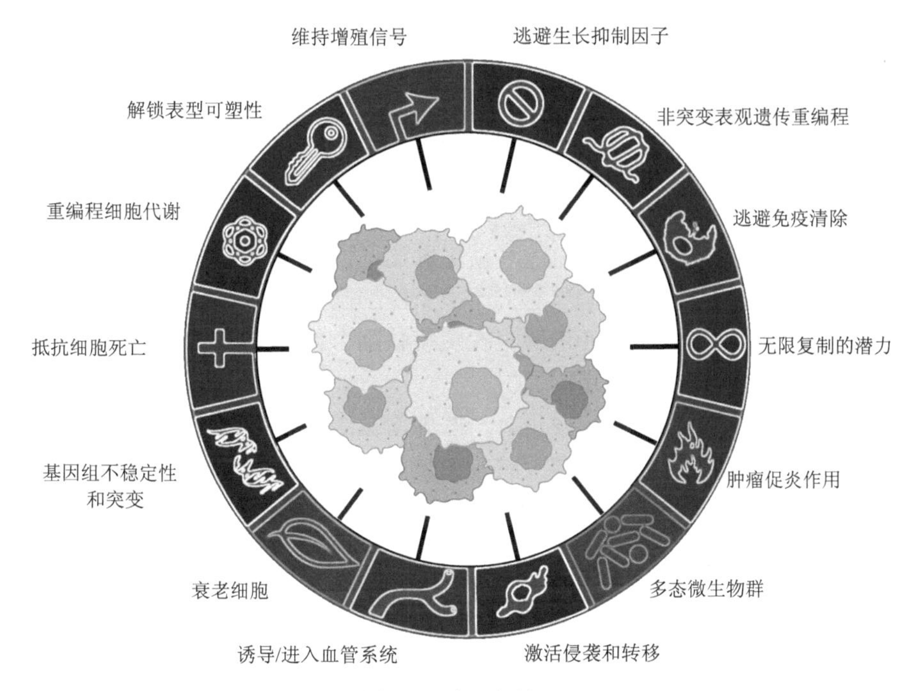

图 5.2　癌症的特征

（3）抵抗细胞死亡：细胞程序性死亡的过程称为凋亡，它是癌症发展的天然屏障。癌细胞进化出多种策略来限制或规避凋亡，最常见的是 TP53 肿瘤抑制功能的丧失。另外，癌细胞也可以通过增加抗凋亡调节因子（Bcl-2，Bcl-XL）或生存信号（Igf1/2）的表达，以及通过下调促凋亡因子（Bax，Bim，Puma）等方式来达到类似的目的。多种多样的抗凋亡机制也反映了癌细胞群体在进化到恶性状态过程中遇到的凋亡诱导信号的多样性。凋亡机制和程序，以及癌细胞抗凋亡所采取的策略，在过去一段时间得到了广泛重视。其他形式细胞死亡的发现，扩大了作为癌症屏障的“程序性细胞死亡”的范围。

（4）无限复制的潜力：端粒缩短被认为是一种时钟装置，决定了正常细胞有限的复制潜能。研究结果表明，罕见变异细胞的长生不老并最终形成肿瘤，其原因是能够维持端粒的长度，以避免引发衰老或凋亡，这一过程主要是通过上调端粒酶的表达实现。端粒酶主要功能是为端粒末端添加所需碱基，以保证端粒不会因复制而缩短。

（5）诱导/进入血管系统：和正常组织一样，肿瘤需要营养和氧气的支持，也需要排泄代谢废物和二氧化碳，血管满足了这些需求。在肿瘤进展过程中，血管生成开关几乎总是被激活并保持打开，一些促进血管形成的信号分子如血管内皮生长因子和成纤维细胞生长因子的表达水平都远高于相应的正常组织，最终导致新的血管不断地长出，帮助维持肿瘤的生长。

（6）激活侵袭和转移：人体中的正常细胞除了成熟的血细胞外，大多数需要黏附在特定的胞外基质上才能存活并正常行使功能，比如上皮细胞及内皮细胞，一旦脱离细胞的胞外基质则会发生细胞凋亡。癌细胞通过短暂或稳定地激活“上皮-间充质转化程序”获得侵袭、抵抗凋亡和转移的能力。癌细胞和肿瘤基质细胞之间的相互作用参与了癌细胞侵袭性生长和转移能力的获得过程。

（7）重编程细胞代谢：癌细胞能量代谢与正常细胞间存在诸多差异，例如，最经典的糖代谢特征，即使在氧气存在的情况下，癌细胞也倾向于进行糖酵解而获得能量，保证其增殖过程的能量供给，这被称为“有氧糖酵解”。

（8）逃避免疫清除：细胞和组织受到时刻警惕的免疫系统的持续监视，这种免疫监视负责识别和消除绝大多数早期癌细胞和新生肿瘤。而实体肿瘤却往往具有不同的逃避人体免疫系统监视的功能，从而确保它们不被免疫细胞（如 T 淋巴细胞、B 淋巴细胞、巨噬细胞和自然杀伤细胞）杀伤和清除。在免疫缺陷个体中某些癌症疾病的显著增加证实了免疫监视系统在肿瘤中的作用。

（9）肿瘤促炎作用：病理学家发现，一些肿瘤组织中存在被固有免疫细胞和适应性免疫细胞密集浸润的现象。这种现象反映了免疫系统试图根除肿瘤，但炎症与癌症的关系非常复杂，例如，主要由固有免疫细胞引起的炎症反应却可为肿瘤微环境提供各种生物激活分子，如维持增殖信号的生长因子、促血管生成因子和细胞外基质修饰酶以及其他诱导信号。

（10）基因组不稳定性和突变：肿瘤复杂的发生过程可以归根于癌细胞基因的不断突变。简单地说，某些突变基因型赋予了细胞亚克隆的选择性优势，使它们能够在局部组织环境中最终占据优势地位。因此，肿瘤的多步骤进展可以描述为连续的克隆扩增，每一个克隆扩增都是由偶然获得一个功能突变基因型触发的。

（11）解锁表型可塑性：细胞发育分化最终形成器官的过程伴随着终端分化。因此，在大多数情况下，细胞分化的最终结果是抵抗增殖的。越来越多的证据表明，癌细胞能够解锁通常被限制的表型可塑性，以助其逃避或逃离终末分化的状态，这是癌症发病机制的一个关键组成部分。

（12）衰老细胞：细胞衰老是增殖停滞的典型不可逆形式，进化为维持组织稳态的保护机制，表面上作为细胞程序性死亡的补充机制，用于在适当的时候清除体内功能障碍或不必要的细胞。长期以来，细胞衰老被视为针对肿瘤形成的保护机制。然而，越来越多的证据揭示了完全相反的情况：在某些情况下，衰老的癌细胞展示出不同的方式，刺激肿瘤发生和恶性进展，如刺激信号转导、逃避凋亡、诱导血管生成、刺激侵袭和转移以及抑制肿瘤免疫等。

（13）非突变表观遗传重编程：基因表达的非突变表观遗传调控，近年来被确立是调节胚胎发育、分化和器官发生的中心机制。例如，在成年人中，长期记忆涉及基因和组蛋白修饰、染色质结构和基因表达开关的触发，这些表达开关随着时间的推移由正反馈和负反馈循环稳定维持。越来越多的证据支持这种表观遗传改变，可能导致肿瘤发生与恶性进展。

（14）多态微生物群：微生物群与暴露于外部环境的身体屏障组织（表皮和内部黏膜，特别是胃肠道，以及肺脏和泌尿生殖系统）共生。人们越来越多地认识到，由常驻细菌和真菌创造的生态系统（微生物群）对健康和疾病有着深远的影响。对于癌症，越来越多的证据表明，人群中不同个体之间的微生物组多态性对癌症表型产生深刻的影响。人类癌症的关联研究和小鼠癌症模型中的研究结果，揭示了特定的微生物对癌症发生、恶性进展和治疗反应具有双面作用，广泛地影响着癌症的发生发展。

四、科学研究服务人类健康

生命科学的研究与发展对于人类健康具有积极的促进作用。科学研究在医疗保健、环境保护与食品安全等领域的应用与推广，能够解决健康难题，减少威胁健康的因素，对于改善人类的医疗与生存环境产生了深远的影响。

对于癌症的治疗，最常见的手段是通过直接清除或攻击肿瘤组织来实现的，比如化疗、放疗或通过手术切除等。随着科学研究的不断进步，科学家希望通过训练自身免疫系统、提高自身免疫功能，进而清除或杀伤癌细胞，这种新的治疗方法称为免疫治疗，具有巨大的临床应用前景。机体具有完善精密的免疫调节和免疫监视功能，当肿瘤细胞侵袭时，免疫系统可以识别肿瘤细胞表面的肿瘤特异性抗原，激活特异性体液免疫应答和细胞免疫应答，清除入侵的肿瘤细胞；同时，肿瘤细胞也能够通过多种途径负向调节机体免疫应答，逃逸机体免疫监管。通过免疫疗法的外源干预，重新启动并维持“肿瘤-免疫”循环，恢复、提高机体的抗肿瘤免疫反应，加强对肿瘤细胞的识别和杀伤能力，从而达到控制甚至特异性清除肿瘤的治疗效果。与手术、放疗和化疗等传统的治疗手段相比，肿瘤免疫治疗具有特异性强，副作用小的优点。目前，全球范围内最被关注的癌症免疫治疗方法，主要包括以 PD-1/PD-L1 抗体为代表的免疫检查点抑制剂疗法、以 CAR-T 为代表的过继转输细胞免疫疗法，以及肿瘤个性化疫苗疗法等。

免疫检查点抑制剂疗法可以解除肿瘤对免疫的耐受/屏蔽作用，让免疫细胞重新认识癌细胞，对肿瘤产生攻击。免疫系统中，负向调控 T 淋巴细胞激活的因子称为免疫检查点分子，免疫检查点分子在限制机体免疫系统过度激活、维持机体免疫稳态过程中发挥重要作用。细胞毒性 T 淋巴细胞抗原 4（cytotoxic T lymphocyte antigen 4，CTLA4）和程序性细胞死亡 1（programmed cell death 1，PD-1）是最受关注且最有效的 T 淋巴细胞免疫检查点分子。CTLA4 分子通常表达于 $CD4^+$和 $CD8^+$ T 淋巴细胞表面，能够与抗原呈递细胞（antigen presenting cell，APC）上的共刺激信号 B7 配体高亲和力结合，产生抑制 T 淋巴细胞活化的信号，减少细胞因子产生，降低机体抗肿瘤免疫反应。使用 CTLA4 分子抑制剂或 CTLA4 单克隆抗体可以解除 CTLA4 对 T 淋巴细胞的抑制作用，提高 T 淋巴细胞对肿瘤表面特异性抗原的应答水平，增强机体免疫细胞的抗肿瘤效应。PD-1 在 T 淋巴细胞激活或扩增期间表达，可以与肿瘤细胞或其他免疫细胞上的 PD-L1、巨噬细胞和树突状细胞上的 PD-L2 结合，抑制细胞内信号转导，降低效应 T 淋巴细胞活性，诱导 T 淋巴细胞凋亡，负向调控机体抗肿瘤免疫反应，最终使肿瘤细胞发生免疫逃逸。使用 PD-1 或者其配体 PD-L1、PD-L2 单克隆抗体选择性阻断肿瘤细胞与 T 淋巴细胞之间 PD-1 与配体结合，可以恢复机体抗肿瘤免疫力，同时增强细胞毒性 T 淋巴细胞参与的溶瘤作用，达到消除肿瘤的效果。

过继转输细胞免疫治疗方法将来源于患者体内的免疫细胞进行体外改造、激活、扩增后，再重新输回患者体内，以达到清除肿瘤的目的。T 淋巴细胞受体修饰的 T 淋巴细胞（TCR-modified T cell，TCR-T）和嵌合型抗原修饰的 T 淋巴细胞（chimeric antigen receptor T cell，CAR-T）是已经在临床应用的治疗方法。CAR-T 细胞治疗方法是指使用基因工程方法改造患者 T 淋巴细胞，使其能够识别肿瘤特异性抗原的特异性位点，赋予其 T 淋巴细胞特异性识别肿瘤细胞的能力，再将这类 T 淋巴细胞过继转输回机体，最终达到抗肿瘤目的。CAR-T 细胞同时具有抗原特异性和细胞活化特性，能够特异性杀伤肿瘤细胞，有一定的治疗效果。过继转输细胞免疫治疗的副作用主要表现为细胞因子释放综合征和神经毒性，使用糖皮质激素或者托珠单抗可在一定程度上缓解不良反应；然而，复杂的制备流程和高额的费用是该方法在临床应用上的最主要限制因素。

肿瘤疫苗疗法是利用肿瘤特异性抗原、肿瘤多肽或肿瘤细胞裂解产物等诱导机体产生肿瘤特异性免疫应答，保护机体免受肿瘤细胞侵袭，实现对肿瘤的预防和治疗。肿瘤疫苗包括预防性肿瘤疫苗和治疗性肿瘤疫苗两大类。预防性肿瘤疫苗在健康人体中注射，产生肿瘤特异性免疫反应，主要用于预防病原体（病毒）诱发的肿瘤。乙型肝炎疫苗和人乳头瘤病毒疫苗是临床上普及最广泛的预防性肿瘤疫苗，可显著降低肝癌和宫颈癌的发病率。治疗性肿瘤疫苗主要针对肿瘤患者，通过免疫诱导患者体内产生特异性抗体、效应细胞和特异性免疫记忆细胞，达到治疗肿瘤的目的。已有临床试验证实肿瘤全细胞疫苗、肿瘤特异性蛋白或多肽疫苗以及肿瘤核酸疫苗在肿瘤治疗过程中展现了巨大的应用潜力。

学习细胞生物学，不仅为探索生命奥秘所必需，而且将为人类的生命和健康带来新的机会！

主要参考文献

Guariguata L, Whiting D R, Hambleton I, et al., 2014. Global estimates of diabetes prevalence for 2013 and projections for 2035[J]. Diabetes Research and Clinical Practice, 103(2): 137-149.

Hanahan D, 2022. Hallmarks of cancer: new dimensions[J]. Cancer Discovery, 12(1): 31-46.

Hanahan D, Weinberg R A, 2000. The hallmarks of cancer[J]. Cell, 100(1): 57-70.

Hanahan D, Weinberg R A, 2011. Hallmarks of cancer: the next generation[J]. Cell, 144(5): 646-674.

Huang P Y, He Z Y, Ji S Y, et al., 2011. Induction of functional hepatocyte-like cells from mouse fibroblasts by defined factors[J]. Nature, 475(7356): 386-389.

Ong J Y, Torres J Z, 2019. Dissecting the mechanisms of cell division[J]. Journal of Biological Chemistry, 294(30): 11382-11390.

Takahashi K, Yamanaka S, 2006. Induction of pluripotent stem cells from mouse embryonic and adult fibroblast cultures by defined factors[J]. Cell, 126(4): 663-676.

Yoshida T, Prudent M, D'Alessandro A, 2019. Red blood cell storage lesion: causes and potential clinical consequences[J]. Blood Transfusion, 17(1): 27-52.

Zhao X Y, Li W, Lv Z, et al., 2009. iPS cells produce viable mice through tetraploid complementation[J]. Nature, 461(7260): 86-90.

第六讲　蛋白质设计

刘海燕 教授，计算生物学家，国家杰出青年科学基金获得者。
陈　泉 教授，青年合成生物学家，国家级青年人才项目获得者。

蛋白质是一类十分重要的生物大分子，是生命活动的主要承担者。它行使着各种各样的功能，既可以作为信号转导分子，也可以作为酶发挥催化功能。蛋白质的氨基酸序列决定结构，进而决定功能。通过对天然蛋白质的序列、结构、折叠驱动力的分析，能够加深我们对蛋白质结构与功能的了解。

实验测定的序列信息和三维结构信息展示了蛋白质的“几何形状”，计算建模的方法与思维则进一步提供了研究蛋白质何以能形成如此“形状”的手段。我们可以把这种手段比喻为一台在原子层面“观察”生物分子体系结构与动力学的虚拟“显微镜”。这台显微镜是以相关的物理化学原理（分子间相互作用、分子体系的热力学与统计力学）、实验数据（结构生物学）、数值方法（仿真、统计）等为基础来设计和构建的。在计算方法与实验数据有机结合，并向人工智能方向发展的今天，我们对藏于蛋白质“几何形状”下的规律有了更深刻的理解。

围绕蛋白质计算设计，我们将在本讲中按照如下顺序进行阐述。在第一部分中，主要探讨蛋白质序列、结构及功能的基础知识，包括蛋白质一级结构和高级结构的概念，蛋白质结构与动力学的基础，以及蛋白质折叠驱动力。在第二部分中，进一步讨论蛋白质计算建模，包括用计算思维来考虑蛋白质结构的问题，计算与实验的整合，人工智能的应用，以及蛋白质结构预测。在第三部分中，着眼于蛋白质设计，首先介绍蛋白质工程，接着阐述自动化序列和结构设计方法，最后探讨方兴未艾的基于数据驱动的蛋白质设计。通过这一小节，可以窥见在蛋白质科学中如何“学以致用”，从研究自然规律演变为造福人类。

随着序列设计与结构设计的方法不断推陈出新，蛋白质计算设计已经逐渐成为蛋白质工程与应用中的一大推动力。如今，人们已对如何改造甚至创造蛋白质有了一些成功的尝试。预期在不久的将来，蛋白质计算设计将会在工业、医药等领域大放光彩。

一、蛋白质序列、结构与功能

（一）蛋白质的一级结构和高级结构

半个多世纪以来，人们已经揭示了一系列蛋白质结构以及结构与功能的关系。蛋白质结构被归纳为四个层次：一级结构、二级结构、三级结构和四级结构（图 6.1），以更好地去描述和理解蛋白质。

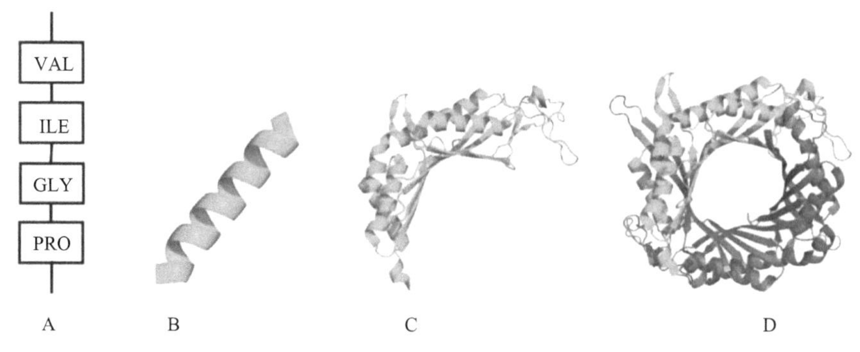

图 6.1　蛋白质结构示意图

A. 一级结构；B. 二级结构；C. 三级结构；D. 四级结构

从化学结构的角度看，蛋白质是线性顺序排列的氨基酸聚合形成的生物大分子。氨基酸是这样一类分子，它包括一个羧基基团（COOH）、一个氨基基团（NH_2）、一个连在中心 α 碳（Cα）上的氢原子以及连在 Cα 上的侧链（图 6.2）。组成天然蛋白质的 20 种氨基酸具有相同的主链原子构成，但不同类型的氨基酸有不同的侧链，导致它们的物理化学性质有差异。在蛋白质中，两个相邻氨基酸的羧基和氨基发生缩合，形成肽键，每个氨基酸留下的部分称为氨基酸残基。多个氨基酸残基通过肽键串联形成一条多肽链。一条多肽链按照从N端（氨基端）到C端（羧基端）的顺序，每个氨基酸残基是 20 种天然氨基酸类型之一，这个顺序称为氨基酸序列。人们又把氨基酸序列称为蛋白质的一级结构。按照约定，每种残基类型用一个特定的英文字母来代表，则氨基酸序列或一级结构可以记为一个英文字符串。

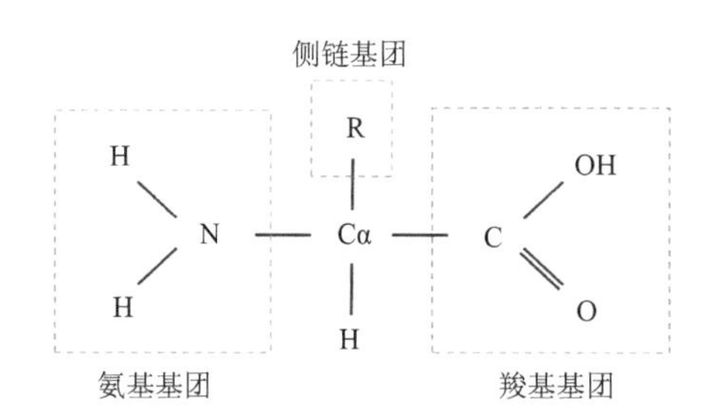

图 6.2　氨基酸的基本结构

蛋白质的空间结构是指原子的空间排列方式。一级结构上的两个相邻残基，其原子间物理上可能的相对位置受到肽键本身性质的影响。首先，共价连接在形成肽键的 C、N 原子上的这些原子处于一个基本刚性的平面内。也就是说，蛋白质折叠形成三维结构时不能绕肽键自由旋转。这样顺着多肽主链可以大范围旋转的只有连接在 Cα 原子上的共价键。其中，绕 N-Cα 键的旋转二面角一般记为 φ，绕 Cα-C 键的旋转二面角记为 ψ（图 6.3）。由于主链和侧链原子的空间位阻效应，绕这两个二面角的旋转也是受限的，即有的（φ，ψ）组合在物理上是不可能的。即使物理上可能的（φ，ψ）组合，由于它们的能量不同，它们在实际蛋白质结构中出现的概率也不是均匀分布的。分别以 φ、ψ 为横、纵坐标的二维平面图称为拉氏图。在拉氏图上标记某个残基主链二面角的（φ，ψ）值，或者某组残基集合的（φ，ψ）分布。不同类型的氨基酸由于侧链的不同，其在蛋白质结构中的（φ，ψ）分布会有所差异。

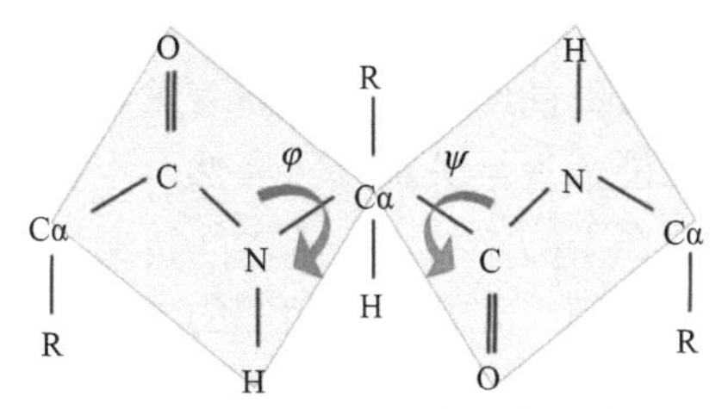

图 6.3　两个相邻肽平面的相对空间位置由 φ、ψ 角决定

多肽主链原子通过形成氢键形成周期性排列的局部三维结构，主要包括 α 螺旋、β 片层等，称之为蛋白质的二级结构（图 6.4）。α 螺旋是通过弯曲多肽主链形成的螺旋状结构。从理论上说，虽然一个螺旋结构可以朝着两个方向弯曲盘旋，但是由于受到空间位阻的限制，在天然蛋白质中观察到的几乎都是右手螺旋。大体上，α 螺旋的主链每旋转一圈包含 3.6 个氨基酸残基。α 螺旋之所以是一种稳定的螺旋结构，是由于每一个氨基酸残基的羰基氧与螺旋中前方第 4 个氨基酸残基上的氮原子之间形成氢键，进而整个螺旋的主链极性原子（除位于螺旋末端的原子）都充分地形成了氢键。除标准 α 螺旋外，蛋白质中也存在少量 3_{10} 螺旋和 π 螺旋等其他螺旋结构。与 α 螺旋不同，β 片层是通过空间近邻的多段多肽上的主链原子相互（而非在每个肽段内部）形成氢键而构成的，其中每个多肽段称为 β 带（β strand）。一个 β 片层包含多段 β 带，空间相邻的 β 带两两之间形成氢键，加上每个片段内部相邻残基间的共价键，整个片层中所有主链原子被一个稳定的氢键和共价键网络连接在一起。相邻 β 带有平行和反平行两种取向。一个 β 片层可以是完全平行的、完全反平行的，或者平行、反平行混合的。当我们从 β 片层的一侧沿垂直于多肽链伸展的方向望去时，几乎所有的 β 片层都会显现出一定程度的弯曲，而且往往是朝右手方向的。除了 α 螺旋和 β 片层外，天然蛋白质中还有一些不规则的二级结构，如连接顺序相邻的二级结构片段（α 螺旋或属于 β 片层的 β 带）的环区（loop 区）。虽然结构相对不规则，但环区在功能上具有重要意义。

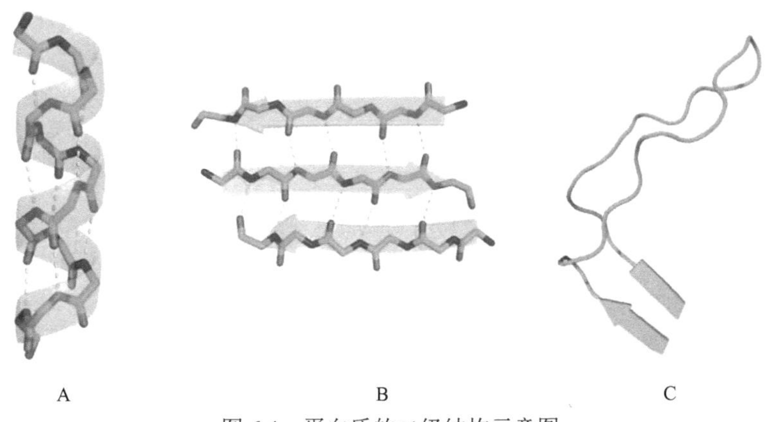

图 6.4　蛋白质的二级结构示意图

A. α 螺旋；B. β 片层（反平行）；C. loop 区

在疏水相互作用、范德瓦耳斯力、氢键、静电相互作用等因素的共同影响下，一条多肽的二级结构会进一步盘旋、折叠成相对固定的三维结构，称为蛋白质的三级结构。蛋白质二级结构的形成主要依赖于主链二面角的偏好性以及主链之间的氢键相互作用。在三级结构层面，侧链在决定最终的结构方面扮演着重要的角色。一般来说，具有相对稳定的三级结构对蛋白质的功能来说至关重要。当然，也有一些功能蛋白质没有固定的三维结构，而有的蛋白质则能在不同的稳定构象之间转变（如别构蛋白）。

介于三级结构和二级结构之间，有些顺序相邻的二级结构会形成规律性的堆积，进而形成高频出现的局部三级结构，称为超二级结构。有的蛋白质包含多条多肽链。将组成同一蛋白的不同多肽链称为不同的亚基。亚基-亚基之间也会有相对固定的空间排列方式，称为蛋白质的四级结构。

一般来说，蛋白质的一级结构决定了它的高级结构，进而决定了蛋白质的功能。以COVID-19及其抗体为例：COVID-19是一种RNA病毒，它由外膜（包括膜上的蛋白质）包裹核酸组成。真正与人体细胞表面受体ACE2结合的是突出于外膜表面的刺突蛋白（S蛋白）。一些能帮助我们抵抗COVID-19的抗体（中和性抗体）通过特异性地结合COVID-19的S蛋白（抗原）来阻断其与人体细胞ACE2受体的结合。抗体对抗原的特异性识别位点（抗原表位）既可能是特定序列片段，也可能是特定空间结构区域。当被中和抗体识别的抗原表位的氨基酸序列发生了变化，并且这种变化足以影响该抗原表位与人体（通过接种疫苗或感染病毒）已产生的中和抗体的结合时，就会导致中和抗体不再能阻断突变后的病毒对细胞的侵染。

（二）蛋白质结构与动力学

并非所有蛋白质都会折叠成相对固定、有序的三维结构。有些蛋白质只有部分区域形成有序的三维结构，其余部分则是“无序区”。甚至有的蛋白质整体不折叠成稳定的三维结构，被称为“固有无序蛋白”。实际上，如果考虑随机排列20种氨基酸来组成一条多肽链，该多肽链都自发折叠成稳定的三维结构的可能性微乎其微。天然的“无序蛋白”的氨基酸序列也不是随机的，因此仍然具备着实际的功能，而随机序列组合的“乱序蛋白”则几乎无法执行功能。对固有无序蛋白而言，蛋白质序列与功能之间仍然存在关联性，只是这种关联性不必以蛋白质折叠成相对固定的三维结构为前提。

即使是具有稳定高级结构的蛋白质，其三维结构在发挥功能时也未必是恒定不变的。实际上，大多数蛋白质并不是像“凳子”一般，具有刚性的三维结构，而更像是“折叠椅”，通过三维结构的变化来行使功能。这些能够发生构象状态变化的蛋白质，既有刚性的局部结构提供支撑与稳固作用，又有柔性的局部结构起到支持“变化”的作用，最终能根据特定的环境在不同构象状态之间转变。

这种空间结构的变化有以下一些重要特点：①蛋白质的空间构象变化（如蛋白质折叠）一般并不需要化学键断裂或生成，而是通过绕（大量）单键的旋转发生的。②蛋白质还可以与其他大分子或小分子相互结合，形成非共价复合物。在此结合过程（以及反向的解离过程）中，不仅存在着分子间的相对位置和取向的改变，其分子内部的构象也可能发生变化。③涉及化学反应（共价键生成和断裂）的过程（比如酶催化的代谢反应过程）在化学结构改变之外，往往也涉及分子内和分子间的构象变化。

蛋白质为什么会折叠成稳定的三维结构，或者发生不同结构状态间的动力学变化，可以从物理原理上进行分析。

在20世纪50年代，安芬森（Anfinsen）等对牛胰核糖核酸酶进行了一系列体外变性-复性实验（变性是指蛋白质从稳定三维结构和活性的状态变为无结构的失活状态。复性是与变性反向的过程），发现变性后的蛋白质能够在一定的物理化学环境下自发折叠到其具有活性的天然结构（复性）。基于这一实验事实，安芬森提出了蛋白质折叠的热力学假说：蛋白质的天然结构是生理条件下自由能最低的状态。换句话说，蛋白质一级序列决定其三维结构。

从热力学中的构象熵的角度看，多肽链通过折叠形成按特定方式紧密堆积的结构，是构象熵减小的过程（注：包括溶剂分子在内的体系总熵变化不一定是减小的）。热力学假说认为生理条件下非天然的折叠方式相对于天然折叠构象的自由能要高得多，所以绝大部分蛋白质分子才处于天然的折叠构象（而不是其他非天然的构象），进而实验中才会观察到蛋白质处于天然构象。与蛋白质折叠的热力学假说相区别的是动力学控制假设：天然状态并不一定必须是热力学上最稳定的。它也可能是一种在生理环境下新生肽链能很快形成的介稳状态，且其寿命足够长。逐步积累的实验证据表明，如果只考虑游离的蛋白质分子（包括可溶的天然多聚体）构象的话（对应实验条件是蛋白质浓度较低，可以不考虑非天然的分子间聚集），安芬森的假说对大多数具有稳定结构的天然蛋白质是适用的，但不排除存在例外情形；如果考虑到分子间聚集等因素，动力学控制可能扮演十分重要的角色。如朊病毒，以非天然构象（错误折叠构象）形成分子间聚集体。如果仅限于考虑溶液中游离存在的单个蛋白质分子，其正确折叠状态可能是自由能最低的。但是当我们把含有大量蛋白质分子的体系视为一个整体时，则那些溶解的、多数分子处于正确折叠构象的状态可能只是热力学亚稳态（但也是一种动力学上可长期稳定存在的状态），而分子间聚集、沉淀的状态是更加稳定的热力学状态。

从能量与结构的关系来看，人们认为分子体系的能量是取决于其结构的。例如，考虑一个具有两个原子的孤立系统，它们的结构信息（原子类型以及距离）决定了这个系统的能量。以此类推，蛋白质是一个具有大量原子的系统，其结构（所有原子的空间排列方式）决定了能量。理论上讲，可以通过量子力学的第一性原理来计算一个给定坐标和原子类型的蛋白质结构的能量。但由于原子数太多，计算成本太大，实际上目前还难以应用。在实际计算中，一般通过经验性的物理模型（分子力学力场）来近似计算蛋白质的能量，计算速度快。考虑到目前在实验上已解析了大量的蛋白质结构，还可以发展基于数据的能量函数模型。数据驱动即是指从数据中学习各结构参数分布规律的方法，相关内容将会在后续小节中展开讨论。总的来说，人们可以用“能量”来代表蛋白质处于某个构象（由蛋白质中每个原子的三维坐标来定义）时的稳定性。能量越高，稳定性越低。

引入“能量”度量的意义在于可以基于不同构象（高级结构）的能量差异来考察分子处于不同构象状态的概率。统计力学的基本原理告诉我们，在热力学平衡态下，一个体系的各种微观状态都有一定存在概率。但不同状态的概率分布并非均匀的，而是遵循玻尔兹曼分布。简单来说，玻尔兹曼分布告诉我们两件事：①能量越低的微观状态，其存在的概率越大；②温度越低，体系的状态分布越往低能量的状态集中。

如果将一个蛋白质看作一个经典力学体系，不同三维结构对应不同微观状态，那么上述规律意味着：①能量越低的三维结构越可能对应于此蛋白质稳定存在的构象；②随着温度的降低，蛋白质更有可能处于能量较低的构象。总之，蛋白质不同结构或构象状态的概率取决于能量；再加上经典力学运动方程中力和能量、加速度和力（牛顿第二定律）的关系，我们能够基于能量随结构的变化关系（通过计算机模拟仿真）获得蛋白质结构与动力学的全部信息。这就是引言中提到的虚拟“显微镜”的基本工作原理。

（三）蛋白质折叠驱动力

蛋白质的折叠和去折叠是生物物理研究的一个基本课题。了解蛋白质折叠有助于解开氨基酸序列是怎样决定结构的谜团，研究如何从蛋白质的序列出发预测其三维结构，并对蛋白质结构的形成过程以及稳定性有更加深入的理解。近年来，人们已发现多种由于蛋白质折叠错误所导致的疾病，包括阿尔茨海默病、疯牛病、帕金森病等。从临床医学的角度出发，也有必要深入地研究蛋白质的折叠。了解蛋白质折叠还有助于为基于结构的药物设计提供理论基础。

在前一小节中，我们探讨了蛋白质的构象与能量之间的联系。虽然安芬森指出了蛋白质的天然构象对应于自由能最低的状态，但是他并没有解释蛋白质是如何从无序的多肽链折叠成天然构象的。针对这一过程，利文索尔（Levinthal）在 20 世纪 60 年代末提出了“Levinthal 佯谬”：蛋白质具有大量的自由度，其可能的构象数目是如此之多，以至于在这样的构象空间中要通过全局搜索选出（自由能最低的）天然构象需要耗费天文时间，是不可能的。然而，实验观测到的蛋白质折叠是一个非常快速的过程，典型小蛋白折叠时间只有 10^{-3}～1s。

为了解释这一现象，20 世纪 80 年代，卡普拉斯（Karplus）、迪尔（Dill）和沃利内斯（Wolynes）等提出蛋白质折叠的“自由能地貌”是一种“折叠漏斗”的假说。该假设认为，沿某些关键集合坐标（化学家往往称之为反应坐标，即 reaction coordinate；物理学家则称其为序参数，即 order parameter）上定义的自由能面呈漏斗状，天然折叠状态位于漏斗状自由能地貌的底部，而非天然构象状态位于漏斗的周围（图 6.5）。折叠过程对应于分子的集合坐标从漏斗边缘某处出发到漏斗底部的变化过程，不需要遍历同处于漏斗边缘的其他状态，故而可以快速完成。当然，实际的自由能地貌是十分崎岖的，哪怕是所谓的“天然结构”实际上也包含了大量的微观构象状态，它是微观构象状态的动态平衡分布。但总的来说，蛋白质折叠过程会有这种漏斗般的构象变化趋势，这是我们关于蛋白质折叠的基本物理图像。

上述能量漏斗理论为蛋白质折叠研究提供了理论框架。对于一个具体的蛋白质分子，其折叠的自由能曲面形状如何、具体有什么样的折叠路径，以及折叠过渡态结构如何等，则需要借助具体的实验或计算机模拟的方法来进行研究。为此，人们自 20 世纪 70 年代，已经尝试利用计算机去建立相关物理概念的定量模型。

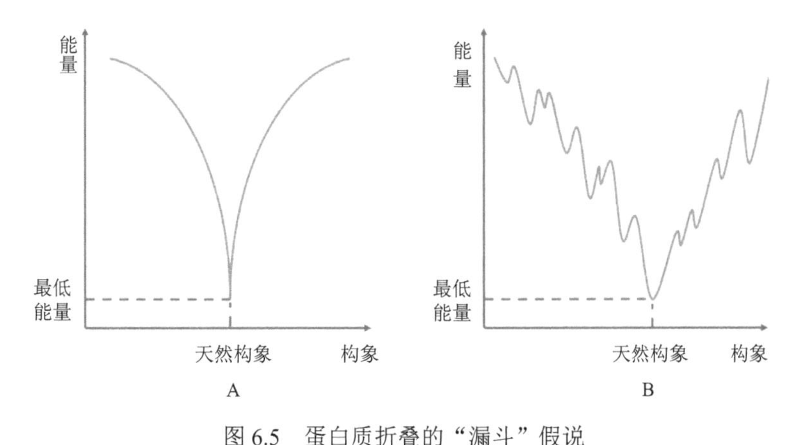

图 6.5　蛋白质折叠的“漏斗”假说

A. 理想漏斗状自由能地貌示意图；B. 实际的崎岖自由能地貌示意图

从原子层面来考虑，决定分子能量的物理相互作用可分为共价相互作用（或称为成键相互作用）和非共价相互作用（或称为非键相互作用）（图 6.6）。显然，共价相互作用决定了键长、键角、二面角、立体构型等几何参数。其中，键长、键角、立体构型等几何参数在分子构象变化过程中的变化幅度很小，我们可以认为它们是刚性的，并以此作为构象合理性的前提条件。非共价相互作用则包括范德瓦耳斯力、静电相互作用等。其中，范德瓦耳斯力包括非共价近邻原子之间的短程排斥和长程色散吸引（一般使用伦纳德-琼斯势来描述）。与刚性共价相互作用一样，短程范德瓦耳斯力排斥要求原子之间距离不能太近也是构象合理性的前提条件。对于这些相互作用，人们建立了基于经验的近似模型来描述。

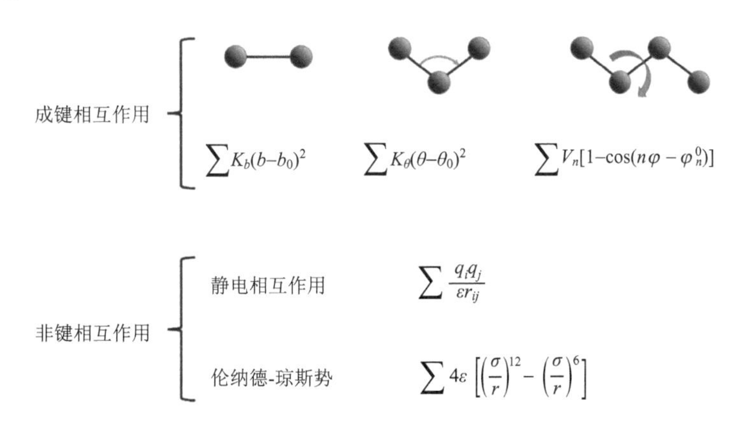

图 6.6　成键相互作用模型与非键相互作用模型

成键相互作用包含键长项，键角项，以及二面角项。非键相互作用包括静电相互作用和伦纳德-琼斯势

从分子间的相互作用来考虑，决定蛋白质自由能地貌的相互作用还包括溶剂效应和协同效应。

蛋白质并非一个孤立体系，而是存在于溶剂环境中，其结构和动力学会受到溶剂效应的影响。我们可以从疏水相互作用和极性相互作用两方面来分析溶剂效应。疏水相互作用指的是，由于水分子是极性分子，因此倾向于和极性的溶质表面接触。换句话说，对于水溶液暴露的分子表面（溶剂可接近表面）来说，如果其性质越是疏水，则溶剂化自由能越高（溶剂效应对稳定相应的结构状态不利），因此，在蛋白质天然构象状态下，疏水性强的氨基酸残基侧链，一般被包埋在蛋白质的内部。极性相互作用指包括极性官能团之间的氢键与离子键。由于水分子是良好的氢键供体/受体，其介电常数很高，溶质的极性官能团暴露在水溶液中的构象状态自由能较低。除非溶质的极性官能团之间能够互补地形成氢键或离子键，极性官能团包埋于溶质内部的构象状态自由能较高，是不利的。在蛋白质天然构象中，溶剂效应促使疏水性侧链在蛋白质内部排列堆积形成蛋白质的疏水核心，而带电的和极性侧链主要位于蛋白质的表面。有时候带电氨基酸残基也可能在蛋白质疏水核心出现。这种排列情况只有当带电氨基酸残基侧链与另外带相反电荷的氨基酸残基侧链之间形成离子键，从而使得整体静电相互作用较为有利时才有可能出现。

协同效应体现的是在特定整体结构状态下有利的局部相互作用能够同时发生，从而显著降低相应结构状态的自由能。在生物大分子中，疏水的碳骨架和亲水的极性官能团通过共价键连接在一起。共价键结构限制了这些基团在空间中可能的相对排列方式（可能的构象状态）。如果某两个基团之间要形成有利的相互作用（如氢键），则会进一步限制分子构象，从而带来构象熵的损失。这种“有利的相互作用”和“构象熵减少”对自由能贡献的符号相反，带来的自由能总体变化可能并不大。然而，如果在同一“构象状态”下，其他基团之间同时也能形成有利的相互作用，不再伴随新的构象熵损失，则“有利相互作用”对自由能降低的净贡献就会较大。蛋白质二级结构的稳定性就体现了协同效应的作用：蛋白质二级结构的形成源于多个残基之间形成周期性排布的主链氢键。形成一对主链氢键会约束两个氨基酸残基的空间位置，而由于蛋白质的一级结构是相连的，因此一对主链氢键还会同时对周围残基的空间位置有约束作用。当周围残基在此约束下同样能形成有利的相互作用时，协同效应将带来额外的自由能降低（稳定性增加）。蛋白质的二级结构区域使得排列在内部的主链极性原子都能形成饱和的氢键，最大程度地降低主链构象状态的自由能。这可以解释为什么大部分稳定折叠的蛋白质有一半以上的氨基酸残基处于二级结构区域。

总的来说，蛋白质折叠是一个非常复杂的过程。如果将蛋白质结构分解为主链结构和侧链构象，我们可以引入主链结构的可设计性概念。如果存在大量氨基酸序列可以自发折叠成某种主链结构，则该主链结构有高可设计性。相较于大部分区域已经协同地处于稳定状态的主链结构而言，一个随意“排布”的主链结构将几乎不可能有合适的序列来支持其折叠，因而前者相比于后者就更具有可设计性。事实上，目前已知的蛋白质结构数据表明可设计性高的主链折叠空间可能是非常有限的。引入主链“可设计性”的意义在于：只有“可设计性高的主链结构”，通过自然进化（或人工设计）才能产生能自发折叠成相应结构的氨基酸序列。

二、蛋白质计算建模

（一）用计算思维考虑蛋白质结构问题

对蛋白质结构和动力学进行计算建模是具有重要意义的一种研究手段。这是一种计算机实验，它从原子水平的相互作用出发，借助计算机数值模拟得到生物大分子结构、动力学、热力学方面的信息，进而研究这些信息与生物功能之间的关系。从物理学中能量变化的角度来看，生命过程涉及的分子运动，与热运动密不可分。统计热力学和计算模型结合提供了一种把微观与宏观性质相联系的手段。由于在计算模型中改变参量往往比真实实验代价更低，并且能精确地、可控地进行测试，甚至可以不受实验可行性的限制，因此要更有利于对相关关系、因果关系等进行分析。为了能够尽可能物理上准确地刻画蛋白质分子，我们有以下基本的计算范式。

首先是定量描述能量是如何依赖于蛋白质结构（原子坐标）的，或者说不同构象所对应的能量是怎么样的。对蛋白质而言，微观的化学结构（序列信息）决定了其空间结构和动力学，继而决定了其分子间相互作用的主体和方式，以及更高层次的动力学，最终行使具体的功能及与环境发生作用。当我们能够定量地描述能量对于不同层次结构的依赖关系之后，就可以从能量模型出发，利用优化算法找到相对于初始构象更低能的构象，以及利用采样算法找到各种不同的低能构象。

优化算法的目的，是寻求目标函数的极值，进而获得此目标函数所对应的实际问题的最优解。换句话说，能量极小化可以称为分子几何构型优化，它是以分子构型（即原子的空间位置）为决策变量，以分子能量为目标函数的最小化问题。在能量极小化过程中，我们会从某个初始构型出发，逐步改变几何构型，使能量降低，直至收敛。当然，由于实际的能量面往往是高维而复杂的，优化算法往往只能寻找到能量面上的局部极小值，但至少相比于初始构象而言，该构象更稳定。在实际应用中，优化算法既可以用于获得一个化学上合理的结构模型，也可以用于计算那些只存在局部构象差别的状态之间的相对能量。

而采样算法则试图在某些给定条件下寻找各种可能的结果。比如对于蛋白质的环区结构来说，它具有相对较大的柔性。通过采样算法，我们可以在固定蛋白其余结构不动的情况下，获得此环区的某几种相对稳定的构象状态，进而对此环区的可能构象变化有所了解。从理论上说，只要我们采样的时间足够长，采样足够的充分，那么获得的构象多样性就会足够高，进而能够知道这个蛋白质真实所处的稳定构象更可能是哪个（或哪些）。当然，在实际应用中，分子体系的能量面是崎岖不平的，这导致了我们对蛋白质构象的采样不充分。在模拟中，一个较复杂的体系往往会长时间陷于某个局部极小中，而在长度不够的模拟中，体系从一个局部极小变化到另一个局部极小的可能性太小，没有统计意义。因此很多时候，我们需要利用各种增强采样的方法。采样算法可用于修正生物大分子的结构，探索大分子的构象空间，预测可能的合理构象，预测构象的概率分布、构象变化路径等。

无论是优化算法或是采样算法，它们能够有效的前提在于，刻画蛋白质构象的能量模型足够精确。实际上，能量模型中的每一项都或多或少存在着误差，那么当将它们加起来用于处理一个大体系时，总能量的误差将会非常大。幸运的是，相比于去计算一个蛋白质构象所对应的真实能量，一般更关心蛋白质的两个构象之间的能量差异。因此，通过关注于相对的能量高低，进而借助于误差抵消，能量模型的系统误差对结果的影响能得到一定程度的缓解。

除了能量函数的精度以外，能量模型的复杂性同样会给采样过程带来困难。可以想象，如果能量函数只是一个一维函数，通过一维的梯度就能很快地找到低能的解；而一个蛋白质由于含有大量的原子，每个原子又需要三维坐标来描述其空间位置，因此其能量函数是一个高维函数，采样难度可想而知。对于采样问题来说，这一方面要求我们尽可能充分地去对构象空间进行采样，才有可能找到各种不同的低能的解；而另一方面，充分的采样意味着极大的计算量和极大的时间耗费，而越是想用精细的模型（如第一性原理）去构建能量函数，其计算量和时间耗费将越大。因此在传统方法下，能量函数的精度与对其构象空间探索的时空尺度之间存在着两难的困境。

近年来，为了克服这一两难的困境，人们发展出了数据驱动模型。数据驱动即是通过“观察”已有的蛋白质数据来分析其规律，数据越充足，那么结论就越具有统计意义。上述从原子层面建模而后逐级往上计算能量的方式是一种自下而上的方式，而数据驱动则是一种自上而下的建模方式，它不再涉及模型逐级叠加带来误差放大的效应。更进一步，目前快速发展的人工智能方法也是通过将数据作为样本进行学习和训练，一方面可以有效地利用大量的数据，而另一方面能让我们不再依赖简单的数学函数形式来建立模型，而能够自动地以更为复杂的网络来表示模型。

（二）计算与实验的整合

蛋白质计算科学与实验研究并非相互排斥的——它们通过整合形成“干湿”结合的研究新范式，计算指导实验，实验结果反馈设计，形成“设计—构建—测试—学习”环节组成的高通量闭环，对蛋白质科学与工程应用产生巨大影响。

对计算模型来说，实验数据可以用于拟合出模型的经验参数。例如，为避开第一性原理模型的计算代价太大的问题，人们发展了半经验模型。在这类模型中，一方面通过近似计算来减少计算代价，另一方面又通过对指定化学分子集合的一些实验观测性质（如分子几何构型、热力学数据等）进行拟合来获得许多经验参数。

目前使用神经网络来进行蛋白质计算建模与设计时，数据（一般来源于实验数据）对于模型的训练和最终的效果都是极为关键的。正是因为我们已经从实验中获得了大量的蛋白质结构与序列数据，我们才能够尝试使用神经网络来进行蛋白质相关的预测与设计工作。反过来说，缺乏实验数据则会影响计算的效果。例如，相比于蛋白质的序列数据而言，其结构数据就要少得多，而其中的复合物结构数据（蛋白-蛋白复合物或蛋白-小分子复合物结构）则要更少。甚至针对特定蛋白来说，它很可能缺乏已知的同源序列或结构信息用于参考，所以很自然地对神经网络的应用提出了挑战。

除了从“一般性”的实验数据来学习计算模型以外，还可以只针对某个蛋白质通过实验上的突变扫描来获取相关信息，进而指导下一轮计算设计的方向。除此之外，基于高通量实验结果还能设计带有结合特异性的序列。

对实验来说，计算模型同样有助于修正实验结果。一个最直接的例子就是对于蛋白质晶体结构的解析过程。无论是X射线晶体衍射，核磁共振波谱，还是电子显微镜技术，在很多情况下，它们提供的数据都不足以直接从头建模（完整的）蛋白质原子模型。因此，我们还是需要结合计算来对结果进行分析、建模和精修。

更有意义的是，通过实验数据训练出的计算模型，可用于改善实验中的库筛选过程。基于初步的实验库数据，计算模型可以指引出序列空间哪个区域是更值得探索的。这进一步表明了计算与实验可以通过更深层次的整合来创造多方位的价值。

（三）人工智能的应用

在蛋白质结构计算领域，常常面临着“数据较多，对象复杂”的情况。一方面，截至2022年6月，蛋白质数据库中已经有超过19万个蛋白质的三维结构数据；而另一方面，一个蛋白质的稳定结构往往是成千上万原子的各种相互作用平衡的结果，且这个平衡还涉及和溶剂及其他分子的相互作用。可以想象，如果每种相互作用都使用某个人为定义的数学函数去近似，各能量项的误差将会叠加反映在最终的能量函数上。我们不禁会想，是否有一种方法，能够更好、更充分地利用数据来建立模型，而不再需要依赖于人为指定的某些数学形式作为限制呢？

人工神经网络就是一种能满足上述需求的建模方法。它是受生物神经网络系统的启发，以人工神经元为基本单元，一群基本功能相同的人工神经元，构成神经网络的一层结构，而许多层的人工神经元通过层层传递的方式，形成了层次结构的神经网络。数学上看，神经网络是以图网络的形式来表示的一种计算流程。图网络由节点（人工神经元）和节点之间的连接组成，上游节点的输出会被传递到下游节点，而后者把多个上游节点的输入组合起来，经过“激活函数”变换后，输出到它的下游节点（图6.7）。

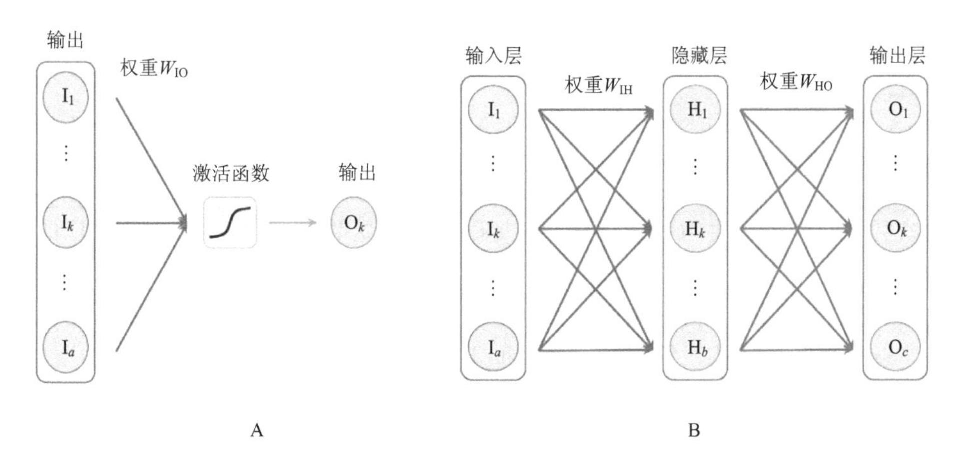

图6.7　神经网络的基本架构

A. 输入神经元经由权重和激活函数，将信息汇聚到单一输出神经元上；B. 输入层、隐藏层、输出层的全连接神经网络架构

在建立神经网络时，需要定义它有哪些节点、节点之间如何连接、每个节点使用什么样的激活函数等。而在训练神经网络的过程中，各连接的权重以及节点使用的偏置量将自动学习。这里提到的“自动学习”的过程，首先是输入数据层层传递至得到最终的输出结果，其中输出结果与数据对应的真实结果往往存在着偏差。通过定义损失函数来刻画这个偏差。接着将偏差反向地从网络后方向前端传递，获得为了降低偏差需要对各参数的修改量，从而调整网络中的各个参数，以期使得损失能够降低（即输出结果能够向真实结果靠近）。训练神经网络就像是学习过程：当从头开始学习某件事情时，见过的例子越充分、越准确，则自然在学习终了时能够做出的判断就越正确。理想情况下，如果神经网络能够通过充足的数据学到“看待”数据的方式，那么在实际运用中就能够比较准确地对输入给出答案。

目前人工智能已经被应用到各种蛋白质相关的预测与设计任务中。比如蛋白质结构预测的问题，本质就是基于“给定序列”这个条件，用神经网络去“学习”天然蛋白质的三维原子坐标，在这个过程中还用到了诸如多序列比对等信息。谷歌 DeepMind 团队建立了基于深度学习的 AlphaFold 2 模型，把蛋白质结构预测的精度普遍提高到可与实验比拟，被 *Science* 杂志评为 2021 年度科学突破。

再比如用神经网络来完成给定主链结构的序列设计任务，本质就是基于“给定主链结构”这个条件，用神经网络去“学习”天然蛋白质中序列的概率分布。从目前的结果来看，神经网络对于融合各种复杂信息，“学习”到高维空间的条件概率分布的能力，要比经典的统计方法或是人为构建的物理模型更强，实验成功率也更高。

近年来，深度学习模型的一个重要进展是基于所谓“自监督”学习的“预训练”模型。这种模型的核心是希望学习对数据的另一种表示方式（或者称为隐空间表示）。在隐空间表示下，原来的实际表示中存在于不同维度之间的关联关系、相似性关系等被尽可能集中到数目更少、分布更简单的维度。这样，针对特定实际问题，采用预训练的表示可以只用少量训练数据就建立一个预测能力很强的模型。关于生物序列（氨基酸序列、核酸序列）的预训练模型这几年发展很快。预训练模型（又称为表示学习模型）与结构预测、蛋白质设计等的结合未来可能把人工智能在蛋白质研究中的应用提升到一个新高度。

（四）蛋白质结构预测

自安芬森研究蛋白质的变性、复性并提出“蛋白质的折叠信息隐含在蛋白质的一级结构中”以来，蛋白质结构预测成为重要的研究领域。蛋白质结构预测是在给定蛋白质序列的条件下求解其应当折叠成何种三维结构的过程。实际上，蛋白质结构预测不仅仅是为了了解蛋白质的结构，很多时候还有助于分析蛋白质的功能。通过对蛋白质结构的分析，可以为实验设计提供指导，为改造或设计蛋白质提供可靠的依据。然而，考虑到实验上解析蛋白质结构的代价与困难，人们希望从技术上给出一般性的蛋白质结构预测的方法。

从数学上讲，蛋白质结构预测方法即是建立从蛋白质的一维序列信息到三维原子坐标的映射。考虑到蛋白质中氨基酸残基内部、氨基酸残基之间并非任意活动的，并且不同氨基酸残基类型形成特定二级结构的倾向也是不同的，因此在物化性质的约束下，蛋白质结构预测得到合理结果是有可能的。

结构预测评估（critical assessment of structure prediction，CASP）是蛋白质结构预测的国际大赛，它为结构预测的进展提供了度量。在 CASP 比赛中，一个独立的小组在有关蛋白质结构的实验数据公开数月之前搜集它们以用作靶标，而参赛的计算科学家们则在规定时间内只根据这些蛋白质的序列数据来预测对应的结构。这里有一个前提：既然这些蛋白质序列是可以解析出结构的，意味着它们的折叠性是已经通过实验验证的。换句话说，对于目标序列而言，如果能够在数据库中找到有结构的模板序列作为参考，那么预测其结构将是相对容易的事情。因此在蛋白质结构预测的早期阶段，比较建模是常规的手段。而若是缺乏可供参考的数据，则人们难以对目标序列预测其结构。

再往后，人们开始利用多序列比对（MSA）中蕴含的信息来辅助预测蛋白质三维结构，其中两个核心信息包括单位点进化信息和多位点特别是成对位点的共进化信息（图6.8）。单位点进化信息是考察同源蛋白单个序列位点上氨基酸残基类型的变化或分布。例如，相对保守的区域较少发生氨基酸残基类型的变化，而非保守的区域则对氨基酸残基的类型选择比较宽容。最基本的进化信息是进化上的保守性和氨基酸残基类型的偏好性，可能与蛋白质的结构或功能相关联。而共进化信息则是考察成对的序列位点上氨基酸残基协同变化的规律，例如，两个存在侧链间相互作用的位点，即便在序列上相距甚远，但若是其中一个位点发生了氨基酸残基类型的变化，另一个位点也会倾向于同步发生变化以维持有利的相互作用。这种序列上的共进化信息能够反映氨基酸残基在三维空间上的距离关系。以 AlphaFold 2 为代表的蛋白质结构预测方法，通过神经网络来学习上述的同源序列中的氨基酸序列变化与空间结构关系的规律，建立了直接从序列到三维结构（端到端）的网络模式，能实现与实验方法不相上下精度的结构预测。

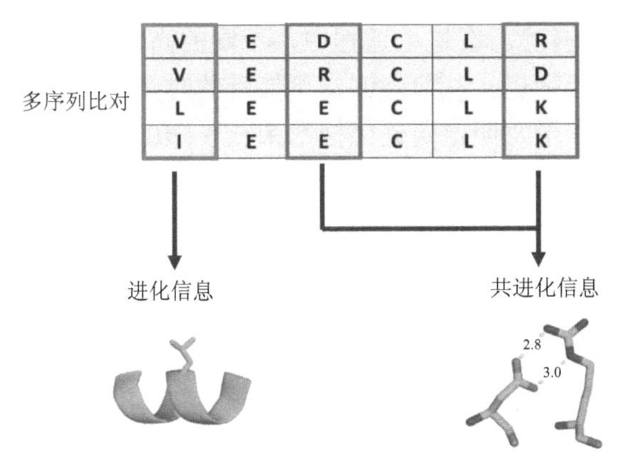

图 6.8 多序列比对中的进化信息与共进化信息示意图

当然，蛋白质结构预测领域依旧存在着诸多挑战性的问题。尽管对于单体蛋白质结构预测效果优异，但是目前涉及蛋白-蛋白复合物结构以及蛋白-小分子复合物结构的预测准确度依旧不高。哪怕是蛋白质的单体结构预测，AlphaFold 2 在缺乏充足的同源序列作为输入时往往也难以达到满意的预测精度。此外，其结构预测往往基于“序列一定能折叠成某种结构”的假设，而当天然蛋白序列发生破坏折叠的少数位点突变，或者是人工设计的序列有部分位点设计不合理，导致设计结果不可折叠时，蛋白质结构预测往往也会生成看似合理（但对用于预测的实际序列不稳定）的预测结果。

三、蛋白质设计

（一）蛋白质工程

前面提到，蛋白质的（简单化的）基本规则是序列决定结构，结构决定功能。蛋白质预测就是这样一个正向的流程：人们试图通过序列来预测结构，了解结构，最终希望帮助我们更好地理解其功能。对于自然界中演化出的蛋白质而言，它们是逐渐进化而来的，其功能适应于生物自身的需求。反过来说，出于对具体功能的要求，就需要主动地对已有蛋白质的结构或是序列进行改造，甚至可能需要从头设计出符合目标功能的新蛋白。蛋白质工程即是通过改变序列以使蛋白质满足需求的过程。在生物技术上，蛋白质工程可应用于蛋白酶的改良，改变其活性、稳定性、专一性等性质；在医药领域，蛋白质工程能帮助我们研发蛋白质药物；在基础研究领域，蛋白质工程能产生各种工具分子（如荧光蛋白）。由此可见，如果说蛋白质预测体现了我们对天然蛋白的认知和解析，那么蛋白质工程则是我们改造乃至创造蛋白质的手段。

早期的蛋白质工程只能通过实验试错的方式来进行。实验试错以基因工程、定点突变等技术为基础，依靠人为的观察与假设，成功与否常常和运气有较大的关系。20 世纪 90 年代，美国加州理工学院的弗朗西丝 •阿诺德（Frances Arnold）提出定向进化的策略。定向进化的基本原理即是从初始序列出发，产生大量的随机突变序列（组成随机突变库），然后针对目标功能进行筛选，获得“下一代”目标功能更优的初始序列，而后不断迭代，实现针对目标功能的“进化”。在这个过程中，不同的高通量筛选技术能够对 10^3～10^{14} 数量级的分子多样性进行筛选，从而能够在可接受的时间和耗材成本条件下筛选出性质改进的蛋白质。阿诺德由于发明定向进化技术荣获了 2018 年的诺贝尔化学奖。

尽管定向进化提供了实验上优化目标功能的蛋白质的手段，但仅通过实验手段来改造蛋白质仍具有如下局限性。一方面，相对于可能的序列多样性而言，实验能够探索的序列空间非常有限。一个含有 100 个氨基酸残基的蛋白质，其序列多样性就可达 20^{100}，即便再高通量的实验手段也无法探索完全。另一方面，由于定向进化需要从某个已知结构和功能的蛋白质出发，那么受限于这一初始蛋白质的情况，经改造后的结构和功能往往难有质的变化。

随着蛋白质计算设计方法的不断发展，人们迎来了蛋白质从头设计的时代。相比于定向进化，蛋白质计算设计有如下潜力：首先，计算设计完全可以从一个全新的（自然界中未曾发现的）序列出发，不必依赖于已知序列。其次，计算设计可以聚焦实验试错、探索的范围，排除掉那些明显不合理的情况，划定出更可能成功的序列范围，从而使实验的尝试能够更加高效。最后，由于计算设计是以结构和功能为出发点的，哪怕是自然界中未曾发现的结构与功能，我们也有可能通过计算设计的方式得到。

因此，蛋白质计算科学正在与实验整合形成“干湿”结合的新范式（图 6.9）。一方面，在理论设计不成熟阶段，通过定向进化的高通量实验结果反馈设计，为迭代优化设计方法提供可靠的实验反馈和指导。另一方面，针对特定的应用体系，通过高通量平台鉴定和优化设计蛋白质的功能。如普林斯顿大学迈克尔·赫克特（Michael Hecht）组将一系列人工设计蛋白质置入功能缺陷型菌株中，通过体内进化获得可补偿原有酶活性的功能蛋白。戴维·贝克（David Baker）组人工设计的二十面体病毒外壳蛋白，具有组装且包裹其自身 RNA 基因组的能力，进一步通过大肠杆菌作为表达宿主实现了病毒性质。他们还以流感 H1 血凝素、肉毒杆菌神经毒素 B、COVID-19 的 spike 蛋白为靶标，将数万种从头设计的微型蛋白经酵母展示技术筛选鉴定后，获得了结构稳定、免疫原性低、可有效结合靶标的蛋白质，有望成为新型药物。通过将蛋白质从头设计与实验验证，尤其是定向进化等高通量手段相结合，是有效促进蛋白质工程发展的核心手段。

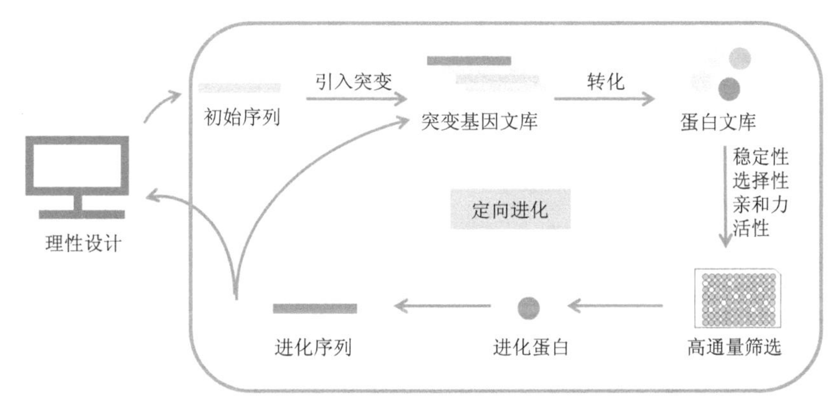

图 6.9　蛋白质计算科学与实验整合形成“干湿”结合新范式

理性设计与定向进化形成“干湿”结合的研究范式，计算指导实验，实验结果反馈设计循环优化

（二）自动化的序列和结构设计

蛋白质的主链结构主要涉及蛋白质三维结构中多肽链的走向，例如，环绕形成 α 螺旋结构，或者是排列形成 β 片层结构。氨基酸序列即不同侧链类型沿主链的排列决定蛋白质折叠成某种主链结构后是否自由能最低。蛋白质设计中，可以将设计问题拆分为主链结构设计和氨基酸序列设计两个步骤。前者试图给出“高可设计性的蛋白质主链结构”，而后者则需要解决“什么样的序列能够满足目标结构的折叠性和相互作用需求”的问题。这可能可以避开同时设计出合理的蛋白质主链和侧链的困难。蛋白质自动设计中首先得到解决的问题是：给定蛋白质的“高可设计性”主链结构，比如直接使用天然蛋白的主链结构，设计出像天然序列一般的能够自动折叠成这一主链结构的序列。

1997 年，斯蒂芬·梅奥（Stephen L. Mayo）等首次提出并验证了自动序列设计的算法。首先，虽然每种氨基酸残基的侧链构象有无限种可能性，出于简便性的考虑，他们使用离散化的若干种出现概率较高的侧链构象状态来覆盖所有可能侧链构象。其次，他们采样分子力场形式的能量函数来刻画每种情况下的能量。这样，通过优化能量，就能将对应于低能量的序列及侧链构象搜索出来，实现序列设计的目的。

到了 2003 年，戴维 • 贝克等则第一次提出了从头设计主链结构的方法 RosettaDesign。它的基本思想如图 6.10 所示：首先将天然的主链结构拆分为只含有几个氨基酸残基的结构片段，接着通过天然结构片段拼接的方式连成一个主链结构，然后利用能量函数进行结构优化，就得到了初始的主链结构模型。在这个主链模型的基础上继续选择序列，然后不断重复结构优化和序列选择的步骤，最终就能得到包含主链与侧链的设计结果。利用这一方法，他们实现了蛋白质的从头设计，这个蛋白被命名为 Top7。

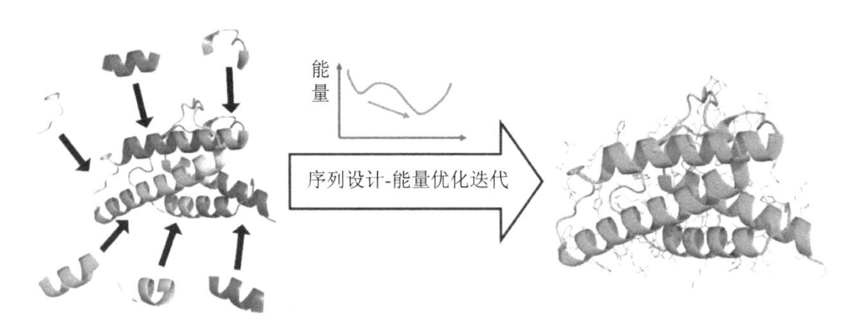

图 6.10　RosettaDesign 设计流程示意图

到 2022 年为止，大部分有关蛋白质从头设计的工作都是基于 RosettaDesign 程序完成的。近 20 年来，RosettaDesign 实现了蛋白质从头设计的多个“第一”，包括催化非天然生化反应的人工酶设计、人工跨膜蛋白设计、人工荧光蛋白设计、能组装成正二十面体的人工蛋白设计、细胞因子重设计、疫苗设计，以及结合蛋白设计等。

尽管如此，只依赖天然已有的主链片段去拼接出蛋白质结构，其结果会受到已知片段的限制，而无法充分地去探索整个构象空间。此外，蛋白质从头设计成功率（实验样本中成功序列占设计序列数量）还是非常低的，意味着蛋白质的设计问题并没有得到圆满的解决。

（三）数据驱动的蛋白质设计

数据驱动在本质上就是（大）样本的统计，假设数据产生于某种规律，因而通过数据“训练”模型，模型就能“学习”数据背后的规律。数据越多、越充分，则越是能“推动”模型朝着正确的规律收敛。当通过数据驱动来学习某个规律本身时，其实就是在用统计的方式进行归纳；而当通过数据驱动来进行设计与创造时，其实就是希望统计的结果能给出好的演绎。

人们之所以在蛋白质设计领域尝试数据驱动的方法，既是因为不希望受限于已知模板的束缚，也是出于对“精准”设计的向往。如果从 RosettaDesign 说起，其实在能量打分函数中已经开始加入统计的能量项了。中国科学技术大学的刘海燕、陈泉等发展的 SCUBA 与 ABACUS 系列方法，则主要基于数据驱动原理来进行蛋白质的结构和序列设计。其中，SCUBA 通过建立统计能量函数，实现了蛋白质主链结构的从头设计，并在实验上得到了检验；而 ABACUS 及其后续版本则实现了给定主链的序列设计方法，设计出的序列（在主链结构合理的情况下）能够在实验上有较高的成功率。总的来说，通过数据驱动的方式，可以从大量的蛋白质结构及序列数据出发，构建关于结构或序列的统计能量函数，最终利用优化方法来实现蛋白质的结构与序列的设计（图 6.11）。随着基于这些方法的成功蛋白质设计案例不断增加，数据驱动应用于蛋白质设计的重要性是不言而喻的。

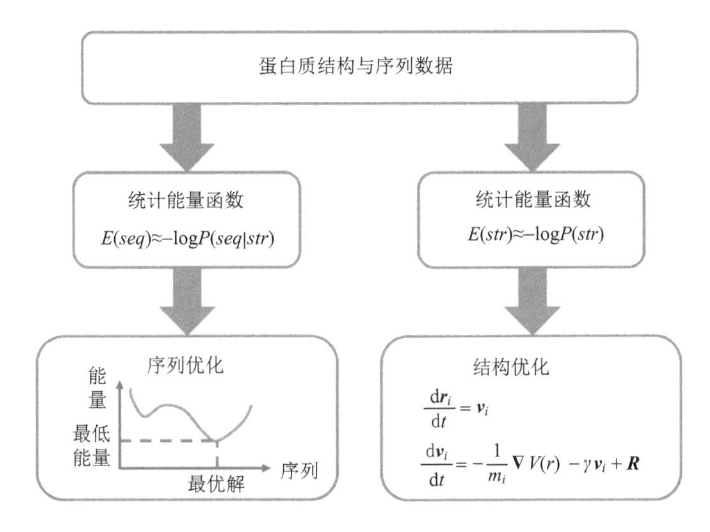

图 6.11 数据驱动的序列优化和结构优化

对于序列优化，其统计能量函数是在给定结构（*str*）的条件下判断哪种序列（*seq*）出现的概率更大，进而对应的统计能量就更低，序列就更合理。而在结构优化方面，则是判断哪种结构出现的概率更大，接着（一般）可通过郎之万方程来构建力场，从而使用分子动力学模拟来实现结构优化。

此外，前面提到的神经网络（尤其是深度学习）更是一种具有重大前景的数据驱动方法。以序列设计为例，刘海燕团队发展的 ABACUS-R 模型不仅在计算指标上超过原有 ABACUS 方法，并且在实验验证中的成功率和结构精度也得到了大幅提高。此外，深度学习还能应用于蛋白质结构的从头设计——无论是基于 AlphaFold 2 的 AlphaDesign 还是戴维•贝克提出的 Hallucination 方法，都向我们展示了如何运用深度学习来实现蛋白质的计算设计。到我们编写这段内容为止，已公开发表的深度学习设计蛋白质的成功（经实验检验的）工作已经涵盖了信号肽、TIM 桶等蛋白质的设计工作。随着计算机科学与生命科学不断碰撞出新的火花，传统计算方法已经做到的蛋白质计算设计目标正在逐渐被深度学习方法所再次实现。在不久的将来，深度学习方法有望通过快速的技术迭代，实现蛋白质计算设计领域中更为重要、更具有挑战性的目标，最终真正实现按功能需求定制化地设计蛋白质。

主要参考文献

Anfinsen C B, 1973. Principles that govern the folding of protein chains[J]. Science, 181(4096): 223-230.

Baldwin R L, 1995. The nature of protein folding pathways: the classical versus the new view[J]. Journal of

Biomolecular NMR, 5(2): 103-109.
Bryngelson J D, Onuchic J N, Socci N D, et al., 1995. Funnels, pathways, and the energy landscape of protein folding: a synthesis[J]. Proteins, 21(3): 167-195.
Butterfield G L, Lajoie M J, Gustafson H H, et al., 2017. Evolution of a designed protein assembly encapsulating its own RNA genome[J]. Nature, 552(7685): 415-420.
Cao L X, Goreshnik I, Coventry B, et al., 2020. De novo design of picomolar SARS-CoV-2 miniprotein inhibitors[J]. Science, 370(6515): 426-431.
Chevalier A, Silva D A, Rocklin G J, et al., 2017. Massively parallel de novo protein design for targeted therapeutics[J]. Nature, 550(7674): 74-79.
Dahiyat B I, Sarisky C A, Mayo S L, 1997. De novo protein design: towards fully automated sequence selection[J]. Journal of Molecular Biology, 273(4): 789-796.
Dill K A, MacCallum J L, 2012. The protein-folding problem, 50 years on[J]. Science, 338(6110): 1042-1046.
Dobson C M, Šali A, Karplus M, 1998. Protein folding: a perspective from theory and experiment[J]. Angewandte Chemie (International Ed in English), 37(7): 868-893.
Donnelly A E, Murphy G S, Digianantonio K M, et al., 2018. A de novo enzyme catalyzes a life-sustaining reaction in *Escherichia coli*[J]. Nature Chemical Biology, 14(3): 253-255.
Echenique P, 2007. Introduction to protein folding for physicists[J]. Contemporary Physics, 48(2): 81-108.
Giver L, Gershenson A, Freskgard P O, et al., 1998. Directed evolution of a thermostable esterase[J]. Proceedings of the National Academy of Sciences of the United States of America, 95(22): 12809-12813.
Huang B, Xu Y, Hu X H, et al., 2022. A backbone-centred energy function of neural networks for protein design[J]. Nature, 602(7897): 523-528.
Jumper J, Evans R, Pritzel A, et al., 2021. Highly accurate protein structure prediction with AlphaFold[J]. Nature, 596(7873): 583-589.
Kuhlman B, Dantas G, Ireton G C, et al., 2003. Design of a novel globular protein fold with atomic-level accuracy[J]. Science, 302(5649): 1364-1368.
Levinthal C, 1969. How to fold graciously[J]. Mossbauer Spectroscopy in Biological Systems Proceedings, 67（41）: 22-24.
Onuchic J N, Wolynes P G, Luthey-Schulten Z, et al., 1995. Toward an outline of the topography of a realistic protein-folding funnel[J]. Proceedings of the National Academy of Sciences of the United States of America, 92(8): 3626-3630.
Xiong P, Wang M, Zhou X Q, et al., 2014. Protein design with a comprehensive statistical energy function and boosted by experimental selection for foldability[J]. Nature Communications, 5: 5330.

第七讲　免 疫 治 疗

田志刚 教授，免疫学家，中国工程院院士，欧洲科学院院士，全国模范教师。

魏海明 教授，免疫学家，国家级人才项目特聘教授，“全国高校黄大年式教师团队”负责人。

免疫治疗是指针对机体低下或亢进的免疫状态，人为地增强或抑制机体的免疫功能以达到治疗疾病目的的治疗方法。免疫治疗的方法有很多，适用于肿瘤、自身免疫病、感染性疾病等多种疾病的治疗。肿瘤免疫治疗旨在激活人体免疫系统，依靠自身免疫功能杀灭癌细胞和肿瘤组织。与以往的手术、化疗、放疗和靶向治疗不同的是，免疫治疗针对的靶标不是肿瘤细胞和组织，而是人体自身的免疫系统。肿瘤的免疫治疗只是一个“试验田”，所获得的很多成果可以推广到多种疾病的治疗中去，所以免疫治疗具有巨大价值。免疫治疗的历史有 100 多年，出现很多治疗中的奇迹，但是由于人们对免疫系统认识有限，所以一直没有把它推广开来。下面首先介绍一些免疫治疗中的重要成果，来提高我们对免疫治疗的认识。

一、免疫治疗的奇迹

1. “Coley 毒素”开创先河

一百多年前，年轻的骨科大夫威廉 • 科利（William B. Coley）给一位骨肉瘤患者做截肢手术，术后发生了细菌感染，导致患者持续高热，不可思议的是高热过后，患者的肿瘤也慢慢消退并长期存活下来。这给了科利很大启发，随后他将链球菌注射到一名无法手术的癌症患者体内，也获得了成功，在接下来的四十年里，科利给 1000 多名癌症患者注射了细菌或细菌制品，这些产品被称为“科利毒素”。科利毒素当时也受到很多批评，因为许多医生不相信他的结果。这种批评，以及后来放疗和化疗的发展，导致科利毒素的研究和应用逐渐消失。然而，现代免疫学已经表明，科利毒素的原则是正确的，一些癌症对增强的免疫系统是敏感的。由于该领域的研究非常活跃，骨外科医生科利被誉为“免疫治疗之父”。

2. 治疗性疫苗拯救自我

2011 年诺贝尔生理学或医学奖授予布鲁斯 • 博伊特勒（Bruce A. Beutler）、朱尔斯 • 霍夫曼（Jules A. Hoffmann）和拉尔夫 • 斯坦曼（Ralph M. Steinman）三位免疫学家，他们的贡献是“发现免疫系统激活的关键原理，革命性地改变我们大家对免疫系统的理解”。斯坦曼所做的贡献，是发现免疫系统中的树突状细胞（DC 细胞）及其在适应性免疫反应清除体内微生物感染过程中的作用。斯坦曼在获奖之前已经罹患胰腺癌，这种癌症预后很差，晚期患者生存期为数周或数月。该疾病通常用细胞毒性药物吉西他滨治疗，然而这种治疗主要用于晚期胰腺癌的姑息治疗，大多数患者很快就会对这种药物产生耐药性。因此，斯坦曼教授尝试采用树突细胞疫苗来治疗自己的胰腺癌。

树突状细胞是免疫系统中重要的抗原呈递细胞（APC），它们加工处理抗原物质（如细菌、病毒和癌细胞），并将其表面的抗原分子呈递给其他类型的免疫细胞，尤其是 T 淋巴细胞，导致 T 淋巴细胞的抗原特异性激活，发挥抗感染、抗肿瘤作用。斯坦曼教授尝试使用来自他自己的肿瘤细胞作为抗原，制成树突状细胞疫苗，再用于自身治疗。晚期胰腺癌患者通常预后较差，局部晚期和转移性胰腺癌（晚期胰腺癌占被诊断患有该疾病个体的 80%以上）的中位生存期分别为约 10 个月和 6 个月。对于所有阶段的胰腺癌，1 年和 5 年相对生存率分别为 25%和 6%。然而，斯坦曼博士的生存期从数月延长了四年半！

3. “一卡在手，癌症无忧”

第一位使用“CAR-T 疗法”的小女孩埃米莉•怀特里德（Emily Whitehead）治疗后体内癌细胞已经完全消失。2022 年 5 月 10 日，17 岁的怀特海德迎来了她无癌生存 10 周年纪念日，并且成为一名实习护士，过着忙碌而幸福的生活，这是肿瘤免疫治疗进程中重要的里程碑，CAR-T 细胞免疫疗法正式得到认可。

CAR-T 疗法全称为嵌合抗原受体 T 淋巴细胞免疫疗法（chimeric antigen receptor T-cell immunotherapy），是一种新型精准靶向治疗肿瘤的疗法，也是一种快速、高效，非常有可能治愈癌症的新型肿瘤免疫治疗方法。

T 淋巴细胞是人体白细胞的一种，来源于骨髓造血干细胞，在胸腺中成熟，然后移居到人体血液、淋巴和周围组织器官，发挥免疫功能。其作用相当于人体内的“战士”，能够抵御和消灭“敌人”如感染、肿瘤、外来异物等。在实验室里，技术人员通过基因工程技术，将 T 淋巴细胞激活，并装上定位导航装置 CAR（肿瘤嵌合抗原受体），将 T 淋巴细胞这个普通“战士”改造成“超级战士”，即 CAR-T 细胞，它利用其定位导航装置 CAR，特异识别体内肿瘤细胞，释放大量效应因子，高效杀灭肿瘤细胞，从而达到治疗恶性肿瘤的目的。

4.“生物导弹”显神威

单克隆抗体药物又被称作“生物导弹”，因为它能够像导弹那样准确击中抗原目标。

单克隆抗体药物的发展起源于 1975 年杂交瘤技术的问世，该技术使大量制备均一鼠源单克隆抗体成为可能。1986 年第一个抗移植后免疫排斥反应的鼠源单克隆抗体 OKT3，经美国食品药品监督管理局（Food and Drug Administration，FDA）批准上市，但是来源于鼠源淋巴细胞杂交瘤的抗体被人的免疫系统识别，会引起严重的人抗鼠抗体（human anti-mouse antibody，HAMA）反应，不仅使治疗性单克隆抗体半衰期变短，疗效减弱，有时还会引起严重的不良反应。

随着重组 DNA 技术的发展，各种抗体人源化技术迅速发展，单克隆抗体药物经历了人鼠嵌合单克隆抗体、人源化单克隆抗体等不同发展阶段。随后出现的噬菌体展示文库技术和转基因小鼠技术，使全人源化单克隆抗体的产生成为可能，2002 年第一个全人源化抗体阿达木单抗上市，用于缓解抗风湿性药物（DMARD）治疗无效的中度至重度类风湿关节炎。

单克隆抗体在医药治疗上有广泛的前景，目前已被用于治疗肿瘤、自身免疫病、感染性疾病和移植排斥反应等多种疾病。2013 年基于免疫检查点的第二代广谱高效抗癌抗体被 *Science* 评为年度十大科技进展榜首。2015 年 91 岁的美国前总统卡特宣布他脑内的肿瘤经抗体治疗后消失，并且无癌细胞继续扩散迹象。至少有 6 种基于免疫检查点阻断治疗的抗体药物在美国上市，超过数万病例得到治疗，总有效率在 28%左右，其中有 5%～10%的肿瘤患者维持长时间的疗效，一些人已存活 10 年以上。

5.“指东打西”的放疗远端效应

2011 年 2 月，一位腰椎肿瘤患者接受放疗后，不仅被照射的椎管旁病灶明显消退，而且放疗未照射区域的病灶也有所消退，表现为肺纵隔肿瘤和肝脾肿瘤的消失。这种放疗引起的抗肿瘤免疫反应是一种外部效应，也称为放疗的远端效应，即对一个特定的肿瘤部位进行局部放疗，能够引发非照射野的肿瘤体积明显缩小甚至消失。

放疗诱导远端效应的免疫学机制主要有以下两点：

（1）放疗的原位疫苗效应：有学者认为远端效应的产生可能与放疗诱发产生原位疫苗有关。局部放疗引起肿瘤细胞死亡，通过“免疫原性细胞死亡”释放免疫原性分子，随后触发一批 DAMP 的释放，包括：钙网蛋白、HMGB1、ATP 等，DAMP 触发树突状细胞（dendritic cell，DC）的功能，提呈肿瘤抗原给特异性 T 淋巴细胞。活化的 T 淋巴细胞可以在全身范围内攻击肿瘤细胞，表现为远端治疗效果。

（2）放疗重构肿瘤免疫微环境：研究发现，远端效应还与放疗重构肿瘤免疫微环境有关，放疗可使肿瘤微环境有益于效应 T 淋巴细胞的募集和功能发挥，可以促进趋化因子释放，使肿瘤微环境变为“炎性”组织，进而被 T 淋巴细胞攻击。放疗也可能对肿瘤微环境中的基质细胞和肿瘤细胞本身产生直接促炎作用，从而建立一个免疫介导的肿瘤排斥微环境。

6. 抗癌大军中的人源化小鼠

由于人体实验受到严格的伦理限制，一些免疫学基础研究的概念是在小动物上获得的，但是小动物和人还是有很大差距的，因此，科学家采用人源化小动物模型来模拟人体免疫状态。其中，免疫系统人源化小鼠（HIS）具有独特的优势，基本还原了人体免疫系统的工作状态，实现了实时动态观察人体免疫应答和疾病的免疫机制，HIS/其他器官的双人源化小鼠可以深入研究这些器官的免疫学特性。

目前，采用双/多光子显微镜可以追踪组织器官中免疫细胞相互作用及其网络特征，高强度 MRI 可以追踪单免疫细胞在体内的迁移轨迹和在组织器官中的定位，单分子成像可观察被追踪免疫细胞内生物大分子的相互作用和定位。在做免疫治疗研究的时候，需要观察人的免疫系统是如何杀伤肿瘤细胞的，人源化小动物模型就成为现在必不可少的工具，结合双/多光子显微镜、高强度 MRI 和单分子成像等技术可以细致地观察免疫功能的动态变化，对准确分析免疫药效和免疫药理起到关键作用。

7. 癌症登月计划

2012 年启动的“癌症登月计划”，基本目的是显著降低癌症的发病率和死亡率，使癌症可被预防、可被发现、可被治愈。具体目标是显著提高慢性淋巴细胞白血病、肺癌、黑色素瘤、卵巢癌、乳腺癌、前列腺癌等癌症的生存率。近期又将范围扩大，新增 6 种难治性肿瘤，包括 B 细胞淋巴瘤、胶质母细胞瘤、HPV 相关癌症、高风险多发性骨髓瘤、结直肠癌、胰腺癌等。登月是一件需要历经困难、长期坚持的项目，而癌症的治疗亦如此，人类最终登上了月球，以此寓意“人类最终会攻克癌症”，这是“癌症登月计划”的创意所在。

“癌症登月计划”需要在以下几方面开展工作：

（1）分子诊断：通过建立专业实验室和研究平台，生成和分析数据，更好地理解、发现、治疗癌症。包括：①癌症基因组实验室。通过基因组测序，检测癌症突变位点和治疗靶点。例如，关注病毒如何整合自身 DNA 到人体，进而进展为宫颈癌和头颈癌等。②蛋白质组学平台。利用先进设备筛选癌症蛋白标志物，用于癌症诊断、成像、靶标、小分子免疫治疗研究；确定生物治疗相关剂量，识别生物标志物的敏感性和耐药性，评估靶向治疗的反应性。③免疫治疗平台。通过免疫调节细胞活动和免疫应答，达到治愈癌症、防止复发的目的，平台包括动物实验研究、免疫机制监测、肿瘤微环境免疫病理学检测。

（2）癌症预防研究和拓展：运用预防知识，告知教育患者。包括：①癌症预防和控制平台。制定和推进癌症的预防、筛查、早期检测、幸存者教育，降低人群癌症高危风险因素（烟草、肥胖、不健康饮食、缺乏锻炼、高危病筛查等）和社区癌症发病死亡率。②改善患者护理和研究。组织和整合患者的数据，提高研究效率。

（3）新药研发：①共临床试验中心（CCCL）。选择精准的患者入组，排除不太可能从试验中获益的患者，进行药物研究，加快药物研发进度。②癌症科学应用研究所（IACS）。经验丰富的发现和开发药物团队，拜访国内最好的医师科学家（每年诊治 12 万以上患者），制定以癌症患者为导向的计划。③过继 T 淋巴细胞疗法（ACT）。提取患者外周血中的 T 淋巴细胞，经基因工程修饰，使 T 淋巴细胞表达嵌合抗原受体（CAR）或新的能识别癌细胞的 T 淋巴细胞受体（TCR），从而激活并引导 T 淋巴细胞杀死癌细胞。该法的好处是毒性最小，可起到长期免疫保护作用。④生物和免疫肿瘤研究的转化平台（ORBIT）。努力把基础的和应用的科研成果转化应用于临床实践。

“癌症登月计划”最终将在 20 种肿瘤类型中测试 60 多种不同组合的分子。这项多试验计划需要招募 2 万名患者，对他们的全基因组进行测序，并用蛋白质组学诊断进行测试，以匹配适当的免疫疗法。“癌症登月计划”的终极目标是使肿瘤免疫治疗成为主导的一线治疗技术，减少使用“有害治疗”（即放疗和化疗，两者均损害免疫功能），取而代之利用机体的免疫系统去发挥抗癌作用，患者将带瘤生存甚至健康生活，为肿瘤患者带来福音。

二、肿瘤免疫治疗

肿瘤免疫治疗是肿瘤治疗的第四大治疗模式，包括细胞免疫疗法、抗体治疗、过继细胞疗法和治疗性疫苗等，其中抗体治疗和细胞免疫治疗尤为被关注。

1. 抗体治疗

第一代肿瘤治疗性抗体靶向肿瘤抗原，包括靶向表皮生长因子受体 2（HER2）的抗体，用于治疗乳腺癌；靶向血管内皮生长因子 A（VEGFA）的抗体，用于治疗结肠癌；靶向 CD20 的抗体，用于治疗类风湿关节炎和非霍奇金淋巴瘤。第二代肿瘤治疗性抗体靶向免疫检查点，包括抗 CTLA4 抗体、抗 PD-1 抗体和抗 PD-L1 抗体，可用于多种肿瘤治疗。2020 年全球热门靶点新药市场中，销售额前 20 位药物中抗体药物占 70%，销售额前 100 位药物中抗体药物占 49%，免疫治疗药物正改变全球生物医药产业的基本格局。2018 年，诺贝尔生理学或医学奖颁给了美国免疫学家詹姆斯·艾利森（James Allison）教授和日本免疫学家本庶佑（Tasuku Honjo）教授，以表彰他们在癌症免疫治疗领域所做出的卓越贡献。

2. 细胞免疫治疗

1984 年罗森伯格（Rosenberg）首次应用 IL-2 与 LAK 协同治疗 25 例肿瘤；1986 年罗森伯格研究组首先报道了 TIL 细胞过继治疗；1992 年斯坦曼（Steinman）应用 GM-CSF 从小鼠骨髓中大规模培养制备 DC；1994 年施密特-沃尔夫（Schmidt-Wolf）报道了体外大量增殖 CIK 细胞的方法；2011 年 CAR-T 疗法将细胞免疫治疗推向高潮，三个研究组 Carl June（宾夕法尼亚大学）、Michel Sadelain（凯特林研究所）和 Laurence Cooper（美国安德森癌症中心）同时在此领域取得临床应用进展。

肿瘤免疫治疗被学术界认为是癌症治疗史上的第三次革命，其应用与效果是其他治疗方法无法比拟的。它主要有三个方面的优势：一是治疗窗口期更广，能治疗已经广泛转移的晚期癌症，特别是对于部分标准疗法全部失败的晚期癌症患者使用免疫治疗后，依然取得了很好的效果；二是预后好、“生存拖尾效应”显著，响应免疫治疗的患者有很大机会能够高质量长期存活，这是与化疗、靶向药物最大的区别；三是免疫治疗是广谱型的，可以治疗多种不同的癌症，使异病同治成为现实。肿瘤免疫治疗发展历程大事件参见图 7.1。

1893年 Coley意外发现术后化脓性链球菌感染使肉瘤患者肿瘤消退

1984年 Rosenberg使用IL-2治愈33岁转移性黑色素瘤患者

1991年 Weissman首次报道CIK细胞抗肿瘤疗效评估

1996年 Rosenberg报道IFN-γ联合IL-2治疗20例转移性黑色素瘤患者的成果

2010年 FDA批准首个DC疫苗Provenge上市

2011年 FDA批准CTLA4抗体Ipilimumab上市

2012年 June使用二代CD9 CAR-T细胞治愈6岁白血病女孩Emily

2013年 *Science*杂志将免疫治疗评为十大科学突破之首

2014年 FDA批准PD-1抗体Pembrolizumab与Nivolumab上市

2015年 美国总统奥巴马提出“精准医疗计划”

2015年 美国前总统卡特宣布其肿瘤被免疫检查点阻断抗体治愈

2016年 FDA批准PD-L1抗体Atezolizumab上市

2017年 FDA批准PD-L1抗体Avelumab与Durvalumab上市

2018年 诺贝尔生理学或医学奖颁给詹姆斯·艾利森和本庶佑

图 7.1 肿瘤免疫治疗发展历程大事件

三、“我们想点啥干点啥”

2015 年年底我国召开“免疫细胞与干细胞治疗的关键科学问题及临床应用”香山科学会议，重点关注：①免疫细胞治疗的前沿问题与临床应用；②干细胞治疗的前沿问题与技术；③免疫细胞与干细胞的相互作用及其在治疗中的应用。

2018 年国家自然科学基金委员会免疫治疗战略研讨会，提出：①NK 细胞与 T 淋巴细胞治疗是免疫治疗的两把宝剑；②异体 NK 细胞可极大程度解决细胞供源不足问题；③NK 细胞治疗技术的瓶颈在于扩增和基因修饰；④CAR-NK 与 CAR-T 将在细胞治疗中平分秋色。

二十多年来，在 NK 细胞基础及转化研究方面我们积累了良好基础，取得了重要进步，并希望在此领域为肿瘤免疫治疗做出贡献。

（一）被遮蔽的半壁江山：NK 细胞

近十年来肿瘤免疫治疗两次获得诺贝尔生理学或医学奖，均以恢复 T 淋巴细胞功能为核心，其中，2011 年博伊特勒、霍夫曼和斯坦曼获奖的贡献是激活静默的 T 淋巴细胞，2018 年艾利森和本庶佑获奖的贡献是逆转 T 淋巴细胞的功能耗竭，但是，基于 T 淋巴细胞免疫治疗的 PD-1/PD-L1 仅对 20%左右的肿瘤有效，需要发掘机体其他抗癌免疫细胞的作用，NK 细胞作为“职业肿瘤杀手”的潜力尚待开发。

NK 细胞于 1975 年首次被鉴定为一种比 T 淋巴细胞和 B 淋巴细胞更大的独特淋巴细胞亚群，含有独特的细胞质颗粒。经过 30 多年的研究，我们对 NK 细胞生物学和功能的理解为其在免疫监测中的作用提供了重要的见解。NK 细胞是在骨髓中由常见的淋巴祖细胞发育而来的，然而，在人类中 NK 细胞的前体细胞仍未被明确地表征，NK 细胞发育后广泛分布于淋巴组织和非淋巴组织中，包括骨髓、淋巴结、脾脏、外周血、肺和肝脏等。

NK 细胞被定义为 $CD3^{-}CD56^{+}$淋巴细胞，划分为 $CD56^{bright}$ 亚群和 $CD56^{dim}$ 亚群。外周血和脾脏 NK 细胞约 90%属于 $CD56^{dim}CD16^{+}$亚群，与靶细胞相互作用后具有明显的细胞毒性功能。相比之下，淋巴结和扁桃体中的大多数 NK 细胞属于 $CD56^{bright}CD16^{-}$亚群，并通过产生干扰素（IFN）-γ 等细胞因子来响应 IL-12、IL-15 和 IL-18 的刺激，主要表现出免疫调节特性。

经过 30 多年的研究，有证据表明 NK 细胞在早期控制病毒感染、改进造血干细胞移植中发挥着关键作用，在肿瘤免疫监测和生殖免疫（子宫螺旋动脉重塑）中同样发挥重要作用。NK 细胞在控制器官移植、寄生虫和 HIV 感染、自身免疫病和哮喘中的作用也被提出，但仍有待进一步研究，特别是利用 NK 细胞靶向多种恶性肿瘤的治疗策略已经被设计出来并在临床开展应用研究（图 7.2）。

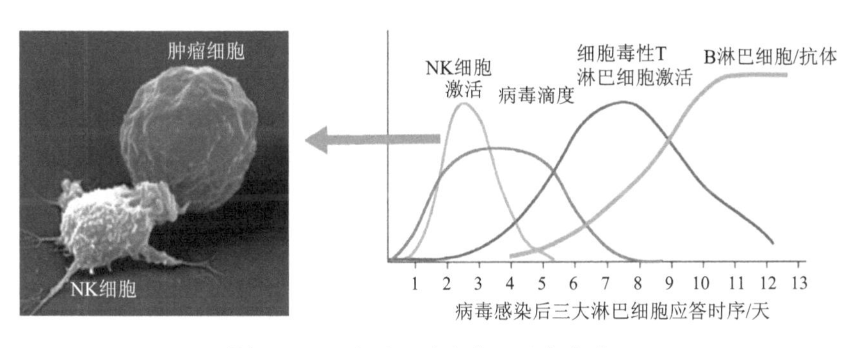

图 7.2 NK 细胞：肿瘤的“天生杀手”

NK 细胞在不需要预先免疫或没有 MHC 限制的情况下迅速杀伤某些靶细胞，其激活依赖于活化性受体和抑制性受体所介导的信号之间的平衡。活化性受体包括细胞毒性受体（NCR，如 NKp46、NKp30 和 NKp44）、C 型凝集素受体（CD94/NKG2C、NKG2D、NKG2E/H 和 NKG2F）和杀伤细胞免疫球蛋白样受体（KIRs，如 KIR-2DS 和 KIR-3DS）；抑制性受体包括 C 型凝集素受体（CD94/NKG2A/B）和 KIR（KIR-2DL 和 KIR-3DL）。在稳定状态下，抑制性受体（KIR 和 CD94/NKG2A/B）与几乎所有类型细胞上存在的各种 MHC-Ⅰ分子结合，抑制 NK 细胞活化，防止 NK 细胞介导的杀伤。在应激条件下，靶细胞会下调 MHC-Ⅰ分子的表达，导致 NK 细胞失去抑制信号，并在一个被称为“丢失自我”的过程中被激活。此外，抑制性受体 NKR-P1B、NKR-P1A 和 2B4 分别识别的非 MHC 自身分子 Clr-b（小鼠）、LLT-1（人）和 CD48（小鼠）也具有该功能。与自我表达的抑制性受体配体相比，NK 细胞活化性受体既可以识别不被宿主表达的病原体编码的分子，称为“非自我识别”；也可以识别恶性转化或感染细胞上的自我表达的蛋白质，称为“应激诱导的自我识别”。例如，小鼠 Ly49H 识别巨细胞病毒编码的 m157；NKG2D

识别自身蛋白，如人 UL16 结合蛋白和 MICA/MICB。

NK 细胞识别靶细胞依赖多种激活和抑制信号的整合，也取决于相互作用细胞的性质。IFN 或 DC/巨噬细胞来源的细胞因子，如 I 型 IFN、IL-12、IL-18 和 IL-15，可增强 NK 细胞的活化或促进成熟，也可增强 NK 细胞对肿瘤细胞的溶细胞活性。NK 细胞经 IFN-α/β 或 IL-12 处理后，细胞毒活性可增加 20～200 倍。尽管有这些已知的先天免疫细胞功能，但越来越多的小鼠和人类实验证据表明，NK 细胞在发育过程中受到教育和选择，具有抗原特异性受体，在感染期间进行克隆扩增，并能产生长寿的记忆细胞。

（二）基于 NK 细胞的免疫治疗：NK 细胞过继转输治疗

NK 细胞最初被描述为大颗粒淋巴细胞，在没有预先免疫或刺激的情况下对某些肿瘤细胞具有天然的细胞毒性。$CD56^{dim}$ NK 细胞构成了大部分循环 NK 细胞，是对抗肿瘤细胞最有效的细胞毒性 NK 细胞。一项为期 11 年的患者随访研究表明，低 NK 样细胞毒性与癌症风险增加相关。在大肠癌、胃癌和肺鳞状细胞癌患者中，高水平的肿瘤浸润 NK 细胞（TINK）与良好的肿瘤预后相关，这表明 NK 细胞浸润肿瘤组织是一个积极的预后标志。NK 细胞通过抑制性和活化性受体对肿瘤细胞的识别是复杂的，而三种识别模型——“丢失自我”、“非自我”和“应激诱导自我”——可能被用来感知缺失或改变自我的细胞。因此，活化的 NK 细胞能够直接或间接地发挥其抗肿瘤活性，通过免疫监视机制控制肿瘤生长，防止转移性肿瘤的快速扩散（图 7.3）。鉴于 NK 细胞通过直接和间接机制在对抗恶性肿瘤的第一线发挥着关键作用，NK 细胞在人类癌症免疫治疗中的治疗性使用已经被提出并在临床实践。

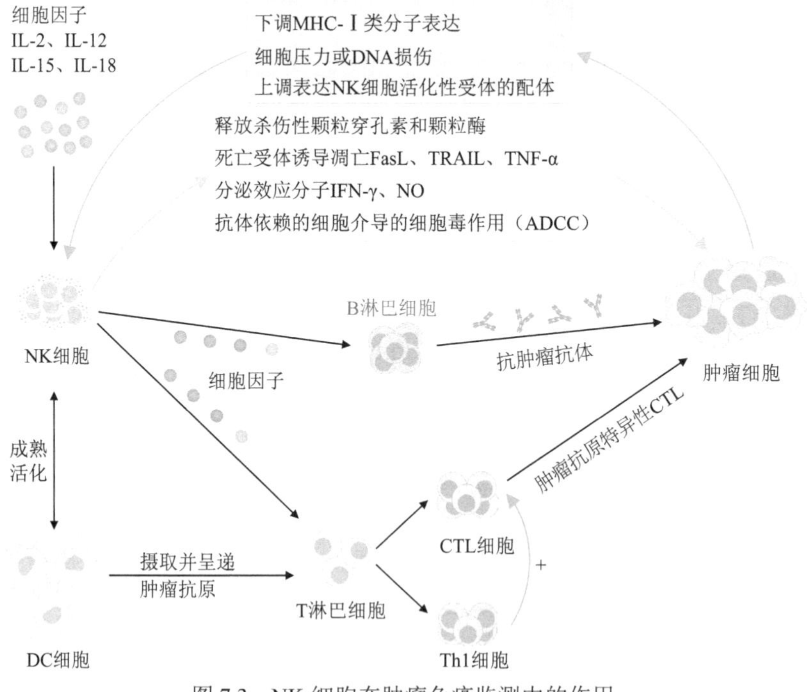

图 7.3　NK 细胞在肿瘤免疫监测中的作用

1. 自体NK细胞

早期研究旨在通过激活内源性NK细胞并促进其在患者体内的增殖来提高NK细胞的抗肿瘤活性。一种策略是全身注射细胞因子，如IL-2、IL-12、IL-15、IL-18、IL-21和Ⅰ型IFN。在细胞因子刺激下，NK细胞首先成为淋巴因子激活的杀伤细胞（LAK细胞），并对恶性靶点表现出更强的细胞毒性，效应分子（如黏附分子、NKp44、穿孔素、颗粒酶、FasL和TRAIL）上调，增殖能力和细胞因子产生能力增强。然而，LAK细胞在癌症患者中仅观察到有限的抗肿瘤活性，当LAK细胞与高剂量的IL-2结合被过继转输到癌症患者体内时，也观察到不良的临床反应，患者会经历严重的危及生命的毒副作用，如毛细血管渗漏综合征。此外，高剂量的IL-2还可以促进调节性T淋巴细胞的扩增，从而直接抑制NK细胞的功能，并诱导活化的NK细胞死亡。另一种方法是使用自体LAK细胞结合每日低剂量的IL-2，但也只产生有限的临床效果，而过继转输IL-2激活的LAK细胞比系统给药IL-2效果更好。IL-2、IFN-α与GM-CSF联合使用已被证明是有效的，为利用IL-2刺激内源性NK细胞抗肿瘤活性提供了坚实的基础。

其他NK细胞激活剂，如IL-12、IL-15、IL-18和IL-21，已经作为各种疫苗策略的一部分，在临床前癌症模型中成功地进行了实验。在IL-15和氢化可的松（HC）的存在下，自体NK细胞可以在体外被激活和扩增，这些细胞在肺转移小鼠模型中有效。当以反式呈递IL-15时，对增强NK细胞介导的细胞毒性更有效，因为可溶性IL-15在生理浓度下是无效的。

使用细胞因子治疗癌症有两个重要的局限性：系统性细胞因子的毒性和细胞因子诱导的NK细胞凋亡。过继转输体外扩增和活化的自体NK细胞已被临床评估用于癌症免疫治疗，发现转移性肾细胞癌（RCC）、恶性胶质瘤和乳腺癌患者的临床疗效显著改善，且无明显不良反应。然而，这些自体NK细胞在体内还不能表现出全部的细胞毒能力，在癌症患者中也不能持续有效，这可能是由于癌症患者中MHC-Ⅰ类分子的表达在体内抑制了自体NK细胞。此外，内源性NK和LAK细胞的细胞毒性可能不足以对抗晚期肿瘤细胞。因此，需要寻找克服自身HLA分子对自体NK细胞抑制的方法，才能有效地引导自体NK细胞杀伤肿瘤细胞。通过使用抗KIR抗体阻断NK细胞表达MHC-Ⅰ特异性抑制受体，可增加NK细胞对肿瘤细胞的细胞毒性，目前正在人类急性髓系白血病（AML）患者的一期临床试验中进行试验。

2. 同种异体NK细胞

KIR不匹配的同种异体NK细胞表现出更强的肿瘤杀伤活性和更好地控制AML复发的能力。这一令人信服的临床证据也强烈支持异体NK细胞在控制人类恶性肿瘤中的治疗作用。事实上，采用过继转输的HLA不匹配（单倍相同）异体NK细胞的策略在癌症免疫治疗中已经更加成功，包括对白血病和实体癌症，并已被证明是一种安全的、毒性最小的治疗方法。在Ⅰ期临床试验中，经IL-15/HC活化和扩增的异体NK细胞过继转移与标准化疗联合用于晚期非小细胞肺癌患者，已被证明安全且潜在有效。该方法的缺点是，使用KIR不匹配的异体NK细胞最终导致MHC不匹配，诱发免疫介导的排斥反应。

同种异体 NK 细胞可解决患者自体 NK 细胞来源困难问题，具有更强免疫功能，目前已成为国际 NK 细胞免疫治疗的主流。我们在国内外均较早开展基于同种异体 NK 细胞的肿瘤免疫治疗研究，取得较好临床效果。我们创建获得符合临床标准的人 NK 细胞的高纯度、千倍级、规模化扩增技术，无须预纯化、无饲养细胞、无血清培养，给多种方法治疗失败的晚期卵巢癌患者过继转输 NK 细胞之后，取得良好治疗效果。

3. 脐血来源的 NK 细胞

脐血（UCB）是造血干细胞的一个很好的来源，它能产生大量的治疗细胞，包括 NK 细胞。通过 CliniMACS 系统选择 $CD34^+$细胞，可以从 UCB 中提取造血干细胞用于临床。也可以利用 CliniMACS 系统内的 EloHAES 分离方法，从解冻的 UCB 中富集 $CD34^+$细胞。$CD34^+$细胞来源的 NK 细胞在静态细胞培养袋或自动生物反应器中产生，可获得临床级 NK 细胞。通过这种方法获得了大规模高活性和功能性 NK 细胞，用于一项老年 AML 患者的 I 期剂量“爬坡”试验中。另一种非常有效的基于细胞因子的培养系统，用于扩增 $CD34^+$细胞来源的 NK 细胞，该方法可用于新鲜和冷冻 $CD34^+$ UCB 淋巴细胞的扩增。这些 UCB 来源的 $CD56^+$ NK 细胞表达高水平的 NKG2D 和天然的细胞毒性受体，有效地靶向髓系白血病和黑色素瘤细胞系，并以低 NK/靶细胞比例溶解原代白血病细胞。在优化的无血清培养基中扩增 $CD34^+$细胞，为 NK 细胞提供了一种有前途的细胞来源，其 NK 细胞分化明显更高，IFN-γ 分泌增强，细胞毒性能力也增强。UCB 衍生的 $CD56^+$细胞经抗 CD56 单克隆抗体和免疫磁珠分离后，在体外培养系统中，在照射过的自体淋巴细胞和不同浓度的 IL-2 的存在下可以扩增，同时保持其抗白血病能力，然而，纯化的 NK 细胞在体外与细胞因子长期接触可能会诱导细胞衰竭，使 NK 细胞输注到人体后无法有效杀伤肿瘤细胞。

4. 骨髓干细胞/诱导多能干细胞（iPSC）来源的 NK 细胞

骨髓来源的 $CD34^+$造血祖细胞可以在一定条件下分化出人 NK 细胞，比如：IL-2＋异体饲养细胞层；IL-2＋其他造血生长因子，如 c-kit 配体、IL-15；或者在骨髓基质依赖的长期培养系统中。

来自 hESC 的 $CD34^+$细胞可富集造血集落形成细胞，这与从原始造血组织（如 BM 和 UCB）中分选的 $CD34^+$细胞相似，提示 hESC 可能是一种适合治疗的新型细胞来源。对 hESC 和 iPSC 的研究表明，使用 hESC 和 iPSC 来源的诱导产物进行多样化临床治疗具有很好的前景。最近，有报道用两步培养的方法从 hESC 中高效生成功能性 NK 细胞，这些 NK 细胞具有直接细胞毒效应和 ADCC 效应溶解肿瘤细胞的能力，并表现出成熟 NK 细胞表型，包括 KIR 和 CD94/NKG2A 的表达，以及高表达多种自然细胞毒性效应分子，如 FasL、TRAIL、NKp46、NKp44、NKG2D 和 CD16。此外，这些 hESC 来源的 NK 细胞统一为 $CD94^+CD117^{low/-}$，并在体内异种小鼠模型中介导有效的抗肿瘤反应，比 UCB 衍生的 NK 细胞更有效。从 $CD34^+$干细胞中产生 NK 细胞已经变得很有吸引力，因为干细胞可以被分离和冷冻，并且可以克服使用纯化 NK 细胞带来的一些障碍。

5. NK 细胞的 ADCC 效应

NK 细胞只表达激活型 Fc 受体，使 NK 细胞能够识别抗体包被的靶细胞，并触发 NK 细胞介导的 ADCC 效应，导致 NK 细胞的快速激活和脱颗粒。抗 CD20 抗体（Rituxumab）治疗的非霍奇金淋巴瘤（NHL）患者，以及抗 HER2 抗体（曲妥珠单抗/赫赛汀）治疗的转移性乳腺癌患者和胃癌患者，均显示依赖 ADCC 效应。几种改变抗体结构的修饰，包括抗体类型转换、人源化和点突变减少补体激活，可以增加 NK 细胞的 ADCC 效应，同时降低抗体诱导的毒性。人源化抗 GD2 单克隆抗体可以刺激 NK 细胞效应，同时降低与抗 GD2 治疗相关的毒性。一种 CD19 特异性单克隆抗体增加了 Fc 受体结合亲和力，显著增加了 NK 细胞介导的 ADCC 效应，从而有效清除猕猴体内的恶性 B 淋巴细胞。

ADCC 的作用可以通过添加使用激活 NK 细胞受体的细胞因子、Toll 样受体（TLR）激动剂或激动剂抗体来增强。当与赫赛汀联合使用时，IL-12 增加了 NK 细胞对 HER2 表达的乳腺肿瘤细胞的反应。IL-2 也能增加 LAK 细胞对肿瘤细胞的 ADCC 活性。IL-21 可能通过促进 $CD56^{dim}CD16^{+}$ NK 细胞亚群的分化，直接影响 ADCC 效应。在小鼠模型中，TLR 激动剂 CpG 与利妥昔单抗（Rituximab）联合使用，可增加抗肿瘤 NK 细胞 ADCC 效应，在利妥昔单抗治疗期间，通过激活 4-1BB 受体的激动抗体激活的 NK 细胞可以完全清除小鼠皮下淋巴瘤。含有 Fc 末端细胞因子的抗体，被称为免疫细胞因子（IC），可能比传统的单克隆抗体具有某些优势。IC 通过增强 Fc 和细胞因子受体结合，增强了单克隆抗体包被的肿瘤细胞和 NK 细胞之间的突触形成。在几个临床前研究模型中，IC 显示出比注入等量细胞因子的裸单抗更强的抗肿瘤作用。

（三）基于 NK 细胞的免疫治疗：免疫检查点治疗

在肿瘤发展过程中，肿瘤细胞产生多种机制，要么逃避 NK 细胞的识别和攻击，要么诱导有缺陷的 NK 细胞，如失去黏附分子的表达，共刺激配体或活化性配体的缺失，MHC-Ⅰ类分子上调，可溶性 MIC、FasL 或 NO 的表达，分泌免疫抑制因子如 IL-10、TGF-β 和吲哚胺 2，3-吲哚胺（IDO），以及抵抗 Fas 或穿孔素介导的凋亡。已观察到在癌症患者中 NK 细胞发生异常，包括细胞毒性降低，活化性受体或细胞内信号分子表达缺陷，抑制性受体过表达，增殖缺陷，外周血和肿瘤浸润 NK 细胞数量减少，以及细胞因子产生缺陷等。抑制性受体的过表达导致免疫功能处于刹车状态，不能发挥杀瘤作用，形成免疫检查点。当免疫检查点过度发挥负调节作用时，会引起肿瘤耐受，使得肿瘤细胞逃过免疫系统的追杀，因而，免疫检查点阻断疗法可以激活抗肿瘤免疫反应，识别并杀伤肿瘤细胞，已经成为未来抗肿瘤治疗的新希望。

1. NK 细胞 KIR 受体阻断疗法

NK 细胞介导的肿瘤免疫监测功能在 AML 患者中是有限的，因为 NK 细胞上活化性受体的表达降低和/或白血病细胞上活化性配体表达降低，导致抑制性和激活性信号之间的平衡失调，抑制了 NK 细胞的激活。针对 NK 细胞抑制性受体设计的阻断治疗策略可以增强 NK 细胞的治疗活性。抑制性 KIR 是一类识别 MHC-Ⅰ类分子的重要抑制性受体。肿瘤细胞表达 MHC-Ⅰ类或Ⅰ类样分子可降低 NK 细胞的细胞毒性。KIR 阻断抗体，如 IPH2101 和 IPH2102，已被证实在体外和异种移植小鼠 AML、复发/难治性 MM 模型中有促进 NK 细胞介导的杀伤作用的效果。与 KIR2D 受体结合的 IPH2101 是首个被批准用于临床试验的抗体，在一项复发/难治性 MM 的Ⅰ期临床试验中，研究结果显示，在 11 例患者中，有 5 例患者获得了非常好的或部分的缓解，对结合使用 IPH2101 和免疫调节剂来那度胺的疗效较为乐观。这些临床试验也强调，阻断免疫检查点可能会触发炎症反应，需要仔细优化这种治疗策略。

2. NKG2A 阻断疗法

NKG2A 在 NK 细胞和 $CD8^+$ T 淋巴细胞中表达，与 CD94 形成异源二聚体并与 HLA-E 结合。该异源二聚体含有两个 ITIM 抑制基序，可传递抑制信号并降低 NK 细胞功能。HLA-E 是 NKG2A 的配体，在恶性细胞中经常上调，用于免疫逃逸。一种抗 NKG2A 人源化抗体 humZ270 或 IPH2201 在小鼠模型中使人原发性白血病或 EB 病毒细胞系的 NK 细胞毒性增强。目前正在进行临床研究，以测试其作为单一药物或与其他药物联合使用的安全性和有效性。

3. PD-1 阻断疗法

PD-1 通常在效应 T 淋巴细胞、B 淋巴细胞和髓细胞上表达。PD-1 有两种配体，PD-L1 和 PD-L2。PD-L1 在大多数造血细胞中呈结构性表达，在某些实质细胞，如血管内皮细胞，以及各种肿瘤细胞，如黑色素瘤、乳腺癌、卵巢癌和造血恶性细胞也有表达。PD-L2 只在巨噬细胞和 DC 中表达。最近的一项研究发现，在人类巨细胞病毒阳性的献血者中，四分之一的受试者外周血 NK 细胞亚群中 PD-1 高表达。来自包括卡波西肉瘤、多发性骨髓瘤和卵巢癌在内的肿瘤患者的 NK 细胞显示 PD-1 表达上调，使 NK 细胞亚群的功能衰竭，增殖、脱颗粒和细胞因子产生减少，但这些特征可被 PD-1 抗体逆转。已经开发了几种 PD-1 抗体，如 pidilizumab、lambrolizumab 和 nivolumab。虽然这些抗体主要通过靶向 T 淋巴细胞发挥抑制肿瘤的作用，但其增强内源性 NK 细胞功能的潜能仍然具有吸引力。

4. TIM-3 阻断疗法

TIM-3 通常在 Th1 细胞、Tc1 细胞、巨噬细胞、DC 及几乎所有亚型 NK 细胞中表达。在转移性黑色素瘤、肺腺癌和胃癌等肿瘤患者的 NK 细胞中，TIM-3 进一步上调。TIM-3 可与半乳糖凝集素-9、高迁移率组蛋白 B1（HMGB1）配对。TIM-3 的表达被认为是 T 淋巴细胞衰竭的标志。然而，其在 NK 细胞中的作用仍存在争议。过表达 TIM-3 的人 NK 细胞系 NK92 与 Gal-9 配对时，IFN-γ 的产生显著增加。经 TIM-3 抗体处理后，外周血来源的 NK 细胞溶解活性下降。此外，TIM-3 可作为晚期黑色素瘤 NK 细胞衰竭的标志。阻断 TIM-3 可逆转 NK 细胞消除黑色素瘤的功能，因此，需要进一步的研究来充分了解 TIM-3 在 NK 细胞的细胞生物学中的作用。

5. TIGIT 等阻断疗法

NK 细胞也表达一些免疫检查点蛋白，如 TIGIT 和 CD96，它们的胞内段都含有 ITIM 基序。这些蛋白质可以识别 CD155 和 CD112，它们相当于 NK 细胞中的激活受体 CD226。然而，TIGIT 和 CD96 对 CD155 的亲和力高于 CD226。体外研究发现，阻断 TIGIT 可增加 NK 细胞的溶细胞潜能。此外，CD96 基因敲除小鼠表现出 NK 细胞 IFN-γ 产生增加和控制肿瘤能力增强。此外，相关研究继续不断地确定新的检查点。细胞因子诱导的含 SH2 蛋白（CIS）已被证明是 NK 细胞中 IL-15 信号转导的负调节因子。CIS 基因的缺失可降低 NK 细胞对 IL-15 的阈值，使细胞增殖、存活增强，肿瘤细胞毒性增强。因此，CIS 可能是 NK 细胞的细胞内检查点。

（四）合成生物学与下一代细胞治疗

NK 细胞为基础的免疫疗法，为癌症治疗带来了巨大的希望。然而，迄今以 NK 细胞为基础的治疗方法在癌症患者身上取得的临床成功并不多。因此，需要了解 NK 细胞在生物学和功能领域取得的进展，以帮助开发有效操纵 NK 细胞的新方法，从而最终造福癌症患者。合成生物学是 21 世纪初新兴的生物学研究领域，是在阐明并模拟生物合成的基本规律之上，达到人工设计并构建新的、具有特定生理功能的生物系统，从而建立药物、功能材料或能源替代品等的生物制造途径。利用合成生物学实现人造药物或功能细胞，是通过学科交叉，进一步发展抗癌新技术的有效途径。合成免疫技术给免疫治疗也带来新的机遇，可以跨越免疫学“粗暴试错”的原始阶段，从定性研究过渡到定量、智能化、工程化，利用逻辑回路、反馈开关、智能操控等技术，人工创造免疫细胞和免疫分子，具体可参见图 7.4。

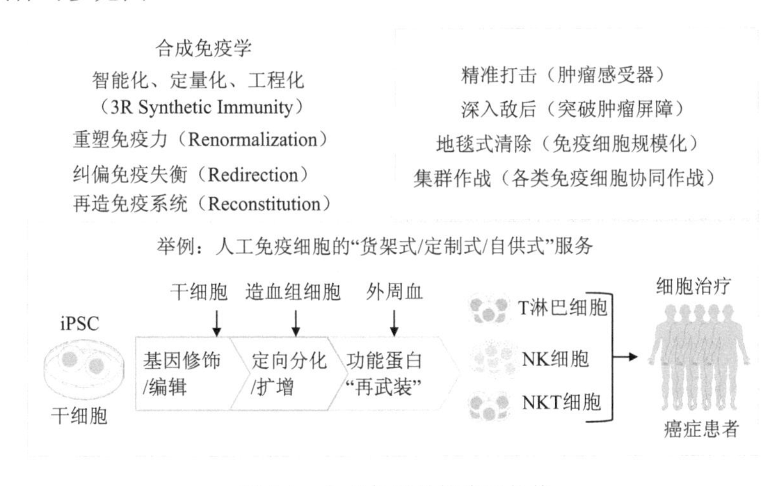

图 7.4　合成免疫学的应用价值

1. 双特异性和三特异性抗体交联物激发 NK 细胞

双特异性和三特异性抗体交联物可增强 NK 细胞的肿瘤靶向性，同时提高 NK 细胞的细胞毒性。该技术依赖于特异性肿瘤抗原和效应细胞特异性标记物。工程抗体是一种具有抗原结合片段（Fab 片段）或 Fc 片段的工程化创新免疫球蛋白。在这些抗体中，两个或三个 Fab 片段被融合以对抗肿瘤相关抗原或效应细胞受体。Fc 片段优化的 NKG2D-IgG1 显示有高度增强的 ADCC 效应，工程抗体可作为肿瘤细胞和效应细胞之间的特异性交联剂。此外，通过加入两个或三个单链 Fv 来对抗肿瘤相关抗原和效应细胞受体的双特异性或三特异性抗体交联物已经被开发出来。NK 细胞中的 CD16 是通过双特异性或三特异性抗体结合肿瘤而介导交联的有力候选者。一种完全人源化的双特异性杀伤交联物（BiKE）CD16×CD33 已被证实可增强 NK 细胞功能，在体外有效消除 AML；BiKE CD16×CD19 已被证实可直接触发 NK 细胞对表达 CD19 的 B 淋巴细胞的激活；BiKE CD16×CD133 与肿瘤细胞中 CD133 表达上调的药物联用后，被证实可增强 NK 细胞对表达 CD133 的细胞系乃至 NK 耐药细胞系的细胞毒性。除了重定向 NK 细胞的细胞毒性外，一种改良的 IL-15 交联剂已被纳入双特异性杀伤交联物中，形成三特异性杀伤交联物，已被证实具有增强 NK 细胞细胞毒性的能力，提高体外存活和增殖能力。

2. CAR-NK 细胞

利用 hESC 和 iPSC 诱导产生 NK 细胞，可以实现 NK 细胞的定向分化与无限量生产，甚至创建“无人值守”的 NK 细胞生产工厂；利用基因修饰技术可以将 CAR/TCR/NKR 等肿瘤感受器合成组装，提高“人造”抗癌效应细胞的靶向识别精度，比如将单链抗体安装于 NK 细胞形成 CAR-NK 细胞，将 T 受体安装于 NK 细胞形成 TCR-NK 细胞，将 NK 受体安装于 NK 细胞形成 NKR-NK 细胞，最终实现 NK 细胞的“普适性＋定制式＋货架式”供应。这些细胞未来最有希望的方向是设计 hESC 或 iPSC 表达嵌合抗原受体（CAR），能够引导细胞毒性 T 淋巴细胞（cytotoxic T lymphocyte，CTL）到达肿瘤部位，它们也可以被修饰以表达针对特定肿瘤抗原的 T 淋巴细胞受体。近年来的研究主要集中在将肿瘤相关抗原引入 NK 细胞，使这些抗原指向特定的肿瘤靶细胞，由于 CAR 在 T 淋巴细胞中的成功应用，目前它应用于 NK 细胞也被寄予厚望，通过体外遗传操作 NK 细胞，使其表达 CAR 结构域，能够识别具有细胞毒性的特异性肿瘤相关抗原，从而发挥 CAR 的特异性和 NK 细胞杀伤的高效性。

NK 细胞在宿主抵抗癌症的免疫中起着关键作用，作为回应，肿瘤细胞也发展出逃避 NK 细胞攻击或诱导缺陷 NK 细胞的机制。目前以 NK 细胞为基础的癌症免疫疗法旨在通过多种方法克服 NK 细胞的耐受状态。一种方法是使用扩增的同种异体 NK 细胞进行过继细胞免疫治疗，这种细胞不像自体 NK 细胞那样被自身组织相容性抗原抑制。另一种是对新鲜 NK 细胞或 NK 细胞系进行基因修饰，使其高表达细胞因子、Fc 受体和/或 CAR。治疗性 NK 细胞可以有各种来源，包括外周血或脐带血细胞、干细胞甚至 iPSC，各种刺激剂可以用于实验室或 GMP 设施的大规模生产，包括可溶性生长因子、细胞因子或抗体，以及其他细胞激活剂。进一步通过临床试验中来评价 NK 细胞的治疗方法，十分有必要，期待随着合成免疫学等技术的不断进步，为肿瘤患者提供更为特异、有效的 NK 细胞疗法。

主要参考文献

Bi J C, Tian Z G, 2019. NK cell dysfunction and checkpoint immunotherapy[J]. Frontiers in Immunology, 10: 1999.

Cheng M, Chen Y Y, Xiao W H, et al., 2013. NK cell-based immunotherapy for malignant diseases[J]. Cellular & Molecular Immunology, 10(3): 230-252.

Fang F, Xiao W H, Tian Z G, 2017. NK cell-based immunotherapy for cancer[J]. Seminars in Immunology, 31: 37-54.

Fang F, Xie S Q, Chen M H, et al., 2022. Advances in NK cell production[J]. Cellular & Molecular Immunology, 19(4): 460-481.

Hu Y, Tian Z G, Zhang C, 2018. Chimeric antigen receptor (CAR)-transduced natural killer cells in tumor immunotherapy[J]. Acta Pharmacologica Sinica, 39(2): 167-176.

Zhang C, Hu Y, Xiao W H, et al., 2021. Chimeric antigen receptor- and natural killer cell receptor-engineered innate killer cells in cancer immunotherapy[J]. Cellular & Molecular Immunology, 18(9): 2083-2100.

第八讲　炎症与炎症性疾病

周荣斌 教授，免疫学家，国家杰出青年科学基金获得者。

炎症是围绕着人类生命各个层次的双刃剑，它会给人带来痛苦，也会在机体面对病原体时提供强大的免疫保护。那么，炎症到底是什么？我们如何认识炎症？如何调节炎症？如何清醒地了解身体所处的状态呢？下面我们一起走进炎症的世界。

一、炎症与炎症性疾病

（一）什么是炎症

炎症是身体组织对有害刺激（如病原体、受损细胞或刺激物）的复杂生物反应的一部分，是一种涉及免疫器官、免疫细胞和免疫分子的保护性反应。炎症的最初功能是清除在组织损伤和感染过程中受损的坏死细胞和组织，并启动组织修复。

炎症的五个主要体征：发热、疼痛、发红、肿胀和功能丧失。炎症是一种机体通用反应，因此，与对不同病原体产生特异性反应的适应性免疫相比，它被认为是先天免疫的一种机制。炎症反应缺失可能导致机体防御或修复功能下降，并损害生物体的生存。相反，炎症反应过强或者持续存在，则会造成肿瘤、糖尿病、动脉粥样硬化和骨关节炎等各种疾病的发生。炎症可简单分为急性或慢性炎症。急性炎症是身体对有害刺激的初始反应，通过增加白细胞（特别是粒细胞）从血液到受伤组织的运动来实现，并经过一系列生化事件加剧炎症反应。长期炎症反应，称为慢性炎症，导致炎症部位存在的细胞类型（如单核细胞）逐渐转变，其特征在于炎症过程同时破坏和愈合组织。

在过去的研究中，科学家发现了一些造成慢性炎症的常见原因。这些因素主要是与生活方式以及年龄相关。最典型的例子是肥胖。肥胖人群的脂肪组织可以分泌一些炎症因子，不断刺激机体产生慢性炎症。此外，心理压力、睡眠障碍等也可以造成慢性炎症的发生。

（二）炎症性疾病

炎症被定义为涉及免疫系统的防御性反应。然而，由感染、生理应激或过度营养引起的慢性炎症会导致免疫细胞和/或间质细胞激活，引起组织重塑，并在慢性炎症性疾病的发病机制中起关键作用。慢性炎症与动脉粥样硬化性血管疾病，心力衰竭，代谢综合征，神经退行性疾病，癌症等有关。同时，在许多器官系统中观察到慢性炎症介导的组织损伤，包括心脏、胰腺、肝、肾、肺、脑、肠道和生殖系统等。下面笔者将一一介绍一些研究较为充分且非常典型的炎症性疾病，并分享目前基于炎症基础研究的干预手段。

1. 新型冠状病毒感染

COVID-19 的症状多种多样，但通常包括发热、咳嗽、头痛、疲劳、呼吸困难、嗅觉丧失和味觉丧失。症状可能在接触病毒后 1～14 天开始出现。至少有三分之一的感染者没有出现明显的症状，在那些出现明显症状的人中，大多数（81%）出现轻度至中度症状（如轻度肺炎），而 14%出现严重症状（如呼吸困难，缺氧或超过 50%的肺部受累，其中 5%出现呼吸衰竭，休克或多器官功能障碍）。老年人出现严重症状的风险更高。有些人在康复后的几个月内继续经历一系列影响，并且已经观察到对器官的损害。

在重症 COVID-19 中可见急性呼吸窘迫综合征的特征，是呼吸困难和血氧水平低造成的。还有一些患者可能死于继发性细菌和真菌感染。急性呼吸窘迫综合征可能直接导致呼吸衰竭，这是多数致命 COVID-19 病例的死亡原因。此外，免疫系统对病毒感染和/或继发感染释放的大量细胞因子可能导致细胞因子风暴和脓毒症症状，这是少数致命 COVID-19 病例的死亡原因。在这些情况下，不受控制的炎症会造成多器官损伤，导致器官衰竭，特别是心脏、肝脏和肾脏系统。大多数进展为肾衰竭的 SARS-CoV-2 感染患者最终死亡。

SARS-CoV-2 感染和肺细胞的破坏会引发局部免疫反应，招募对感染做出反应的巨噬细胞和单核细胞，释放细胞因子并激活主要的适应性 T 淋巴细胞和 B 淋巴细胞免疫反应。在大多数情况下，此过程能够清除感染。然而，在某些情况下，会发生功能失调的免疫反应，这可能导致严重的肺部甚至全身病变。在这一过程中，除了病毒造成的直接损害外，无节制的炎性细胞浸润本身还可以通过蛋白酶和活性氧的过量分泌介导肺部损伤。这些共同导致弥漫性肺泡损伤，包括肺泡细胞脱屑，透明膜形成和肺水肿。这限制了肺部气体交换的效率，导致呼吸困难和血氧水平低，肺部也更容易受到继发感染（图 8.1）。

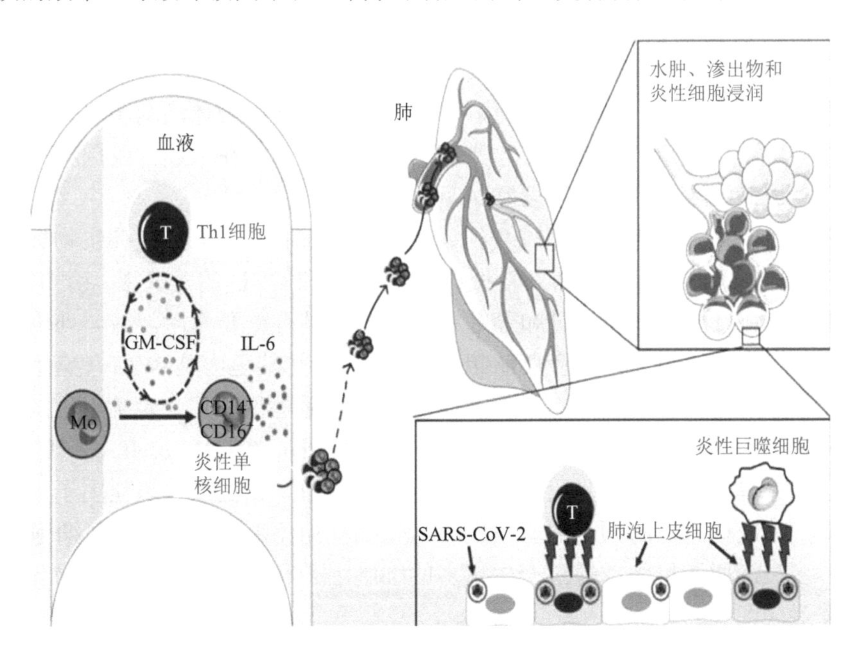

图 8.1　COVID-19

几种旨在限制COVID-19免疫介导损伤的免疫抑制疗法处于不同的发展阶段。目前，皮质类固醇治疗COVID-19的临床试验已取得初步疗效，尽管在2003年SARS流行期间不推荐这种治疗。IL-6R拮抗剂托珠单抗的临床试验证明可用于重症患者的治疗。靶向粒细胞-巨噬细胞集落刺激因子（GM-CSF）的效果也在进行临床试验。另一种新颖的辅助疗法是细胞吸收，其作用机制是吸收广谱细胞因子以及DAMP和病原体相关分子模式（pathogen-associated molecular pattern，PAMP），以降低其循环水平并改善免疫病理学。

控制炎症反应可能与靶向病毒一样重要。抑制病毒感染和调节功能失调的免疫反应的疗法可以协同作用，在多个步骤中阻断病理。同时免疫功能障碍与COVID-19患者疾病严重程度结果之间的关联应作为疫苗开发和评估的注意事项。

2. 糖尿病

糖尿病是一种影响人体葡萄糖状态的多方面代谢紊乱。葡萄糖耐量受损和高血糖是主要的临床和诊断特征，也是绝对或相对胰岛素缺乏或对其作用抵抗的结果。与糖尿病相关的慢性高血糖可导致终末器官功能障碍和衰竭，这可能涉及视网膜、肾脏、神经、心脏和血管。糖尿病与动脉粥样硬化性心血管疾病之间的临床关系已经确立，糖尿病患者心血管疾病（CVD）的风险显著升高。传统上，大多数糖尿病病例分为两大类，1型（T1D）和2型（T2D）。然而，在一些人中，这种严格的分类不适用，因为存在其他遗传、免疫或神经内分泌途径参与其发病机制。T1D与一种不太清楚的机制导致的胰岛素绝对缺乏有关，其中免疫介导的胰岛β细胞破坏是该疾病的标志，高血糖仅在超过90%的β细胞丢失时才出现。T2D是最常见的糖尿病形式，占糖尿病病例的90%～95%。它的发展继发于相对胰岛素缺乏，但主要缺陷是胰岛素抵抗。本讲主要介绍发病比例更高的T2D。

T2D患病率的增加与公认的危险因素有关，例如，西方饮食习惯，久坐不动的生活方式，缺乏身体活动和进食能量密集的饮食。遗传易感性、种族和衰老是T2D的不可改变危险因素，而其他因素，如超重或肥胖、不健康的饮食、身体活动不足和吸烟，可以通过行为和环境变化来改变。然而，越来越多的证据表明，在上述危险因素的刺激下，炎症途径是糖尿病发生过程中的主要和常见的致病介质。

肥胖及其相关疾病（包括代谢综合征、高血压和血脂异常）与炎症生物标志物的浓度呈正相关，这些标志物可预测胰岛素抵抗以及T2D和CVD的发病率。动物研究表明，棕色脂肪组织（BAT）在调节能量和葡萄糖稳态方面具有重要作用，并与外周胰岛素抵抗和葡萄糖水平有关。然而，白色脂肪组织（WAT），尤其是内脏WAT（躯干，上半身或腹部周围）似乎是T2D炎症标志物的主要来源，也是糖尿病患者炎症过程的靶标。它产生细胞因子及参与炎症途径的其他几种生物活性物质，如TNF-α、IL-1、IL-6、IL-10、瘦素、脂联素、单核细胞化学吸引蛋白、血管紧张素原、抵抗素、趋化因子、血清淀粉样蛋白以及其他统称为脂肪因子的蛋白质。巨噬细胞和免疫细胞（B淋巴细胞和T淋巴细胞）进一步浸润脂肪组织，通过产生更多的细胞因子和趋化因子来引发局部和全身性慢性低度炎症（图8.2）。

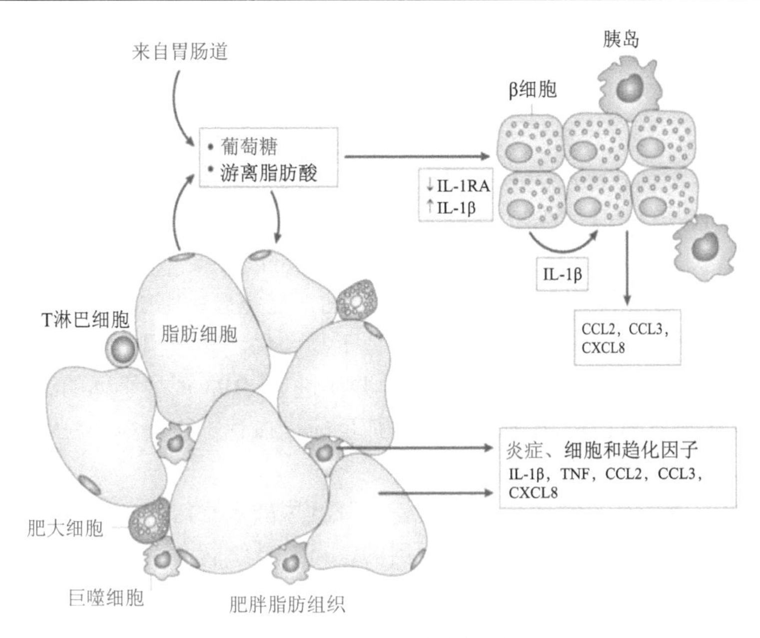

图 8.2　T2D 的发病机制

此外，一些实验模型以及人类的观察性研究表明，巨噬细胞在 T2D 中观察到的胰岛炎症中起着关键作用。炎症小体/IL-1β 信号通路是在多个 T2D 模型中激活的最常见的通路，可导致 β 细胞功能障碍。刺激胰岛巨噬细胞在人胰岛体内分泌 IL-1β 的因素包括淀粉样多肽、游离脂肪酸（FFA）等。IL-1β 在其最初分泌后，通过自我刺激调节其在胰岛 β 细胞中的产生，而该过程也会增加一氧化氮的产生，导致线粒体中 ATP 浓度降低，这可能导致进一步的 β 细胞功能障碍和胰岛素分泌减少。氧化应激也可能增强 ROS 的产生以及 β 细胞中的其他促炎细胞因子和趋化因子，从而破坏其功能。

抗糖尿病药物（包括胰岛素）具有与其主要作用机制相关的内在抗炎作用，并且还与炎症标志物的减少有关。胰岛素本身会降低外周血单核细胞中的 NF-κB 活性，从而减少炎症。噻唑烷二酮类药物通过与过氧化物酶体增殖体激活受体 γ（PPARγ）的结合介导 NF-κB 的反式抑制和 NF-κB 靶标的表达减少。二甲双胍具有抗炎作用，并独立于血糖变化，在免疫细胞和血管组织中影响最为突出。二肽基肽酶-4 抑制剂（DPP-4）和 GLP-1 受体激动剂也具有内在的抗炎特性。然而，除了它们的抗糖尿病作用之外，炎症减少对糖尿病和心血管改善的贡献仍然是未知的。最后，一类新型抗糖尿病药物，钠-葡萄糖共转运蛋白-2 抑制剂（SGLT2 抑制剂）通过增加肾葡萄糖排泄而起作用。目前的初步数据表明，SGLT2 抑制剂可能对炎症的循环生物标志物有所改善，然而，还需要更多的研究。

3. 痛风

痛风是一种常见的炎症性关节炎。流行病学表明，发达国家和发展中国家的痛风发病率及患病率都在增加。痛风是由高尿酸血症（血清尿酸盐水平＞7mg/L）引起的尿酸单钠（MSU）晶体的形成和沉积所导致。临床上，该疾病的特征是关节炎症的急性发作，通常影响单个关节，穿插着持续时间可变的无症状期。如果不治疗，痛风通常会进展为软组织中尿酸盐沉积物（痛风石）的形成，影响关节炎的反复性发作和进行性关节破坏。其他并发症如尿酸肾沉积，可引起肾衰竭和肾结石的形成。

痛风现在被认为是一种由先天免疫系统激活驱动的典型炎症性疾病。痛风也被称为自身炎症性疾病。然而，这种分类具有误导性，因为与遗传性自身炎症性疾病不同，痛风的急性触发因素是 MSU 晶体。尿酸本身是一种内源性和无处不在的代谢物，不被认为是促炎的，需要 MSU 晶体形成来引起临床观察到的炎症。

IL-1β 介导的炎症是痛风炎症的一个关键方面。在痛风中，IL-1β 的产生由触发炎症小体的 MSU 晶体介导。炎症小体是一种多分子复合物，其失调是许多病理性炎症性疾病的核心。MSU 晶体首先被巨噬细胞吸收，并促进 NLRP3 炎症小体的组装和活化。在痛风中，炎症小体介导的 IL-1β 释放触发炎症反应，血管扩张和中性粒细胞快速募集到晶体沉积部位，从而驱动急性炎症发作。

治疗痛风需要两种互补的方法：一种旨在降低尿酸水平，另一种旨在减少炎症。非甾体抗炎药、秋水仙碱和糖皮质激素是常用的，可有效缓解急性发作的疼痛和炎症。然而，对炎症生物学的见解为新的治疗策略开辟了道路。目前有两种 IL-1 抑制剂卡那单抗和阿那白滞素可用于临床应用，但只有卡那单抗适用于急性痛风。这两种药物具有不同的作用机制：卡那单抗是 IL-1β 的特异性抑制剂，阿那白滞素抑制 IL-1α 和 IL-1β 与 IL-1R1 的结合。此外，其他靶向 NLRP3 组装关键步骤的分子也会影响炎症。β-羟基丁酸抑制炎症小体活化以响应 MSU 晶体。这种酮体是在营养剥夺期间，在哺乳动物的肝脏中产生的。因此，在热量限制的小鼠模型中，饥饿会减弱半胱天冬酶-1 活化和 IL-1β 分泌。同样，生酮饮食可以保护大鼠免受 MSU 晶体介导的痛风发作的影响。

4. 阿尔茨海默病

阿尔茨海默病（AD）是一种进行性神经退行性疾病，其特征在于认知能力下降，β 淀粉样蛋白（Aβ）斑块堆积和神经原纤维缠结。在过去的十年中，大脑中持续免疫反应的存在已成为 AD 的第三个核心病理学。大脑常驻巨噬细胞（小胶质细胞）和其他免疫细胞的持续激活已被证明会加剧 Aβ 和 Tau 蛋白病理学，并可能成为该疾病发病机制的纽带。与 AD 的其他危险因素和遗传原因不同，神经炎症通常不被认为是其本身的因果关系，而是与 AD 相关的一个或多个其他 AD 病理或危险因素的结果，并通过加剧 Aβ 和 Tau 蛋白病理来增加疾病的严重程度。脑部炎症似乎具有双重功能，在急性期反应期间起神经保护作用，但当慢性反应增加时，就会变得有害。慢性活化的小胶质细胞释放出多种促炎和有毒产物，包括活性氧、一氧化氮和细胞因子。在研究近期患有头部创伤的死者中发现，损伤后 1～3 周脑 Aβ 沉积物增加，并且认为 IL-1 水平升高是淀粉样前体蛋白（APP）产生增加和 Aβ 负荷的原因。此外，IL-1β 水平升高已被证明可以增加其他细胞因子的产生，包括 IL-6，这反过来又被证明可以刺激 CDK5 的活化，CDK5 是一种已知的高磷酸化 Tau 蛋白激酶。在 AD 中观察到的神经炎症似乎在加剧 Aβ 负担和 Tau 蛋白高磷酸化方面起着主要作用。大脑巨噬细胞（小胶质细胞）的免疫反应，现在是 AD 研究的核心方向之一（图 8.3）。

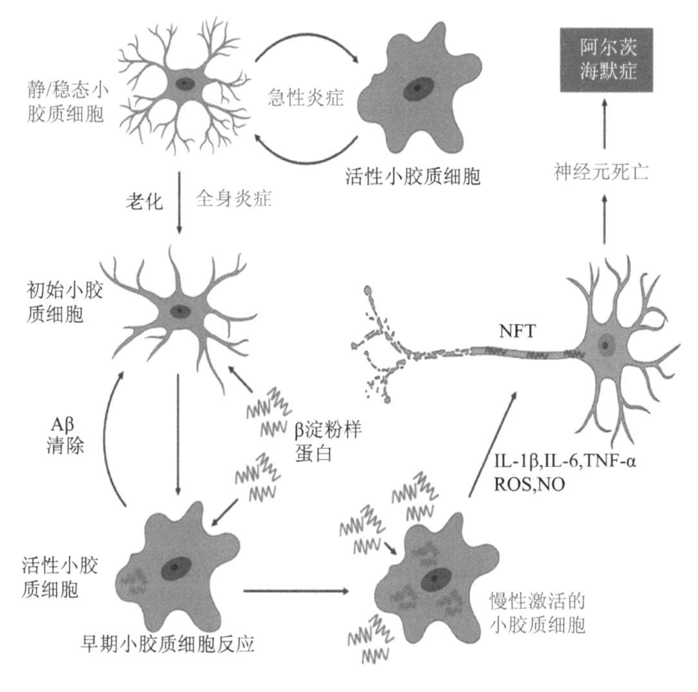

图 8.3　阿尔茨海默病

鉴于炎症治疗的思路，NF-κB、MAPK 和 JAK-STAT 等几种参与先天免疫的通路，被认为与 AD 的扩增有关。一些研究已经调查了这些途径的可能机制，并开发了针对以上信号通路的靶向治疗药物，为对抗 AD 提供了潜在的治疗策略。

5. 抑郁症

抑郁症是一种精神疾病，是因健康状况而致残的最常见原因。全世界有超过 3.5 亿人患有这种疾病。患病率从 14%～18%不等。据估计，至少有六分之一的人在生命的某个阶段患有抑郁症。这种疾病最常影响 20～40 岁的年轻人。早在 1990 年，抑郁症就被发现是世界上导致残疾的第一大原因，也是每个年龄组最常见的死亡原因。在传统方法的认知中，抑郁症的发病机制包括三个因素的相互作用：遗传易感性、身体的物理功能和暴露于压力的因素。它被认为是生物和心理因素群体之间相互作用的结果，其影响不能单独考虑。这组生物因素包括遗传易感性，神经递质和激素水平的变化，以及大脑中的结构变化。心理因素包括心理动力学理论中内部冲突的内容和思维变化。在 20 世纪末期，研究人员提出了“抑郁症的炎症反应系统模型”，该理论假设神经、免疫和神经内分泌系统之间存在相互作用。连接和实现这些相互作用的元素是细胞因子，即在细胞水平上调节生命过程的大蛋白质分子，包括活化、增殖、分化、运动、死亡以及通信相互作用和细胞间合作。除了调节免疫系统外，这些细胞因子还通过直接刺激下丘脑-垂体-肾上腺轴（HPA 轴）和糖皮质激素受体的敏感性变化来影响大脑细胞核中多巴胺、去甲肾上腺素和 5-羟色胺的代谢，并增加皮质醇分泌。史密斯（Smith）是最早将巨噬细胞因子分泌增加与抑郁症联系起来的科学家之一。他指出，给予受试者细胞因子诱导抑郁症状，其中 IL-1 可能引起与抑郁症相关的激素紊乱。抑郁症病因的犬尿氨酸假说表明，炎症因子导致吲哚胺-2,3-双加氧酶的过度活化。它是存在于小胶质细胞、星形胶质细胞和神经元中的酶，其将色氨酸分解代谢成犬尿氨酸，这是一种对大脑有毒的物质。基于炎症的治疗方法在抑郁症中还没有进行进一步的尝试。此外，也需要更多的研究深入探讨炎症与抑郁症之间的分子关系。

二、固有免疫识别与模式识别受体

（一）固有免疫识别理论

免疫系统是保护生物体免受疾病的生物过程的网络系统。它可以检测和应对各种各样的病原体，从病毒到寄生虫，以及癌细胞和细胞碎片等，并将它们与生物体自身的健康组织区分开来。许多物种的免疫系统有两个主要子系统：①先天免疫系统，对广泛的情况和刺激群体提供预配置的反应；②适应性免疫系统，通过学习识别以前遇到的分子，对每种刺激提供量身定制的反应。两者都使用分子和细胞来执行其功能。几乎所有的生物体都有某种免疫系统。细菌以酶的形式行使最基本的免疫功能，可以防止病毒感染。其他物种基本的免疫机制由古代植物和动物中进化而来，并保留在它们的现代后代中。这些机制包括吞噬作用以及称为防御素的抗菌肽和补体系统。包括人类在内的下颚脊椎动物则具有更复杂的防御机制，也包括更有效地识别病原体的能力。适应性（或获得性）免疫产生免疫记忆，导致对随后遇到相同病原体的反应增强。这种获得性免疫的过程是疫苗接种的基础。

根据诱导因素的区别，目前将炎症分为感染性炎症与无菌性炎症。感染性炎症主要是由细菌、真菌、病毒、寄生虫等生物性病原体感染所致，而无菌性炎症主要是由物理化学因素如创伤、烧伤、手术后损伤等原因造成。两者在致炎机制或者临床表型上有颇多相似之处，但是在具体的发病疾病和针对诊疗方案上有很多明显区别，因此深入了解两类炎症反应的异同有助于临床上针对炎症反应采用合适的治疗手段。

在深入了解两类炎症之前，我们首先要了解模式识别理论。“模式识别理论”，是于 1989 年由詹韦（Janeway）提出的，即将固有免疫针对的来自病原微生物的信号，称作 PAMP；相对应的识别受体，称为模式识别受体（pattern recognition receptor，PRR）。PAMP 是在一类微生物中保守的小分子基序。它们被植物和动物中的 TLR 和其他 PRR 识别。大量不同类型的分子可以作为 PAMP，包括聚糖和糖偶联物。PAMP 通过识别一些保守的非自身分子来激活先天免疫反应，保护宿主免受感染。细菌脂多糖（LPS），是在革兰氏阴性菌细胞膜上发现的内毒素，被认为是 PAMP 的典型类别。LPS 由 TLR4 特异性识别，TLR4 是先天免疫系统的识别受体。其他 PAMP 包括细菌鞭毛蛋白（由 TLR5 识别），来自革兰氏阳性细菌的脂质代谢酸（由 TLR2 识别），肽聚糖（由 TLR2 识别）。通常与病毒相关的核酸变体，如双链 RNA（dsRNA），由 TLR3 识别；未甲基化的 CpG 基序，由 TLR9 识别。虽然术语“PAMP”相对较新，但来自微生物的分子必须由来自多细胞生物体的受体检测的概念已经存在了几十年，并且在许多较旧的文献中都发现了对“内毒素受体”的引用。PRR 对 PAMP 的识别会触发宿主免疫细胞中几个信号级联反应的激活，如干扰素（IFN）或其他细胞因子的合成。

“危险模式理论”是 1994 年马特辛格（Matzinger）在“模式识别理论”的基础上提出的。该理论认为免疫系统识别的不是自我和非我，启动机体免疫应答的关键因素是机体细胞受损后产生的“危险信号”。只要出现供机体识别的危险信号就可以诱发效应细胞的活化。DAMP 包括细胞内的分子，如由于创伤或病原体感染而从受损或垂死的细胞释放的先天免疫反应的组成部分，它们也被称为危险相关的分子模式，因为它们是生物体的警告信号，以提醒其他免疫细胞存在损伤或感染。一旦 DAMP 从细胞中释放出来，它就会通过与模式识别受体结合来促进非感染性炎症反应。例如，细胞因子 IL-1α 是起源于细胞核内的 DAMP，一旦释放到细胞外空间，就会与 IL-1R 结合，这反过来又会引发对创伤或病原体的炎症反应，从而引发 IL-1α 的释放。这种从细胞内空间到细胞外空间的位移使 DAMP 从还原环境移动到氧化环境，导致其功能变性，从而功能丧失。除了一些核和胞质 DAMP 之外，还有其他不同来源的 DAMP，如线粒体、颗粒、细胞外基质、内质网和质膜。此外，一些异常的理化环境也可以称为 DAMP，如异常渗透压、低氧微环境、紫外线、灰尘等。

这两类不同的识别模式介导了感染性炎症和无菌性炎症的发生，无论是哪种理论，来自外源的信号刺激都必须接受细胞受体的识别才能激活免疫反应，这种受体被称为 PRR。PRR 与 PAMP/DAMP 结合后引起迅速的反应，能够介导快速的生物学反应，无须细胞增殖。下面具体介绍经典的模式识别受体以及基于模式识别理论而建立的免疫治疗手段。

（二）TLR

TLR 是一类在先天免疫系统中起关键作用的蛋白质。它们是单通道膜跨越受体，通常在巨噬细胞和树突状细胞等固有免疫细胞上表达，可识别来自微生物的结构保守分子。一旦这些微生物到达皮肤或肠道黏膜等物理屏障，它们就会被 TLR 识别，从而激活免疫细胞反应。TLR 包括 TLR1、TLR2、TLR3、TLR4、TLR5、TLR6、TLR7、TLR8、TLR9、TLR10、TLR11、TLR12 和 TLR13。人类缺乏 TLR11、TLR12 和 TLR13 的基因，小鼠缺乏 TLR10 的功能基因。TLR1、TLR2、TLR4、TLR5、TLR6 和 TLR10 位于细胞膜上，而 TLR3、TLR7、TLR8 和 TLR9 位于细胞囊泡中，后者属于核酸感受器。

TLR 是 I 型跨膜糖蛋白，由细胞外区域、跨膜区域和细胞内区域组成。细胞外区域包含富含亮氨酸重复序列（LRR），其负责识别特定配体并进行细胞外模式识别。细胞内区域包含与 IL-1R 相同的 Toll/IL-1R（TIR）结构域，IL-1R 在信号转导中起作用。2007 年，研究人员使用 X 射线晶体衍射来分析和确定 TLR-配体配合物的结构，这提供了对 LRR 领域的更深入理解。LRR 结构域的形状像马蹄铁，每个模块由一个保守的亮氨酸基序和一个可变区域组成。“LxxLxLxxN（L 指亮氨酸，x 指任何氨基酸，N 指天冬酰胺）”基序由 20～30 个氨基酸组成，位于马蹄形结构的凹面上。马蹄形的 N 端和 C 端包含由半胱氨酸簇形成的二硫键以保护疏水核心。在 TLR 识别并结合相应的 PAMP 和内源性配体后，TIR 结构域通过与细胞质区域中的不同受体结合蛋白结合来转导信号。TIR 结构域有 3 个保守的氨基酸序列，称为 1、2、3 盒。根据不同的连接蛋白，TLR 信号转导可分为髓系分化因子 88（MyD88）依赖性和非依赖性途径。

由于 Toll 样受体（和其他先天免疫受体）的特异性，它们在进化过程中不容易改变，这些受体识别与危险（即病原体或细胞应激）相关的分子，并且对这些威胁具有高度特异性（即不能误认在生理条件下正常表达的自我分子）。满足此要求的病原体相关分子被认为对病原体的功能至关重要，并且难以通过突变改变，因此它们在进化上是保守的。病原体中保守的特征包括细菌细胞表面 LPS、脂蛋白、脂肽和甘露聚糖，特定蛋白质如来自细菌鞭毛的鞭毛蛋白，病毒的双链 RNA 或细菌和病毒 DNA 的未甲基化 CpG 岛、在真核 DNA 的启动子中发现的 CpG 岛，以及某些其他 RNA 和 DNA 分子。对于大多数 TLR，配体识别特异性，现在已经通过基因打靶（也称为“基因敲除”）建立，这是一种可以在小鼠中选择性地删除单个基因的技术。

TLR 被认为是作为二聚体起作用的。虽然大多数 TLR 似乎作为同源二聚体起作用，但 TLR2 与 TLR1 或 TLR6 形成异源二聚体，每个二聚体具有不同的配体特异性。TLR 还可能依赖于其他共受体的全配体敏感性，如 TLR4 识别 LPS 的情况，需要 MD-2。已知 CD14 和 LPS 结合蛋白（LBP）有助于 LPS 向 MD-2 的呈递。一组包含 TLR3、TLR7、TLR8 和 TLR9 的内体 TLR 在致病事件的背景下识别来自病毒的核酸以及内源性核酸。这些受体的激活导致炎症细胞因子以及 I 型干扰素的产生，以帮助对抗病毒感染。介导 TLR 信号转导的适配器蛋白和激酶也已成为靶向目标。当 TLR 被激活时，TLR 在细胞的细胞质内招募适配器分子来传播信号。目前，已知有四个适配器分子参与信号转导。这些蛋白质分别被称为 MyD88、TIRAP（也称为 Mal）、TRIF 和 TRAM（TRIF 相关适配器分子）。

MyD88 依赖性反应发生在 TLR 的二聚化上，并且被除 TLR3 以外的每个 TLR 使用。它的主要作用是激活 NF-κB 和丝裂原活化的蛋白激酶。受体中发生的配体结合和后续产生的构象变化招募了 TIR 家族成员的接合蛋白 MyD88。然后，MyD88 招募 IRAK4、IRAK1 和 IRAK2，接着，IRAK 激酶磷酸化并激活蛋白质 TRAF6，TRAF6 泛素化修饰蛋白质 TAK1 以及自身以促进其与 IKK-β 的结合。两者结合后，TAK1 磷酸化 IKK-β，继而磷酸化 IκB 导致其降解，并允许 NF-κB 扩散到细胞核中并激活转录，随后诱导炎症细胞因子。

TLR3 和 TLR4 都使用 TRIF 依赖性途径，其分别由 dsRNA 和 LPS 触发。对于 TLR3，dsRNA 导致受体的激活，招募适配器 TRIF。TRIF 激活激酶 TBK1 和 RIPK1。TRIF/TBK1 信号转导复合物磷酸化 IRF3，允许其易位进入细胞核并产生 I 型干扰素。同时，RIPK1 的激活以与 MyD88 依赖性途径相同的方式引起 TAK1 和 NF-κB 转录的多泛素化和激活。

在临床上基于 TLR 开发出一系列的药物。咪喹莫特（主要用于皮肤病学）是一种 TLR7 激动剂，其后继者 Resigamod 是 TLR7 和 TLR8 激动剂。几种 TLR 配体正在临床开发中或作为疫苗佐剂在动物模型中进行测试，2017 年首次在人类重组带状疱疹疫苗临床中使用，该疫苗含有单磷酸脂质 A 组分。TLR4 已被证明对阿片类药物的长期副作用很重要。它的激活导致炎症调节剂的下游释放，包括 TNF-α 和 IL-1β，并且这些调节剂的持续低水平释放被认为会随着时间的推移降低阿片类药物治疗的疗效，并参与阿片类药物耐受性、痛觉脱敏和异常。吗啡诱导的TLR4活化可减轻阿片类药物对疼痛的抑制，并增强阿片类药物耐受性以及减缓成瘾、药物滥用和其他负面副作用（如呼吸抑制和痛觉过敏）的发展。阻断TNF-α或IL-1β作用的药物已被证明可以增加阿片类药物的镇痛作用，并减缓耐受性和其他副作用的发展，阻断TLR4本身的药物也证明了这一点。

（三）RLR

RIG样受体（RLR），也被称为视黄酸诱导的基因样受体，是一种细胞内模式识别受体，参与先天免疫系统识别病毒。RIG-Ⅰ（视黄酸诱导基因或DDX58）是RLR家族中特征最好的受体。这个家族还包括MDA5和LGP2两种分子。在先天性抗病毒免疫中，除了TLR7和TLR9识别病毒核酸外，大多数其他类型的细胞通过RLR识别病毒核酸以诱导抗病毒免疫反应。

RIG-Ⅰ首先在视黄酸诱导的急性早幼粒细胞白血病细胞中被发现。2004年发现RIG-Ⅰ可以诱导IFN-β启动子区报告基因的表达，证实了其抗病毒活性。RIG-Ⅰ蛋白的结构由三部分组成。中间部分是DexD/H解旋酶结构域，它是RLR家族的公共结构域，具有ATP酶和解旋酶活性。RIG-Ⅰ蛋白的N端由两个半胱天冬酶活化结构域和募集结构域串联组成，负责向下游传输信号。C端由抑制结构域（RD）和C端结构域（CTD）组成，它们可以调节自己的状态。前者可以抑制受体的激活，后者负责病毒RNA的识别。在静息状态下，CARD、CTD和解旋酶结构域被折叠，RIG-Ⅰ处于自我抑制状态。在病毒感染期间，RIG-Ⅰ的CTD识别病毒RNA并经历构象变化。RIG-Ⅰ使用ATP水解酶活性来暴露和激活CARD并多聚化，从而招募下游信号连接分子。MDA5的结构和功能与RIG-Ⅰ相似，中间是DexD/H解旋酶结构域，N端有两个CARD，C端有一个CTD。然而，MDA5缺乏RD，因此不具有自我抑制功能。与其他RLR相比，LGP2没有CARD，因此它不能招募相同结构的分子来传递信号，但它可以通过RIG-Ⅰ和MDA5调节病毒核酸的识别，从而防止RLR介导的抗性。LGP2可以负调控RIG-Ⅰ介导的病毒dsRNA识别，减少IFN和炎症因子的产生，并最终抑制抗病毒先天免疫应答。LGP2在MDA5介导的抗病毒反应中也至关重要。LGP2在MDA5特异性增强和干扰之间表现出浓度依赖性转换。最新的研究揭示了LGP2介导的MDA5抗病毒先天免疫反应调节的机制基础。LGP2促进MDA5组装并掺入其中，与MDA5形成异质低聚物。此外，LGP2可以显著诱导MDA5的CARD结构域的暴露。

RIG-Ⅰ更喜欢结合短（＜2000bp）单链或双链RNA，携带未封盖的5′三磷酸和附加基序，如富含聚尿苷的RNA基序。RIG-Ⅰ触发对来自不同家族的RNA病毒的免疫反应，包括副黏病毒（如麻疹），横纹病毒（如水疱性口炎病毒）和正黏病毒（如甲型流感病毒）。MDA5配体的表征很差，但偏爱长双链RNA（＞2000bp）。例如，在皮克纳病毒感染的细胞中，发现的短粒体病毒RNA的复制形式。LGP2与可变长度的钝端双链RNA结合，以及与RNA结合的MDA5结合以调节细丝的形成。

在激活状态下，暴露的RIG-Ⅰ的CARD结构域与位于线粒体外表面的MAVS（线粒体抗病毒信号蛋白，也称为 IPS-1 或 VISA）的 CARD 结构域相互作用。这种结合事件对信号转导至关重要，因为它导致 MAVS 形成大的功能聚集体，其中 TRAF3（TNF 受体相关因子 3）和随后的 IKKε/TBK1 复合物被招募。IKKε/TBK1 复合物导致转录因子干扰素调节因子 3（IRF3）和 IRF7 的激活，它们诱导Ⅰ型（包括 IFN-α 和 IFN-β）和Ⅲ型干扰素。Ⅰ型干扰素结合细胞表面的Ⅰ型干扰素受体，以激活 JAK-STAT 信号转导。这导致诱导了数百个干扰素刺激基因（ISG），这些基因放大了 IFN 反应。总体而言，这会导致受感染细胞的死亡，周围细胞的保护以及抗原特异性抗病毒免疫反应的激活。这种协调的抗病毒免疫反应共同控制了病毒感染。

（四）cGAS-STING

cGAS-STING 通路（图 8.4）是先天免疫系统的一个组成部分，其功能是检测细胞质 DNA 的存在，并作为响应，触发炎症基因的表达，从而导致衰老或防御机制的激活。DNA 通常存在于细胞核中，它在细胞质基质的定位通常与肿瘤发生、病毒感染和一些细胞内细菌的入侵有关。cGAS-STING 途径的作用是检测细胞质 DNA 并诱导免疫反应。

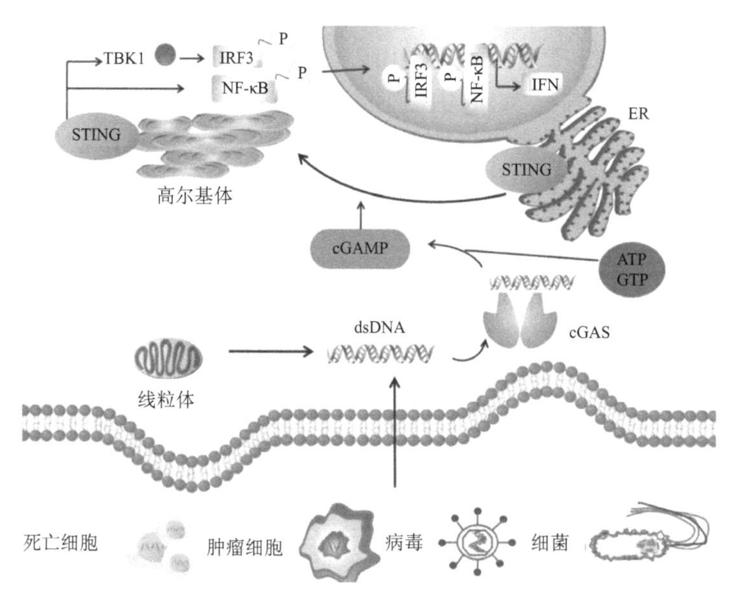

图 8.4　cGAS-STING 信号通路

以感染为例，在机体感染后，可以在涉及环状 GMP-AMP 合酶（cGAS，也称为 MB21D1）的途径中检测到细胞内 DNA 量的增加，cGAS 属于核苷酸转移酶（NTase）家族的成员，发挥干扰素基因刺激物（STING）上游的功能。cGAS 通常作为非活性蛋白存在于细胞中。在与 DNA 结合后，cGAS 经过活性状态的构象变化，并从 ATP 和 GTP 中产生第二信使环 GMP-AMP（cGAMP），随后，由环状二核苷酸传感器 STING 检测到。cGAMP 的结合激活 STING，然后 STING 易位到高尔基体并激活 TANK 结合激酶 1（TBK1）。然后 TBK1 磷酸化自身，接着，磷酸化干扰素调节因子 3（IRF3）转录因子。

IRF3 发生二聚，进入细胞核并触发Ⅰ型干扰素的产生，最后，干扰素刺激基因的表达共同协调抗病毒防御机制。

从结构的角度来分析，cGAS 是一种 520 个氨基酸蛋白，含有非结构化的、高度碱性的 160 个氨基酸末端（N 端）结构域以及球状 360 个氨基酸结构域。游离 cGAS（不与 DNA 结合）没有结构合适的活性位点，而与 DNA 结合后诱导全局构象变化，并在两个单体之间的界面中构建催化活化环，使得底物 ATP 和 GTP 以及金属离子能够以催化熟悉的方式结合。随后的研究表明，为了采用稳定的活性构象，cGAS 需要组装成二聚体，两条 DNA 链夹在两个 cGAS 单体之间。这种 cGAS 二聚体的形成是一种变构过程，与 cGAS 从催化非活性状态切换到催化活性状态耦合，并通过进一步聚集来促进。cGAS 的基础研究确定了其对 DNA 病毒感染反应的要求。微生物 DNA 仍然是 cGAS 激活的主要触发因素。然而，除了感染相关的 DNA 会从病毒或细菌来源进入细胞质基质外，现在已经发现 cGAS 与各种类型的内源性 DNA 相互作用或至少共定位。这些包括核和线粒体来源的细胞质 DNA，细胞质微核中的 DNA 和细胞核中的染色质。在结构水平上，激活 cGAS 的 DNA 范围从长 dsDNA 分子到具有局部二级结构的单链 DNA（ssDNA）和具有富含 G 的单链悬垂的短合成 DNA 以及 RNA-DNA 杂交种。

cGAS 的主要催化作用是产生用于活化 STING 的 cGAMP，激活 STING 然后激活 IRF3 和 NF-κB 以驱动抗病毒和促炎免疫反应。STING 是一种 378 个氨基酸蛋白质。它的 N 端区域（残基 1～154）包含四个跨膜结构域。其 C 端结构域包含二聚化结构域，环二核苷酸相互作用结构域，以及负责相互作用和激活 TBK1 的结构域。在结合 cGAMP 时，STING 经历显著的构象变化并包围 cGAMP。在结合 2'-3'-cGAMP 后，STING 激活诱导Ⅰ型干扰素反应。人类和小鼠的 STING 激活也会触发 NF-κB 和 MAPK 通路激活，尽管机制尚未阐明。

cGAS-STING 信号通路已成为感染、细胞应激和组织损伤情况下炎症的关键介质。cGAS-STING 途径的广泛参与背后是其感知和调节细胞对微生物及宿主衍生的 DNA 的反应能力，这些 DNA 是无处不在的危险相关分子。尽管病理过程的致病性是疾病特异的，但有证据表明，cGAS-STING 通路作为与各种病理相关的急性和慢性炎症性疾病的驱动因素的参与具有相当大的趋同性。在这里，先简单介绍一些 cGAS-STING 信号通路在疾病中的表现和靶向性。

由于Ⅰ型干扰素和自体核酸都被认为是系统性自身免疫病发病机制的标志驱动因素，cGAS-STING 途径在这些疾病中的参与非常重要。系统性红斑狼疮（SLE），是一种典型的慢性系统性自身免疫病，已经证明，在总共 41 名患者的队列中，约有 15%的患者血清中 cGAMP 水平升高，这是 cGAS 通路活性存在的有力指标。此外，从 SLE 患者收集的血清被证明可以通过 STING 扩增Ⅰ型干扰素诱导，为 cGAS-STING 信号如何放大或加速疾病症状提供了一种机制。此外，cGAS-STING 在各种不同的模型中起着致病作用，这些模型通过一系列机制可以促进狼疮样症状。凋亡细胞的细胞外清除缺陷，垂死中性粒细胞外胞外诱捕器（NET）的积累，mtDNA 复制的缺陷和内源性逆转录部分的失调被认为是易患 SLE 的基本疾病特征，这些也被认为是 SLE 中异常 cGAS 活性的合理机制。

炎症是几种神经退行性疾病的突出标志，包括阿尔茨海默病、帕金森病和肌萎缩性侧索硬化症（ALS）。最近的多项研究将 cGAS-STING 途径的激活与这些神经退行性病变的发展联系起来。例如，最近发现了一种将受损的线粒体自旋与 cGAS-STING 信号转导激活联系起来的机制，该机制可能与帕金森病的病理学有关。帕金森病是一种使人衰弱的运动障碍，由中脑黑质区产生多巴胺的神经元选择性死亡引起。Parkin 和 PINK1 中的错义突变编码蛋白质与熟悉的帕金森病形式有关。在体内线粒体应激的背景下，发现缺乏 Parkin 或 PINK1 的小鼠积累 mtDNA 并在血液中显示出升高的细胞因子水平，后者的效果通过 STING 的共同缺失而被完全消除。此外，来自 ALS 患者的运动神经元显示出炎症细胞因子的 STING 依赖性上调。在由 TDP43 过表达驱动的 ALS 临床前模型中，STING 的共同耗竭抑制了神经炎症，减轻了疾病的快速进展并防止了早期死亡。引人注目的是，在仅删除一个 STING 等位基因或应用 STING 的药理学抑制剂时，也观察到神经变性迹象的减弱。最后，在亨廷顿病的模型和疾病样本中也观察到 I 型干扰素水平升高和 STING 的贡献。

在衰老过程中，维持组织和细胞稳态的关键机制崩溃，产生过多分子的积累，这些分子可以促进包括人类在内的各种物种老年的炎症状态增强。这种“炎症”过程的关键是衰老细胞，除其他特征外，它们已经失去了增殖和显示突出分泌活性的能力，称为衰老相关分泌表型（SASP），它可以损害组织功能。一些研究组发现，cGAS-STING 的异常活性是多种类型的衰老细胞的保守模式，这对于几种 SASP 成分的分泌至关重要。在机制上，衰老细胞内富含并积累胞质染色质作为 cGAS 的真正激活剂。作为潜在来源，胞质 DNA 片段可能来自破裂的微核或染色质突出，这是核包膜完整性中断的慢性 DNA 损伤的结果，这两者都是衰老细胞的特征。

上述的介绍还不包括 STING 获得性的功能突变，这些突变以 cGAS-STING 信号活化为典型标志，在人群中也具有一定的比例。

上面讨论的关于 cGAS-STING 参与许多病理学的研究结果，迄今，尚未出现令人满意的治疗方案，预示着其作为药物靶点的高潜力。第一种选择性靶向 cGAS 或 STING 的类药物化合物的出现为开发第一批临床候选药物打开了大门。鉴于 cGAS 对晶体学的适应性，许多报告详细介绍了基于结构的 cGAS 抑制剂设计。以这种方式发现的大多数 cGAS 抑制剂与活性位点结合，因此，与 ATP 或 GTP 底物或 cGAMP 产物具有竞争力。文献中描述的另一类主要 cGAS 抑制剂，是与 DNA 竞争 cGAS 结合，从而干扰 cGAS 的初始激活步骤。

对 cGAS-STING 信号通路进一步理解集中于肿瘤免疫治疗。目前开发了多种 STING 激动剂用于癌症治疗研究，在临床前工作中取得了很好的效果。最近在 IFN 产生和 T 淋巴细胞活化中对 STING 通路的机制研究表明其在癌症免疫治疗中具有广阔的作用。STING 激动剂与其他癌症免疫疗法共同使用，包括癌症疫苗，免疫检查点抑制剂，如 PD1 和 CTLA4 抗体，以及过继 T 淋巴细胞转移疗法，将有望治疗中度和晚期癌症。从内源性机制上理解，cGAS-STING 通路的激活在肿瘤细胞和免疫细胞中起着至关重要的作用，作为先天免疫传感器，它可以调节癌症免疫循环中的多个步骤。这种胞质 DNA 传感已被很好地表征，它可以诱导 IFN 产生并引起由免疫细胞（如 T 淋巴细胞和自然杀伤细胞）

浸润介导的宿主免疫反应。肿瘤细胞中 cGAS-STING 途径的激活，可能通过上调Ⅰ型干扰素或其他炎症基因，来对早期肿瘤细胞的进展构成障碍。重要的是，cGAS-STING 通路也与癌细胞衰老的诱导密切相关，从而介导了抑制作用。cGAS-STING 信号转导促进衰老的能力取决于趋化因子、促炎细胞因子、生长因子和蛋白酶的分泌，它们是衰老相关分泌表型（SASP）的组成部分。这些免疫刺激因子，可以肿瘤细胞自主的方式促进肿瘤控制，或引起免疫细胞对肿瘤反应。

由于已知 cGAS-STING 通路的缺陷与幸存的癌细胞之间的相关性，以及 cGAS-STING 在调节癌症免疫周期中的重要性，STING 激动剂被开发来模仿这种激活以增强抗癌作用。CDN 已被证实是免疫系统中 cGAS-STING 途径的介质，并可以抑制人结肠癌细胞的肿瘤进展。在携带结肠腺癌 CT26 肿瘤的小鼠中，内源性 cGAMP 治疗显示肿瘤大小减小且存活期延长。在 B16F10 小鼠模型中，肿瘤内注射 cGAMP 也显著延缓了肿瘤生长并减少了肺转移。在小鼠黑色素瘤模型中的实验结果表明，肿瘤内注射 cGAMP 可增强抗癌 CD8 T 淋巴细胞反应，当 PD-1 和 CTLA4 同时被阻断时，这种能力可以进一步增强。除了天然衍生的 CDN 之外，还开发了具有更好性能的合成 CDN。抗肿瘤化合物双硫代 CDN（MLRR-S2 CDN，也称为 ADU-S100 或 MIW815）对 hSTING 等位基因，表现出高结合亲和力。该 CDN 类似物在各种癌症小鼠模型中，显示出显著的抗肿瘤功效。这使其成为第一个进入晚期转移性实体瘤或淋巴瘤临床试验的 STING 激动剂。

毫无疑问，在抗肿瘤免疫方面，STING 激动剂显示出令人印象深刻的潜力。然而，新出现的证据表明，从肿瘤的发生、发展到转移，cGAS-STING 通路的促肿瘤作用，使得 STING 激动剂在临床中的应用仍然面临很大挑战。当恶性肿瘤耐受长期使用 STING 激动剂，并失去下游的细胞周期调节剂时，炎症过程能够发挥其促肿瘤作用。除了恶性肿瘤中固有的 cGAS-STING 激活外，转移也可以以癌细胞非自主方式诱导。特别是 cGAMP，据报道，cGAMP 通过间隙连接从肿瘤细胞转移到星形胶质细胞，促进 NF-κB 和 IFN 信号转导并最终诱导脑转移。

对生物 STING 信号转导全面机制的理解，可能极大地有助于开发有效激活它的药物，同时，降低其免疫抑制作用。了解临床前实验和临床试验中基于 STING 的 TME 变化也至关重要，这样在癌症治疗中可能会产生更少的副作用。大多数 STING 激动剂，没有遇到促肿瘤效应，因为只需少量治疗即可导致Ⅰ型干扰素产生爆发，以激活抗肿瘤免疫系统。此外，鉴于在 STING 激活中观察到 PD-L1 上调，STING 激动剂与抗 PD-1/PD-L1 抗体的联合治疗将对抗癌治疗非常有帮助。cGAS-STING 通路操作，可能成为与癌症免疫疗法相结合的有前途的策略。

（五）NLRP3 炎症小体

正如上面所述，感染性炎症的研究目前已经取得了很大的突破，在模式识别理论的基础上，陆续发现多种模式识别受体，在结构水平和功能水平上确定了这些模式识别受体的受配体关系，并在细胞水平上确立受体激活后的信号通路反应。在感染性疾病模型中，围绕着模式识别受体开发出一系列靶向治疗方法，发现了一些很有意义的靶点。然而，对于危险信号识别领域，目前的研究还处于起步阶段。对于危险信号识别受体的发现较少，机制尚不明确，也因此缺乏针对危险信号引发疾病的靶向策略的开发。以目前较受关注的 NLRP3 炎症小体为例，介绍其在模式识别以及疾病发展中作用，并探讨针对 NLRP3 炎症信号活化通路中靶向药物开发的一些发展。

NLRP3（NOD，LRR 和 pyrin 结构域的蛋白质 3）是一种细胞内传感器，可检测各种微生物基序、内源性危险信号和环境刺激物，导致 NLRP3 炎性小体的形成和激活。NLRP3 炎症小体的组装导致半胱天冬酶 1 依赖性释放促炎细胞因子 IL-1β 和 IL-18，以及 Gasdermin D 介导的细胞死亡。

NLRP3 炎症小体由传感器（NLRP3），适配器（ASC，也称为 PYCARD）和效应器（半胱天冬酶 1）组成。NLRP3 是一种三结构域蛋白，含有氨基末端 pyrin 结构域（PYD），中心 NACHT 结构域（存在于 NAIP，CIITA，HET-E 和 TP1 中的结构域）和富含羧基末端亮氨酸的重复结构域（LRR 结构域）。NACHT 结构域具有 ATP 酶活性，对 NLRP3 的自结合和功能至关重要。而 LRR 结构域被认为通过折叠回 NACHT 结构域来诱导自抑制。ASC 具有两个蛋白质相互作用结构域，一个氨基末端 PYD 和一个羧基末端半胱天冬酶募集结构域（CARD）。全长半胱天冬酶 1 具有氨基末端 CARD，中心大催化结构域（p20）和羧基末端小催化亚基结构域（p10）。在刺激时，NLRP3 通过 NACHT 结构域之间的同型相互作用寡聚，寡聚的 NLRP3 通过同型 PYD-PYD 相互作用招募 ASC 并行成核螺旋 ASC 细丝，这也可通过 PYD-PYD 相互作用发生。多根 ASC 细丝聚集成单个大分子焦点，称为 ASC 斑点。组装的 ASC 通过 CARD-CARD 相互作用招募半胱天冬酶 1，并实现接近诱导的半胱天冬酶 1 自裂解和激活。在 ASC 上聚集的半胱天冬酶 1 在 p20 和 p10 之间的连接处自裂，产生 p33（包括 CARD 和 p20）和 p10 的复合物，其仍然与 ASC 结合并且具有蛋白水解活性。在 CARD 和 p20 之间进行进一步处理，从 ASC 释放 p20-p10。释放的 p20-p10 杂四聚体在细胞中不稳定，因此终止其蛋白酶活性。

因为炎症小体活化是一个炎症过程，所以必须严格调节。除了少数例外外，炎症小体的激活被认为是一个两步过程，至少启动两个功能，第一个步骤是上调炎症小体组分 NLRP3，半胱天冬酶 1 和 pro-IL-1β 的表达。这种转录上调可以通过识别各种 PAMP，或 DAMP 来诱导，这些分子模式参与 PRR。例如，TLR 或核苷酸结合寡聚结构域蛋白质 2（NOD2），或通过细胞因子（如肿瘤坏死因子和 IL-1β）导致核因子 NF-κB 激活和基因转录。启动的第二个功能是诱导 NLRP3 的翻译后修饰（PTM），它将 NLRP3 稳定在自动抑制的非活性但信号胜任的状态。已经为 NLRP3 描述了多种 PTM，包括泛素化，磷酸化和苏木酰化。NLRP3 的 PTM 可以发生在未刺激、启动、激活和消退阶段。第二步发生在识别 NLRP3 激活剂并诱导完全激活和炎症小体形成之后。尽管大多数 PRR 对一种或几种相关的 PAMP 或 DAMP 具有有限的特异性，但 NLRP3 的独特之处在于它能被各种不相关的刺激激活。NLRP3 可以在细菌、病毒和真菌感染以及由内源性 DAMP 介导的无菌炎症活暴露于环境刺激物时被激活。这些激活剂的统一因素是它们都诱导细胞应激，然后由 NLRP3 感测细胞应激。NLRP3 激活被认为包括多个上游信号，其中大多数不是相互排斥的，包括钾离子（K^+）外流，溶酶体破坏，线粒体功能障碍，代谢变化和反式高尔基体分解等。

在前面的叙述中，了解到了炎症与多种疾病之间的联系。在很多条件下，炎症小体参与炎症发展的过程。在这里，不再赘述炎症小体与炎症性疾病的相关性。未来研究的一个重点，是利用对 NLRP3 炎症小体活化的分子机制的理解，来鉴定有效的 NLRP3 抑制剂或抑制途径并评估其治疗潜力。令人兴奋的是，迄今已经报道了许多 NLRP3 抑制剂，包括那些直接抑制 NLRP3 或间接抑制炎症小体成分或相关信号转导事件的抑制剂。使用这些抑制剂的一个主要警告，是抑制机制或精确靶标尚未完全阐明，因此，这些抑制剂由于脱靶效应而存在潜在风险。

IL-1 信号转导阻滞是基础免疫学研究成功临床转化的一个例子，目前正用于治疗 NLRP3 驱动的免疫病理学。目前美国 FDA 批准了 3 种生物制剂用于多种炎症性疾病：①canakinumab，一种 IL-1β 中和抗体；②阿那白滞素，一种重组 IL-1 受体拮抗剂；③利洛奈普，一种结合 IL-1β 和 IL-1α 的诱饵受体。两种类似的药物，包括 IL-18 封闭抗体 GSK1070806 和 IL-1α 中和抗体 MABp1，正在早期开发中。鉴于这些批准的生物制剂在中枢相关腹痛综合征（centrally mediated abdominal pain syndrome，CAPS）患者中的显著治疗益处，IL-1 阻断的临床适应证正在不断扩大。然而，重要的是要注意 IL-1β 阻断或 IL-1 受体 1 型（IL-1R1）缺乏症，未能挽救 CAPS 小鼠模型中的致死性。这表明，在 NLRP3 激活期间释放的其他炎症介质，可能对疾病发展也很重要。

与细胞因子阻断相比，小分子直接靶向 NLRP3 具有特异性，经济高效且侵入性更小。迄今已经发现了几种这样的抑制剂。

（1）二芳基磺酰脲化合物 MCC950（最初报道为 CRID3/CP-456773）是最有效和特异性的 NLRP3 抑制剂。MCC950 在体外特异性抑制小鼠和人巨噬细胞中的经典和非经典炎症小体激活，而不会损害 NLRP1、NLRC4 和 AIM2 炎症小体或 TLR 介导的启动信号。值得注意的是，MCC950 不能抑制 IL-1α 的释放并防止细胞死亡。MCC950 已经被证明对各种临床前免疫病理学模型的治疗效果，包括 CAPS、实验性自身免疫性脑脊髓炎、阿尔茨海默病、创伤性脑损伤、动脉粥样硬化、心律失常、心肌梗死、糖尿病、脂肪性肝炎和结肠炎等。虽然这些研究为靶向 NLRP3 提供了令人信服的理由，但由于肝毒性，MCC950 治疗类风湿关节炎的Ⅱ期临床试验被暂停。

（2）C172 是一种囊性纤维化跨膜电导调节通道（CFTR）抑制剂，其类似物 CY-09 最近在生物活性化合物筛选库中被公认为 NLRP3 抑制剂。由于 CY-09 不具有 CFTR 抑制活性，降低了脱靶效应的风险，因此可以继续进行临床前试验。CY-09 特异性抑制 NLRP3 炎症小体，但不能抑制 NLRC4 和 AIM2 炎症小体，也不能抑制 TLR 介导的启动信号。在机制上，CY-09 与 NLRP3 的 ATP 结合基序结合并抑制其 ATP 酶活性和寡聚化。目前针对 NLRP3 通路抑制的小分子药物还在不断开发中。

NLRP3 炎性小体活化的研究是免疫学的一个丰富领域，对其作用和调节机制的见解迅速涌现。NEK7-NLRP3 相互作用的发现，GSDMD 作为焦亡执行者，线粒体功能障碍，代谢改变和高尔基体分解在 NLRP3 激活中的作用代表了该领域的重大进展。

虽然目前对 NLRP3 激活的理解尚未完善，但 NLRP3 作为多种疾病治疗方法的靶向方法正在迅速发展。对 NLRP3 病理学的治疗重点，是抑制炎症小体来源的细胞因子

IL-1β。虽然这是非常有效的，但并非没有问题。炎症小体活化对于许多病原体的免疫控制至关重要，因此，IL-1β 的损失会对免疫防御产生不利影响。许多进入临床试验的新疗法，都是针对 NLRP3 激活的，并且不会影响其他炎症小体传感器的功能。随着西方生活方式和人口老龄化，受炎症性疾病影响的个体数量增加，对 NLRP3 特异性治疗的需求可能也会增加。关于结构和相分离的生化研究，将解开炎症小体组装背后的分子原理。直接和特异性 NLRP3 抑制剂的持续分析、改进和再利用将促进未来的临床转化，集中体现精准医学在炎症小体相关疾病中的使用。

主要参考文献

杨文胜, 高明远, 白玉白, 等, 2005. 纳米材料与生物技术[M]. 北京: 化学工业出版社.

Donath M Y, Shoelson S E, 2011. Type 2 diabetes as an inflammatory disease[J]. Nature Reviews Immunology, 11(2): 98-107.

Fernando K K M, Wijayasinghe Y S, 2021. Sirtuins as potential therapeutic targets for mitigating neuroinflammation associated with Alzheimer's disease[J]. Frontiers in Cellular Neuroscience, 15: 746631.

Fu B Q, Xu X L, Wei H M, 2020. Why tocilizumab could be an effective treatment for severe COVID-19?[J]. Journal of Translational Medicine, 18(1): 1-5.

Jiang M L, Chen P X, Wang L, et al., 2020. cGAS-STING, an important pathway in cancer immunotherapy[J]. Journal of Hematology & Oncology, 13(1): 1-11.

Takeuchi O, Akira S, 2010. Pattern recognition receptors and inflammation[J]. Cell, 140(6): 805-820.

第九讲 抗体技术

金腾川 教授，免疫学专家，国家级人才项目特聘教授。

人体具有三道防御系统，第一道防线是皮肤和黏膜及其分泌物的保护作用；第二道防线是体液中的杀菌物质和吞噬细胞的“消毒”作用；第三道防线是主要由免疫器官和免疫细胞，并借助血液循环和淋巴循环而组成的免疫应答反应。它们时时刻刻在保护着我们的机体。其中，免疫反应是后天形成的，涉及抗原和抗体两个方面。今天，我们谈谈与抗体有关的生物技术发展现状。

一、抗体概论

（一）简介

抗体（antibody）是指机体因抗原刺激而产生的保护性蛋白。它是一种由浆细胞（效应B淋巴细胞）分泌的大型Y形蛋白，被免疫系统用于识别和中和外来物质，如细菌和病毒。它只存在于脊椎动物的血液和其他体液以及B淋巴细胞的细胞膜表面。抗体具有识别特定异物的独特特征，该异物称为抗原。

抗体是一种能特异性结合抗原的免疫球蛋白。根据其反应形式，抗体可分为凝集素、沉淀素、抗毒素、调理素、中和抗体、补体结合抗体等。根据抗体产生的来源，可分为正常抗体（天然抗体），如ABO血型中的抗A和抗B抗体，以及抗微生物抗体等免疫抗体。根据反应性抗原的来源，可分为异种抗体、异嗜性抗体、同种抗体和自身抗体。抗体在疾病预防、诊断和治疗方面具有一定的作用。例如，在临床上，丙种球蛋白用于预防病毒性肝炎、麻疹、风疹等，抗Rh免疫球蛋白在国际上用于预防Rh血型不合引起的溶血；在诊断中，类风湿因子用于类风湿关节炎，抗核抗体（ANA）、抗DNA抗体用于系统性红斑狼疮，抗精子抗体用于原发性不孕症等多种疾病的诊断；在治疗中，应用抗毒素治疗毒素中毒和治疗免疫缺陷疾病。

（二）抗体的发现

最早发现抗体并将其用作基本研究试剂的道路始于18世纪早期的一次天花接种研究。通过将人类天花患者疮口的物质转移到健康人皮肤上的划痕中，证明可以预防未来的天花感染。

1890年德国学者贝林（Behring）和日本学者北里柴三郎（Kitasato）发现从免疫了白喉的动物身上提取血清，注入正在感染白喉的动物体内，可以治愈受感染的动物。白喉杆菌外毒素可以诱发机体产生白喉抗毒素（diphtheria antitoxin），这是在血清中发现的第一种抗体。

1937 年，蒂塞利乌斯（Tiselius，1902～1971 年）和卡巴特（Kabat）用电泳方法将血清蛋白分为白蛋白、α1 球蛋白、β2 球蛋白、β球蛋白及γ球蛋白等组分，并发现抗体主要存在于γ区，因此抗体又被称为γ球蛋白。随后，经 1968 年和 1972 年的世界卫生组织和国际免疫学联合会讨论决定，将具有抗体活性或化学结构与抗体相似的球蛋白统一命名为免疫球蛋白（immunoglobulin，Ig）。

（三）抗体形成理论

（1）侧链学说：保罗 • 埃尔利希（Paul Ehrlich，1854～1915 年）提出，细胞表面存在许多不同侧链，其可分别与进入体内的抗原特异性结合，刺激细胞产生更多的侧链；侧链可由细胞表面脱落至体液中，即生成抗体。

（2）模板学说：包括直接模板学说和间接模板学说。①直接模板学说：1930 年由布雷因（Breinl）和霍罗威茨（Haurowitz）首先提出，抗体按抗原分子结构作为模板合成。②间接模板学说：1949 年由布雷因和芬纳（Fenner）提出，认为抗原决定簇首先影响基因，再影响蛋白质分子结构，从而产抗体。

（3）自然选择学说：由杰恩（Jerne）于 1955 年提出，机体存在多种“自然抗体”，外来抗原和相应“自然抗体”特异性结合，被吞噬细胞摄取，抗原与抗体解离后被酶分解，剩下的抗体诱导吞噬细胞增殖并合成相同结构的抗体。

（4）克隆选择学说：由麦克法兰 • 班奈特（MacFarlane Burnet）于 1957 年提出，动物体内存在着许多免疫细胞克隆，不同克隆具有不同表面受体，能与相应抗原决定簇结合。某抗原与相应克隆的受体发生结合会选择性激活该克隆，使其扩增并产生大量抗体，抗体分子的特异性与被选择细胞的表面受体相同。目前，免疫学界比较认同克隆选择学说。

（四）抗体的结构

经生化组成分析发现，以 IgG 型抗体为代表的 Ig 由四条多肽链组成，各肽链之间由数量不等的链间二硫键连接。Ig 可形成“Y”字形结构，称为 Ig 单体，是构成抗体的基本单位（图 9.1）。

1. 重链和轻链

天然 Ig 分子含有四条异源性多肽链，其中分子量较大的两条链称为重链（heavy chain，H），而分子量较小的两条链称为轻链（light chain，L）。同一 Ig 分子中的两条 H 链和两条 L 链的氨基酸组成完全相同。

人类抗体的重链分子量为 50 000～75 000Da，由 450～550 个氨基酸残基组成。重链恒定区的氨基酸组成和排列顺序不同，其抗原性也不同。据此，可将人类的抗体分为 5 个类型，即 IgM、IgD、IgG、IgA 和 IgE，其相应的重链分别为 μ 链、δ 链、γ 链、α 链和 ε 链。

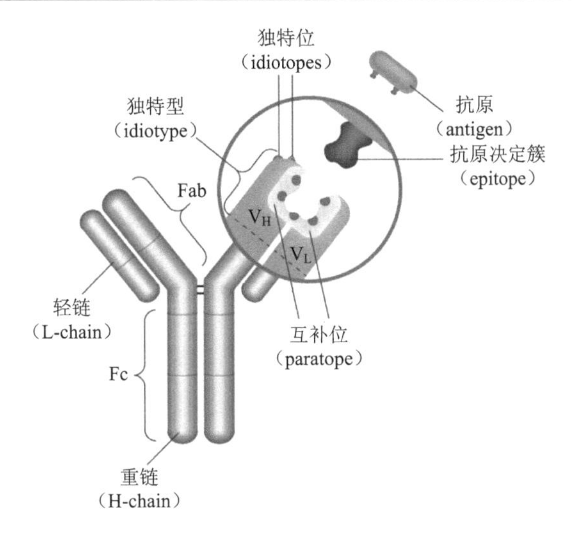

图 9.1 抗体的结构

人类抗体的轻链分子量约为 25 000Da，由 214 个氨基酸残基构成。轻链分为两种，分别为 kappa（κ）链和 lambda（λ）链。一个 Ig 分子上两条轻链的型别总是相同的。不同类 Ig 既存在 κ 型，也存在 λ 型。同一个体内可同时存在 κ 型和 λ 型的 Ig 分子，不同种属生物体内两型轻链的比例不同。正常人血清 Ig 的 κ∶λ 约为 2∶1，而在小鼠则为 20∶1。Ig 的 κ 与 λ 的比例异常可以反映免疫系统的异常。

2. 可变区和恒定区

通过分析不同 Ig 重链和轻链的氨基酸序列发现，重链和轻链靠近 N 端的约 110 个氨基酸序列变化很大，其他部分氨基酸序列相对恒定。因此，将 Ig 轻链和重链中靠近 N 端氨基酸序列变化较大的区域称为可变区（variable region，V），分别占重链和轻链的 1/4 和 1/2；将靠近 C 端的氨基酸序列相对稳定的区域，称为恒定区（constant region，C），分别占重链和轻链的 3/4 和 1/2。

（1）可变区。重链和轻链的 V 区分别称为 V_H 和 V_L。V_H 和 V_L 中各含有 3 个氨基酸组成和排列顺序高度可变的区域，称为高变区（hypervariable region，HVR）或互补决定区（complementarity determining region，CDR），包括 HVRl（CDRl）、HVR2（CDR2）和 HVR3（CDR3），其中，HVR3（CDR3）变化程度更高。V_H 的 3 个高变区分别位于 29～31、49～58 和 95～102 位氨基酸，而 V_L 的 3 个高变区分别位于 28～35、49～56 和 91～98 位氨基酸。V_H 和 V_L 的 3 个 CDR 共同组成 Ig 的抗原结合部位，决定抗体的特异性，是抗体识别及结合抗原的部位。在 V 区中，CDR 之外区域的氨基酸组成和排列顺序相对保守，称为骨架区（framework region，FR）。V_H 或 V_L 各有 4 个骨架区，分别用 FR1、FR2、FR3 和 FR4 表示。

（2）恒定区。重链和轻链的 C 区分别称为 C_H 和 C_L。不同型（κ 或 λ）Ig 的 C_L 长度基本一致，但是不同类 Ig 的 C_H 长度不同，例如，IgG、IgA 和 IgD 包括 C_{H1}、C_{H2} 和 C_{H3}，而 IgM 和 IgE 则包括 C_{H1}、C_{H2}、C_{H3} 和 C_{H4}。

3. 铰链区

铰链区位于 C_{H1} 与 C_{H2} 之间，富含脯氨酸，易伸展弯曲，从而改变抗原结合部位之间的距离，有利于抗体结合位于不同位置的抗原表位。铰链区易被木瓜蛋白酶、胃蛋白酶等水解，产生不同的水解片段。不同类 Ig 的铰链区不尽相同，如人 IgG1、IgG2、IgG4 和 IgA 的铰链区较短，IgG3 和 IgD 的铰链区较长，而 IgM 和 IgE 无铰链区。

（五）抗体的功能

抗体的功能与其结构密切相关。同一抗体的 V 区和 C 区的氨基酸组成和顺序的不同，决定了其功能上的差异。不同抗体的 V 区和 C 区在结构变化上具有一定的规律，又使得其在功能上存在共性。V 区和 C 区的组成和结构，决定了抗体的生物学功能。

1. 中和毒素和阻止病原体入侵

识别并特异性结合抗原是抗体的主要功能，执行该功能的结构是抗体的 V 区，其中 CDR 部位在识别和结合特异性抗原中起决定性作用。抗体有单体、二聚体和五聚体，因此结合抗原表位的数目也不相同。抗体结合抗原表位的个数称为抗原结合价。Ig 单体可结合 2 个抗原表位，为双价。SIgA 是二聚体，可结合 4 个抗原表位，为 4 价。IgM 是五聚体，理论上可以结合 10 个抗原，应该是 10 价，但由于立体构象的空间位阻，IgM 一般只能结合 5 个抗原表位，故为 5 价。

抗体的 V 区与抗原结合后，借助于 C 区的作用，在体外可发生各种抗原抗体结合反应，有利于抗原或抗体的检测和功能的判断；在体内可中和毒素、阻断病原体入侵、清除病原微生物。B 淋巴细胞膜表面的 IgM 和 IgD 构成 B 淋巴细胞的抗原识别受体，能辅助 B 淋巴细胞特异性识别抗原分子。

2. 激活补体

人 IgG1～3 和 IgM 与相应抗原结合后，可因构象改变而使其 CH2 和 CH3 结构域内的补体结合点暴露，从而通过经典途径激活补体系统，产生多种效应功能，其中 IgM、IgG1 和 IgG3 激活补体系统的能力较强，IgG2 较弱。IgA、IgE 和 IgG4 本身难以激活补体，但在形成聚合物后可通过旁路途径激活补体系统。通常情况下，IgD 不能激活补体。

3. 穿过胎盘

IgG 是人类唯一能够通过胎盘的抗体。胎盘母体一侧的滋养层细胞可表达一种特异性的 IgG 输送蛋白，称为 FcRn。IgG 可选择性地与 FcRn 结合，从而转移到滋养层细胞内，并主动进入胎儿的血液循环中。IgG 穿过胎盘的作用在于这是一种重要的自然被动免疫机制，对于新生儿抗感染具有重要意义。另外，SIgA 和部分 IgG 可以被分泌到母乳中，为新生儿消化道提供抗感染免疫屏障。

4. 调理吞噬和 ADCC 作用

IgG 可通过其 Fc 片段与表面具有相应受体的细胞结合，产生不同的生物学作用。调理作用指 IgG 抗体（特别是 IgG1 和 IgG3）的 Fc 片段与中性粒细胞、巨噬细胞表面相应的 Fc 受体结合，从而增强吞噬细胞的吞噬作用。例如，细菌特异性的 IgG 抗体可通过其 Fab 片段与相应的细菌抗原结合后，以其 Fc 片段与巨噬细胞或中性粒细胞表面相应的 Fc 受体结合，通过 IgG 的 Fab 片段和 Fc 片段的“桥联”作用，促进吞噬细胞对细菌的吞噬。

抗体依赖的细胞介导的细胞毒作用（antibody-dependent cell-mediated cytotoxicity，ADCC）指具有杀伤活性的细胞（如 NK 细胞）通过其表面的 Fc 受体识别包被于靶细胞表面抗原（如病毒感染细胞或肿瘤细胞）上的抗体的 Fc 片段，直接杀伤靶细胞。NK 细胞是介导 ADCC 的主要细胞。抗体与靶细胞上的抗原结合是特异性的，而表达 Fc 受体细胞的杀伤作用是非特异性的。

5. 介导 I 型超敏反应

IgE 为亲细胞抗体，可通过其 Fc 片段与肥大细胞和嗜碱性粒细胞表面的 IgE 高亲和力 Fc 受体结合，使其致敏。当相同的变应原再次进入机体时，可以直接与致敏靶细胞表面的特异性 IgE 结合，促使这些细胞合成和释放生物活性物质，引起 I 型超敏反应。

（六）抗体的类型

抗体重链类型直接决定了抗体的种类，哺乳动物抗体重链可分为五类，分别以希腊字母 γ、α、μ、δ 和 ε 表示，据此将抗体相应地分为 IgG、IgA、IgM、IgD 和 IgE（图 9.2）。不同类的 Ig 具有不同的特征，如链内和链间二硫键的数量和位置、结构域的数量及铰链区的长度等均不完全相同。即使是同一类的 Ig，其铰链区氨基酸组成和重链二硫键的数量、位置也不同，据此又可将同类 Ig 分为不同的亚型。例如，人 IgG 可分为 4 个亚型，包括 IgG1、IgG2、IgG3 和 IgG4；人 IgA 可分为 IgA1 和 IgA2 两个亚型。

哺乳动物抗体轻链决定了抗体的型，共有两型：κ、λ，同一个天然 Ig 分子上轻链的类型总是相同。根据 λ 链恒定区个别氨基酸的差异，又可将 λ 链分为 λ1、λ2、λ3 和 λ4 4 个亚型。

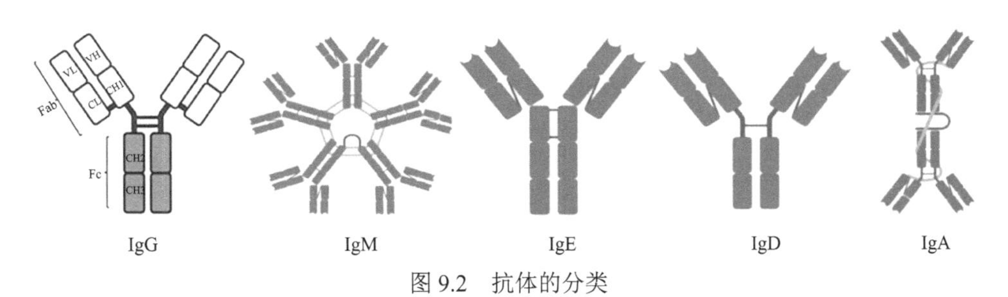

图 9.2 抗体的分类

1. IgG

IgG 是血清中一种主要的 Ig，含量占总 Ig 的 75%～80%。人 IgG 有 4 个亚型，根据其在血清中浓度的高低排序，分别为 IgG1、IgG2、IgG3、IgG4。

IgG 于出生后 3 个月开始合成，3～5 岁时接近成人水平。IgG 是血清和体液中含量最高的抗体。IgG 的半衰期为 20～23 天，是再次免疫应答产生的主要抗体，其亲和力高，在体内分布广泛，具有重要的免疫效应，是机体抗感染的“主力军”。IgG1、IgG2 和 IgG3 可以穿过胎盘屏障，在新生儿抗感染免疫中起重要作用。IgG1、IgG2 和 IgG3 能通过经典途径活化补体，并可与巨噬细胞、NK 细胞表面 Fc 受体结合，发挥调理作用、ADCC 作用等；人 IgG1、IgG2 和 IgG4 可通过其 Fc 片段与葡萄球菌蛋白 A（SPA）结合，借此可纯化抗体，并用于免疫诊断。某些自身抗体如抗甲状腺球蛋白抗体、抗核抗体，以及引起Ⅱ、Ⅲ型超敏反应的抗体也属于 IgG。

2. IgM

IgM 占血清 Ig 总量的 5%～10%，血清浓度约为 1mg/mL。单体 IgM 以膜结合型（mIgM）表达于 B 淋巴细胞表面，构成 B 淋巴细胞抗原受体，只表达 mIgM 是未成熟 B 淋巴细胞的标志。分泌型 IgM 为五聚体，是分子量最大的 Ig，沉降系数为 19S，称为巨球蛋白（macroglobulin），一般不能通过血管壁，主要存在于血液中。五聚体 IgM 含有 10 个 Fab 片段，具有很强的抗原结合能力；含有 5 个 Fc 片段，比 IgG 更易激活补体。天然血型抗体为 IgM，血型不匹配的输血，可导致严重的溶血反应。IgM 是个体发育过程中最早合成和分泌的抗体，胚胎发育晚期的胎儿即能产生 IgM，故脐带血 IgM 升高提示胎儿有宫内感染（如风疹病毒或巨细胞病毒等感染）。IgM 也是初次体液免疫应答中最早出现的抗体，是机体抗感染免疫的“先头部队”；血清中 IgM 升高，提示新近发生感染，可用于感染的早期诊断。

3. IgA

IgA 分为两型：①血清型，为单体，主要存在于血清中，仅占血清 Ig 总量的 10%～15%；②分泌型 IgA（secretory IgA，SIgA），主要为二聚体，少量为五聚体，多聚体由 J 链连接，含内皮细胞合成的分泌片，经分泌性上皮细胞分泌至外分泌液中。SIgA 合成和分泌的部位在肠道、呼吸道、乳腺、唾液腺和泪腺，因此主要存在于胃肠道和支气管分泌液、初乳、唾液和泪液中。SIgA 是外分泌液中主要的抗体类别，参与黏膜局部免疫，通过与相应病原微生物结合，阻止病原体黏附到细胞表面，在局部抗感染中发挥重要作用。SIgA 在黏膜表面也有中和毒素的作用。新生儿易患呼吸道、胃肠道感染，可能与 IgA 合成不足有关。婴儿可从母亲初乳中获得 SIgA，这是一种重要的自然被动免疫过程。

4. IgD

正常人血清 IgD 浓度很低，仅占血清 Ig 总量的 0.2%。IgD 可在个体发育的任何时间产生。5 类 Ig 中，IgD 的铰链区最长，易被蛋白酶水解，故其半衰期很短（仅 3 天）。

IgD 分为两型：①血清型 IgD 的生物学功能尚不清楚；②膜结合型 IgD（mIgD）构成 B 淋巴细胞受体（BCR），是 B 淋巴细胞分化发育成熟的标志，未成熟 B 淋巴细胞仅表达 mIgM，成熟 B 淋巴细胞可同时表达 mIgM 和 mIgD，称为初始 B 淋巴细胞（naive B lymphocyte）。活化的 B 淋巴细胞或记忆性 B 淋巴细胞表面的 mIgD 会逐渐消失。

5. IgE

IgE 是正常人血清中含量最少的 Ig，血清浓度极低，非特应性个体体内，IgE 抗体水平仅占总 Ig 的 0.05%。IgE 主要由黏膜下淋巴组织中的浆细胞分泌。其重要特征为糖含量较高。IgE 为亲细胞抗体，其 CH2 和 CH3 结构域可与肥大细胞和嗜碱性粒细胞上的 IgE 高亲和力 Fc 受体结合，引起 I 型超敏反应。此外，IgE 与机体的抗寄生虫免疫相关。

二、抗体的制备

（一）多克隆抗体的制备

天然抗原分子中常含有多种不同的抗原表位，以该抗原刺激机体的免疫系统可同时激活多种 B 淋巴细胞克隆，产生的抗体中会含有多种针对不同抗原表位的抗体，因此称之为多克隆抗体。多克隆抗体主要从动物免疫血清、恢复期患者血清或免疫接种人群的血清中获得。多克隆抗体的优势是作用全面，具有中和抗原、免疫调理、补体依赖的细胞毒作用（CDC）、ADCC 等重要作用，而且来源广泛、制备简单。其缺点是：特异性不高、易发生交叉反应，不易大量制备，因而限制了其应用的范围。

1. 抗原

抗原（antigen，Ag）是一类能刺激机体免疫系统发生免疫应答，并能与免疫应答产物在体内外发生特异性结合的物质。抗原性是指能与相应的免疫应答产物抗体或致敏淋巴细胞发生特异性结合的特性。免疫原性是指与 T 淋巴细胞或 B 淋巴细胞抗原受体结合，诱导免疫应答的特性。

抗原是多种多样的，而且千差万别。就其化学成分而言，有蛋白质抗原、类脂抗原、多糖类抗原和核酸抗原等。就抗原性而言，有完全抗原和不完全抗原。一般的科研实验中，经常使用的抗原有偶联多肽、偶联的小分子或化合物、天然或重组蛋白等。

对可溶性抗原而言，为了增强其免疫原性或改变免疫反应的类型、节约抗原等目的，常采用加佐剂的方法以刺激机体产生较强的免疫应答。

2. 佐剂应用

佐剂即能非特异地通过物理或化学方法与抗原结合从而增强其特异性免疫原性的物质。实践中常应用的佐剂有氢氧化铝胶、明矾、弗氏佐剂、脂质体和液状石蜡等。也有的采用微生物成分，如分枝杆菌、白喉杆菌以及细小棒状杆菌等。

（1）弗氏不完全佐剂（incomplete Freund's adjuvant，IFA）：羊毛脂 1 份，液状石蜡

5 份，混合，高压灭菌后保存。用时加热融化，冷却至 50℃左右，加抗原进行乳化处理。

（2）弗氏完全佐剂（complete Freund’s adjuvant，CFA）：弗氏不完全佐剂 10mL，加卡介苗 10～200mg，卡介苗可以 100℃ 10min 灭活处理。初次免疫时，最好用弗氏完全佐剂，以刺激机体产生较强的免疫反应。再次免疫时，一般不用弗氏完全佐剂，而采用弗氏不完全佐剂。但在研究分枝杆菌及相关抗原时，注意不要使用弗氏完全佐剂，以免卡介苗的干扰。

（3）脂质体：是人工制备的类脂质的小球体，由一个或多个酷似细胞膜的类脂双分子层组成，这种结构使其能够携带各种亲水、疏水和两性物质，它们被包裹在脂质体内部的水相中，或插入类脂双分子层，或吸附、连接在脂质体的表面，起到明显的免疫增强作用。

（4）油佐剂：采用植物油和矿物油均可，包括豆油、花生油、油菜油等。应用最广的是矿物油。10 号白油（液状石蜡）100mL，硬脂酸铝 2g，司本 806mL，混合加热融化，分装。用时按下列配方进行乳化：油相 3 份，水相（加 4%吐温-80）1 份，先把油相搅拌起来，然后缓慢加入水相乳化。司本是油分散剂，吐温是水分散剂，均有利于乳化。

3. 乳化作用

将抗原与佐剂混合的过程称为乳化。乳化的方法很多，如采用研钵乳化、直接在旋涡振荡器上乳化、用组织捣碎器乳化等。当少量时，特别是弗氏佐剂与抗原乳化时，常采用注射器乳化，用两个注射器，一个吸入抗原液，一个吸入弗氏佐剂，两注射器头以胶管连接（注意：一定要扎紧），然后来回抽吸。当大量乳化时，可采用胶体磨进行。

乳化好的标志是取一滴乳化剂滴入水中呈现球形而不分散。如出现平展扩散即为未乳化好。乳化过的物质放置一段时间（在保存期内）出现油水分层也是未乳化好的表现。根据抗原的性质、免疫原性和动物的免疫反应性来决定免疫途径、免疫次数和间隔时间等。免疫途径包括皮下注射、皮内注射、肌内注射、静脉注射、腹腔注射以及淋巴结内注射等。抗原量少，则一般多采用加佐剂，淋巴结内或淋巴结周围、足掌、皮内、皮下多点注射；抗原量多，则可采用皮下、肌内以及静脉注射。注射间隔时间：带佐剂的皮内、皮下注射，一般为间隔 2～4 周免疫一次。不带佐剂的皮下或肌内注射，一般为 1～2 周间隔时间；肌内或静脉免疫的，可 5 天左右的间隔时间。各种注射途径可联合起来应用，最终以达到效价要求为目的。

4. 免疫动物

供免疫用的动物主要是哺乳动物和禽类，常选择家兔、绵羊、山羊、马、骡、豚鼠及小鼠等。动物的选择常根据抗体的用途和量来决定，也与抗原的性质有关。如要获得大量的抗体，多采用大动物；如要获得直接标记诊断的抗体，则直接采用同种动物；如要获得间接的标记诊断用抗体，则必须用异种动物制备抗体；如果是难以获得的抗原，且抗体的需要量少，则可以采用纯系小鼠制备；一般实验室采用的抗体，多用兔和羊制备。

免疫用的动物最好选择适龄的健康雄性动物，雌性动物特别是妊娠动物用于制备免疫抗体则非常不合适，有时甚至不产生抗体。由于存在对免疫应答的个体差异，免疫时应同时选用数只动物进行免疫。为了获得较好的抗血清，最好是选用蛋白质抗原，如要制备用于筛选细菌表达的cDNA文库或免疫印迹的抗血清，最好选用可降解的蛋白质抗原。不同的抗原，其免疫原性的强弱均不相同，这种免疫原性的强弱取决于抗原的分子量、化学活性基团、立体结构、物理形状和弥散速度等。

抗原的免疫剂量依照给予动物的种类、免疫周期以及所要求的抗体特性等不同而不同。免疫剂量过低，不能引起足够强的免疫刺激；免疫剂量过多，有可能引起免疫耐受。在一定的范围内，抗体的效价是随注射剂量的增加而增高的。蛋白质抗原的免疫剂量比多糖类抗原范围宽。

免疫剂量与注射途径有关，一般而言，静脉注射剂量大于皮下注射，而皮下注射又比掌内和跖内皮下注射剂量大，也可采用淋巴结内注射法。加佐剂比不加佐剂的注射剂量要小，对家兔而言，采用弗氏完全佐剂，则需每次注射0.5～1mg/kg，如采用弗氏不完全佐剂则注射剂量应达10倍以上。如要制备高度特异性的抗血清，可选用低剂量抗原短程免疫法。如需要获得高效价的抗血清，宜采用大剂量长程免疫法。免疫周期长者，可少量多次。免疫周期短者，应大量少次。两次注射的间隔时间应长短适宜，太短起不到再次反应的效果，太长则失去了前一次激发的敏感作用。一般间隔时间应为5～7天，加佐剂者应为2周左右。注射的Ig纯度高，则一般不易引起过敏反应；如注射血清，即使是少量，在再次免疫时，也极易引起过敏反应，所以一定要采取措施。

5. 免疫策略

（1）抗原剂量：应根据抗原的免疫原性强弱、抗原来源难易、动物的种类、免疫周期等来选择抗原剂量。一般情况下，小鼠的首次免疫剂量为50～400μg/次；大鼠为100～1000μg/次；家兔为500～1000μg/次；加强剂量为首次剂量的1/3～1/2。

（2）注射途径：抗原的进入途径决定了抗原吸收、分布和代谢的速度。常用的途径有：静脉、脾脏、淋巴结、腹腔、肌内、皮下、皮内、掌内。对抗原吸收的速度：静脉＝脾脏＝淋巴结＞腹腔＞肌内＞皮下＞皮内＞掌内。

（3）加强免疫时间：与抗原的理化性质、剂量、进入途径、机体状况和所处的免疫应答阶段有关。抗原理化性质稳定，吸收分布速度慢或机体处于免疫应答的早期，应延长间隔时间，两次注射的间隔时间应长短适宜，保证反应效果与激发的敏感作用。一般情况下，第一次加强免疫应在基础免疫后的2～3周，以后每7～10天加强一次。

（4）加强免疫次数：抗原免疫原性弱，需多次加强才能获得满意的抗血清。

6. 抗体鉴定

经过免疫获得的抗体，需要进一步鉴定。

（1）抗体的效价鉴定：不管是用于诊断还是用于治疗，制备抗体的目的都是要求较高效价。不同的抗原制备的抗体，要求的效价不一。鉴定效价的方法很多，包括试管凝集反应、琼脂扩散试验、酶联免疫吸附试验（ELISA）等。常用的抗原所制备的抗体一般都有约定俗成的鉴定效价的方法，以资比较。如制备抗抗体的效价，一般就采用琼脂扩散试验来鉴定。

（2）抗体的特异性鉴定：抗体的特异性是指与相应抗原或近似抗原物质的识别能力。抗体的特异性高，它的识别能力就强。衡量特异性通常以交叉反应率来表示。交叉反应率可用竞争抑制试验测定。以不同浓度抗原和近似抗原分别做竞争抑制曲线，计算各自的结合率，求出各自在 IC_{50} 时的浓度，并按相应公式计算交叉反应率。如果所用抗原浓度 IC_{50} 浓度为 pg/管，而一些近似抗原物质的 IC_{50} 浓度几乎是无穷大时，表示这一抗血清与其他抗原物质的交叉反应率近似为 0，即该血清的特异性较好。

（3）抗体的亲和力：指抗体和抗原结合的牢固程度。亲和力的高低是由抗原分子的大小、抗体分子的结合位点与抗原决定簇之间立体构型的合适度决定的。有助于维持抗原-抗体复合物稳定的分子间力有氢键、疏水键、侧链相反电荷基因的库仑力、范德瓦耳斯力和空间斥力。亲和力常以亲和常数 K 表示，K 的单位是“L/mol”，通常 K 的范围在 10^8～10^{10}L/mol，也有高达 10^{14}L/mol 者。抗体亲和力的测定对抗体的筛选，确定抗体的用途，验证抗体的均一性等，均有重要意义。

（二）单克隆抗体的制备

解决多克隆抗体特异性不高的理想方法是制备识别单一表位特异性的抗体。如果能获得仅针对单一表位的浆细胞克隆，并使其在体外扩增分泌抗体，就有可能获得单一表位特异性的抗体。然而，浆细胞在体外的寿命较短，难以培养。为克服这一缺点，克勒和米尔斯坦将可产生特异性抗体但短寿的 B 淋巴细胞与不产生抗体但长寿的骨髓瘤细胞融合，获得了可以产生单克隆抗体的杂交瘤细胞，从而建立了单克隆抗体制备技术。通过该技术融合形成的杂交瘤，既具有骨髓瘤细胞大量扩增和永生的特性，又具有 B 淋巴细胞合成和分泌特异性抗体的能力。每个杂交瘤细胞由一个 B 淋巴细胞融合而成，而每个 B 淋巴细胞克隆仅识别一种抗原表位，因此经筛选和克隆化的杂交瘤细胞仅能合成和分泌识别单一抗原表位的特异性抗体，称为单克隆抗体。其优点是结构均一、纯度高、特异性强、效价高、血清交叉反应少、制备成本低；缺点是鼠源性 mAb 对人具有较强的免疫原性，反复免疫人体后可诱导产生人抗鼠抗体，从而削弱了其作用，甚至导致机体组织细胞的免疫病理损伤，因此需要进一步通过抗体工程技术制备人-鼠嵌合抗体、人源化抗体。

单克隆抗体技术在临床应用中为疾病的诊断、治疗提供了新手段，作为治疗用药物，单克隆抗体主要应用于肿瘤、自身免疫疾病、器官移植排斥及病毒感染等领域。单克隆抗体也可用于肿瘤的靶向治疗，将针对某一肿瘤抗原的单克隆抗体与化疗或放疗药物连接，利用单克隆抗体的专一性识别结合特点，将药物携带至靶细胞并直接将其杀伤。由于单克隆抗体具有特异性强、纯度高、均一性好等优点，大大促进了单克隆抗体检测试剂盒的发展，在病原微生物、肿瘤、免疫细胞、激素及细胞因子的检测诊断中广泛应用。若将放射性标志物与单克隆抗体连接，注入患者体内后可进行放射免疫显像，协助肿瘤的诊断。在亲和层析中单克隆抗体是重要的配体，若将单克隆抗体固定到一个惰性的固相基质上，则可用于特异性抗原分子的高度纯化。

1. 基于小鼠杂交瘤技术的单克隆抗体制备方法

（1）免疫动物：通常所用的免疫动物是目的抗原免疫小鼠，使小鼠产生致敏 B 淋巴细胞。一般选用 6～8 周龄雌性 BALB/c 小鼠，按照预先制定的免疫方案进行免疫注射。抗原通过血液循环或淋巴循环进入外周免疫器官，刺激相应 B 淋巴细胞克隆，使其活化、增殖，并分化成为致敏 B 淋巴细胞。

（2）细胞融合：采用二氧化碳气体处死小鼠，无菌操作取出脾脏，在平皿内挤压研磨，制备脾细胞悬液。将准备好的同系骨髓瘤细胞与小鼠脾细胞按一定比例混合，并加入促融合剂聚乙二醇。在聚乙二醇作用下，各种淋巴细胞可与骨髓瘤细胞发生融合，形成杂交瘤细胞。

（3）选择性培养：选择性培养的目的是筛选融合的杂交瘤细胞，一般采用 HAT 选择性培养基。在 HAT 培养基中，未融合的小鼠骨髓瘤细胞中 DNA 的从头合成途径会被阻止；未融合的骨髓瘤细胞又因缺乏次黄嘌呤-鸟嘌呤-磷酸核糖转移酶（HGPRT），不能利用补救合成途径合成 DNA；这样未融合小鼠骨髓瘤细胞的两个 DNA 合成途径都被阻止，骨髓瘤细胞 DNA 不能复制而死亡。未融合的 B 淋巴细胞虽具有次黄嘌呤-鸟嘌呤-磷酸核糖转移酶，但其本身不能在体外长期存活也逐渐死亡。只有融合的杂交瘤细胞由于从 B 淋巴细胞获得了次黄嘌呤-鸟嘌呤-磷酸核糖转移酶，可以通过补救合成途径合成 DNA，并具有骨髓瘤细胞能无限增殖的特性，因此，杂交瘤细胞能在 HAT 培养基中存活和增殖。

（4）杂交瘤阳性克隆的筛选与克隆化：在 HAT 培养基中生长的杂交瘤细胞，只有少数是分泌预定特异性单克隆抗体的细胞，因此，必须进行筛选和克隆化。通常采用有限稀释法进行杂交瘤细胞的克隆化培养。采用灵敏、快速、特异的免疫学方法，筛选出能产生所需单克隆抗体的阳性杂交瘤细胞，并进行克隆扩增。经过全面鉴定其所分泌单克隆抗体的免疫球蛋白类型、亚类、特异性、亲和力、识别抗原的表位及其分子量后，及时进行冻存。

（5）单克隆抗体的大量制备：主要采用动物体内诱生法和体外培养法。

1）体内诱生法：取 BALB/c 小鼠，首先腹腔注射 0.5mL 液状石蜡或降植烷进行预处理。1～2 周后，腹腔内接种杂交瘤细胞。杂交瘤细胞在小鼠腹腔内增殖，并产生和分泌单克隆抗体。1～2 周，可见小鼠腹部膨大。用注射器抽取腹水，即可获得大量单克隆抗体（图 9.3）。

2）体外培养法：将杂交瘤细胞置于培养瓶中进行培养。在培养过程中，杂交瘤细胞产生并分泌单克隆抗体，收集培养上清液，离心去除细胞及其碎片，即可获得所需要的单克隆抗体。但这种方法产生的抗体量有限。各种新型培养技术和装置不断出现，大大提高了抗体的生产量。

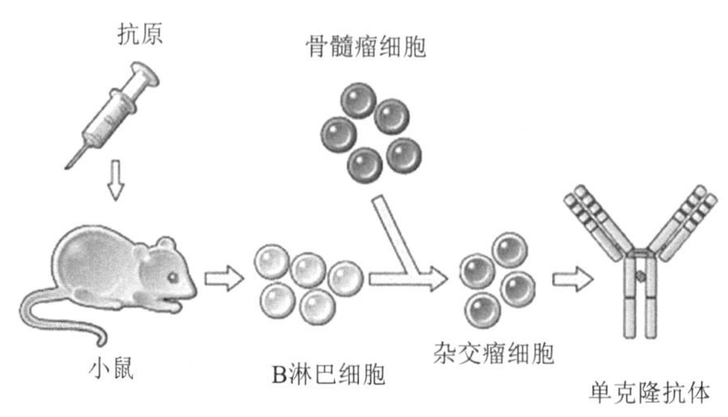

图 9.3　单克隆抗体制备流程

2. 噬菌体展示技术制备单克隆抗体

噬菌体展示技术是将外源编码多肽或蛋白质的基因通过基因工程技术插入噬菌体外壳蛋白结构基因的适当位置，使外源多肽或蛋白质在噬菌体的衣壳蛋白上形成融合蛋白，并正确表达，随子代噬菌体的重新组装呈现在噬菌体表面，可以保持相对的空间结构和生物活性。然后利用靶分子，采用合适的淘洗方法，洗去未特异性结合的噬菌体。再用酸碱或者竞争的分子洗脱下结合的噬菌体，中和后的噬菌体感染大肠杆菌扩增，经过 3～5 轮的富集，逐步提高可以特异性识别靶分子的噬菌体比例，最终获得识别靶分子的多肽或者蛋白质。

（三）基因工程抗体

基因工程抗体又称重组抗体，是指利用重组 DNA 及蛋白质工程技术对编码抗体的基因按不同需要进行重组、缺失、改型等加工改造和重新装配，经转染适当的受体细胞所表达的抗体分子。基因工程抗体是以基因工程等生物技术为平台，制备的生物药物总称。基因工程抗体主要包括人源化抗体、天然小分子抗体等。

1. 人源化抗体

对于人体而言，鼠源性抗体具有较强的免疫原性，在应用时容易引起人抗鼠抗体反应（HAMA），使实际药物半衰期缩短，减弱治疗效果。此外，鼠源性抗体虽然对靶抗原具有特异性，但由于其 Fc 片段是鼠源性，并不能引起人体的免疫效应。通过重组技术对抗体进行人源化改造，使鼠源性抗体具有和人源化抗体相似的种属特征，从而逃过免疫系统的识别，避免引起 HAMA，并引起有效的免疫效应。常见的人源化抗体的分类包括嵌合抗体、改型抗体、表面重塑抗体、完全人源化抗体等。

（1）嵌合抗体：是最早制备成功的基因工程抗体。它是将鼠源性抗体的 V 区基因与人源化抗体的 C 区基因拼接为嵌合基因，然后插入载体中，转染受体细胞表达的抗体分子。即其 Fab 片段是鼠源性，Fc 片段是人源性，减少了部分鼠源成分，从而降低了鼠源性抗体引起的不良反应，并有助于提高疗效。

（2）改型抗体：是指将鼠源性抗体的 CDR 移植入人源化抗体的可变区，替代人源化抗体的可变区，使人源化抗体获得鼠源抗体的抗原结合特异性，同时减少异源性。

（3）表面重塑抗体：指对异源抗体表面氨基酸进行人源化改造。该方法的原则是仅替换与人抗体 SAR 差别明显的区域，在维持抗体活性并兼顾减少异源性基础上选用与人抗体表面残基相似的氨基酸替换；另外，所替换的区段不应过多，对于影响侧链大小、电荷、疏水性，或可能形成氢键从而影响到抗体互补决定区（CDR）构象的残基尽量不替换。将 FR 区表面的非保守残基用相应的人源残基替换，在保证原有抗体活性的前提下降低免疫原性。

（4）完全人源化抗体：指通过转基因或转染色体技术，将人类编码抗体的基因全部转移至基因工程改造的抗体基因缺失动物中，使动物表达人类抗体，达到抗体完全人源化的目的。

2. 天然小分子抗体

天然小分子抗体是指在自然界中存在的一些奇特的小分子抗体，它们分子量比较小，有的仅由重链组成，有的仅由轻链组成。如在骆驼体内发现的仅由重链组成的抗体以及鲨鱼体内的重链同源二聚体抗体可以发挥正常的生物学功能；在人体中也存在游离的轻链抗体，在疾病诊断中具有重要意义。其分类主要包括 Fab 片段抗体、单链抗体、二硫键稳定抗体、单域抗体和双特异性抗体等。

（1）Fab 片段抗体：是对 Fab 片段进行改造而获得的基因工程抗体，即将抗体重链 V 区和 CH1 功能区的 cDNA 与轻链的 cDNA 连接，克隆到表达载体后，在大肠杆菌等宿主中表达得到的小分子抗体。

（2）单链抗体（single chain antibody，scFv）：是具有完整抗原结合活性的最小功能片段，是在 DNA 水平上将轻、重链可变区基因用一段适当的寡核苷酸链（linker）连接起来，使之在适当的生物体中表达成为一条单一的肽链，并折叠成只由重链和轻链可变区构成的一种新型抗体。

（3）二硫键稳定抗体（disulfide stabilized Fv，dsFv）：是在单链抗体基础上开发的新型基因工程抗体，它是将抗体重链可变区（V_H）和轻链可变区（V_L）的各一个氨基酸残基突变为半胱氨酸，然后通过链间二硫键连接 V_H 和 V_L 形成的抗体。

（4）单域抗体（single domain antibody，SDA）：是只含有 V 区的小分子抗体，即只有 V_H 或 V_L 一个功能结构域，其分子质量仅为完整抗体分子的 1/12。

（5）双特异性抗体（bispecific antibody，BsAb）：是指具有两种抗原结合特性的抗体。抗体的两个抗原结合部位分别结合两个不同的抗原，即结构上是双价的，功能上是单价的。将识别效应细胞的抗体和识别靶细胞的抗体联结在一起，制成双功能性抗体，称为双特异性抗体。如由识别肿瘤抗原的抗体和识别细胞毒性免疫效应细胞（CTL、NK 细胞）表面分子的抗体（CD3 抗体或 CD16 抗体）制成的双特异性抗体，有利于免疫效应细胞发挥抗肿瘤作用。

三、抗体在体外诊断中的应用

诊断抗体是指在体外利用针对炎症、肿瘤、心肌损伤、肾损伤、细菌感染、传染病等疾病标志物分子，进行疾病的筛查、诊断及排除等的抗体。诊断抗体被广泛应用于体外诊断试剂盒，包括酶联免疫法、胶体金法、化学发光法、免疫比浊法等。

（一）ELISA

酶联免疫吸附试验（ELISA）是一种定性或定量检测，使用抗体来结合并测定目的分子。与其他免疫检测相似，可使用单克隆抗体和多克隆抗体来检测肽、蛋白质、抗体和小分子等。抗体一方面对待检分子有特异性，另一方面可以标记辣根过氧化物酶（HRP）等酶分子，从而实现信号放大。该方法可以用于单份样品检测或高通量筛选。

ELISA 的基本方法是将一定浓度的抗原或者抗体通过物理吸附的方法固定于聚苯乙烯微孔板表面，加入待检标本，通过酶标物显色的深浅间接反映被检抗原或者抗体的存在与否或者量的多少。

常用的 ELISA 可以分为以下五大类（图 9.4）：①直接 ELISA；②间接 ELISA；③夹心 ELISA；④竞争 ELISA；⑤竞争抑制 ELISA。其他的 ELISA 都隶属于这五类 ELISA 或由这五类 ELISA 组合衍生。

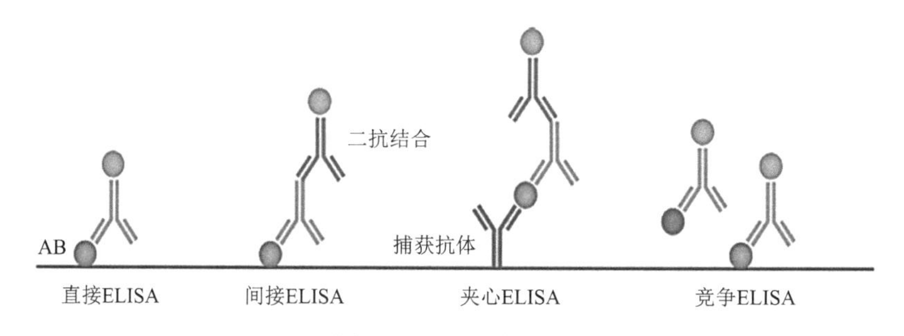

图 9.4　ELISA 的分类

1. 直接 ELISA

其方法是将抗原按一定的比例稀释好包被到固相载体上，然后加入稀释好的特异性的酶标抗体，孵育后加入底物显色并判读结果。直接 ELISA 操作很简单，步骤也比较简练，但是其应用范围有限，一个重要的原因是这种 ELISA 中只经过一步信号放大（酶的放大），所以其灵敏度不是很高，另外测定的对象也有限。

2. 间接 ELISA

与直接 ELISA 不同的是，间接 ELISA 中与包被好的抗原结合的抗体（一抗）是非酶标抗体，另外再引入第二种抗体（二抗）。二抗经过酶标记，可以与一抗特异性结合，最后加入底物显色并判读结果。由于二抗一般为多抗，因此，一个一抗分子上可以结合多个二抗分子，同时，一个二抗分子上可以标记上多个酶分子，所以当待测抗体为多抗时，信号经过两步放大，最终提高了检测灵敏度。另外，由于二抗制备比较容易，而且很早就开始商品化，所以操作者无须将一抗进行酶标，大大缩减了工作量。在检测抗体的效价、血清的效价以及单克隆抗体的筛选过程中，间接 ELISA 都是非常重要的实验过程，在临床诊断中，间接 ELISA 也是检测标志性抗体的重要手段。

3. 夹心 ELISA

夹心 ELISA 总体上可以分为两种，直接夹心 ELISA 和间接夹心 ELISA。

（1）直接夹心 ELISA 又分为双抗体夹心 ELISA 和双抗原夹心 ELISA。

1）双抗体夹心 ELISA 的方法是将第一种抗体（捕获抗体）包被在固相载体上，封闭后加入待检抗原，温育后加入第二种抗体（检测抗体），捕获抗体和检测抗体可以是针对不同表位的两种单抗，也可以是针对同一抗原的一种单抗与一种多抗，但是检测抗体需要经过酶标记。

2）双抗原夹心 ELISA 的原理和操作与双抗体夹心 ELISA 基本相同，不同的是包被的是抗原，待检对象是抗体，然后加入酶标抗原，再加底物显色。对于双抗体夹心 ELISA，待检对象必须包括两个或者两个以上的表位，否则检测抗体无法与待检抗原结合，例如，半抗原和小分子抗原都不能用双抗体夹心 ELISA 检测。对于双抗原夹心 ELISA，其操作与间接 ELISA 基本相同，但利用特异性的抗原代替酶标二抗，所以特异性比间接法更好。另外，由于间接 ELISA 中使用的二抗一般只能识别 IgG，而双抗原夹心 ELISA 中任何类似的免疫球蛋白都可以被检测出，因此，双抗原夹心 ELISA 比间接 ELISA 也更灵敏。

（2）间接夹心 ELISA 是基于两种不同种属来源的抗体的夹心 ELISA，其原理是将一种种属来源的特异性抗体包被于固相载体上（作为捕获抗体），封闭，加入待检抗原，温育，洗涤后加入另一种种属来源的特异性抗体（非酶标，作为检测抗体），最后加入酶标二抗（特异性识别检测抗体），再加底物显色。与直接双抗夹心 ELISA 相比，间接夹心 ELISA 中引入了特异性识别检测抗体的酶标二抗，相当于整个体系的信号增加了一步放大过程，于是最终的结果比直接双抗夹心 ELISA 更灵敏。同时，由于间接夹心 ELISA 中的酶标二抗仅能识别检测抗体，而不能识别捕获抗体，所以体系的特异性也得到了保障。

4. 竞争 ELISA

本法首先将特异性抗体吸附于固相载体表面，经洗涤后分成两组：一组加酶标记抗原和被测抗原的混合液；而另一组只加酶标记抗原，再经孵育洗涤后加底物显色，这两组底物降解量之差，即为所要测定的未知抗原的量。这种方法所测定的抗原只要有一个结合部位即可，因此，对小分子抗原如激素和药物之类的测定常用此法。

5. 竞争抑制 ELISA

预先将抗原包被在固相载体上，实验时加入稀释好的待检抗原（或抗体），然后依次加入特异性的抗体以及此抗体对应的酶标二抗。待检标本中的抗原（或抗体）就和预制备体系中固相载体上结合的抗原（或抗体）竞争结合特异性的抗体（或固相载体上结合的抗原）。洗掉被竞争的特异性抗体，最后加底物显色。最终显色的结果与待检抗原（或抗体）量成反比。

（二）胶体金

胶体金是由氯金酸（$HAuCl_4$）在还原剂如白磷作用下，聚合成一定大小的金颗粒，并由于静电作用成为一种稳定的胶体状态，形成带负电的疏水胶溶液。胶体金在弱碱环境下带负电荷，可与蛋白质分子的正电荷基团形成牢固的结合，由于这种结合是静电结合，所以不影响蛋白质的生物特性。

常用胶体金检测技术包括免疫胶体金光镜染色法（用于细胞悬液涂片或组织切片）、免疫胶体金电镜染色法（病毒形态观察和检测）、斑点免疫胶体金渗透法和胶体金免疫层析法。其中，胶体金免疫层析法在诊断中最为常用。其基本原理是通过将特异性的抗原或抗体以条带状固定在膜上，胶体金标记试剂（抗体或单克隆抗体）吸附在结合垫上，当待检样本加到试纸条一端的样本垫上后，通过毛细作用向前移动，溶解结合垫上的胶体金标记试剂后相互反应，再移动至固定的抗原或抗体的区域时，待检物与胶体金标记试剂的结合物又与之发生特异性结合而被截留，聚集在检测带上，可通过肉眼观察到显色结果。

以 COVID-19 抗体检测胶体金法为例。如果样本中含 COVID-19 抗体 IgG，其将在结合垫处与胶体金标记的 COVID-19 抗原结合，之后继续向右移动。在检测线处 IgG 与鼠抗人 IgG 抗体结合，形成夹心复合物。由于鼠抗人 IgG 抗体被吸附在检测线上，胶体金会在此发生聚集沉淀而显示红色。这是由聚集而颗粒变大的光学效应造成的（图 9.5）。

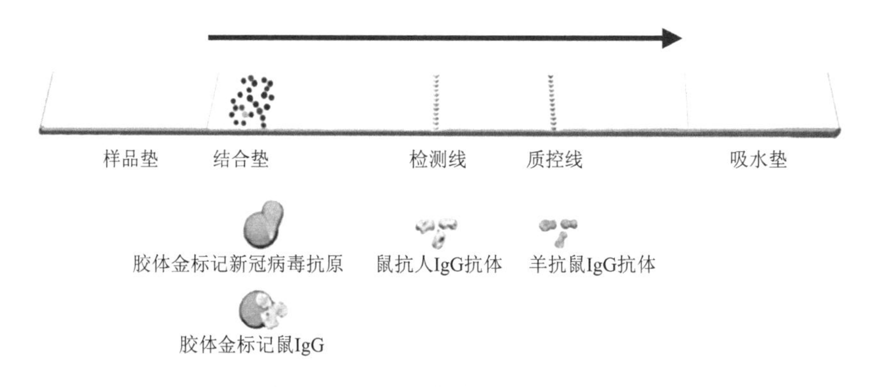

图 9.5　胶体金法检测 COVID-19

（三）化学发光免疫分析

化学发光免疫分析（chemiluminescence immunoassay，CLIA）诞生于 1977 年。根据放射免疫分析的基本原理，将高灵敏的化学发光技术与高特异性的免疫反应结合起来，建立了化学发光免疫分析法。CLIA 具有灵敏度高、特异性强、线性范围宽、操作简便、不需要十分昂贵的仪器设备等特点。

CLIA 应用范围较广，既可检测不同分子大小的抗原、半抗原和抗体，又可用于核酸探针的检测。CLIA 与放射免疫分析（RIA）、荧光免疫分析（IFA）及酶免疫分析（EIA）相比，具有无辐射、标记物有效期长并可实现全自动化等优点。CLIA 为兽医学、医学及食品分析检测和科学研究提供了一种痕量或超痕量的非同位素免疫检测手段。

CLIA 含有免疫分析和化学发光分析两个系统。免疫分析系统是将化学发光物质或酶作为标记物，直接标记在抗原或抗体上，经过抗原与抗体反应形成抗原-抗体免疫复合物。化学发光分析系统是在免疫反应结束后，加入氧化剂或酶的发光底物，化学发光物质经氧化剂的氧化后，形成一个处于激发态的中间体，会发射光子释放能量以回到稳定的基态，发光强度可以利用发光信号测量仪器进行检测。根据化学发光标记物与发光强度的关系，可利用标准曲线计算出被测物的含量。

CLIA 根据标记物的不同可分为三大类：

（1）化学发光免疫分析：标记物主要为鲁米诺类和吖啶酯类化学发光剂。

（2）化学发光酶免疫分析：属酶免疫分析，只是酶反应的底物是发光剂。以酶标记生物活性物质进行免疫反应，免疫反应复合物上的酶再作用于发光底物。目前常用的标记酶为辣根过氧化物酶（HRP）和碱性磷酸酶（ALP），它们有各自的发光底物。

（3）电化学发光免疫分析法：以电化学发光剂三联吡啶钌标记抗体（抗原），以三丙胺（TPA）为电子供体，在电场中因电子转移而发生特异性化学发光反应，包括电化学和化学发光两个过程。

抗体除了在疾病诊断中得到广泛应用之外，也已经成为疾病治疗和预防的重要手段，在肿瘤治疗、自身免疫病治疗、感染性治疗等领域得到不断扩展。从单克隆抗体到基因工程抗体疗法，每一种抗体形式都有其特定的优缺点和适用范围。未来，随着技术的不断进步和创新，抗体在医学领域中的应用前景将会更加广阔。

主要参考文献

杨民和, 2010. 微生物学[M]. 北京: 科学出版社.

杨文胜, 高明远, 白玉白, 等, 2005. 纳米材料与生物技术[M]. 北京: 化学工业出版社.

于爱莲, 王月丹, 2015. 病原生物与免疫学[M]. 北京: 北京大学医学出版社.

余蓉, 2015. 生物化学[M]. 2 版. 北京：中国医药科技出版社：471-473.

袁育康, 2011. 医学免疫学与病原生物学[M]. 2 版. 北京: 北京大学医学出版社.

Litman G W, Rast J P, Shamblott M J, et al., 1993. Phylogenetic diversification of immunoglobulin genes and the antibody repertoire[J]. Molecular Biology and Evolution, 10(1): 60-72.

第十讲　生物医药技术

肖卫华 中国科大引进教授，生物技术专家。

生物医药技术是指基于生物技术对生物分子研究、开发、制造和生产，用于治疗、预防疾病，提高人类生活质量。基因工程技术是生物医药技术中的一个重要组成部分，应用非常广泛，其中最具代表性的就是新药研发。通过对药物靶点基因的研究，利用基因工程技术制备特异性高、活性强的药物，促进医学进入精准医疗时代，为人类健康做出巨大贡献。

一、精准医学时代

（一）传统医疗问题

国际知名学术期刊 *Nature* 在 2015 年总结了增长最快的 10 个药物的有效率，其中改善精神分裂的药物 Abilify 有效率为 20%，改善胃痛的药物 Nexium 有效率为 4%，改善风湿的药物 Humira 有效率为 25%，改善高脂的药物 Crestor 有效率为 5%，改善抑郁的药物 Cymbalta 有效率为 10%，改善慢性阻塞性肺疾病的药物 Advair Diskus 有效率为 5%，改善牛皮癣的药物 Enbrel 有效率为 25%，改善克罗恩肠炎的药物 Remivade 有效率为 50%，改善多发性硬化症的药物 Copaxone 有效率为 10%，改善粒细胞减少症的药物 Neulasta 有效率为 14%。

上述药物中有效率最高的 Remivade 是一款 TNF（人鼠嵌合单抗），是 1998 年美国 FDA 批准的第一个生物治疗药物，用于克罗恩肠炎的精准治疗。克罗恩肠炎是一种炎症性肠病，属于自体免疫性疾病，患者的免疫系统攻击自己的消化系统组织，可造成腹痛、呕吐、腹泻以及其他不适症状，但不太可能造成致命危险。在克罗恩肠炎发展过程中，炎症细胞因子，特别是 TNF-α，主要由炎症黏膜中的活化免疫细胞产生，并且其中的促炎因子作为反馈进一步激活免疫细胞，产生过氧化物、趋化因子、蛋白酶和炎症细胞因子等，导致组织损伤和炎症发生，因此通常的治疗是用具有消炎效果的药物。Remivade 治疗克罗恩病的机制包括拮抗 TNF-α活性，对免疫细胞的直接细胞毒性和诱导 T 淋巴细胞凋亡，具有明显疗效。

传统医疗问题中“One size fit all”（“一刀切”）治疗，即相同药物治疗一组患病人群，往往会出现不同的情况——同一药物治疗对于其中一部分患者疗效好，其中一部分患者疗效不佳或者无疗效，甚至其中一部分患者产生毒副作用。以癌症为例，“One size dose not fit all”，即肿瘤存在异质性，不同肿瘤（如肺癌、肝癌等）之间、同一肿瘤的不同患者之间、同一患者的不同病灶之间存在差异（图 10.1）。随着检测技术的进步（如单细胞测序、微创手术技术等），研究人员发现，除了不同肿瘤、不同患者、不同病灶的差异之外，即使是同一个部位的肿瘤，其内部的基因突变状况也存在着时间（随着肿瘤发展而不同）和空间（随着肿瘤的具体位置而不同）上的差异。因此，采用单一的肿瘤治疗方案一定是无法有效治疗所有的患者的，甚至是只能治疗一小部分的肿瘤患者。疾病的异质性和治疗的同质性之间的矛盾，是传统医疗亟待解决的问题。

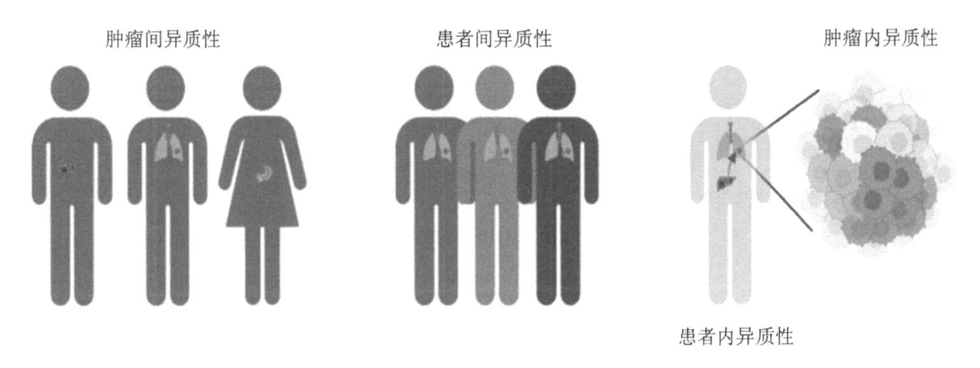

图 10.1 肿瘤的异质性

（二）精准医学解决的问题

面对传统的大规模医疗中“一刀切”处方的问题，未来将开发精准医学，即基于分子靶向和精确诊断，更精确地定义患者群体，从而针对特定患者研发药物，为其提供更高效的治疗选择。精准医学具有以下优点：①功效高、副作用少；②仅需针对特定人群的小规模临床试验；③仅对有反应者开处方的药物经济优势。传统医学根据临床症状、组织病理等宏观表征对患者进行分类和治疗，属于组织分型治疗，一般有效率低于 30%，伴随的毒副作用大；而精准医学从 DNA、蛋白质等分子层面对患者进行更细致的分类，属于分子分型治疗，往往有效率高于 60%，并且副作用小。以肿瘤治疗为例，在组织分型指导下的传统化疗，根据病理检测结果分为腺癌和鳞癌两种进行不同的化疗，最终有效率低并且存在明显的毒副作用；在分子分型指导下的靶向治疗，根据分子分型给予靶向药物，相较于传统化疗，有效率明显提高，毒副作用降低（图 10.2）。

将精准医学的发展可以分为以下几个阶段：发现、发展、监管和临床实践。

（1）发现阶段的目的是通过对细胞或组织的基因组学、表观基因组学、转录组学、蛋白组学、代谢组学进行精准化个体的综合多组学分析，确定与人类疾病相关的机制。基因组学针对基因的 DNA 序列是否发生突变、染色体上的位点是否发生变化等，进一步对基因之间的联系、互作进行 GWAS 和 eQTL 分析；转录组学针对基因的转录情况，例如，转录过程的变化、转录水平的增减和转录组之间的网络联系；蛋白组学包括了蛋白质本身和蛋白质与蛋白质之间的互作网络；代谢组学包括了代谢产物和代谢产物之间的互相反应网络。收集以上数据，进行整合分析，最后寻找与临床现象（包括表型、病症等）的相关性。

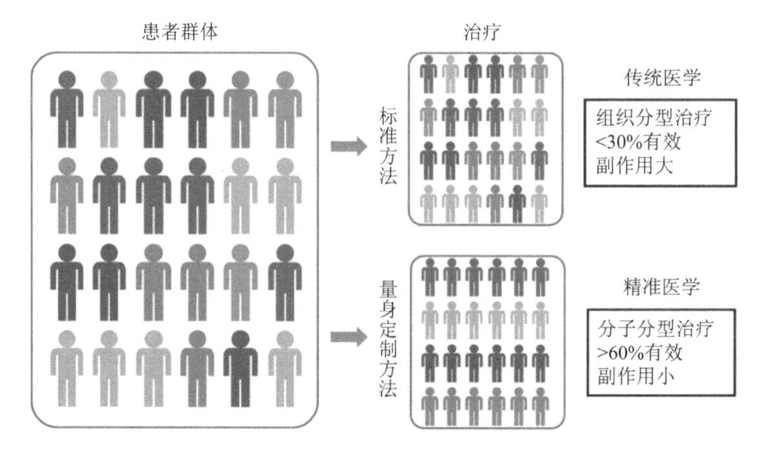

图 10.2　传统医学与精准医学

（2）发展阶段的目的是对特定筛选的患者亚群进行分析，从而改善治疗方案。例如，对患者的患处组织进行活检，将其分散为单个细胞悬液，随后进行药物治疗处理，然后将药物处理过的细胞进行透膜和线粒体染色，在多孔板中利用含有 BH3 的肽段进行动态跟踪检测和分析线粒体极化状态随时间变化的情况，最终对不同实验组和对照组进行比较，从而筛选出有实际疗效的治疗方案。

（3）监管阶段的目的是保证治疗方案的安全性以及对适用人群进行界定，例如，FDA 颁布的《关于人体细胞、组织和基于细胞、组织的产品（HCT/Ps）的调控——小型实体合规指南》是用于监管的指导性文件。

（4）临床实践阶段的目的是建立多方面合作的流程，结合临床数据，优化患者的护理。对于患者，他们通过患者信息门户系统提供个人健康信息和患者的生物样本；对于研究人员，他们通过分析患者的生物样本、测序数据库（基因型、表观基因型、转录组、家族史、病史以及环境和风险），对比大数据信息库进行相关性的分析；对于临床实验室人员，他们分析患者的个人健康信息和研究人员的分析报告，综合药物数据库等，为临床医生提供临床决策的建议；临床医生根据临床实际情况和实验室提供的建议对患者进行精细化的治疗。最终这些治疗分析过程可以通过知识共享的方式与其他机构分享。

精准医学追求的目标是“P4 medicine”：predictive（预测）、preventive（预防）、personalized（个性化）、participatory（参与性）。从身体到器官，再从器官到细胞，再从细胞到分子、基因水平，未来医学将要解决的是如何更精准的问题。

二、现代生物技术进展

国际知名学术期刊 *Science* 每年的最后一期中会公布由全球高端杂志编辑评选出的当年最重要的 10 项科学和技术突破，作为“年度科学技术重大突破性进展”。在 2010～2021 年的 12 年间，共有 77 项生物技术及研究成果入选，占全部 120 项“重大突破性进展”的 64%，反映和见证了生物技术的进展及其对科学技术和社会进步做出的巨大贡献。“科学技术是第一生产力”，科学技术是推动经济发展和社会进步的源泉。生物医药在生物技术的应用和 GDP 贡献上均占高于 50%的比重，同样的，技术进步也给生物医药带来革命，例如，靶向药物、免疫治疗药物等为实现精准治疗提供了强大的工具。

（一）靶向药物

传统抗癌药物在杀伤肿瘤细胞的同时，往往会伤害附近的正常细胞，从而损伤机体的正常功能，产生严重的副作用。不同于传统药物的广泛杀伤性，靶向药物能够特异性地针对肿瘤细胞，但不损伤正常细胞或者损伤较轻。截至 2016 年 6 月，美国 FDA 批准了 72 个靶向抗肿瘤药物，其中包括抗体类药物、小分子药物。抗体类药物，如靶向乳腺癌的 HER2 的 Ado-trastuzumab emtansine，靶向 NSCLC 的 EGFR 的阿法替尼，靶向结肠癌的 EGFR 的西妥昔单抗等。电影《我不是药神》中出现的药物格列卫（Gleevec）也是一种靶向药物，用于阻断 BCR-Abl 活性，是目前最有效和成功的靶向小分子药物，但需要持续服用（图 10.3）。

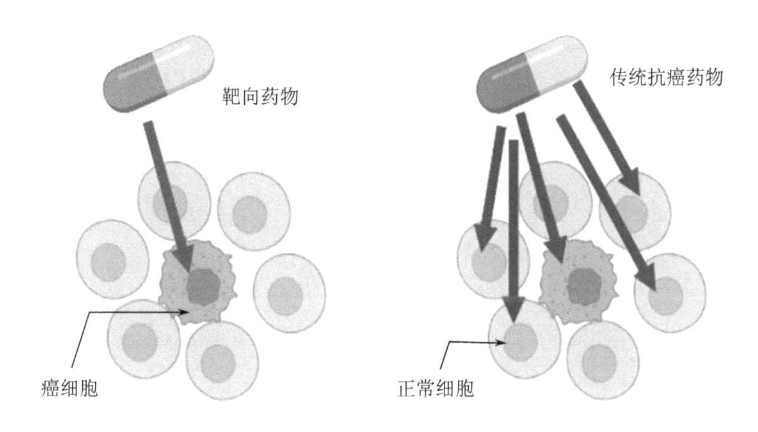

图 10.3 传统抗癌药物和靶向药物作用示意图

（二）免疫治疗药物

长期以来，治疗癌症的方式多为手术切除病灶、放疗、化疗，这些方法在杀伤肿瘤的同时损伤正常组织，对人体有很大的伤害，并且容易复发，预后不佳。因此，激活免疫系统用于治疗癌症，这一直是免疫学和肿瘤学研究的目标。近些年来，由于新理念的提出和相应临床试验的成功，它逐渐成为现实。研究表明，积极的免疫疗法是一种可以帮助癌症患者获得持久且有效的抗肿瘤反应的疗法，并且多为温和治疗，能够提高患者生活质量。2013 年 *Science* 将肿瘤免疫疗法评为年度科技突破进展，2018 年诺贝尔生理学或医学奖授予詹姆斯·艾利森（美国）、本庶佑（日本），以表彰他们发现负性免疫调节治疗癌症方面的贡献。

以免疫疗法药物 lpilimumab（抗 CTLA4 单抗）和靶向药物 Dacarbazine（氮烯唑胺）为例，研究人员分析了两种疗法治疗黑色素瘤患者的生存率曲线，可以明显看出，lpilimumab 治疗可以显著提高患者三年内生存率，说明免疫疗法可以提供更长期的保护；

Dacarbazine 治疗可以显著提高患者一年内生存率，说明靶向药物可以更快速高效地杀伤肿瘤细胞。因此，将两者联合治疗可以显著提高患者的生存率。

2015 年，时任美国总统奥巴马推出“精确医学计划”，计划投入 7000 万美元寻找会诱发癌症的基因、1000 万美元用于制定相关监管规则、500 万美元用于研究如何保护患者隐私和数据安全、1.3 亿美元用于建立生物样本库，期望把按基因匹配癌症疗法变得像输血匹配血型那样标准化，把找出正确的用药剂量变得像测量体温那样简单。以分子分型和个体免疫为基础的精准免疫治疗，对肿瘤进行病理检测及分子分型，对免疫细胞进行分类和免疫耗竭状态的判断，筛选出治疗敏感的肿瘤类型（血液瘤、实体瘤），制定适应肿瘤患者的指标（体液、免疫细胞、病理、表达组等），根据敏感肿瘤类型和敏感人群提出联合治疗方案（放、化疗＋靶向治疗＋免疫治疗），将疗效提高至 80%以上。2017 年 5 月美国 FDA 批准首例基因分型抗肿瘤药物，此次获批基于 5 项临床研究中 149 例 MSI-H/dMMR 患者的治疗数据，包括 90 例结直肠癌患者和 59 例患有其他 14 种癌症的患者（共计覆盖 15 种癌症）。治疗总体响应率 ORR 为 39.6%，有响应的患者中 78%的人疗效持续时间在 6 个月以上。通过肿瘤基因学特征筛选患者并评估抗 PD-1 疗效，发现存在错配修复基因缺失的患者对抗 PD-1 的治疗响应更佳（图 10.4），这可能是因为微卫星不稳定导致更多肿瘤新生抗原产生，对免疫检验点抑制更敏感。

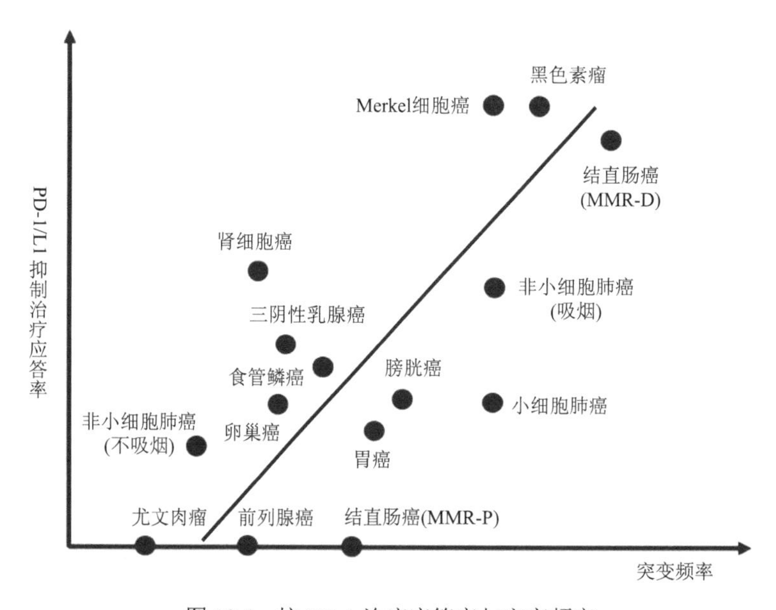

图 10.4　抗 PD-1 治疗应答率与突变频率

以肿瘤免疫微环境指导免疫治疗，免疫微环境限制了肿瘤的进化方向，不同免疫微环境共存于单一个体的不同位置肿瘤中，可以帮助解释化疗后转移瘤的不同走向。通过筛选肿瘤微环境中 B7-H1（PD-L1，PD-1 的配体）分子的表达高低和 TIL（肿瘤浸润淋巴细胞）数量的多少，将肿瘤分为四类：B7-H1^{-}/TIL^{-}、B7-H1^{+}/TIL^{+}、B7-H1^{-}/TIL^{+}和 B7-H1^{+}/TIL^{-}，其中最适合抗 PD-1 治疗的种类为 B7-H1^{+}/TIL^{+}型。

三、生物经济时代展望

（一）世界经济时代变革

经济时代是一种经济形态发展到成熟阶段后，以这种经济形态为主导形成的人类经济社会发展的特定历史时期。后一经济形态取代前一经济形态的过程，称为人类社会经济浪潮。人类社会从大约 1 万年前的狩猎采集经济时代逐渐发展为农业经济时代；从 18 世纪 60 年代开始，人类社会从农业经济时代进入工业经济时代；从 20 世纪 90 年代开始，人类社会又从工业经济时代进入信息经济时代，信息经济时代中衍生出了与物质经济或实物经济相对应的知识经济，包含了新经济、网络经济、数字化经济。专家预测 21 世纪 20 年代开始，世界将进入生物经济时代。

每个经济形态的发展都可以分为 4 个阶段：孕育、成长、成熟、衰退。当某一经济形态发展到其成熟阶段，标志着经济社会（主流）进入相应的经济时代。以工业经济发展过程为例，从 16 世纪初的文艺复兴运动开始孕育，至 17 世纪中期英国成为科学技术中心开始成长；在 18 世纪 60 年代，蒸汽机开始机械化，标志着工业经济进入成熟阶段，最后随着 20 世纪 50 年代计算机的发明及应用，工业经济开始进入相对衰退的阶段。以信息经济发展过程为例，从 1945 年发明计算机开始孕育，至 1975 年个人电脑的使用进入成长阶段。20 世纪 90 年代互联网的出现使得信息经济开始飞速发展、成熟，到 2020 年，随着无线技术的广泛应用和芯片价格逐渐便宜，信息经济开始出现相对衰退。

（二）生物经济孕育和产生

1999 年美国提出“以生物为基础的经济”和生物基产品概念。2000 年 4 月上海的《经济展望》杂志提出了“生物经济”新的名词。生物基础经济、生物经济或生物技术经济是指以生物技术为核心的科学研究活动所衍生的一切经济活动。作为一个正式概念，生物经济由斯坦•戴维斯（Stan Davis）和克里斯托弗•迈耶（Christopher Meyer）于 2000 年 5 月提出。他们认为，1953 年 DNA 双螺旋结构的发现是生物经济时代孕育的开始，随后 2000 年的人类基因组计划是生物经济时代开始成长的标志。到 2020 年，人们开始大量使用生物制品，生物经济也开始进入成熟阶段。他们预测，2050 年左右将是生物经济时代开始衰退的时期。

生物经济是建立在生物资源可持续利用、生物技术基础之上，以生物技术产品的生产、分配、使用为基础的经济。生物经济以开发生物资源为特征，生物经济的发展依赖于生物工程，涉及农业、工业、医学、环境、海洋与空间等生物技术。古代或传统的生物工艺学，包括生物内物质成分的提炼技术、食品加工与酿制等技术。现代生物技术学建立在巴斯德的微生物发酵技术基础上，20 世纪发展了基因重组技术等，21 世纪在系统生物学基础上则建立了合成生物技术与系统生物工程，将带来新的一轮生物经济发展时期。

（三）生物技术与经济

经济现代化既是一场全球性的经济革命，又是一场世界性的经济竞争；它以国家为基本单元，以世界为竞争舞台。生物经济学家邓心安教授认为，纵观世界经济发展史，在狩猎采集经济时代，古罗马等部落文明占据领先地位，逐渐发展成为更高级的文明；进入农业经济后，中国占据领先地位，农业技术遥遥领先，文化兴盛繁荣；进入工业经济时代后，英国率先开始工业革命，占据领先地位；由于美国首先发明电脑、个人电脑和互联网等一系列信息经济的关键创造，美国在信息经济领域占据领先地位。那么即将进入的生物经济时代，哪个国家能够占据领先地位呢？

两百年的工业经济时代创造的财富远远超出在此之前人类所有创造的财富的总和，而进入信息经济时代后所创造的财富和发挥的影响超过了工业经济时代。托夫勒在《第三次浪潮》中预言，社会经济的发展将由农业经济、工业经济进入信息经济和生物经济时代。生命科学和生物技术，对人类社会所产生的作用，要远远超过信息技术。在农业经济时代，中国曾长期领先于世界；在工业经济时代，中国远远落伍了，因此饱受百年屈辱；在信息经济时代，中国正奋力追赶。那么，面对即将到来的生物经济时代，中国与世界发达国家基本上处在同一个起跑线上，应当未雨绸缪，不失时机地主动谋划生物经济发展战略。

信息经济时代的中心是位于美国的“硅谷”，它掌握着大量先进的信息技术；在生物技术领域，美国正在依托信息技术的硅谷，打造美国生物技术海岸。美国当前生物经济的增长很大程度上来源于三大基础性技术的开发：遗传工程、DNA 测序和生物分子的自动化高通量操作。虽然这些技术还有巨大的潜力有待发挥，但一些崭新和重要的新技术或技术组合正在兴起。未来的生物经济依赖于新兴技术，如合成生物学、蛋白组学、生物信息学以及其他新技术的开发应用。

在被许多人称为“生物世纪”的 21 世纪，生物科学将成为世界经济增长的一个关键引擎。从高精度的个性化人类生物医学应用到广泛的基于生物质能的生物科学、生物能源和工业生物技术创新，许多生物科学领域都取得了重大进展。毫无疑问，生物科学产业已经成为国家和地区经济的成熟标志和关键驱动力。所有迹象都表明，随着生物科学为世界面临的许多全球性挑战提供解决方案，该行业将继续扩大。生物科学是以下方面的根本驱动力：创新人类疾病解决方案，提高老龄人口生活质量；维持粮食生产的增长，以满足世界迅速增长的人口的需要；开发生物可再生、以生物质为基础的材料和产品，以促进可持续、无污染的未来，并满足我们的能源需求；保护我们的自然资源和环境资产。

主要参考文献

Alyass A, Turcotte M, Meyre D, 2015. From big data analysis to personalized medicine for all: challenges and opportunities[J]. BMC Medical Genomics, 8: 33.

Le D T, Durham J N, Smith K N, et al., 2017. Mismatch repair deficiency predicts response of solid tumors to

PD-1 blockade[J]. Science, 357(6349): 409-413.

Le D T, Uram J N, Wang H, et al., 2015. PD-1 blockade in tumors with mismatch-repair deficiency[J]. The New England Journal of Medicine, 372(26): 2509-2520.

Mellman I, Coukos G, Dranoff G, 2011. Cancer immunotherapy comes of age[J]. Nature, 480(7378): 480-489.

Schork N J, 2015. Personalized medicine: time for one-person trials[J]. Nature, 520(7549): 609-611.

Vogt H, Hofmann B, Getz L, 2016. The new holism: P4 systems medicine and the medicalization of health and life itself[J]. Medicine, Health Care and Philosophy, 19(2): 307-323.

第十一讲　药物与疾病治疗

刘　丹 教授，青年细胞生物学专家，国家级青年人才项目获得者。

药物是指人们用于预防、诊断和治疗疾病，有目的调节人体生理功能，并规定有功能主治、适应证和用法用量的物质。一般分为天然药物和化学合成药物。

近代科学以前的药物，往往是偶然发现的天然药物。根据经验进行一些简单的加工之后用于疾病治疗，其中大部分来源于植物，也包括一些毒液和矿物质。这类“新药”的发现方式，大多通过“神农尝百草”这样的人体实验。随着化学分析技术和生物科学的发展，药物中的关键化学成分被解析出来，药物测试体系也更加科学和安全，实验动物、细胞培养体系及非细胞体系，广泛用于药物研究。

一、药物的发现

随着组合化学和计算机技术的发展，药物的筛选方法也取得了质与量的飞跃。人们可以用较少的步骤，短时间内合成大量化合物，并且利用高通量筛选技术对其进行筛选。一个高通量药物筛选体系，包括微量和半微量的药理实验模型、样品库管理系统、自动化的实验操作系统和高灵敏度检测系统，以及数据采集和处理系统。这些系统的运行，保证了筛选体系能够并行操作搜索大量候选化合物。高通量筛选技术结合了分子生物学、医学、药学和计算科学，以及自动化技术等学科的知识和先进技术，成为当今药物开发的主要方式。

虚拟筛选（virtual screening，VS）是一种利用计算机模拟药物筛选的方法，可快速从几十至上百万化合物中选出具有潜在成药性的活性化合物。这样便无须复杂的设备和巨额资金，缩短研究周期，极大减少药物开发成本，在当代创新药物研发中发挥着重要的作用。虚拟筛选可基于小分子结构，也可基于药物作用机制进行，利用靶蛋白的三维结构或定量构效关系（QSAR）模型，从化合物数据库中搜寻与靶蛋白结合或符合 QSAR 模型的化合物。因此，除了计算算法，化合物库作为虚拟筛选的重要工具，一定程度上决定了小分子药物研发的速度和质量。

二、中医药与西医药

医学界有中医与西医之分，故医药界有中药与西药之别。中药直接以生物为药，是纯天然药材，成分较复杂，副作用相对较小。经过提纯或者合成（包括化学或生物方法）得到成分更加单一的药物，便是西药。其分子机制明确，临床设计规范，对药物的毒副作用及疗效具有较确切的认知。与以解剖学为基础的西医药不同，中医药以大量临床案例为基础，是一种以经验为基础的医学治疗方式，更强调个体差异。

西药见效更快，针对性强，但毒副作用较强。而中药更温和，治疗效果广泛，但见效慢，一般需要长期使用。因此，西药对于急性疾病的治疗效果较好，而对于某些西医宣布无法治疗的慢性疾病，中医却能通过调理人体机能，减缓病情甚至可治愈。

人们常说，“中药治本，西药治标”。关于中西医孰好的争论，人云亦云。但两种医学并不是对立的，甚至是可以相互转化、互鉴和互补的。两者关注的是同一客体的不同层次和角度，中医强调整体性，西医体现还原论。用发展的眼光来看，两者结合是必然。目前的临床实践也证明中西医结合是可行的。中医着眼于人的整体，西医可以借鉴这一理论，从散到整去认识人体，研究中药双向调节作用的机制并加以应用。中医缺乏科学的物质基础，可以更多结合西医中的研究方法、仪器检测和手术治疗。因此，我们要在方法论和研究模式，以及研究思路上继承并创新发展，大力吸收和借鉴当代先进科学理论和科学技术方法，建立中西医结合的学科理论体系，形成具有中国特色的新医学。

三、新 药 研 发

除了常见的小分子化学药物外，现代药物还包括融合蛋白类药物、抗体药物、基因治疗药物和 RNAi 类药物等。

近年来，国家政策的支持使我国生物医药产业蓬勃发展，成为发展最活跃的产业之一。药物研发是一项高风险、高投入和长周期的系统性工程。新药研发主要分为药物发现、临床前研究、临床研究和新药申请四个主要阶段。为了让患者尽快战胜疾病，药物研发一直在和时间赛跑，提高准确率，同时要降低研发成本。但其最基本的目标，是要保证药物的有效性和安全性，这也是筛选和淘汰候选药物的绝对标准。

目前，以生物学机制为基础的新型药物研发已成为主流。新药的发现一般是从已有药物出发，以一些突破性药物作为先导药物，在此基础上，探究其合成中间体、代谢产物及老药新用；也可以在此基础上利用计算机进行模拟设计；有的时候也利用组合化学和高通量筛选，得到满足基本生物活性的最优化合物作为候选药物，进入开发。

在临床前研究中，首先要设计药物的合成路线及生产工艺，并且可以保证其满足临床用药和商业化的需求；其次要完成临床前的毒理学研究，包括药代动力学、安全性药理试验等。除此之外，还要确定药物的作用靶标，当然有的药物开发是以靶标为开端。

在临床试验阶段，至少要分三期进行。

（1）Ⅰ期临床试验：是药物首次应用于人体的研究，一般需要征集 20～100 名正常和健康的志愿者（对肿瘤药物而言通常为肿瘤患者，但人数更少）。其主要目的是研究人体对药物的耐受程度，并通过药物代谢动力学研究，了解药物在人体内的吸收、分布和消除的规律，为制定给药方案提供数据支持，以便进行下一步的试验研究。

（2）Ⅱ期临床试验：采取双盲实验对 100～500 名相关患者进行治疗，其主要目的是获得药物治疗有效性资料，研究侧重于药物的安全性和有效性。

（3）Ⅲ期临床试验：是治疗作用的确证阶段，也是为药品注册申请获得批准提供依据的关键阶段。作为临床试验中最重要的一步，在更大范围的患者志愿者身上，进行扩大的多中心临床试验，进一步验证药品的有效性和安全性，受试例数为1000～5000。同时，进入Ⅲ期临床试验，要求生产中用到的所有物料、原料药和制剂的生产工艺已经确定，达到商业化生产水平。

完成三期临床研究并分析所有资料及数据，药物的安全性和有效性得到了证明，就可以向药监部门如中国的NMPA或美国的FDA提交新药申请。新药申请一旦获得药监部门批准，该新药即可正式上市销售，供医生和患者选择。

但这并不是研究的结束，还需要进行Ⅳ期临床研究，即药物上市后监测。在更广泛、更长期的实际应用中继续考察不良反应、禁忌证、长期疗效和使用时的注意事项，以便及时发现可能有的远期副作用，并评估远期疗效。如果已批准上市的药物在这一阶段发现严重不良反应，此药物还会面临可能被下架的风险。

四、糖尿病及其药物

血压、血糖、血脂和血尿酸，是衡量我们身体状况最基本的四个指标。我国现有高血压患者3.3亿人、糖尿病患者1.5亿人、血脂异常人数超过1.8亿、尿酸超标人数超过1.2亿！不健康的生活习惯和不断增强的压力，使各类疾病的患病率不断上升。人类对健康的渴望日益增强，药物的市场需求不断扩大。药物研究事关人类生命健康，随着全球人口扩张以及老龄化趋势的加重，药物的需求变得日益强烈。目前，抗肿瘤、抗高血压和抗糖尿病药物，已成为全球三大用药品种，其中抗肿瘤药物和抗糖尿病药物增幅也位于前列。

据统计，2021年，全球成年糖尿病患病人数达到5.37亿，占比10.5%。据国际糖尿病联盟（IDF）推测，2030年和2045年，全球糖尿病患者总数将增至6.43亿（11.3%）和7.83亿（12.2%），成年人的患病比例可能达到八分之一。

糖尿病发病率在全球呈高速增长趋势，而中国早在2015年就已成为全球糖尿病患病人数第一位的国家。过去的10年间（2011～2021年），我国糖尿病患者人数由9000万增加至1.4亿，增幅达56%，其中约7283万名患者尚未被确诊，比例高达52%。

世界上绝大部分国家（包括中国）将糖尿病分为4类，分别为1型糖尿病、2型糖尿病、妊娠糖尿病（GDM）和其他特殊类型糖尿病。其中，1型糖尿病多发于儿童和青少年；2型糖尿病可发生于任何年龄段，以中老年人居多，占当下糖尿病患者的绝大部分。血糖监测技术已达到可持续、无创和便利的要求，治疗药物从降糖药到各种抑制剂、激动剂等，新药在不断涌现，这一切都凝聚着科学家的智慧和汗水。

导致人类血糖升高的两个主要病理改变是胰岛素抵抗和胰岛素分泌受损，高血糖治疗药物的开发多基于这两项进行，纠正控制血糖是糖尿病治疗的核心。胰岛素治疗是控制高血糖的重要手段，严重的糖尿病患者需依赖胰岛素控制血糖，从而降低并发症的风险以维持生命。轻度糖尿病患者虽不需要使用胰岛素，但当口服降糖药效果不佳或存在口服药使用禁忌时，仍需使用胰岛素，以控制血糖并减少糖尿病并发症的发生。

根据作用效果的不同，口服降糖药可分为：以促进胰岛素分泌为主要作用的药物（磺脲类、格列奈类、DPP-4 抑制剂）和通过其他机制降低血糖的药物（双胍类、TZDs、α-糖苷酶抑制剂、SGLT2 抑制剂）。

二肽基肽酶（DPP-4）又称为 T 淋巴细胞表面抗原 CD26，是一种细胞表面的丝氨酸蛋白酶，在肠道中高表达。此外，在肝脏、胰腺、肾脏、毛细血管内皮等处也有表达，与免疫调节、信号转导和细胞凋亡有关。DPP-4 可以灭活肠促胰素 GLP-1 和葡萄糖依赖性促胰岛素多肽（GIP），DPP-4 抑制剂则通过抑制 DPP-4 酶从而延长肠促胰素活性，以此达到降低血糖的目的。DPP-4 抑制剂凭借其低血糖发生率低、可口服等显著特点，在国内外临床指南中逐步得到充分认可，治疗地位不断提升，逐渐成为降糖药物市场的主力之一，并占据了较大的市场份额。

GLP-1 受体激动剂，通过激动 GLP-1 受体而发挥降低血糖的作用。目前，国内上市的 GLP-1 受体激动剂，有艾塞那肽、利拉鲁肽、利司那肽和贝那鲁肽，均需皮下注射。GLP-1 受体激动剂可有效降低血糖，并有显著降低体重的作用，可以单独使用或与其他降糖药联合使用。

钠-葡萄糖耦联转运体 2（sodium-glucose linked transporter 2，SGLT-2）抑制剂，可以抑制肾脏对葡萄糖的重吸收，使过量的葡萄糖从尿液中排出，降低血糖。SGLT-2 选择性抑制剂作为降糖药新靶点，由于其特异性分布在肾脏，对其他组织、器官无显著影响，胰岛素抵抗的糖尿病患者仍可受益，且具有不易发生低血糖风险、不增加糖尿病患者体重等优势。

从中国糖尿病药物销售情况来看，中国糖尿病药物市场和全球市场的销售结构存在明显差异。目前，双胍类、磺脲类和 α-糖苷酶抑制剂类等已上市几十年的传统口服药物仍为主流，由新型药物 DPP-4、GLP-1 和 SGLT-2 带来的销售收入比例，远不及全球其他发达国家，尚处于萌芽阶段。

对于糖尿病患者而言，疾病的治疗是一个综合管理的过程，饮食、运动、药物、血糖监测和健康教育需并驾齐驱。目前，所有的治疗手段（包括胰岛素和降糖类药物），均只能暂缓症状，并没有根治的方法。目前糖尿病的发病机制尚不清楚，仍需进一步科学研究。

五、肿瘤及其药物

肿瘤是指机体在各种致瘤因子作用下，局部组织细胞增生所形成的新生物。通俗一点说，就是在人体内新长出来的非正常的包块、肿块。根据肿瘤的细胞特性及对机体的危害性程度，又将肿瘤分为良性肿瘤和恶性肿瘤两大类。良性肿瘤的生长速度通常比较缓慢，一般在其生长地的局部向外面膨胀性地生长，不会侵蚀和破坏邻近的组织器官，也不会向远处发生扩散转移。因此，它的危害相对来说比较小，不带来严重后果。但如果长的太大压迫邻近的组织器官也可能带来不好的后果，比如长在脑里的肿瘤往往会危及生命。恶性肿瘤具有无限增殖和较强的迁移能力，又称为癌症，是目前影响大众健康的最大因素。

在现代肿瘤学的百余年研究历程中，先后出现了多种治疗方法，可分为传统方法和创新方法。传统方法包括化疗、放疗和手术治疗；创新方法包括免疫疗法、靶向疗法和基因疗法等。在人类与癌症的百年博弈中，先后实现了三次革命性的突破。第一次是细胞毒性化疗药物的发现，改变了肿瘤治疗依靠手术和放疗的局面；第二次是靶向治疗，提高了抗肿瘤药物的治疗指数，为精准医疗奠定了基础；第三次就是调动患者全身天然免疫功能的免疫疗法。2013 年，*Science* 将肿瘤免疫治疗评选为年度十大科学突破之首。与手术、放疗和化疗这些传统疗法相比，免疫疗法的副作用更小、疗效更好，有些患者被治愈，有些患者的生存时间大大延长。免疫疗法的出现，或许是人类抗癌之战的转折点。

癌症类型繁多，性质各异，累及的组织和器官不同、病期不同，对各种治疗的反应也不同。因此，大部分患者需要进行综合治疗。所谓综合治疗就是根据患者的身体状况、肿瘤的病理类型和侵犯范围等情况，综合采用手术、化疗、放疗、免疫治疗、中医中药治疗、介入治疗和微波治疗等手段，以期较大幅度地提高治愈率，并提高患者的生活质量。

（一）化疗药物

化疗是化学药物治疗的简称，通过使用化学治疗药物杀灭癌细胞达到治疗目的。由芥子气衍生而来的氮芥于 1946 年用于治疗淋巴瘤，揭开了现代肿瘤化学治疗的序幕。以氮芥为起始，包括烷化剂、抗代谢、抗癌抗生素和抗肿瘤植物药等多种类抗肿瘤药物，被陆续开发用于临床治疗。传统抗肿瘤药物是肿瘤化疗的基石，在恶性肿瘤的综合治疗和辅助治疗中占有重要地位。

由于癌细胞与正常细胞最大的不同在于快速的细胞分裂及生长，所以抗癌药物的作用原理，通常是借由干扰细胞分裂的机制来抑制癌细胞的生长，譬如抑制 DNA 复制或是阻止染色体分离。因此，多数的化疗药物都没有专一性，可应用在不同类型的癌症中，同时，可以与多种药物以及其他治疗方法联合使用。化疗虽然是一种全身性的治疗手段，但在杀灭特定癌细胞的同时，也会对人体的正常细胞造成严重损伤，是一种“玉石俱焚”的治疗方法。

随着对药物作用机制的亚细胞水平及分子水平的研究、抗癌新药的发现、联合用药和用药途径的改变等，化疗在临床上已取得了令人振奋的进展。目前，化疗不仅是一种姑息疗法或辅助疗法，还已经发展成为一种根治性的方法和手段。

常见化疗药物阿霉素是一种蒽环类抗生素，具有很强的抗癌活性。其部分分子结构可嵌入 DNA 双链中形成稳定的复合物，影响 DNA 的结构和功能，阻止 DNA 复制和 RNA 的合成，对 RNA 的抑制作用最强。其抗瘤谱较广，对乳腺癌、肺癌、卵巢癌、胃癌和肝癌等多种癌症都有一定作用，属细胞周期非特异性药物，对各种生长周期的肿瘤细胞都有杀灭作用，但 S 期的早期最为敏感，M 期次之，G_1 期最不敏感。

紫杉醇作为第一个从天然植物中提取的化疗药物，至今仍然是肿瘤治疗一线用药。1958 年，美国国家癌症协会（NCI）发起一项历时 20 余年的筛选 3.5 万多种植物提取物的计划，1963 年 Wall 和 Wani 从太平洋红豆杉中提取出紫杉醇。从确定其化学结构和作用机制到完成毒理实验，再进入临床研究共花了10余年时间，而正式上市已是1992年年末。紫杉醇最早被批准用于治疗晚期卵巢癌。紫杉醇可以稳定和增强微管蛋白的聚合，防止微管的解聚，让细胞停滞在G_2～M期，抑制细胞的有丝分裂，使细胞凋亡，从而发挥抗肿瘤作用。紫杉醇主要用于治疗卵巢上皮癌、转移性乳腺癌和非小细胞肺癌，以及卡波西肉瘤。

紫杉醇水溶性低，使用助溶剂的紫杉醇注射液会引发一系列过敏反应。因此，为增强紫杉醇水溶性和靶向性，研究者们已研发出紫杉醇脂质体、注射用白蛋白结合型紫杉醇、紫杉醇纳米粒等，具有靶向特异性的紫杉醇新型的释药系统。由于紫杉醇抗肿瘤的疗效显著，适应证不断扩大，目前已成为全球销量排名第一的抗肿瘤药物。除此之外，紫杉醇的联合给药也正处在不同的临床研究阶段。

化疗中还有一类是激素的内分泌治疗，常用于需要激素促进生长的癌症，如乳腺癌和前列腺癌，可以通过影响和控制体内的激素分泌，从而让癌症发展更缓慢甚至停止生长。

（二）分子靶向治疗药物

分子靶向治疗的内涵丰富，简而言之，就是依据已知肿瘤发生中涉及的异常分子和基因，设计和研制针对特定分子和基因靶点的药物，选择性杀伤肿瘤细胞，能够减少对正常组织的损伤，提高治疗的效果。其不良反应也远远小于传统的化疗和放疗，可以说是“高效低毒”，是肿瘤治疗从宏观到微观的一次飞跃。

目前，已研制出的分子靶向药物主要有两大类。一类是单克隆抗体这样的大分子物质，如美罗华（利妥昔单抗）、赫赛汀（曲妥珠单抗）、爱必妥（西妥昔单抗）和安维汀（贝伐单抗）等，其优势为靶向性强、半衰期长，大多通过静脉给药。另一类是小分子抑制物，如易瑞沙（吉非替尼）、特罗凯（厄洛替尼）、多吉美（索拉非尼）、格列卫（伊马替尼）、索坦（舒尼替尼）等。与单克隆抗体等大分子药物相比，小分子抑制物的优点在于分子量小、可口服给药、易于化学合成；但缺点为半衰期较短，因此要每天服用。

从机制上来说，分子靶向药物的作用原理，可以针对肿瘤细胞本身，也可以作用于肿瘤微环境。可通过抑制肿瘤细胞增殖、干扰细胞周期、诱导肿瘤细胞分化、抑制肿瘤细胞转移和诱导肿瘤细胞凋亡，以及抑制肿瘤血管生成等途径达到治疗肿瘤的目的。除了费用昂贵外，分子靶向药物也会引起一些不良反应，可能会影响机体的免疫功能，同时也会出现耐药性，在用药过程中需要注意监测。

分子靶向治疗药物，具有特异性和广谱性两个特点。对于肿瘤的发生和发展依赖于某一特定癌基因的这种癌基因依赖型肿瘤，采用针对此基因的靶向药物治疗可取得非常好的疗效。其特点为靶点专一、毒副作用小。例如，针对慢性髓细胞性白血病BCR-ABL融合基因的靶向药物格列卫、针对乳腺癌HER-2癌基因的靶向药物赫赛汀。分子靶向治疗的广谱性，体现在药物可靶向多个位点和通路，抗瘤谱非单一，毒副作用较多，如索拉非尼作用靶点包括了VEGFR、PDGFR、KIT、RAF，治疗的瘤种为肾癌、肝癌、甲状腺癌等。

CDK4/6 抑制剂帕博西尼（Palbociclib）是一种针对细胞周期的分子靶向药，由 David Fry 和 Peter Toogood 于 2001 年开发，多年后它的治疗作用才被重视，临床二期试验开始于 2009 年。2015 年通过了美国 FDA 认证。帕博西尼特异性抑制 CDK4 和 CDK6 的激酶活性，从而阻止 Rb 蛋白的磷酸化，使细胞周期停滞于 G_1 期。但并不是所有的肿瘤细胞都依赖 CDK 的激活增殖分裂，例如，目前研究发现，在激素受体（HR）阳性的乳腺癌中，CDK4/6 过度激活，在临床研究中发现 CDK4/6 和雌激素受体信号双重抑制剂，可以有效抑制此类乳腺癌细胞的生长。

PARP 抑制剂，是一种针对 DNA 修复的分子靶向药。除了可提高化疗药的疗效外，PARP 抑制剂作为单药对乳腺癌相关基因（BRCA）突变的患者也有效。BRCA 突变的患者基因重组功能已经缺失，再通过 PARP 抑制剂抑制 DNA 的修复，则可以通过双重作用杀死肿瘤细胞，初步临床研究中已证实这一理论假设。PARP 抑制剂不仅对 BRCA1 或 BRCA2 突变能产生协同作用，也可能与许多还未发现的基因突变存在协同杀伤作用。

新型靶向药物 PROTAC（proteolysis-targeting chimeras），是一种利用泛素-蛋白酶体系统对靶蛋白进行降解的药物开发技术。在结构上，PROTAC 包括三个部分：一个 E3 泛素连接酶配体和一个靶蛋白配体，两个活性配体通过特殊设计的“Linker”结构连接在一起，最终形成了三联体的“PROTAC”的活性形式。在患者体内，PROTAC 的靶蛋白配体和靶蛋白结合，E3 泛素连接酶配体和细胞内的 E3 泛素连接酶的底物结合区结合，从而通过 Linker 把靶蛋白“拉近”到 E3 泛素连接酶旁边，实现泛素-蛋白酶体系统将靶蛋白降解。

相比于其他疗法（如细胞治疗、抗体药物等），PROTAC 生产流程更简单；相比小分子药物，PROTAC 可以靶向更多小分子药物无法靶向的靶点，产生更好的效果。因此，PROTAC 技术受到了高度关注，并已开始应用于癌症、免疫紊乱、病毒感染和神经退行性疾病等的药物研发，以癌症领域的应用为主。它已经成为一种新的药物发现模式，有可能改变传统的药物发现，可能成为一种新的重磅疗法。

进入 21 世纪后的抗肿瘤药物研发战略，是在继续深入发展细胞毒性药物的基础上，同时逐渐引入分子靶向性药物的开发。目前很多靶向药物已经在临床起了极其重要甚至是奇迹般的作用。有些已经按照循证医学的原则进入了国际肿瘤学界公认的标准治疗方案和规范，更多和更有希望的药物也在快马加鞭地研制和早期临床试验中。

随着计算机技术及计算化学、分子生物学和药物化学的发展，药物设计策略逐渐成熟完善。其中，计算机辅助药物设计方法（CADD）是目前新药发现的主要方向。它是依据生物化学、酶学和分子生物学以及遗传学等生命科学的研究成果，针对这些基础研究中所揭示的包括酶、受体和离子通道及核酸等潜在的靶点设计药物，并参考其他类源性配体或天然产物的化学结构特征，设计出合理的药物分子。

（三）免疫治疗及药物

正常情况下，免疫系统可以识别并清除自发突变产生的肿瘤细胞，但为了生存和生长，肿瘤细胞能够采用不同策略，使人体的免疫系统受到抑制，不能正常地杀伤肿瘤细胞，从而在抗肿瘤免疫应答的各阶段得以幸存。肿瘤免疫治疗，就是通过重新启动并维持肿瘤-免疫循环，恢复机体正常的抗肿瘤免疫反应，从而控制与清除肿瘤的一种治疗方法。

癌细胞和免疫系统的相互斗争被称为“免疫编辑”。整个过程通常横跨数年，甚至几十年。肿瘤免疫编辑分为三个过程：①免疫清除过程，机体免疫系统识别肿瘤并通过多种途径杀伤肿瘤细胞。如果成功，肿瘤免疫编辑就此结束。②免疫平衡过程，这是一个长期的进程，在这个过程中，肿瘤细胞在免疫系统的监视下，虽有少量残存，但不致为害，不影响机体的正常生活。在人类可达 10～20 年。③免疫逃逸过程，免疫系统杀伤肿瘤的作用逐渐减弱，以致不能清除肿瘤细胞。肿瘤细胞对抗免疫细胞的能力逐渐增强，逃脱监管，甚至策反免疫系统，出现杀伤免疫细胞的现象。

目前，癌症的免疫治疗包括以下 5 种方法：

（1）免疫调节剂（非特异性）。应用免疫调节剂增强机体免疫功能，激活机体的抗肿瘤免疫应答，治疗肿瘤。免疫调节剂包括干扰素，IL-2，胸腺肽，胸腺肽 α；香菇多糖，猪苓多糖，酵母多糖。

（2）肿瘤疫苗（主动免疫）。肿瘤疫苗利用肿瘤细胞或肿瘤抗原物质诱导机体的特异性免疫和体液免疫，以增强机体抗肿瘤能力，预防术后扩散和复发，治疗肿瘤。肿瘤疫苗包括多肽疫苗、核酸疫苗、重组病毒疫苗、细菌疫苗和树突状细胞疫苗等。

（3）过继性免疫治疗（被动免疫）。在没有外界干预的情况下，人体内可以识别肿瘤细胞的 T 淋巴细胞数目非常少，占比不足十万分之一。过继性免疫治疗是一种免疫细胞治疗，从肿瘤患者中分离免疫活性细胞，在体外进行扩增和功能鉴定，然后向患者转输，以增强杀伤肿瘤的免疫细胞数量，提高机体的抗肿瘤能力。过继性细胞免疫治疗，根据其发展历程依次为自体淋巴因子激活的杀伤细胞（lymphokine-activated killer cell，LAK）、自体肿瘤浸润淋巴细胞（tumor infiltrating lymphocyte，TIL）、自然杀伤细胞（natural killer cell，NK）、细胞因子诱导的杀伤细胞（cytokine-induced killer cell，CIK）、细胞毒性 T 细胞以及经基因修饰改造的 T 淋巴细胞（CAR-T、TCR-T）等。

（4）免疫检查点阻断治疗。癌细胞与人体系统之间，一直存在着复杂的相互作用关系：一方面，癌细胞需要从人体系统中获得营养支持供其生长；另一方面，癌细胞也需要逃避免疫系统的追杀。而免疫系统是有刹车的，就是所谓的免疫检查点。免疫检查点，是指免疫系统中存在的一些抑制性信号通路。机体在正常抗肿瘤免疫应答情况下，共刺激信号和共抑制信号保持平衡，通过调节自身免疫反应的强度来维持免疫耐受。机体在受到肿瘤侵袭时，通常会诱发免疫检查点信号通路，从而抑制自身免疫，给肿瘤细胞的生长和逃逸提供机会。PD1/PD-L1 就是其中之一，癌细胞可以利用 PD-L1 结合 PD-1，踩上免疫细胞的刹车，从而逃脱免疫系统的追杀。因此，市面上出现了针对 PD-1 的抗体药，使免疫系统保持激活状态。但是，PD-1 抗体药并非对所有患者有效，而且也有可能矫枉过正，出现免疫过激的情况。

（5）新生抗原疫苗。虽然抗体介导的免疫检查点治疗，消除了肿瘤细胞对免疫细胞的抑制作用，达到了抗肿瘤的效果。但在许多情况下效果有限，特别是在实体瘤中的应答率较低。低免疫原性，也是肿瘤免疫逃逸的另一个关键原因。因此，寻找免疫原性更强的新抗原，已成为免疫治疗的新突破口。

之前，大多数癌症疫苗，多使用肿瘤相关抗原（tumor associated antigen，TAA）作为免疫原。这些 TAA 本质上是非突变的自身抗原，存在于正常基因组中。TAA 通常在人体正常细胞中，以相对低水平表达的状态存在，而在癌症组织中表现为过度表达。接种以 TAA 为基础的癌症疫苗的目的，在于激发机体产生针对相应 TAA 的免疫反应，主要是激活 T 淋巴细胞，杀灭和清除表达该 TAA 抗原的癌细胞。然而，TAA 疫苗作为机体正常存在的自身抗原，在临床应用上，存在造成免疫系统产生中枢性耐受或自身免疫疾病的出现。

癌症新生抗原是体细胞突变的产物，这类产物是健康细胞和正常基因组中所没有的，它们不仅是特异性癌症抗原，而且不易发生中枢性耐受，具备构建癌症疫苗的理想条件。个体化新生抗原癌症疫苗的制备过程，已经逐渐系统化。其基本的程序主要分为 4 个阶段：寻找抗原、验证抗原、设计疫苗和生产。自 2015 年以来，已报道 19 例利用基于新生抗原的细胞治疗，治疗有效率达到 90%。乌古尔•萨欣（Ugur Sahin）团队报道，13 名黑色素瘤晚期患者接种新生抗原疫苗后，8 人肿瘤完全消失，23 个月无复发；其余 5 人在接种疫苗时肿瘤已经扩散，其中 2 人出现肿瘤缩小，其中 1 人接受 PD-1 抗体药物辅助治疗后肿瘤完全消退。Catherine J. Wu 团队报道，6 名黑色素瘤晚期患者接种新生抗原疫苗，4 人肿瘤完全消失，32 个月无复发；另外 2 人接受 PD-1 抗体药物辅助治疗后，肿瘤消失。

除了应用于肿瘤疫苗外，基于新生抗原的治疗方法也常用于细胞疗法中。但由于肿瘤的异质性难以解决、申报注册的不确定性、专利壁垒等问题，肿瘤新生抗原疗法还面临诸多挑战。如何提高新生抗原筛选的准确性，获得有价值的新生抗原，更是成为突出的技术壁垒。在大量的候选肿瘤新生抗原中，预测能用的新生抗原只有两位数，到最后临床真正产生免疫反应的抗原可能只有几个。

因此，人们相信，随着测序技术和生物信息算法的不断发展，会给我们带来更多的惊喜。人类健康，正与科研产生越来越紧密的联系。

主要参考文献

Li W Q, Wang D J, Ge Y S, et al., 2020. Discovery and biological evaluation of CD147 N-glycan inhibitors: a new direction in the treatment of tumor metastasis[J]. Molecules, 26(1): 33.

Liu D, Mao Y Y, Gu X, et al., 2021. Unveiling the “invisible” druggable conformations of GDP-bound inactive Ras[J]. Proceedings of the National Academy of Sciences of the United States of America, 118(11): e2024725118.

Qu L L, Lin B Q, Zeng W P, et al., 2022. Lysosomal K^+ channel TMEM175 promotes apoptosis and aggravates symptoms of Parkinson’s disease[J]. EMBO Reports, 23(9): e53234.

第十二讲　肿瘤的发生与治疗

梅一德 教授，肿瘤细胞生物学家，国家优秀青年基金获得者。

肿瘤是威胁人类健康和生命的一种重大复杂性疾病。近年来，随着对肿瘤研究的逐步深入，其治疗手段也发生了翻天覆地的变化，这包括从手术切除到放疗，从化疗到靶向药物，再到如今的精准治疗和免疫疗法。尽管仍然有肺癌和黑色素瘤等恶性肿瘤令人闻之色变，但更多类型的肿瘤随着早期诊断和治疗手段的更新及发展，已经逐步实现从具有高发病率和高致死率特点的疾病向长期慢性疾病的转变。下面我们将回顾肿瘤的发病机制与治疗的研究历程。

一、肿 瘤 概 况

（一）历史上的肿瘤

2000 多年前，人们发现了一种“不治之症”，患者会在身体某处长出外壳像螃蟹一样硬的组织块，这些组织块中富含血管，犹如螃蟹的爪子，有时还会向身体其他地方转移。于是，这种病症被称作“CARCINOS”，拉丁语中意为“螃蟹”。后来，这个词慢慢演化为“cancer”，即如今的癌症。在脑部等组织中也经常会存在良性肿瘤，后者虽然也属于肿瘤这个概念，会在特定部位出现一些增生，但因为它一般不会形成恶性的状态，所以被认为是良性的。

恶性肿瘤一向被认为不可治愈。然而，近十年来，随着全球因恶性肿瘤死亡人数的首次下降（尽管恶性肿瘤依然是导致死亡的一个最重要的原因），越来越多的人提出，通过现代的治疗方案，可以将恶性肿瘤转变为“可以治疗、控制甚至是治愈”的慢性病。国内也有资深的肿瘤内科权威孙燕院士明确指出：“其实对于普通人而言，未来会有越来越多的癌症也许就像糖尿病一样，仅仅是一类再普通不过的慢性病而已。只要加强预防，及早发现，及早治疗，再加上越瞄越准的靶向新药，癌症并没有那么可怕。”换句话说，像对待糖尿病一样，恶性肿瘤治疗的理想状况是可以使患者在不影响寿命的前提下带瘤生存。

（二）肿瘤的起源

按照起源细胞的类型，肿瘤可分为三种类型。第一种被称为“carcinomas”，即来源上皮细胞的肿瘤，包括肺癌、乳腺癌、宫颈癌、肠癌等，占据肿瘤全部类型的 90%；第二种被称为“sarcomas”，即肉瘤，来源于间叶组织，包括骨肉瘤、软骨瘤、脂肪瘤、肌肉瘤等，较为少见；最后一种被称为“leukemia”或“lymphomas”，也就是白血病和淋巴瘤，它们起源于机体内的淋巴细胞或其他血液系统来源的细胞，包括 B 淋巴细胞、T 淋巴细胞等，白血病和淋巴瘤占全部类型肿瘤的 8%左右。其中，carcinomas 和 sarcomas 都属于固体肿瘤，或被称作实体肿瘤，而白血病和淋巴瘤又被称为液体肿瘤。

肿瘤患者中，超过 90%的死亡原因在于肿瘤发生了远端的转移。在远端转移前，病灶可以通过手术直接去除，但发生远端转移后，肿瘤的灶点存在于身体各处，难以通过手术清除，最终造成不可挽回的后果。肿瘤细胞转移到远端的过程，包括穿过细胞外基质、进入血管、再穿出血管，最后到达转移部位。这一系列过程极为复杂，涉及基因的表达调控、细胞迁移能力的动态调节以及细胞代谢方式的改变等，最终在整体上导致了肿瘤的转移（图 12.1）。

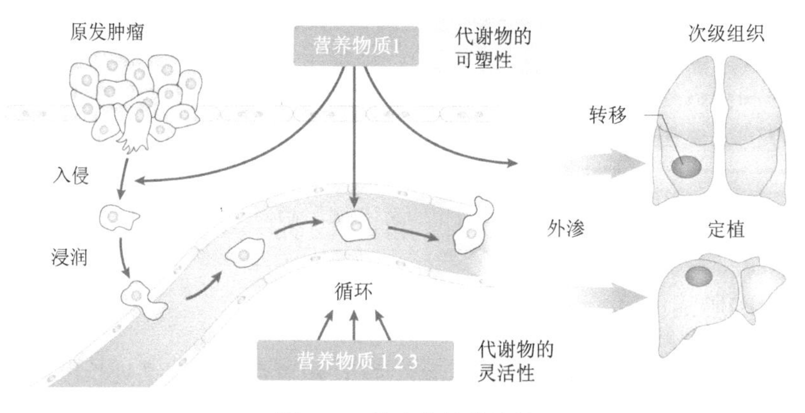

图 12.1　肿瘤的转移过程

改编自 Bergers，2021

涉及此点，肿瘤中有一个很重要的概念——肿瘤 TNM 分期。其中 T 代表原发肿瘤，N 代表原发肿瘤附近的淋巴结，M 代表远端的器官是否形成了肿瘤的转移灶。从 T 到 N，再到 M，肿瘤恶性程度逐渐增加。针对各种不同的分期类型，又以数字细分恶性程度，数字越大，恶性程度越高，综合分期的评分作为肿瘤恶性程度的评估。

（三）肿瘤细胞的特征

肿瘤可怕的一点在于，肿瘤的增殖非常快。早在 2000 年，科学家们总结了肿瘤细胞的六大特征：持续的增殖信号，逃避生长抑制，抵抗细胞死亡，诱导血管生成，无限的复制能力，激活浸润与转移（图 12.2）。

后来，随着对肿瘤研究的深入，人们又补充了 4 点新特征：基因组不稳定性和突变、炎症微环境、细胞能量代谢异常和逃避免疫监视（图 12.3）。具体来说，肿瘤细胞可以持续地增殖并规避生长抑制信号的限制，以特定通路抵抗细胞凋亡或其他细胞死亡方式，在组织中诱导新生血管供给更多营养，表达端粒酶以避免染色体上端粒缩短，从而无限复制，转移到机体远端形成新的病灶。这些变化往往与基因组特定位置的突变有关，促进形成炎症微环境并形成正反馈促进肿瘤细胞进一步增殖。这一过程伴随着细胞能量代谢方式的变化以及细胞表面特征分子的改变，以逃避 T 淋巴细胞和其他免疫细胞的监控杀伤。

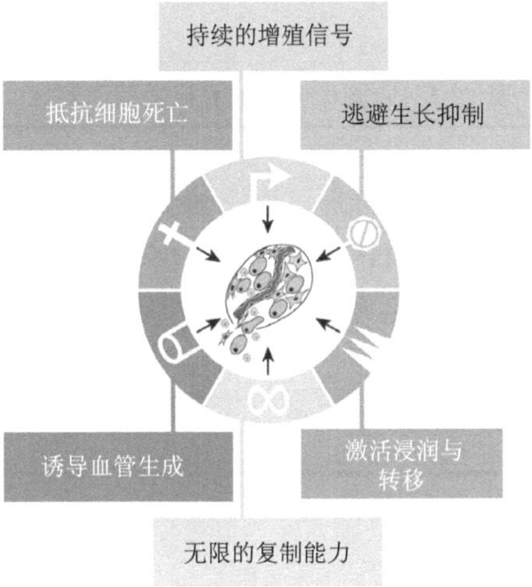

持续的增殖信号
抵抗细胞死亡
逃避生长抑制
诱导血管生成
激活浸润与转移
无限的复制能力

图 12.2　肿瘤细胞的六大特征

改编自 Hanahan，2000

新出现的标志
细胞能量代谢异常
逃避免疫监视
基因组不稳定性和突变
炎症微环境
赋予肿瘤特性的特征

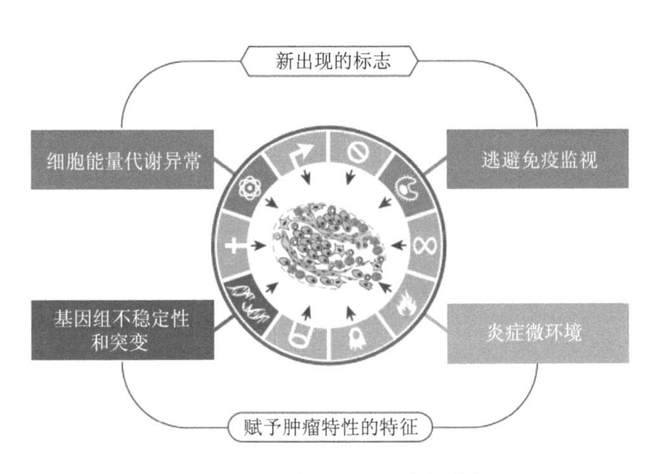

图 12.3　肿瘤细胞的 4 点新特征

改编自 Hanahan，2011

（四）肿瘤的发病率

据统计，2018 年全球新发肿瘤病例已超过 1800 万，其中，中国的新发病例是 430 万左右，而死亡病例有 286.5 万，发病前 5 位数据见表 12.1。

另外，无论是在中国还是全球，无论是新增肿瘤病例还是肿瘤患者死亡病例，肺癌都排在第一位，见表 12.2。肺部作为和外界空气直接交流的部位，容易受到更多环境因素的影响，相应地也有更高的癌变风险，肺癌也被认为是恶性程度最高的肿瘤之一。

表 12.1　中国与全球的肿瘤发病率对比

中国肿瘤发病统计			全球肿瘤发病统计		
肿瘤类型	发病人数/万	发病占比	肿瘤类型	发病人数/万	发病占比
肺癌	77.4	18.1%	肺癌	209.4	11.6%
肠癌	52.1	12.2%	乳腺癌	208.9	11.6%
胃癌	45.6	10.6%	肠癌	184.9	10.2%
肝癌	39.3	9.3%	前列腺癌	127.6	7.1%
乳腺癌	36.8	8.6%	胃癌	103.4	5.7%

数据来源：Bray，2018

表 12.2　中国与全球的肿瘤患者死亡率对比

中国肿瘤患者死亡统计			全球肿瘤患者死亡统计		
肿瘤类型	死亡人数/万	死亡占比	肿瘤类型	死亡人数/万	死亡占比
肺癌	69.1	24.1%	肺癌	176.1	18.4%
肠癌	39.0	13.6%	乳腺癌	88.1	8.9%
胃癌	36.9	12.9%	肠癌	78.3	8.2%
肝癌	28.3	9.9%	前列腺癌	78.2	8.2%
乳腺癌	24.8	8.6%	胃癌	62.7	6.6%

数据来源：Feng，2019

（五）肿瘤治疗手段的演变

想要控制和治疗肿瘤，首先需要深入地了解肿瘤。从肿瘤被发现至今，随着认识的逐渐深入，针对肿瘤的治疗方案也在不断改进。公元前 3000 年左右，古埃及的莎草纸上第一次记录了乳腺癌的病例，当时是通过火烧来进行治疗。20 世纪之前，人们发现可以用外科手术切除病灶。直到 20 世纪初，随着放射性元素的发现和应用，人们用 X 射线和伽马射线等对肿瘤进行放射治疗。但是，这种疗法在杀伤肿瘤细胞的同时也会损伤正常细胞，具有较强的副作用，包括脱发、呕吐、皮疹等。20 世纪 40 年代之后，人们也开始使用化学小分子治疗肿瘤，尤其是对于血液瘤有较好的治疗效果，如紫杉醇、顺铂、阿霉素类药物等。但是，化疗药物同样没有选择性，会无差别地杀伤肿瘤细胞和正常细胞，也具有较强的副作用。1980 年之后，靶向治疗的概念被提出，即在细胞水平上，针对已经明确的癌症特异性靶点进行治疗，意在针对性杀伤肿瘤细胞的同时避免损害正常细胞。自 2010 年以来，肿瘤的免疫治疗方法正式开启赛道，最近十年迎来了快速的发展（图 12.4）。

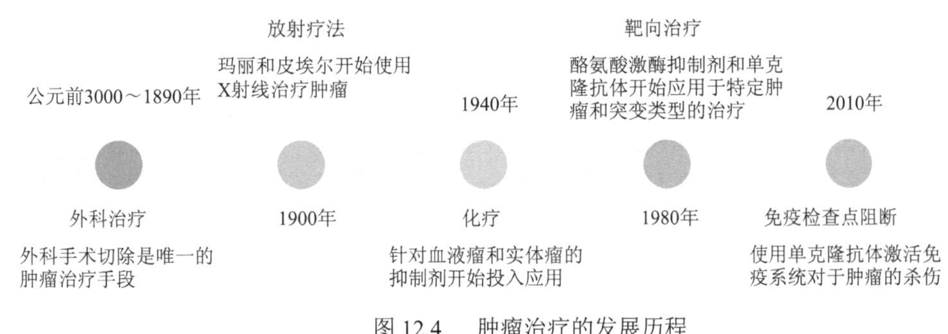

图 12.4 肿瘤治疗的发展历程

改编自 Falzone，2018

二、RNA 病毒

（一）肿瘤诱导病毒的发现

靶向治疗（targeted therapy），顾名思义，重点在于找出合适的靶点，即肿瘤细胞产生的原因和机制，以及在这一过程中关键的特异性靶点分子。这一领域的研究可从一只鸡的故事引出，最终的相关研究成果也获得了三个诺贝尔生理学或医学奖。

1908 年，刚从医学院毕业两年的弗朗西斯•劳斯（Francis P. Rous，1879～1970 年），加入洛克菲勒研究所从事癌症相关的研究工作。这时，他收到附近农场主送来的一只患病的鸡，这只鸡身上有一块很大的增生肿瘤组织。弗朗西斯将鸡身上的肉瘤取出、切碎并研磨，这一过程中破坏了细胞的结构，再用滤膜过滤、除去细胞残渣和一部分细菌，将过滤得到的液体注射到另外一只鸡身上。弗朗西斯发现，另外一只鸡竟然也可以产生肿瘤，并且这“传代”的过程可以被不断重复。通过这样的方法他发现，肿瘤可以不依赖于细胞，而仅凭借“病毒”一直传代下去。尽管当时这个理论过于惊世骇俗，但这种病毒后来被证实属于逆转录 RNA 病毒，可以造成宿主的基因突变。

当时被广泛认同的理论是，正常细胞因为受到外界环境因素的影响而转变为肿瘤细胞。1775 年时，一位英国的医生波特（P. Pott）在笔记中描述，清扫烟囱的烟管工人常常会得阴囊癌，其实是因为烟囱中的很多化学物质诱导了肿瘤的发生。这是人们第一次发现环境中的因素，会引起肿瘤的产生。之后在 1915 年，日本人 Katsusaburo Yamagiwa 通过将含有各类酚、芳香烃、杂环化合物的煤焦油抹在兔子耳朵上，持续 660 天后观察到兔子耳朵长出了一个巨大的肿瘤，第一次实现了人造肿瘤，并证实了化学物质可以直接诱导肿瘤的发生。

后来，人们逐渐发现这两种肿瘤诱导方式其实有很大区别：化学物质诱导肿瘤往往需要很长时间，也并不稳定；而病毒诱导肿瘤其实非常稳定，只要接种成功就会成瘤。1966 年时，弗朗西斯因为发现病毒可以诱导肿瘤获得了诺贝尔奖。

（二）中心法则的完善

为了更深入研究，仅仅依靠模式生物逐渐捉襟见肘。于是，霍华德 • 特明（Howard Temin，1934 年生）和哈利 • 鲁宾（Harry Rubin）这两位科学家建立了一种模拟肿瘤诱导的细胞模型，称为“focus formation assay”。他们将细胞放在培养皿上培养生长，如果为正常细胞，会在接触抑制的作用下单层生长；如果被诱导为肿瘤细胞，则会失去接触抑制，渐渐长出一个克隆中心。在中心位置，细胞一层一层地累加生长从而可以被观察到。

通过这样的模型他们想解决一个问题，在病毒诱导肿瘤形成的过程中，究竟是 RNA 还是 DNA 起关键作用？特明给出的假设是，病毒中的 RNA 有可能是被转化成 DNA，最终促成肿瘤的发生。当时，中心法则还没有被完善，人们普遍认为遗传信息只能是由 DNA 传给 RNA 再传给蛋白质，并不认同他的猜想。直到后来逆转录酶的存在被证实，中心法则被进一步完善，特明在 1975 年和另外两位科学家戴维 • 巴尔的摩（David Baltimore，1938 年生）和雷内特 • 杜尔贝科（Renato Dulbecco）一同分享了诺贝尔奖。

（三）Src 基因的发现

为了进一步研究是 RNA 病毒中的何种基因使得正常细胞向肿瘤细胞转变，研究者们通过体外细胞模型，筛选出一系列可以感染细胞但并不能诱导肿瘤形成的病毒突变体。对比野生型病毒与突变体的区别，最终证实突变体只少了一段被称作 Src 的基因，即 RNA 病毒中的 Src 基因可以让正常的细胞发生癌变。

Src 基因表达一种酪氨酸激酶，可以促进细胞增殖。通过将一段病毒来源的基因与其他物种的基因组杂交，人们发现 Src 并不是病毒特有的，进而提出新的“Cellular Origin（细胞来源）猜想”：最原始的病毒中不存在 Src 基因，直到某一次病毒的 RNA 被逆转录成 cDNA 后，碰巧插入在宿主细胞中 Src 基因的位置，并在组装子代病毒时携带上后者。当这些子代病毒感染其他细胞时，表达 Src 的部分可以促进宿主细胞进一步增殖而产生更多的新型病毒，渐渐通过优势选择而被保留下来，最终取代了原先不携带 Src 的病毒株。提出这个概念的科学家迈克尔 • 毕晓普（J. Michael Bishop）和哈罗德 • 瓦姆斯（Harold E. Varmus），最终在 1989 年获得了诺贝尔奖。

三、癌基因研究：三个经典案例

很多像 Src 这样的基因，被称作癌基因。顾名思义，癌基因如果异常活化，就会促进肿瘤的产生。这些基因也存在于正常细胞中，但在其被活化之前，称作原癌基因。在正常细胞中，原癌基因的活性或表达量较低，不会导致肿瘤的发生。

从原癌基因转变成癌基因的方式，主要包括 3 种：第一种，原来的基因被转移到另外一条染色体上，例如，转移到某个强启动子之后，引起该基因的过量表达。第二种，基因扩增后导致基因表达产物大大增加。第三种，基因由于某种刺激发生突变，突变之后该基因获得了引起细胞异常增殖的能力。通过这 3 种方式，原来的原癌基因由“好的基因”变为“坏的基因”，进而诱导正常细胞向癌细胞转变。需要注意的一点是，原癌基因在特定的情况下可以变为癌基因，但这并不意味着原癌基因本身是“坏的基因”。实际上，它们在正常细胞中往往具有重要的作用，不可被随意抑制。

（一）Ras 的发现

在癌基因的研究历程中，有三个非常经典的案例。

第一个案例是克隆人类癌基因的过程。基于之前提到的癌基因的细胞来源理论，人们猜测肿瘤细胞的基因组中一定有癌基因的存在。为了克隆癌基因，温伯格（Weinberg）和威格勒（Wigler）等建立了一套方法，他们将人膀胱癌细胞系的基因组 DNA 提取出来，转到小鼠的 3T3 细胞中。如果癌基因被转到正常的 3T3 细胞中，那么这些细胞会变成肿瘤细胞。利用之前提到的 focus formation assay，在一群细胞克隆中挑选出发生癌变的 3T3 克隆，提取出这些细胞的基因组 DNA，并重复进行再一次的筛选实验。随后，提取第二轮获得的癌变 3T3 克隆的基因组 DNA，并将经过限制性酶切后的基因组片段转到噬菌体载体上进行噬菌体展示。最终，依靠灵长类生物特有的 Alu 重复序列挑出一系列噬菌体中包含的人 DNA 序列。这样，就可以找到来源于人膀胱癌细胞系的癌基因。

凭借这一套方法，1982 年第一个人的癌基因 Ras 被克隆出来。Ras 蛋白其实是一种小 GTP 酶，它能够水解 GTP 产生 GDP，并且 Ras 在结合 GTP 时为活化状态，而在结合 GDP 时为失活态。在功能上，Ras 能够介导细胞中促增殖信号的传递。例如，当细胞受到表皮生长因子 EGF 的刺激时，Ras 蛋白释放 GDP 并结合 GTP，从而由失活态转变为活化态，并将胞外信号传递和放大，最终促进细胞的增殖。而当细胞失去 EGF 这一增殖信号后，Ras 作为小 GTP 酶能够水解和其结合的 GTP，最终导致 Ras 的失活。因此，在正常细胞中，Ras 的活性受到严格的控制。然而，在大多数肿瘤中，Ras 基因会发生突变，包括 90%左右的胰腺癌，50%左右的肠癌，以及 30%左右的肺癌。肿瘤细胞中 Ras 的突变，通常会导致其失去 GTP 酶活性，这使得 Ras 不能将 GTP 水解为 GDP，从而持续保持活化状态，最终促进肿瘤细胞的恶性增殖。

Ras 被发现后，人们就尝试筛选针对 Ras 突变体的小分子抑制剂，并希望能够靶向治疗肿瘤。但是，后来几十年的时间，一直没有非常好的结果。其中主要的原因是 Ras 蛋白本身比较小，其结构也具有高度动态性，而且在针对 Ras 突变位点筛选药物的同时又必须避开非突变位点，防止干扰正常细胞的增殖信号。由于研究一直没有突破性的进展，Ras 也逐渐被认为是一种不具有成药性的靶点。目前，仅有少数几种小分子还在尝试临床试验。

（二）Bcr-Abl 的发现

另一个经典案例，在几年前因一部电影的热映逐渐被更多人熟知——《我不是药神》中的格列卫（图 12.5），又被称作伊马替尼。实际上，它是一种在 2001 年被美国 FDA 批准用于治疗慢性髓细胞性白血病的小分子药物（常用名：伊马替尼；CAS 号：152459-95-5；

分子式：C29H31N70；分子量：493.603）。

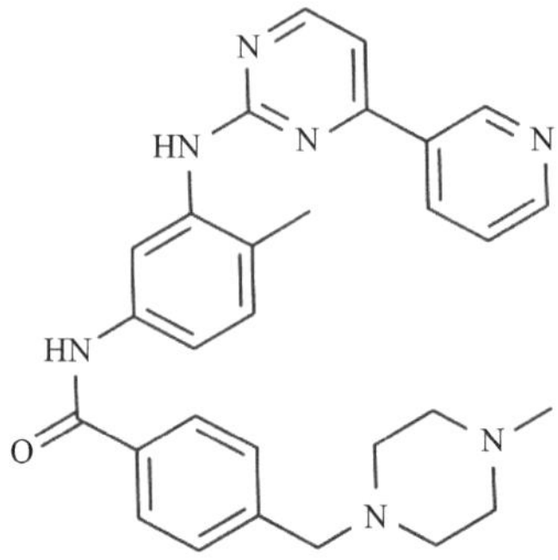

图 12.5　格列卫的化学结构

格列卫是一种靶向 BCR-ABL 的酪氨酸激酶抑制剂，在 2001 年被 FDA 批准用于治疗慢性髓细胞性白血病之后，也陆续增加了其他很多适应证，用于治疗其他一些类型的同样拥有此靶点的肿瘤。实际上，BCR-ABL 是一种肿瘤中广泛存在的酪氨酸激酶，可以促进肿瘤的发生。

关于 BCR-ABL 的研究，最早可以追溯到 1960 年。当时，在费城的宾夕法尼亚大学，诺埃尔（Nowell）和亨格福德（Hungerford）这两位科学家在观察来自慢性髓细胞性白血病患者的样本时，发现总是可以看见细胞中有一条缩短的染色体，和正常细胞区别明显，于是将它命名为费城染色体。很长一段时间内，人们只能证实这种现象确实存在，但并不能理解其中的科学意义。直到 1973 年，珍妮特 • 罗利（Janet Rowley）教授发现费城染色体出现的原因，是细胞中 9 号染色体和 22 号染色体的长臂发生了易位。于是，产生了 BCR-ABL 这个融合蛋白，其中 ABL 是一个酪氨酸激酶，其活性在正常情况下会被严格监控。但当它融合 BCR 之后，就不再受细胞内调节增殖的抑制信号的控制，一直处于活化的状态，最终促使正常细胞向肿瘤细胞转变。

既然 BCR-ABL 是慢性髓细胞性白血病特有的蛋白，自然它很适合作为该肿瘤治疗的靶点。于是，布莱恩 • 德鲁克尔（Brain J. Druker）和医药公司合作，针对 BCR-ABL 筛选抑制剂，于 1996 年在 *Nature Medicine* 期刊上发表文章，报道了一种可以特异性抑制细胞中 ABL、PDGFR、KIT 这一类酪氨酸激酶的小分子，在体内和体外均能杀死表达 BCR-ABL 的肿瘤细胞，而且不会引起明显副作用。后来，在此基础上开发出了格列卫这种药物。

那么，格列卫在患者身上的效果究竟如何？参考 2017 年发表在权威医学刊物 *The New England Journal of Medicine* 上的临床研究，接受格列卫治疗的慢性髓细胞性白血病患者在十年内的生存率达到了 83.3%。而在格列卫问世之前，2001 年的统计数据显示，约三分之二的慢性髓细胞性白血病患者会在 5 年内去世。也就是说，因为格列卫的靶向治疗，这种白血病的死亡率可以大幅降低，患者带病生存期显著提升。

（三）HER2 的发现

2019 年被称作诺贝尔奖风向标的美国拉斯克奖，授予了 3 位科学家，因为他们发明了赫赛汀这种靶向 HER2 治疗乳腺癌的药物。这是第三个经典的靶向治疗案例。

不同于格列卫，赫赛汀是一种单克隆抗体，即由单一 B 淋巴细胞克隆产生的高度均一、仅针对某一特定抗原表位的抗体，它与癌细胞上的 HER2 蛋白特异性结合。HER2 属于表皮生长因子家族（ERBB 家族），同一家族下还有 HER1、HER3、HER4 蛋白，其中 HER1 又被称作表皮生长因子受体（EGFR），是另一种受到广泛关注的肿瘤靶点。不同于 HER1 与表皮生长因子结合，HER2 其实是一种孤儿受体，目前，还没有明确的配体被发现。

HER2 通过与其他三个同家族受体形成异源二聚体的方式发挥功能，激活 Ras 信号和 Akt 信号引起正常细胞过度增殖，最终转化为肿瘤细胞（图 12.6）。关于它的研究最早可以追溯到 1985 年。当时，Axek Ullrich 通过基因杂交鉴定出表达 HER2 蛋白的基因。之后，1987 年的时候，Dennis Slammon 发现在人类乳腺癌患者中，高达 30%的患者都存在 HER2 基因扩增的现象，而且这一类患者的预后也会显著差于 HER2 基因不扩增的乳

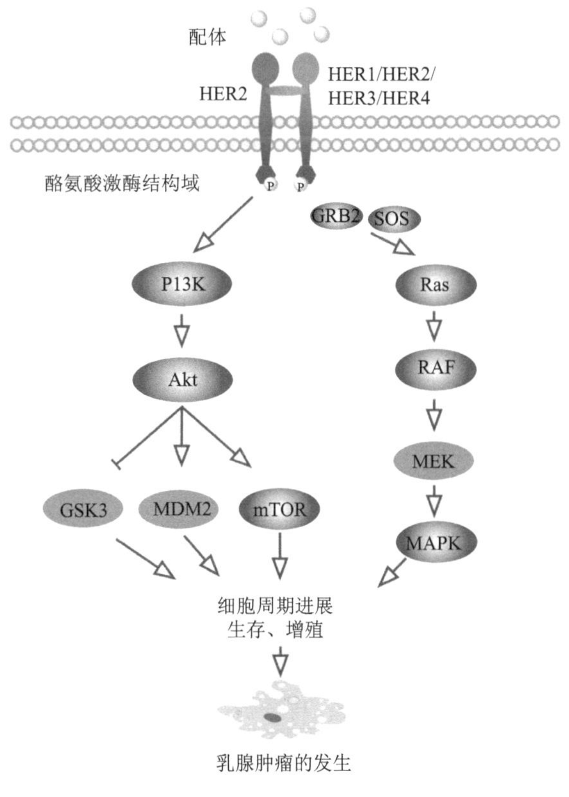

图 12.6　HER2 信号通路

改编自 Feng，2018

腺癌患者。鉴于 HER2 的表达情况和乳腺癌高度相关，而且它本身是定位于细胞膜的表皮生长因子。人们考虑能不能用单克隆抗体阻断机体内 HER2 的功能，进而抑制肿瘤细胞的生长。最终在 1992 年，Genetech 公司的 Michael Shepard 开发出靶向 HER2 治疗乳腺癌的单克隆抗体，逐渐优化成赫赛汀，并于 1998 年时被 FDA 正式批准用药。

那么，赫赛汀在 HER2 阳性的乳腺癌患者身上的效果如何呢？参考 2019 年发表的临床研究结果，可以发现如果单用化疗药物的话，患者十年生存率约为 75.2%，而如果联用化疗药物和赫赛汀，这个数字可以提高到 84%。虽然和格列卫对于慢性髓细胞性白血病患者生存期的改善对比，这一生存率的改善相对较小，但是在实体瘤尤其是乳腺癌领域，已然是巨大的进步。此时，Genetech 公司的市值也随着赫赛汀的问世和优异表现一路走高。

针对 HER2 的单克隆抗体可以治疗乳腺癌，但是前面也提到大概只有 30%的乳腺癌患者是高表达 HER2 的类型。那么，剩下的那些患者的情况如何呢？研究者发现，也有 5%～10%的乳腺癌患者，会发生 BRCA 基因的突变。来自加州大学伯克利校区的 Marry-Claire King 等发现，BRCA 基因定位的 17 号染色体的异常会导致乳腺癌的发生。正常情况下，BRCA 可以促进细胞中的 DNA 修复过程，而一旦该基因突变，那么宿主患乳腺癌和卵巢癌的风险就会大大增加，并随着年龄的增加而进一步增大。后来，阿斯利康制药有限公司和辉瑞制药有限公司分别开发了两款靶向药物，用于治疗携带 BRCA 突变但是 HER2 阴性的乳腺癌患者。这里的策略，与之前讲到的靶向治疗有所不同，并没有针对性抑制突变的 BRCA，而是靶向了细胞中的另一个 DNA 修复分子多腺苷二磷酸核糖聚合酶（PARP）。在肿瘤细胞中，一旦 BRCA 突变 PARP 同时也被抑制，肿瘤细胞将会因为 DNA 损伤无法被修复而死亡，这种方式被称为“合成致死”。

以上几个案例都是针对癌基因的治疗方案，包括突变的 Ras 基因，染色体易位产生的 BCR-ABL 基因，以及异常扩增的 HER2，后两种都已经实现了靶向治疗并取得了不错的疗效。而针对 Ras 基因的治疗方案还在开发之中，如果能取得突破，相信又会为大批肿瘤患者造福。

四、DNA 病毒：基因治疗与疫苗抗癌

（一）SV40 病毒与 TP53

早期弗朗西斯（Francis）等的系统研究证实，RNA 病毒可以促使正常细胞转变为肿瘤细胞。1970 年左右，人们发现一些 DNA 病毒，如猿猴空泡病毒 40（SV40），同样也能够诱导正常细胞发生癌变。

SV40 是一种小型的二十面体的蛋白质颗粒，由 3 种病毒外壳蛋白质 Vp1、Vp2 和 Vp3 构成，中间包装有一条环形的病毒基因组 DNA，长度约为 5kb。除去结构基因外，SV40 的基因组编码两种抗原，分别是大 T 抗原和小 T 抗原，由分子量进行区分。抗原实际上是免疫学中的概念，它能够刺激免疫系统产生免疫应答，并能与其对应的抗体或效应细胞特异性反应。

为了研究 SV40 致癌的机制，研究者在体外培养仓鼠或小鼠的细胞，经 SV40 感染后转变为肿瘤细胞。该细胞经裂解后加入足量大 T 抗原抗体，通过抗原、抗体结合的免疫共沉淀反应，得到了大 T 抗原抗体-大 T 抗原-与大 T 抗原结合的蛋白质的复合物。最终，经过电泳分离发现，肿瘤细胞中来自 SV40 的大 T 抗原与一种分子量为 53kDa 的蛋白质紧密结合。这种蛋白质被命名为 p53，相应的编码基因被称为 TP53，这是在肿瘤研究领域非常重要的一种分子。

最初，p53 被认为是一种癌基因。在肿瘤患者的组织病理切片中进行免疫组织化学染色，与正常细胞相比，肿瘤细胞表达大量的 p53 蛋白。而如果提取对应的 cDNA 再转入正常细胞，同样可以诱导后者过度增殖进而转化为肿瘤细胞，这些都符合癌基因的特征。然而，随着研究的深入，人们发现这一分类是错误的，原因在于肿瘤细胞中提取到的 p53 基因，实为突变类型。在人类 50%以上的肿瘤组织中均存在 p53 基因的突变，这是肿瘤中最常见的遗传学改变。如果从正常细胞中提取出野生型 p53 进行同样的实验，会发现 p53 实际上可以抑制细胞的癌化过程。

p53 基因编码的蛋白质是一种转录因子，控制细胞周期的启动。同时，当细胞发生 DNA 损伤时，p53 会参与修复过程，或者促进细胞走向衰老或凋亡。换句话说，如果细胞中 DNA 损伤程度较低，p53 会促进细胞自我修复。但如果 DNA 损伤无法得到修复，p53 会诱导细胞发生衰老或凋亡，阻止不正常的细胞继续增殖分裂。这是机体内重要的自我监视机制，目的在于避免细胞的异常转变甚至癌化。

p53 基因发生突变会引起家族内癌症风险率增加，如著名的利-弗劳梅尼综合征（Li-Fraumeni syndrome，LFS）。LFS 是一种遗传性疾病，以常染色体显性遗传方式遗传，特征是广谱类型的癌症风险增加，包括肉瘤（肌肉、骨骼、结缔组织来源的癌症）、乳腺癌、脑肿瘤、白血病和肾上腺皮质癌等。患此种疾病的人通常比预期更早地患上癌症，并且在他们的一生中经常被诊断出患有不止一种癌症。其原因就在于，p53 基因发生突变后失去抑制肿瘤的功能，正常细胞非常容易转变为肿瘤细胞。

（二）针对 p53 的治疗手段

不同于之前提到的 Ras、HER2 这样的癌基因，p53 是一个抑癌基因，如果想以 p53 作为靶点治疗肿瘤，就需要增强它的功能，提高它的表达，而不是以小分子或者单克隆抗体针对性抑制。于是，在 2003 年，中国食品药品监管局批准深圳市赛百诺基因技术有限公司开发的重组 Ad-p53 腺病毒注射液（今又生 / Gendicine），作为治疗头颈癌的新药，成为世界上第一个获得官方批准上市的基因治疗药物。其实，早在 1999 年之前，美国便开始做基因治疗的临床探索。当时，有一位年轻人，因为先天在肝脏中缺少氨水解酶而接受基因治疗的研究，这并不是一种致命性遗传疾病，但他意在改善自己的生活条件，不至于严格控制饮食类型。然而，在治疗过程中，正常氨水解酶基因的导入并没有按照设想恢复鸟氨酸氨甲酰基转移酶的表达，相反却导致了严重的医疗事故，患者也因此离世。这一事件在全美引起轰动，政府责令关停所有基因治疗的临床研究，之前的大量研究人员被迫转行，已经融资的医疗公司只得破产。

既然以基因治疗的手段在体内过表达野生型 p53 的方案，存在一定的潜在风险，那么，能否以某种方式促使肿瘤患者体内的突变型 p53 恢复为野生表型呢？针对这一想法，目前已有几种小分子药物进入临床研究。其中，进度最快的是一种名为 APR-246（PRIMA-1）的药物。研究人员通过高通量筛选发现，化合物 PRIMA-1 能够引起 p53 发生突变的肿瘤细胞进入细胞凋亡，而 Eprenetapopt（APR-246）则是 PRIMA-1 的甲基化衍生物。在 Saos2-R273H 和 H1299-R175H 细胞中，均观察到 APR-246 可以使突变 p53 重新折叠为和野生型 p53 相同的构象，并抑制细胞的生长和引起细胞凋亡。目前，APR-246 已经完成了多种肿瘤中的 Ⅰ/Ⅱ 期临床研究，在 p53 突变的骨髓增生异常综合征的临床研究中率先步入Ⅲ期。

除了直接恢复突变 p53 的抑癌功能这一思路外，也有人提出，通过抑制 p53 与负调蛋白的相互作用以激活 p53。这一想法是基于在部分类型肿瘤中，虽然 p53 基因未发生突变，但其负调因子 MDM2 的异常扩增和表达，使得 p53 即使被上游信号刺激也难以激活。针对这一点，已有多家公司尝试开发 p53-MDM2 抑制剂，其中亚盛医药的 APG-115，以及国外多家企业的 p53-MDM2 抑制剂，也已经进入了临床Ⅱ期研究阶段。

（三）HPV 与疫苗

除了 SV40 之外，人们还发现了另外一种 DNA 病毒——人乳头瘤病毒（HPV），同样有诱导正常细胞转变为肿瘤细胞的功能。HPV 属于乳多空病毒科乳头瘤空泡病毒 A 属。在女性所患恶性肿瘤中，宫颈癌的发病率约占 6%，而超过 90%的宫颈癌都和 HPV 感染有关。目前，已分离出的 HPV 亚型高达 200 多种，其中至少有 14 种已被证实，可以导致宫颈癌或其他恶性肿瘤的发生。研究表明，大约 70%的宫颈癌是由高危型 HPV16 和 HPV18 亚型引起。

HPV 的基因组包含 8 个基因，其中 E6 和 E7 基因对细胞生长刺激最为重要，它们编码的 E6、E7 蛋白可以引起宫颈上皮细胞发生致癌性转化。E6 和 E7 基因在高度恶性肿瘤和宫颈癌组织中表达，为 HPV 致癌基因。研究发现，E6 和 E7 蛋白作用于多种靶分子，使得正在分化的宿主角质化细胞维持在一个适合病毒扩增和晚期基因表达的阶段，其中最重要的靶分子是 p53 和 RB。p53 是非常经典的抑癌基因，而视网膜母细胞瘤抑制蛋白（RB）同样是一种非常经典的抑癌分子。HPV 所表达的 E6 蛋白，可以通过促进 p53 过度降解而阻止细胞凋亡，E7 蛋白则与 RB 竞争性结合，释放转录因子 E2F。E2F 进而激活宿主靶细胞的细胞周期，促进正常细胞的恶性转化。

基于 HPV 感染和宫颈癌的高度相关性，2006 年，美国 FDA 批准了默克公司开发的四价 HPV 疫苗，用于宫颈癌的预防。后来，陆续通过了来自葛兰素史克公司的二价 HPV 疫苗，与同样来自默克公司的九价 HPV 疫苗。其中，“价数”代表疫苗可以覆盖的 HPV 病毒亚型的种类数，例如，二价疫苗针对 HPV16、HPV18 两种亚型，而四价疫苗针对 HPV6、HPV11、HPV16、HPV18 四种亚型。2021 年，发表在《柳叶刀》上的临床研究结果显示，12～18 岁女性接种二价 HPV 疫苗 Cervarix 后，宫颈癌风险显著降低，并且随着接种年龄的提前（其中：16～18 岁接种，宫颈癌风险降低 34%；14～16 岁接种，宫颈癌风险降低62%；12～13岁接种，宫颈癌风险降低87%），HPV疫苗对于宫颈癌的预防效果可以进一步大幅增强。目前，国内已引进进口HPV疫苗的接种，同时也有国产疫苗在陆续开发中。

五、免疫治疗：新的可能

近十年来，一种新的肿瘤治疗方案逐渐进入大众视野，包括以PD-1/PD-L1抗体为代表的免疫检查点抑制剂疗法，以CAR-T为代表的过继细胞免疫疗法，以及肿瘤新生抗原（neoantigen）疫苗等，都属于“免疫治疗”的类型。

2013年*Science*期刊的“年度进展”和2014年*Nature*期刊的“特别关注”，都将重点聚焦于肿瘤的免疫检查点疗法。而2018年的诺贝尔生理学或医学奖被授予詹姆斯·艾利森和本庶佑，因为他们二人分别发现了CTLA4与PD-1作为免疫疗法的靶点。

实际上，PD-1和CTLA4均属于“免疫检查点”。简单来讲，免疫检查点属于肿瘤细胞逃避免疫杀伤的一种机制。在生理条件下，免疫检查点分子调控免疫系统，在感染或其他威胁成功缓解后可减弱免疫反应。

在机体内，树突状细胞向杀伤型CD8阳性T淋巴细胞呈递肿瘤细胞表面的抗原（实际上是抗原肽和MHC分子的复合物），抗原信号由T淋巴细胞表面的特异性TCR识别并传递。与此同时，DC上的CD80（B7.1）或CD86（B7.2）分子与T淋巴细胞表面的共刺激受体CD28结合，给予CD8阳性T淋巴细胞共刺激信号，从而成功激活T淋巴细胞。为了防止活化的T淋巴细胞不受控制地扩增，这一激活信号可被T淋巴细胞上的抑制性免疫检查点CTLA4阻断，它可以与CD80/86配体结合并传递抑制性信号，而其与CD80/86更高的亲和力，保证了这一抑制信号的优先级，这种机制是免疫系统维持稳态的方式之一。然而，在实际的肿瘤微环境中，检查点机制往往被肿瘤细胞利用，增加CD8阳性T淋巴细胞上CTLA4的表达，从而逃逸免疫系统对其的杀伤。理论上，如果使用单克隆抗体靶向及拮抗CTLA4，则可以增强机体内主动性的抗肿瘤反应，达到治疗肿瘤的效果。

最初的临床研究表明，抗体阻断CTLA4确实可以产生持久的抗肿瘤免疫反应，并产生免疫原性。然而，在应用伊匹木单抗（ipilimumab）和曲美木单抗（tremelimumab）治疗晚期黑色素瘤时，却都观察到了强烈的免疫相关不良事件（irAE），甚至发现伊匹木单抗的使用并不与患者的长期生存率相关。这些令人失望的结果，使得更多人将重点转移到另一个重要的免疫检查点——程序性死亡蛋白-1（PD-1）的身上。

不同于CTLA4，PD-1在活化的CD8阳性T淋巴细胞上表达，同时也在B淋巴细胞、NK细胞和髓系细胞上被发现。一旦与其配体PDL-1（B7-H1或CD274）或PDL-2（B7-DC或CD273）结合，就会抑制免疫反应。在肿瘤微环境中，PD-L1在肿瘤细胞上表达，从而发挥其免疫逃逸的功能，其与肿瘤浸润淋巴细胞上PD-1的相互作用，被认为是肿瘤免疫逃逸的主要机制。因此，它被看作是具有巨大吸引力的靶标。此外，PD-1及其配体分别在TIL和肿瘤细胞上高表达，这表明与阻断CTLA4相比，阻断该途径的免疫毒副作用可能更轻，引起的免疫相关不良事件可能较少。

事实上，无论是 PD-1 抗体，还是 PD-L1 抗体的临床结果，都证实了这一猜想。包括黑色素瘤、非小细胞肺癌（NSCLC）、肾细胞癌和结肠直肠癌在内的多种肿瘤的初步临床试验均证实，PD-1 抗体纳武利尤单抗和帕博利珠单抗，具有强效且持久的抗肿瘤活性及有限的免疫毒副作用。此外，现已研发出的多种 PD-L1 抗体，如阿替利珠单抗（atezolizumab）、阿维鲁单抗（avelumab）及度伐利尤单抗（durvalumab），也在多种肿瘤中被证实具有抗肿瘤效应，包括非小细胞肺癌、尿路上皮癌、三阴性乳腺癌等。

关于免疫检查点抗体的研发，国外起步较早。但自 2018 年，百时美施贵宝（BMS）公司生产的 PD-1 抑制剂 OPDIVO（纳武利尤单抗，简称"O 药"）以及默沙东公司生产的 PD-1 单抗 Keytruda（派姆单抗，简称"K 药"）相继在国内上市后，也正式拉开了国内免疫治疗的序幕。同时，也有多家国内医药公司（包括上海君实生物医药科技股份有限公司、信达生物制药有限公司、百济神州生物科技有限公司、江苏恒瑞医药股份有限公司等）的国产 PD-1 抗体产品获得中国国家药品监督管理局的批准。

肿瘤免疫治疗的一个经典的案例是，美国前总统卡特于 2015 年宣布黑色素瘤已转移至肝和脑部后，相继进行手术和放疗无果，最后使用免疫检查点抑制剂 Keytruda（K 药）治疗，控制了肿瘤的进一步扩增与转移。对于黑色素瘤这种恶性程度极高的肿瘤，该疗效已然十分显著。当然，其中也涉及不同肿瘤、同一肿瘤不同具体类型以及 PD-1 或 PD-L1 抗体反应性不同的问题。换句话说，也并不是所有的患者都会有这么好的治疗效果。如何提高肿瘤患者对免疫检查点治疗的响应率，从现有的 20%～30%进一步提高，是目前研究者们所关注的重点和难点。

而除了 PD-1 和 CTLA4 之外，也相继发现了更多的抑制性 TCR，同样具有作为免疫治疗靶点的潜力。除去免疫检查点治疗外，肿瘤免疫治疗还包括另外一种以 CAR-T 为代表的过继转输细胞免疫疗法。

CAR-T 的全称是嵌合抗原受体-T 淋巴细胞疗法，针对具体患者的肿瘤和 T 淋巴细胞，在实验室中通过基因工程方法制作表达嵌合抗原受体 CAR 的 T 淋巴细胞，再转输回患者体内，激活 T 淋巴细胞免疫反应，从而达到治疗肿瘤的效果。随着研究的逐渐深入，CAR 的组成也经过三代的演变。目前，第三代的 CAR 包括特异性 TCR、CD3ε 链和两个共刺激信号基团（比如 CD27、CD28、ICOS、4-1BB、OX40 等）。肿瘤抗原特异性结合 TCR 后，由 CD3ε 传递和共刺激信号激活，CAR-T 细胞被活化，膜上表达 FasL 与肿瘤细胞表面 Fas 结合，或者通过分泌颗粒酶和穿孔素，诱导肿瘤细胞的细胞凋亡。相对于机体内其他 T 淋巴细胞，CAR-T 具有更强的受刺激活性与杀伤能力。

然而，由于 CAR-T 的制作需要，首先获得不同患者体内的 T 淋巴细胞，在这之后进行细胞活化、扩增和一对一的腺病毒基因工程改造，最终转输回患者体内，这一过程不仅需要极高的技术水平，也不能被工业量产化，这使得 CAR-T 的费用异常高昂。目前，在国内，由江苏恒瑞医药股份有限公司提供的 CAR-T 疗法售价 120 万元左右，在美国需要 100 万～300 万元人民币不等。除此之外，虽然 CAR-T 目前在白血病治疗上取得了很优异的临床试验结果，但现有的 CAT-T 治疗方案由于 T 淋巴细胞活性过强或其他问题，容易造成患者体内的炎症风暴，免疫反应在短时间内过度活化。炎性因子包括白细胞介素、TNF-α、补体蛋白分子等大量释放，对感染源及被感染的细胞进行暴风雨般的自杀式攻击，造成自身组织细胞的旁观者效应，伴随血管通透性增加及循环障碍，甚至造成患者的多器官功能衰竭。

即便 CAR-T 存在诸多风险，但因其在临床研究尤其是在血液瘤的治疗中极为优异的表现，很多人都已投入这一新赛道的研究和研发工作中。目前，已经上市的 CAR-T 包括诺华公司靶向 CD19 治疗 B 细胞急性淋巴细胞白血病的 Kymariah、吉利德科学公司[国内由上海复星医药（集团）股份有限公司引进）]靶向 CD19 治疗弥漫性大 B 细胞淋巴瘤的阿基伦塞、江苏百时美生物科技有限公司靶向 CD19 治疗弥漫性大 B 细胞淋巴瘤的 Breyanzi、江苏百时美生物科技有限公司/蓝鸟生物公司靶向 BCMA 治疗多发性骨髓瘤的 Abecma，以及海药明巨诺生物科技有限公司靶向 CD19 治疗弥漫大 B 细胞淋巴瘤的瑞吉奥伦塞注射液等。另外，也有 CAR-NK、TCR-T 等其他类型的过继细胞免疫疗法在研。

六、肿 瘤 治 疗

如果回顾近十年肿瘤药物的销售情况，可以发现技术变革带来的肿瘤治疗方法的变化。即便考虑到不同治疗方案的价格不同，也不难发现，不论是激酶抑制剂还是靶向单克隆抗体，都保持着稳步增长。而自 2016 年开始，以 PD-1 和 PD-L1 为代表的免疫检查点疗法，更是以指数型速度增长。

2019 年，英国的统计数据显示，很多类型肿瘤的患者生存率已经达到 80%以上，美国 2007～2013 年的统计数据也显示，泛癌的 5 年生存率已然达到了 67%。

总之，随着研究的深入、技术的变革和肿瘤治疗方案的不断完善，可以说，大多数肿瘤已经不再是会令人谈之色变的致死性疾病。再加上近十几年来，人们对于肿瘤防控意识的加强、肿瘤早诊技术的发展、精准医学和个性化治疗的推广等，某种程度上大多数肿瘤已经成为一种可治疗的疾病。而对于剩下的难以控制的恶性肿瘤，研究人员也在积极开发相关早诊和治疗手段，相信在未来，肿瘤患者的生存率会不断提升。

主要参考文献

Bray F, Ferlay J, Soerjomataram I, et al., 2018. Global cancer statistics 2018: GLOBOCAN estimates of incidence and mortality worldwide for 36 cancers in 185 countries[J]. CA: A Cancer Journal for Clinicians, 68(6): 394-424.

Druker B J, Tamura S, Buchdunger E, et al., 1996. Effects of a selective inhibitor of the Abl tyrosine kinase on the growth of Bcr-Abl positive cells[J]. Nature Medicine, 2(5): 561-566.

Falzone L, Salomone S, Libra M, 2018. Evolution of cancer pharmacological treatments at the turn of the third millennium[J]. Frontiers in Pharmacology, 9: 1300.

Farshbafnadi M, Rezaei N, 2023. The metabolism of cancer cells during metastasis[M]//Rezaei N. Handbook of Cancer and Immunology. Cham: Springer.

Feng R M, Zong Y N, Cao S M, et al., 2019. Current cancer situation in China: good or bad news from the

2018 Global Cancer Statistics?[J]. Cancer Communications, 39(1): 1-12.

Feng Y X, Spezia M, Huang S F, et al., 2018. Breast cancer development and progression: risk factors, cancer stem cells, signaling pathways, genomics, and molecular pathogenesis[J]. Genes & Diseases, 5(2): 77-106.

Hanahan D, Weinberg R A, 2000. The hallmarks of cancer[J]. Cell, 100(1): 57-70.

Hanahan D, Weinberg R A, 2011. Hallmarks of cancer: the next generation[J]. Cell, 144(5): 646-674.

Morad G, Helmink B A, Sharma P, et al., 2021. Hallmarks of response, resistance, and toxicity to immune checkpoint blockade[J]. Cell, 184(21): 5309-5337.

Nowell P, Hungerford D, Nowell P, 1960. A minute chromosome in human chronic granulocytic leukemia[J]. Science, 132: 1497.

Rous P, 1911. A sarcoma of the fowl transmissible by an agent separable from the tumor cells[J]. The Journal of Experimental Medicine, 13(4): 397-411.

Rowley J D, 1973. A new consistent chromosomal abnormality in chronic myelogenous leukaemia identified by quinacrine fluorescence and Giemsa staining[J]. Nature, 243(5405): 290-293.

Temin H M, Rubin H, 1958. Characteristics of an assay for Rous sarcoma virus and Rous sarcoma cells in tissue culture[J]. Virology, 6(3): 669-688.

第十三讲　线粒体与神经退行性疾病

施蕴渝 教授，分子生物物理学家，中国科学院院士，第三世界科学院院士，国家级教学名师。

国际上的通常看法是，当一个国家或地区 60 岁以上老年人口占人口总数的 10%，或 65 岁以上老年人口占人口总数的 7%时，即意味着这个国家或地区处于老龄化状态。目前，我国正步入老龄化社会。伴随着年龄的增长，各种退行性疾病相继出现，将严重影响人体健康，极大地增加家庭和社会负担。广义的退行性疾病，包括 2 型糖尿病、心血管疾病和肿瘤，以及神经退行性疾病。其中，神经退行性疾病又包括阿尔茨海默病（AD）、帕金森病（PD）、肌萎缩侧索硬化症（ALS）、多系统萎缩、亨廷顿病（HD）和老年性黄斑变性等。神经退行性疾病的特点，是突触丧失和神经元死亡，导致认知功能下降、痴呆和运动功能丧失。

衰老是退行性疾病发生发展的关键因素，衰老的分子细胞机制是一个复杂的前沿基础生物学问题。探究由健康走向衰老的退行性病变演化的调控因素，为延缓衰老及退行性疾病的临床早期诊断和干预提供理论及实践依据，是面向人民生命健康的国家重大战略需求。

一、衰老的生物途径和过程

2013 年，国际学术期刊 *Cell* 刊登了科学家总结的衰老的 9 项标志，包括基因组不稳定性、端粒缩短、表观遗传改变、蛋白质稳态丧失、营养感应失调、线粒体功能障碍、细胞衰老、干细胞耗竭和细胞间通信改变。2023 年，*Cell* 又刊登了科学家根据近年来研究工作增加的 3 项衰老标志，包括细胞自噬功能丧失，慢性炎症，肠道微生物生态失衡（图 13.1）。

过去 30 年对衰老的研究，已经从识别衰老表型深入研究这些表型背后的遗传途径。衰老研究的遗传学，揭示了相互作用的细胞内信号通路和复杂网络。目前已知的许多途径和过程，如饮食限制，对环境变化的稳态反应等，至关重要。本讲，我们介绍一些研究比较深入的关键途径和过程。

1. 胰岛素样信号通路

1993 年，研究发现线虫 daf-2 基因的突变使成年线虫的寿命几乎增加了一倍，daf-2 基因参与了正常发育进程和滞育幼虫阶段之间的转换。随后，发现 daf 基因中的两个（daf-2 和 daf-16）位于影响幼虫期形成和成虫寿命的单一通路上。在哺乳动物中，存在与线虫中所发现的这些衰老相关基因的同源基因，它们编码胰岛素和胰岛素样生长因子细胞内信号通路（ILS）的组成部分。daf-2 同源基因编码胰岛素样受体，daf-16 同源基因编码 Foxo 样转录因子，位于胰岛素信号通路下游。这一发现得到了酵母和果蝇等两类模式生物研究结果的支持，即抑制 ILS 途径的成分可以延长寿命。这表明，早期对衰老的发现并非局限于线虫的“私人”机制，而是一种可能与人类和人类疾病相关的共同机制。

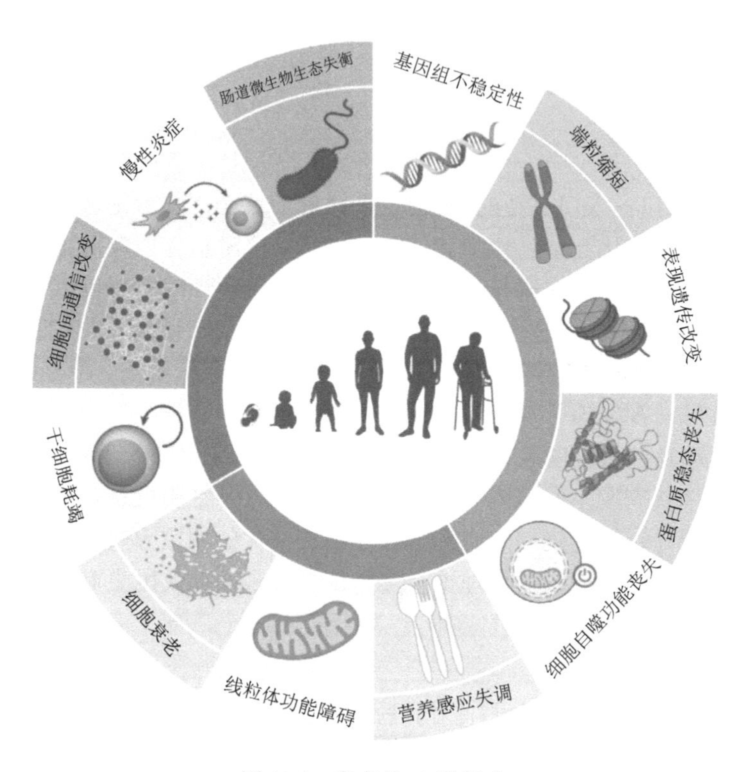

扫码查看彩图

图 13.1　衰老的 12 种标志

红色标注的是 2023 年新增的 3 个衰老标志因素。改编自 López-Otín et al.，2023

对果蝇、线虫和小鼠的进一步研究，已经证明了抑制胰岛素信号通路与延长寿命之间的保守作用。人类 daf-16 同源基因 FOXO3 的一些等位基因也与全球各地的百岁老人有关，这支持了我们从模式生物中获得的研究结果可能与人类衰老有关的观点。

2. mTOR 信号通路

雷帕霉素最初因其强效抗真菌特性而被发现，后来被证明其可抑制细胞生长并充当免疫调节剂。在雷帕霉素研究过程中发现了雷帕霉素靶蛋白（TOR），哺乳动物 TOR 被称为 mTOR。初期研究阐明了 TOR 与饮食限制之间的关系，在营养限制时，因为营养摄入的减少，细胞从生长繁殖转向维持长期生存。TOR 作为一种保守的营养传感器，可以通过饮食限制来介导生长和维持，以及寿命延长之间的转换。人们发现，果蝇通过降低 TOR 各种活性成分，以类似饮食限制的方式表现出寿命的延长。酵母中长寿命突变体的大规模筛选确定了 TOR 途径中有几个蛋白质，这些蛋白质上的关键突变也模仿了饮食限制的影响。值得注意的是，携带 TOR 和胰岛素信号通路（ILS）基因的双突变体，使秀丽隐杆线虫的寿命增加了近 5 倍。两种关键的长寿途径，即 TOR 和 ILS，已经成为关键的平行但相互作用的保守营养感应途径，其中 TOR 对自主生长信号通路很重要，ILS 通路对非自主生长信号转导很重要。TOR 是一种多功能蛋白质，可作为一个主要枢纽，整合来自生长因子、营养供应、能量状态和各种应激的信号。这些信号可调节几种输出，包括 mRNA 翻译、自噬、转录和线粒体功能，这些已被证明可以延长寿命。

3. AMPK 信号通路

腺苷一磷酸活化蛋白激酶（AMPK）是一种进化上保守的丝氨酸/苏氨酸激酶，它在维持细胞能量稳态中起关键作用，可以调节多种代谢与生理过程，与肥胖、炎症、糖尿病和癌症等疾病的发生发展相关。AMPK 也与线粒体生理功能密切相关，AMPK 可以磷酸化激活线粒体发生的关键因子 PGC1α 的表达，从而调控 PGC1α 下游基因的表达。AMPK 还可调控线粒体动力学及线粒体自噬。

4. 烟酰胺腺嘌呤二核苷酸与寿命及神经退行性疾病

烟酰胺腺嘌呤二核苷酸（NAD）是细胞中间代谢过程中的关键因子，它的氧化态是（NAD^+），还原态是（NADH）。

NAD^+直接或间接地影响许多关键的细胞功能，包括代谢途径、DNA 修复、染色质重塑和细胞衰老，以及免疫细胞功能。这些细胞过程和功能，对于保持组织和代谢的稳态，以及健康地老化十分关键。在许多模式生物，包括啮齿动物，甚至人类中，老化过程常伴随着在组织和细胞中 NAD^+水平的逐渐降低。NAD^+水平的降低常常伴随着各种与年龄相关的疾病，包括认知障碍、肿瘤、代谢性疾病、肌少症和虚弱等。许多这类与年龄相关的疾病，通过恢复 NAD^+水平，病程可被延缓甚至逆转。因此，靶向 NAD^+代谢已经成为改善衰老相关疾病的潜在治疗方法，有可能延长人类健康与寿命。

然而，NAD^+如何能影响人类健康与寿命还需要进一步研究。这包括需要深入了解调控 NAD^+水平的分子机制，如何在老化过程中有效恢复 NAD^+水平，这样做是否安全？补充 NAD^+是否对老年人有益。

NAD^+除了在氧化还原反应中起辅酶作用外，它还是以下三类酶的底物：

（1）沉默信息调节因子（Sirtuin，SIRT），又称长寿基因。Sirtuin 蛋白质去酰化酶是一类将蛋白质赖氨酸（Lys）上修饰的酰化基团去酰化的酶类。其中，面包酵母 Sir2 是 Sirtuin 家族第一个被发现的蛋白质去乙酰酶，以依赖烟酰胺腺嘌呤二核苷酸（NAD^+）的方式从组蛋白中去除乙酰基。人们发现，Sir2 是酵母在饮食限制下寿命延长的关键蛋白质。在果蝇与线虫上也发现 Sir2 同源的去乙酰酶，相似功能也得到证实。该家族被称为 Sirtuin 家族，通常作为蛋白质去酰化酶，从目标蛋白的赖氨酸残基中去除酰基，包括乙酰基、琥珀酰基、苹果酰基、丙二酰基、巴豆酰基等。哺乳动物有 7 种 Sirtuin，其特征是具有保守的催化结构域和可变的 N 端和 C 端延伸。SIRT1、SIRT6、SIRT7 在细胞核中，SIRT2 在细胞质中，SIRT3、SIRT4 和 SIRT5 在线粒体中。Sirtuin 已经成为全身代谢调节剂，可以控制热量限制的反应，防止与年龄相关的疾病，从而延长健康寿命，并在某些情况下延长寿命。

（2）二磷酸腺苷（ADP）-核糖转移酶（ARTs）、多聚 ADP 核糖聚合酶（PARPs）。多聚 ADP 核糖聚合酶有 17 个基因编码 PARP 相关蛋白质，激活 PARP1 和 PARP2，催化将 NAD^+转移多个 ADP 核糖体片段到蛋白质受体上，生成多聚 ADP 核糖（PAR）链。其中，PARP1 是最丰富的 PARP。

这种依赖 DNA 的核 PARP 被 DNA 损伤大量激活，导致消耗大量的细胞 NAD^+。DNA 的损伤会导致细胞 NAD^+的浓度减少高达 80%。PARP1 在 DNA 损伤的检测和修复中很重要。PARP1 也通过促进几种核仁蛋白 PARylation，促使核糖体 RNA 的生成。这也是应激情况下细胞质应激颗粒装配形成，以及 mRNA 翻译所需。

（3）环二磷酸腺苷核糖（cADPR）合成酶（CD38 和 CD157）。CD38 和 CD157 通常在炎症和多种核苷酸代谢物，包括 ATP 和 ADP 水解过程中被激活。CD38 及其同源物 CD157 是两种最重要的 cADPR 合成酶，同时具有 NAD^+糖苷水解酶和 ADP 核糖环化酶的活性。在这催化反应中，糖苷 NAD^+中的键被水解生成 NAM 和 ADP 核糖。而 ADP 核糖活性产生关键的调控 Ca^{2+}第二信使分子 cADPR。CD38 是一个主要消耗 NAD 的酶。在小鼠中，若缺失 CD38 将会使得脑、肝脏和肌肉中的 NAD^+浓度大幅增加。

目前，人们知道 NAD^+水平的维持，需要通过以下三个独立的途径：

（1）Preiss-Handler 途径：利用膳食中的烟酸和烟酸磷酸核糖转移酶（NAPRT）产生烟酸单核苷酸（nicotinic acid mononucleotide，NAMN），然后通过 NAMN 转移酶（NMNAT）转化为烟酸腺嘌呤二核苷酸（nicotinic acid adenine dinucleotide，NAAD）。NMNAT 酶有 3 种形式（NMNAT1、NMNAT2 和 NMNAT3），分别在不同的亚细胞定位。最后由 NAD^+合成酶（NADS）将 NAAD 转化为 NAD^+。

（2）全新合成途径：用色氨酸全新合成 NAD 的途径，第一步是色氨酸向 *N*-甲酰基尿氨酸的限速转化。通过 IDO 或 TDO，甲酰基肌尿氨酸转化为 *L*-肌尿氨酸、3-羟基肌尿氨酸和 3-羟基苯甲酸，最后转化为 ACMS。这种化合物可以自发地凝结和重新排列成喹啉酸，转化成 NAMN，在这一节点上它并入 Preiss-Handler 途径。ACMS 也可以通过 ACMS 脱羧酶（ACMSD）脱羧成 AMS，导致其通过三羧酸循环氧化成乙酰辅酶 A。

（3）NAD^+回收途径：作为消耗 NAD^+的酶 Sirtuin、PARPs 和 cADPR 合成酶（CD38 和 CD157）反应的副产物，产生烟酰胺，NAMPT 回收烟酰胺，转化为烟酰胺腺嘌呤单核苷酸（NMN，NAD 的前体），然后通过不同的 NMNAT 转化为 NAD^+。

近年来，在老年或患病动物中，成功地通过恢复 NAD^+水平，恢复健康，延长寿命。这促使研发人员进一步通过补充 NAD^+的前体，激活 NAD 合成酶，抑制 NAD^+降解。

二、线粒体基因组及线粒体基因转录翻译的遗传与表观遗传调控

线粒体是一种重要的细胞器。它存在于几乎所有真核细胞中，具有重要的生物学功

能，它在真核生物的能量产生和代谢中起重要作用。它整合了细胞中各种代谢途径，通过呼吸链氧化磷酸化产生 ATP 为机体提供能量。除此之外，线粒体还有其他一些重要功能，它与细胞凋亡、坏死和焦亡，以及铁死亡等密切相关。线粒体与活性氧（reactive oxygen species，ROS）产生、脂代谢、铁代谢、氨基酸合成、血红素合成、钙离子稳态和免疫系统有密切关系。线粒体参与了许多信号转导通路。衰老引起的线粒体功能障碍，是许多神经退行性疾病的重要原因之一。为了对神经退行性疾病有更深入的了解，以达到诊治的目的，需要对线粒体的生理和病理功能有更深入的了解。

真核细胞有两类基因组，包含绝大多数基因的核基因组，以及在线粒体中的线粒体基因组。在每个细胞中含有几百至几千个拷贝的线粒体，因此，具有成百上千个拷贝的线粒体基因组。核基因组和线粒体基因组之间通过代谢物存在信号互动。

作为真核生物中特有的细胞器，按照内共生学说，线粒体在进化上保留了原核生物独特的大约 16.5kb 的双链环形 DNA 的线粒体基因组。线粒体有其独特的 RNA 聚合酶体系，对线粒体环状 DNA 基因组进行转录。线粒体转录出来的前体 RNA，需要被加工以获得 22 个 tRNA、2 个 rRNA，以及编码了线粒体内膜上氧化磷酸化系统（OXPHOS）5 个复合物中的 13 个蛋白质组分对应的 mRNA。线粒体 DNA 及各类线粒体 RNA 都会被修饰。线粒体有其自身独特的线粒体核糖体。人的线粒体核糖体由 28S 小亚基（mt-SSU，含 12S rRNA）与 39S 大亚基（mt-LSU，含 16S rRNA）装配构成线粒体的 55S 核糖体。核糖体大小亚基需要组装，这些都发生在线粒体中的线粒体 RNA 颗粒（mitochondrial RNA granule，MRG）中。线粒体中的蛋白质有两大类，一类是核基因组编码的，基因承载在细胞核染色质上，经转录和出核，在细胞质中核糖体上翻译成蛋白质后进入线粒体。线粒体内膜氧化磷酸化体系 5 个大复合物中大部分组分是核基因组编码的，但是还有 13 个蛋白质是线粒体基因组编码的。线粒体 RNA 颗粒是线粒体中的无膜亚细胞器。它是线粒体基因处理、加工和修饰，以及线粒体核糖体组装的重要场所。在成纤维细胞中，线粒体 RNA 颗粒中重要的 RNA 结合蛋白 GRSF1 敲低，会造成细胞衰老，炎症因子如白细胞介素 6（IL-6）升高。

尽管退行性疾病有许多不同种类，但它们往往伴随着线粒体功能障碍，天然免疫系统被激活，导致慢性炎症，引起退行性疾病。这一切都受到遗传或表观遗传调控。临床数据表明，尽管核基因组及线粒体基因组都会突变，但随年龄增加，突变引起的退行性疾病，只占 5%～10%。其与营养代谢和运动，以及环境相关的表观遗传调控，是细胞衰老与退行性疾病发生发展的关键。

核基因组的表观遗传调控不是 DNA 序列水平上的遗传改变，而是由于 DNA 甲基化，染色质高级结构重塑，组蛋白修饰，或者非编码 RNA 引起的对基因表达的调控。核基因组的表观遗传调控已被广泛研究多年。

线粒体基因组的表观遗传调控涉及 mtDNA 修饰，转录因子 TFAM 修饰，mt-tRNA 修饰，mt-rRNA 修饰，mt-mRNA 修饰，以及线粒体非编码 RNA 对基因表达的调节。这是一个新的研究领域，其分子机制目前还远未被人们了解清楚。

（一）线粒体质量控制系统

线粒体质量控制系统（mitochondria quality control system，MQC）在调节线粒体结构与活性方面起到了关键作用，线粒体质量控制系统受损，会导致各种疾病。线粒体质量控制系统，包括线粒体生物发生，线粒体动力学（融合与分裂）和线粒体自噬。

1. 线粒体生物发生

在细胞发育和生存过程中，充足的和具有良好功能的线粒体，以及新的线粒体产生和及时清除受损的线粒体，十分关键。线粒体生物发生是一个复杂的过程，需要协调核基因组与线粒体基因组两者基因的表达调控。完成以下几个不同过程：①线粒体内外膜合成；②线粒体编码蛋白质的合成；③核编码的蛋白质合成与进入线粒体；④线粒体 DNA（mtDNA）的复制。

PGC-1 过氧化物酶体增殖激活受体 γ 共激活因子家族（peroxisome proliferator-activated receptor-γ coactivator-1）包括 PGC-1α、PGC-1β 和 PRC，它们是线粒体生物发生的主要调节分子。生物体在发育或外部环境改变时，可能会需要产生大量 ATP，以满足机体对能量供给的需求，这主要是通过激活编码分解代谢途径所有成分的基因的转录来实现的。PGC-1α 在此过程中起了关键作用，它调节脂肪酸 β 氧化、葡萄糖吸收、糖原再生和脂肪生成等。这些调节过程，涉及调控多种转录因子的表达。这些转录因子，包括核呼吸因子（NRF1/2）、线粒体转录因子 TFAM、雌激素相关受体（ER）、过氧化物酶体增殖激活受体（PPAR）及肌细胞增强因子（MEF-2C）等。PGC-1α 不具有 DNA 结合的结构域，也没有组蛋白乙酰转移酶的活性，它仅提供作用平台，并与其他具有乙酰转移酶活性的蛋白质相互作用，间接地促进转录。PGC-1α 的 N 端激活结构域和抑制结构域有 3 个富含亮氨酸的 LXXLL motif 及 NR boxes，C 端有富含精氨酸和色氨酸的结构域（RS box）及 RNA 结合的 RRM 结构域，涉及 mRNA 剪接。

PGC-1α 的表达受到许多信号通路的调控，例如，Ca^{2+}/calmodulin 依赖的蛋白激酶（CAMK）、calcineurin；AMP-激活蛋白激酶（AMPK）、β-肾上腺素受体（β-AR）/cAMP、一氧化氮（NO）、NAD 依赖的去乙酰化酶 SIRT1 和 TORC1。PGC-1α 的表达水平与线粒体生物合成直接相关。

PGC-1α 在大脑区域尤其丰富，例如，大脑皮层、纹状体和苍白球，以及黑质。抑制 PGC-1α 及其下游基因，导致线粒体功能受损，与各种神经退行性疾病发生发展相关。促进 PGC-1α 可促进线粒体生物发生。

2. 线粒体动力学（融合和分裂）和线粒体自噬

线粒体在细胞代谢中起了关键作用，它通过氧化磷酸化产生 ATP、调节细胞程序性死亡和离子稳态，以及控制反应氧的产生。因此，在各种组织中保持线粒体的稳态是健康所必需的。线粒体的稳态与线粒体的形态密切相关，线粒体形态高度可变，可以为球形、短管、长管和网状。而这都由线粒体的质量控制系统调控，平衡线粒体融合、分裂和线粒体自噬。

（1）线粒体融合：是指两个邻近的线粒体可以融合为一个长的线粒体。这是一个两步过程，需要 3 个 Dynamin 超家族的 GTP 酶（GTPase）的参与。首先由 mitofusin 1 和 mitofusin 2（MFN1 和 MFN2）介导外膜融合，然后由 Optic Atrophy 1（Opa1）介导内膜融合（图 13.2）。Opa1 有两种变体：一种是长型（L-Opa1），一种是短型（S-Opa1）。

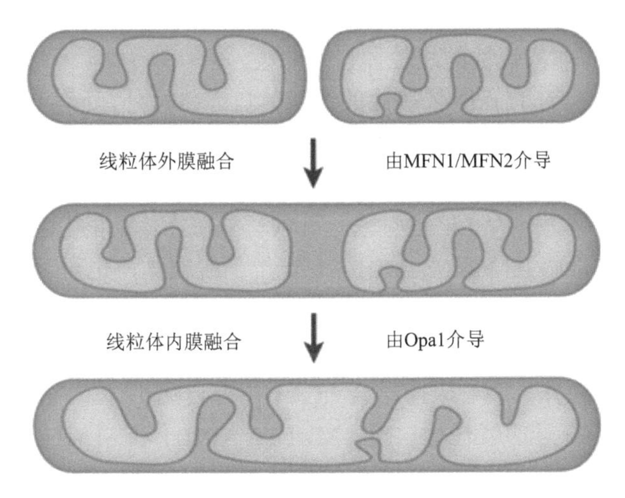

图 13.2　MFN1 和 MFN2 介导的线粒体外膜融合及 Opa1 介导的线粒体内膜融合

引自 Chan，2020

（2）线粒体分裂：是指一个线粒体分裂为两个较小的线粒体。线粒体分裂的中介物是 Dynamin-相关蛋白质 1（Drp1），它也是 GTP 酶。Drp1 被应激信号激活，并易位到线粒体表面，结合受体蛋白（Mff、Fis1 和 Mid49/Mid51）。Drp1 的寡聚化使其在线粒体表面形成环，线粒体小管收缩并最终导致线粒体分裂。除了在线粒体分裂中的作用外，Drp1 可与线粒体分裂中的其他组分一起定位在过氧化物酶体上，Drp1 缺失会使过氧化物酶体变长。线粒体分裂又是线粒体自噬的前提。

（3）线粒体自噬：是指衰老或受损伤的线粒体，会被线粒体自噬机器吞噬，然后被溶酶体清除。线粒体自噬是细胞清除受损线粒体的重要机制。衰老或发生功能障碍的线粒体，需要通过线粒体自噬途径被清除掉。在几乎全部神经退行性疾病中，都观察到了线粒体自噬受损的现象，造成异常线粒体的累积。线粒体自噬常有两个路径：

1）PINK1/Parkin 依赖性的线粒体自噬路径。

这是 Parkin（E3 ubiquitin-protein ligase parkin）与线粒体外膜蛋白 PINK1（PTEN-induced putative kinase 1）介导的线粒体自噬机制，是一种研究得比较清楚的线粒体自噬机制。

在正常线粒体中，蛋白激酶 PINK1 通过线粒体外膜 TOM/TIM 复合体进入线粒体，会被转移至线粒体内膜，被线粒体内膜蛋白酶 PARL（presenilin-associated rhomboid-like protein）切割，随后被蛋白酶体清除。因此，正常情况下 PINK1 含量极低，很难被检测到。Parkin 是 E3 泛素连接酶，线粒体稳态条件下，Parkin 处于被抑制的状态。然而，在应激情况下，线粒体受损，线粒体膜电位降低，PINK1 进入线粒体内膜的路径被阻断，PINK1 聚集于线粒体外膜。PINK1 可自磷酸化，可以磷酸化泛素第 65 位丝氨酸，也可将 Parkin 磷酸化，使得 Parkin 的空间构象发生改变，起催化作用的半胱氨酸暴露，Parkin 转化为活化状态的 E3 泛素连接酶，Parkin 被募集至受损线粒体，泛素化线粒体外膜蛋白，这些泛素化的线粒体外膜蛋白可被自噬小体识别，进而被溶酶体降解引发线粒体自噬。

2）PINK1/Parkin 非依赖性的线粒体自噬路径。

人们发现除了 PINK1/Parkin 依赖性的线粒体自噬路径外，还存在 PINK1/Parkin 非依赖性的线粒体自噬路径。目前，已知道的通路包含以下 4 种：

A.受体介导的线粒体自噬：BNIP3、NIX/BNIP3L、FUNDC1、FKBP8 和 Bcl-2L12 是线粒体外膜上的受体，包含 Lir 结构域，可以与自噬小体中的 LC3 结合，使得自噬小体招募受损的线粒体，将其降解。AMBRA1 定位到线粒体，也可以与 LC3 结合选择性地消除受损的线粒体。

B.脂质介导的线粒体自噬：线粒体内膜上的心磷脂可以通过 PLS3 的作用转运到线粒体外膜，一旦在线粒体外膜心磷脂结合 LC3A 招募自噬小体，消除受损的线粒体。

C.E3 泛素连接酶介导的线粒体自噬：MUL1、ARIH1 和 SIAH1 是 3 种 E3 泛素连接酶。它们可定位于受损的线粒体，泛素化线粒体外膜蛋白质，进而招募自噬小体，消除受损的线粒体。

D.泛素结合蛋白质 Drp1 以及 Vps13D，通过其泛素结合结构域 UBA 结合到泛素 K63 链上，诱导受损的线粒体自噬。

线粒体通过融合、分裂和自噬，在生理和病理条件下频繁改变其形状，改变线粒体间的网络连接，将损伤的线粒体通过自噬小体清除。线粒体动力学对于保持其功能至关重要。线粒体自噬受损将会使得功能障碍的线粒体增多，ATP 减少，ROS 增多，导致 Aβ 斑块和神经原纤维缠结的形成，并导致神经系统突触功能障碍，以及认知功能缺陷。

（二）线粒体在神经突触上的输运

线粒体是细胞的动力学工厂，为大脑和神经系统的生长、功能执行和再生提供 ATP。在神经细胞生长发育过程中，突触、生长锥和郎飞结都需要大量能量。因此，需要将线粒体输运及锚定到这些区域，以保证给这些代谢活跃区域提供 ATP。在大脑皮层 77%的 ATP 用于灰质，其中，96%被神经元消耗掉。ATP 的主要来源，是线粒体通过电子传递链和氧化磷酸化将葡萄糖和丙酮酸转化为 ATP。同时，线粒体还在维持 Ca^{2+}稳态中起作用。在神经细胞中，线粒体主要在胞体中产生，通过微管在轴突和树突中输运。这实际上，是一个十分困难的任务。神经元使用特殊的机制，根据代谢状况、生长状态及突触活性，将健康的线粒体输送到特定位置，而将老化或受损的线粒体清除掉。

轴突中的线粒体，依赖 Kinesin 及 Dynein 这两种马达蛋白，沿着微管分别向两个不同方向输运线粒体。由于微管是有极性的，微管作为轨道用于线粒体长距离输运。将线粒体从神经元胞体向神经轴突远端顺向输运，主要由马达蛋白 Kinesin-1 家族（KIF5A、KIF5B 和 KIF5C）驱动，马达蛋白结合的 ATP 水解为线粒体输运提供能量。分子马达蛋白 Kinesin 是一个四聚体复合物，由两条重链（KHC）和两条轻链（KLC）组成。KHC 的 N 端有一个 motor 结构域，可以结合微管，水解 ATP。C 端可以与 KLC 相互作用，也可以通过适配体蛋白与线粒体相互作用。适配体蛋白主要是 Miros（Miro-1 和 Miro-2）及 Milton，它们将线粒体装载到马达蛋白上。Miro 是 Rho-GTPase，它有一对可与 Ca^{2+} 结合的 EF-hand motif，2 个 GTPase 结构域，一个羧端跨膜结构域，整合到线粒体外膜上。Milton 有一个可与 Miro 结合的结构域，以及一个与 Kinesin 结合的结构域，它将 Miro、线粒体与马达蛋白 KHC 联系起来。哺乳动物中有两个 Milton 直系同源物 TRAK1 和 TRAK2。马达蛋白 Kinesin 与适配体蛋白质 Miro-TRAK1 组成复合物，这是线粒体在微管上顺向输运的蛋白质机器。

在轴突中，线粒体依赖马达蛋白 Dynein 沿着微管朝反向输运。Dynein 有两条重链（DHC），它具有 ATP 酶的活性。还有 intermediate（DIC），light-intermediate（DLIC）及轻链（DLC）。线粒体通过适配体蛋白质 TRAK1、TRAK2 与 Dynein 结合。Ca^{2+}浓度增加会使得马达蛋白脱离微管或线粒体。Syntaphilin 可将线粒体锚定在微管上，也可以使得马达蛋白脱离线粒体。同时，线粒体短距离输运依赖肌动蛋白微丝。深入研究在神经系统发育与成熟过程中，线粒体如何在轴突和树突上输运至特定的位置，并锚定在正确的位置，分布在神经突触、生长锥和郎飞结，为神经系统发育与成熟提供能量，是十分重要的。当神经元受到生理或病理应激，如在衰老或受伤时，线粒体输运将会发生改变，如何重新分布以保证能量供应的稳态，使得神经细胞再生。这些都是重要的前沿科学问题。

（三）线粒体功能障碍导致的神经退行性疾病

1. 线粒体功能障碍与帕金森病的发病机制

线粒体功能障碍可能与帕金森病相关的机制有：线粒体的损伤影响线粒体生物合成、活性氧增加、线粒体在微管上输运受影响、电子传递链功能障碍、钙离子浓度失衡、线粒体动力学改变和线粒体自噬受影响。因多种复杂因素相互作用，最终导致帕金森病的发生和发展（图 13.3）。

2. 阿尔茨海默病患者大脑小胶质细胞线粒体异常

阿尔茨海默病患者大脑小胶质细胞的线粒体功能障碍，源于 Aβ 与小胶质细胞上的不同受体相互作用。受损的 TREM2 可导致哺乳动物雷帕霉素靶蛋白（mTOR）通路受损。受损的 mTOR 通路通过增加自噬，并减少线粒体的数量，进一步减少 ATP 的产生。Aβ 与 P2X7 相互作用激活 NF-κB，导致 NLRP3 的激活，线粒体来源的细胞色素 C 的释放（目前机制不清楚）以及细胞凋亡。Aβ 通过不同的受体被吞噬，如 TREM2、TLR、晚期糖基化终末产物（RAGE）的受体、CD36 以及内化的 Aβ，与线粒体钙单胞体（MCU）相互作用，导致细胞毒性。

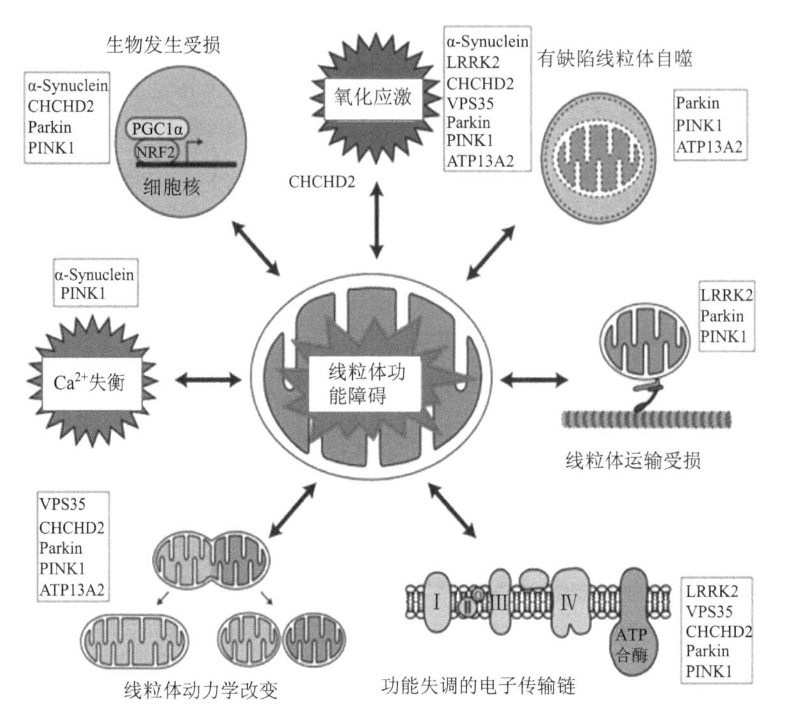

图 13.3　线粒体功能障碍引起的帕金森病的代表性的病理生理路径

引自 Li and Chen，2018

除此之外，通过一些未知受体，Aβ 减少线粒体自噬，并增加 ROS 的产生。所有这些机制，通过炎症或其他机制促进阿尔茨海默病的发病。

主要参考文献

曹雪涛, 2009. 免疫学前沿进展[M]. 北京: 人民卫生出版社.

Agrawal I, Jha S, 2020. Mitochondrial dysfunction and Alzheimer's disease: role of microglia[J]. Frontiers in Aging Neuroscience, 12: 252.

Chan D C, 2020. Mitochondrial dynamics and its involvement in disease[J]. Annual Review of Pathology, 15: 235-259.

Li T, Chen Z J, 2018. The cGAS-cGAMP-STING pathway connects DNA damage to inflammation, senescence, and cancer[J]. The Journal of Experimental Medicine, 215(5): 1287-1299.

Lionaki E, Markaki M, Palikaras K, et al., 2015. Mitochondria, autophagy and age-associated neurodegenerative diseases: new insights into a complex interplay[J]. Biochimica et Biophysica Acta, 1847(11): 1412-1423.

López-Otín C, Blasco M A, Partridge L, et al., 2013. The hallmarks of aging[J]. Cell, 153(6): 1194-1217.

López-Otín C, Blasco M A, Partridge L, et al., 2023. Hallmarks of aging: an expanding universe[J]. Cell, 186(2): 243-278.

Morton H, Kshirsagar S, Orlov E, et al., 2021. Defective mitophagy and synaptic degeneration in Alzheimer's disease: focus on aging, mitochondria and synapse[J]. Free Radical Biology & Medicine, 172: 652-667.

Nacarelli T, Lau L, Fukumoto T, et al., 2019. NAD^+ metabolism governs the proinflammatory senescence-associated secretome[J]. Nature Cell Biology, 21(3): 397-407.

Park J S, Davis R L, Sue C M, 2018. Mitochondrial dysfunction in Parkinson's disease: new mechanistic insights and therapeutic perspectives[J]. Current Neurology and Neuroscience Reports, 18(5): 21.

Pearce S F, Rebelo-Guiomar P, D'Souza A R, et al., 2017. Regulation of mammalian mitochondrial gene expression: recent advances[J]. Trends in Biochemical Sciences, 42(8): 625-639.

Sheng Z H, Cai Q, 2012. Mitochondrial transport in neurons: impact on synaptic homeostasis and neurodegeneration[J]. Nature Reviews Neuroscience, 13(2): 77-93.

Ylikallio E, Suomalainen A, 2012. Mechanisms of mitochondrial diseases[J]. Annals of Medicine, 44(1): 41-59.

Youle R J, van der Bliek A M, 2012. Mitochondrial fission, fusion, and stress[J]. Science, 337(6098): 1062-1065.

Zhang X W, Bai X C, Chen Z J, 2020. Structures and mechanisms in the cGAS-STING innate immunity pathway[J]. Immunity, 53(1): 43-53.

第十四讲　阿尔茨海默病

申　勇　教授，神经生物学家，中国科学技术大学杰出讲席教授。

阿尔茨海默病，曾经被称为“老年痴呆症”，带有歧视的色彩。随着社会人文的进步和科学技术的探索，越来越多的人更愿意把这种脑功能减退的疾病称为“阿尔茨海默病”。这一学术名词的背后，凝聚着一代又一代神经生物学家不断的探索。下面将从大脑的功能出发，简要地介绍神经细胞活动的电信号特征与构成记忆的物质基础。最后，结合多种关于阿尔茨海默病成因的假说，介绍一些正在探索的国际前沿的治疗方案，希望能为大家带来启示。

一、大脑是最重要的人体器官之一

人每天都在工作和学习，意味着每天都需要记忆，这些都离不开我们的大脑。类似于心脏、肾、肺和肝，大脑也是人体的一个器官。大脑是神经系统的最高级部分，由左、右两个大脑半球组成，其中将两个大脑半球隔开的是被称作为“中央纵裂”的沟壑，两个半球除了胼胝体相连以外完全左右分开。人脑一般分为额叶、顶叶、颞叶和枕叶4个脑叶。从生理上来说，大脑主要调节机体其他器官的功能，也是意识、精神、语言、学习和记忆等高级神经活动的物质基础。

（一）大脑是最复杂的人体器官之一

虽然脊椎动物都有大脑，且形态和结构相似，但都没有达到人类智力的水平。不同脊椎动物的大脑半球表面都呈现出不同的沟或回，沟和回之间隆起的部分为脑回。高等动物的脑沟、脑回较多，而低等动物则明显较少。在演化过程中，人类大脑沟回的复杂折叠结构使颅内容量相同的情况下，人类可以有更多的大脑皮质（图14.1）。

大脑皮层表层为灰质，深层为髓（白）质，其内部的腔隙被称为侧脑室，内容脑脊液。大脑的灰质是指表层向内数厘米厚的结构，也被称为“大脑皮层”，是神经细胞聚集的部分，具有6层的构造，含有复杂的回路，因此是思考等神经活动的中枢。相对于大脑皮层的灰质，髓质内含有神经纤维和核团，其中有4对核团位于脑底部，被称为基底神经节（核），包括尾状核、豆状核、杏仁核和屏状核。

尽管从古至今有无数聪明的大脑对人脑进行了不同层次和深度的研究，但是到目前为止，我们仍然还不清楚大脑中的许多功能。由此可见，大脑确实是最复杂的人体器官之一。多个国家和组织已经开展了关于人脑的研究计划，我们国家也启动了中国脑计划，希望能像探索宇宙一样去探索和了解大脑，解决一个又一个未解之谜。

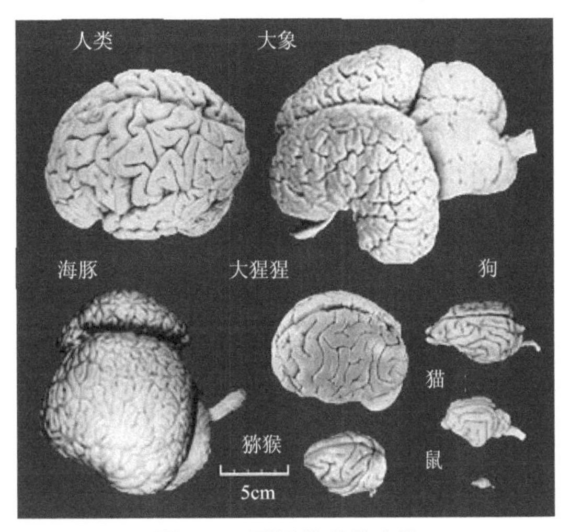

图 14.1　不同物种的大脑

（二）大脑是学习的物质基础

大脑是人体的“司令部”，通过中枢神经系统，每时每刻都在调节、控制身体各器官的功能（图 14.2）。大脑中含有数千亿个不同的神经元，它们是神经系统最基本的结构和功能单位，分为细胞体和突起两部分。细胞体具有联络和整合输入信息并传出信息的作用。突起分为树突和轴突两种，树突短而分支多，直接由细胞体扩张而成，其作用是接收其他神经元轴突传来的信号并传给细胞体；轴突长而分支少，其作用是接受外来刺激，再由细胞体传出。两个树突或者两个轴突或者树突和轴突之间的连接被称为突触。突触前细胞借助化学信号，即神经递质，将信息传送到突触后细胞，这一类称为化学突触；借助于电信号传递信息，称为电突触。在哺乳动物进行突触传递的几乎都是化学突触；电突触主要见于鱼类和两栖类。

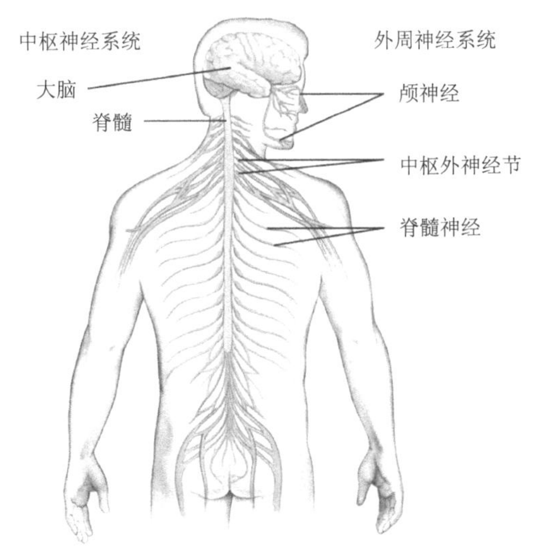

图 14.2　大脑是人体的“司令部”

根据突触前细胞传来的信号是使突触后细胞的兴奋性上升或产生兴奋，还是使其兴奋性下降或不易产生兴奋，化学突触和电突触都又相应地被分为兴奋性突触和抑制性突触：使下一个神经元产生兴奋的为兴奋性突触，对下一个神经元产生抑制效应的为抑制性突触。在上千亿个神经元细胞之间，有数百万亿的突触连接。通过这些突触，人的大脑中终生持续地传递着数千种电信号及化学信号的变化。由此可见，大脑的本质是大量神经元的极其复杂的网络联系，而这构成了大脑学习的物质基础，也是我们所有行为思维的物质基础。神经系统的发育变化，是持续一生的动态过程。神经系统在发育早期，皮层中的前体细胞不断自我更新，同时开始分化和迁移，最终形成了数千亿个神经元及其突触连接。大量的突触连接形成后，需要经过一个有序修剪的过程才能形成稳定的神经环路。这一生成和修剪的过程是终生都在进行的，也是我们现在成年人能够学习记忆的物质基础。但是，这种突触动态变化的异常也会造成很多神经退行性病变。

二、神经活动信号的发生

早在 1771 年，意大利物理学家路易吉 • 伽伐尼（Luigi Galvani，1737～1798 年）就发现了生物电现象，但后续研究受限于单根神经纤维的轴突直径很细。直到 20 世纪 30 年代，研究人员发现了枪乌贼的巨大神经纤维（直径可达 1.5mm），加之微电极技术发展成熟，使得直接测量单根神经纤维的跨膜电位变化成为可能。英国著名生理学家赫胥黎（A. F. Huxley，1917～2012 年）和霍奇金（A. L. Hodgkin，1914～1998 年），于 1939 年首次测定枪乌贼轴突细胞膜电位并发现动作电位，1952 年他们又提出离子假说，认为电压敏感钠离子和钾离子通透性变化是动作电位产生和传播的基础。因此，他们分享了 1963 年诺贝尔生理学或医学奖。神经元细胞受到刺激时，在静息电位的基础上产生可扩布的电位变化，这一变化被称为动作电位。神经纤维的动作电位一般历时 0.5～2.0ms，可沿膜传播。通过动作电位，神经元之间不停地传递信号。

（一）动作电位的形成原理

细胞外的钠离子浓度比细胞内高得多，具有从细胞外向细胞内扩散的趋势，但钠离子能否进入细胞是由细胞膜上的钠通道的状态来决定的。当神经元细胞受到刺激产生兴奋时，首先是少量兴奋性较高的钠通道开放，很少量钠离子顺浓度差进入细胞，致使膜两侧的电位差减小，产生一定程度的去极化。当膜电位减小到一定数值（阈电位）时，就会引起细胞膜上大量的钠通道同时开放。此时，在膜两侧钠离子浓度差和电位差（内负外正）的作用下，细胞外的钠离子快速且大量地内流，导致细胞内正电荷迅速增加，电位急剧上升，形成了动作电位的上升支，即去极化。当膜内侧的正电位增大到足以阻止钠离子的进一步内流时，也就是钠离子的平衡电位时，钠离子停止内流，并且钠通道失活关闭。在钠离子内流过程中，钾通道被激活而开放，钾离子顺着浓度梯度从细胞内流向细胞外，钠离子内流速度和钾离子外流速度平衡时，产生峰值电位。随后，钾离子外流速度大于钠离子内流速度，大量的阳离子外流导致细胞膜内电位迅速下降，形成了动作电位的下降支，即复极化。此时，细胞膜电位虽然基本恢复到静息电位的水平，但是由去极化流入的钠离子和复极化流出的钾离子并未各自复位。此时，通过钠钾泵的活动将流入的钠离子泵出并将流出的钾离子泵入，恢复动作电位之前细胞膜两侧这两种离子的不均衡分布，为下一次兴奋做好准备。

（二）动作电位的特点

动作电位具有“全或无”、不能叠加和不衰减性传导的特点。①“全或无”：只有阈刺激或阈值上刺激才能引起动作电位。在动作电位形成过程中，膜电位的去极化是由钠通道开放所致。因此，刺激引起膜去极化，只是使膜电位从静息电位达到阈电位水平，而与动作电位的最终水平无关。因此，阈刺激与任何强度的阈值上刺激引起的动作电位水平是相同的。②不能叠加：由于动作电位具有“全或无”的特性，因此动作电位不会产生叠加。③不衰减性传导：在细胞膜上任意一点产生的动作电位会不衰减地传播到整个细胞膜上，其形状与幅度均不发生变化。

（三）动作电位的传导原理

动作电位沿轴突的传导，是通过跨膜的局部电流实现的。在轴突的某一位点给予足够强的刺激，可使其产生动作电位。此时，该段膜内外两侧的电位差发生暂时的翻转，即由静息时膜内为负、膜外为正的状态转化为兴奋时的膜内为正、膜外为负的状态。“兴奋膜”与周围的“静息膜”，无论在膜内还是膜外均存在有电位差。同时，细胞膜两侧的溶液都是导电的，所以，“兴奋膜”与“静息膜”之间可发生电荷移动，这种电荷移动就是局部电流。在膜外侧，电流从“静息膜”流向“兴奋膜”；在膜内侧，电流由“兴奋膜”流向“静息膜”。结果使“静息膜”的膜内侧电位升高，而膜外侧电位降低，即发生了去极化。当去极化使静息膜的膜电位达到阈电位水平时，大量钠通道被激活，引起动作电位。此时，原来的“静息膜”转变为“兴奋膜”，电信号继续向周围的“静息膜”传导。因此，所谓动作电位的传导，实际上就是“兴奋膜”向前移动的过程。

三、神经元的相互联系构成了记忆

大脑的活动依赖于神经元的电活动，大脑始终在不停地活动，神经元之间的电信号传递也始终不停。通过实验，观察两个相隔较远的神经元细胞的运动和发育过程，研究人员发现，两个神经元细胞通过释放某种物质，与对应受体结合，在受配体信号的指引下，主动相互寻找并最终靠拢接触，形成突触的结构（图 14.3）。这种连接的形成，就类似于长时间的学习和记忆的过程——在外界不断的刺激（老师的启发、自身的练习等）下，逐渐形成一个学习记忆相关的通路突触，也模拟了短期记忆逐渐形成长期记忆的过程。由此，研究人员认为，神经元之间会形成主动联系，而这种相互联系构成了记忆。

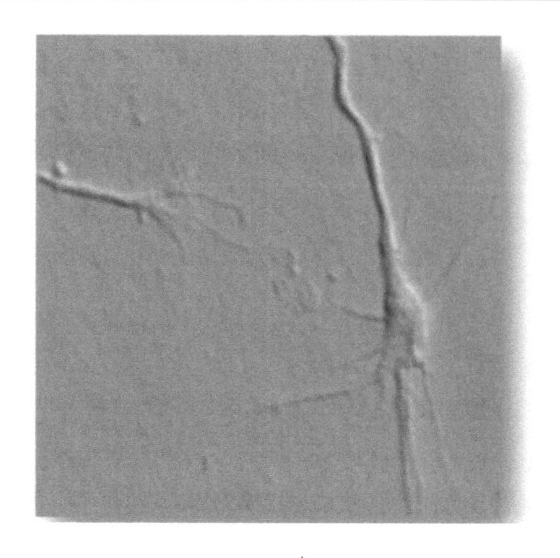

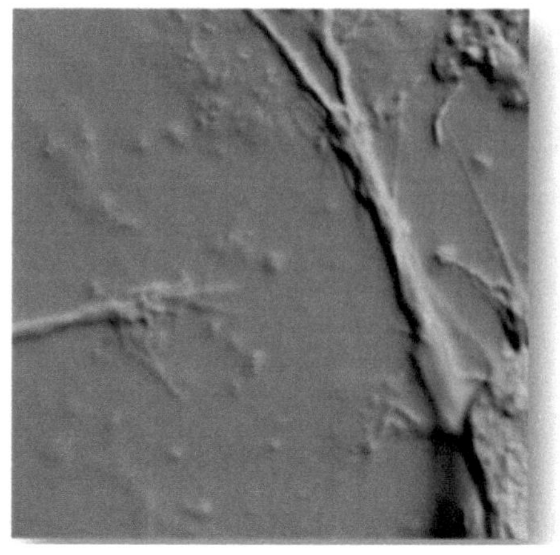

A　　B

图 14.3　神经元之间主动联系

A. 神经元；B. 突触

（一）记忆存储

关于记忆的存储，一直是一个热点研究问题。1957 年，斯科维尔（Scoville）与米尔纳（Milner）关于著名的患者亨利•莫莱森（H. G. Molaison，1926～2008 年）的病例报告，引起了众多科学家的关注，并使人开始认识到海马对记忆起重要作用。为减轻莫莱森时常发作的癫痫，其脑内侧颞叶被切除（包括当中的两个海马），由此导致了一系列的相关空间以及时间的记忆损伤。重要的是，莫莱森仍然能完成程序性任务的学习（这一点与纹状体相关联），甚至有着高于常人水平的智商。莫莱森的智能与陈述性记忆，展现出显著的分裂。许多神经科学家认为，大脑中的海马是存储记忆的重要脑区。海马又名海马回、海马区，是位于脑颞叶内的一个部位的名称，人有两个海马，分别位于左右脑半球。它是组成大脑边缘系统的一部分，担当着关于记忆以及空间定位的作用。这个部位的弯曲形状貌似海马，因此而得名（图 14.4）。在阿尔茨海默病中，海马是首先受到损伤的区域。表现症状为：记忆力衰退和方向知觉的丧失。当大脑缺氧以及脑炎等时也可导致海马的损伤。一项关于空间记忆的研究显示，空间记忆存储在海马及内嗅皮层内。

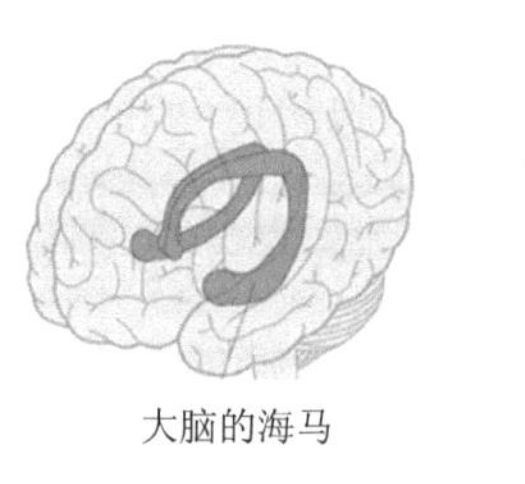

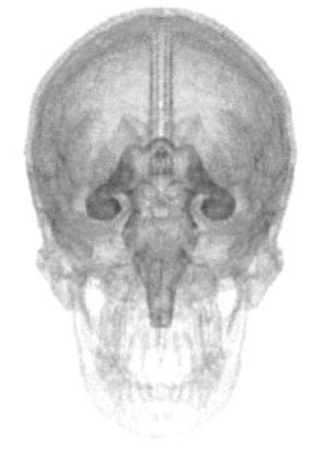

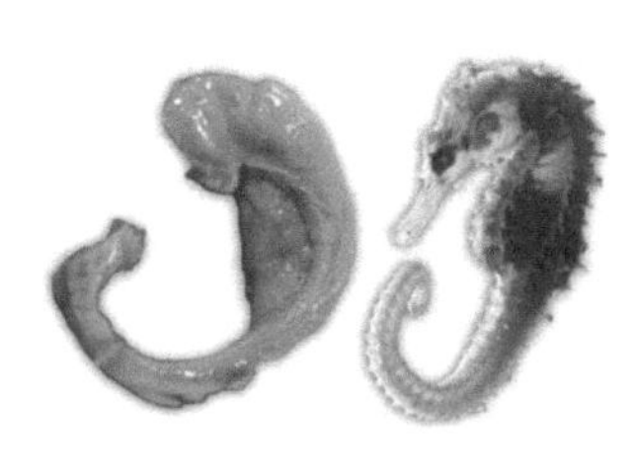

人类大脑　　人类头部　　大脑的海马　　海马

图 14.4　大脑的海马

（二）男女大脑的结构不同

一般认为，女人记性比男人好，并且女性记忆信息的时间要长于男性。这是因为她们大脑中海马的活性较强，而这个部位有助于人们从长期存储空间中寻找到相关信息。但是，女性认知功能的衰退速度也快于男性，她们更容易患阿尔茨海默病。专家认为，这与雌激素和睾丸激素对大脑产生的效应不同有关。更年期来得较早（48 岁以前）的女性，患阿尔茨海默病的风险会增加 70%。由于性激素的差异，男女大脑中疼痛的机制存在差别——女人更易感受疼痛。男性从一出生就浸泡在睾丸激素中，它会让大脑对于疼痛不是那么敏感。而女性偏头痛的发病率要比男性高出 3 倍，这要归因于激素水平的波动。与偏头痛相关的脑电波在女性大脑中更容易被激活，对男性而言，要想激活偏头痛脑电波，则需要比女性强 3 倍的刺激。

2014 年，诺贝尔生理学或医学奖颁发给美国科学家约翰·奥基弗（John O'Keefe）、挪威科学家梅-布里特·莫泽（May-Britt Moser）和挪威科学家爱德华·莫泽（Edvard I. Moser），表彰他们"发现构成大脑定位系统的细胞"。基于他们的研究成果，有研究人员分析了男女对方位、距离和颜色等描述的不同。人类的后脑视觉皮质的功能是分区的，一般分为 V1、V2、V3、V4 和 V5（图 14.5）。V 是 visual（视觉）的意思，指的是我们的视觉皮质。其中，V4 处理颜色、地标，V5 处理动作、距离和方位——V5 所在区域是顶叶，男性通往顶叶的通路比较大；而 V4 所在区域是颞叶，女性通往颞叶的通路比较大。因此，女性指路的时候一般描述颜色、左右；而男性指路时一般说南北并且指示简单，导致女性不容易听懂。

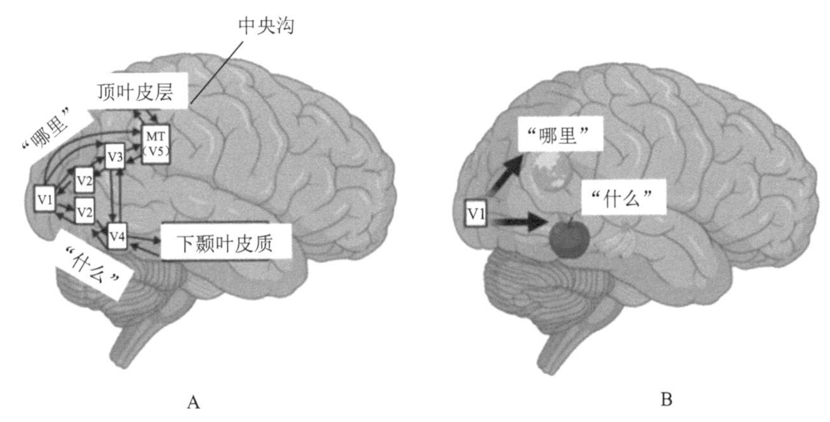

扫码查看彩图

图 14.5　后脑的视觉皮质

A. 后脑功能分区；B. 颜色和方位的区域

男女大脑功能上的差异，来自于结构上的不同。男性说话时脑前区亮起来，女性说话时亮两边。一般来说，男性平时不太爱说话，而女性平时特别爱说话。这导致男性在工作时把话说完了，回到家里就没有话了，可是女性等了一天要和男性说话。

除了上述关于男女大脑结构之间的差异外，研究发现，掌控情绪的脑区集中在右半脑，而掌控语言功能的脑区集中在左半脑。胼胝体位于两个脑半球中间，这个由百万以上神经纤维组成的神经纤维束就像一座桥，作用是连接两个脑半球的——如果胼胝体比较大，就像一座桥比较宽敞，那神经冲动从左到右、从右到左就会跑得比较快。解剖结果显示，女性的胼胝体厚一点，男性的胼胝体薄一点，这说明女性比较擅于用语言把情绪表达出来。杏仁核又名杏仁体，位于侧脑室下角前端的上方，海马旁回沟的外侧，顶部与尾状核的末端相连。杏仁核是边缘系统的皮质下中枢，有调节内脏活动和产生情绪的功能。在一项研究中，刺激右侧杏仁核会引起负面情绪，尤其是恐惧和悲伤。刺激左杏仁核会引起愉快的（幸福）或不愉快的（恐惧、焦虑、伤感）情绪。当压力增大时，人体大脑中的杏仁核就会被激活。男性杏仁核右侧部位活性更强，而女性左侧部位活性更强。这导致男性爱独处，女性爱倾诉——一般男性会采取出去跑步等各种方式发泄怒气，或一个人独处等方式解压；女性则会通过与朋友聊天来得到安慰。此外，男性大脑中的顶叶皮层和杏仁核则大于女性，这意味着男性方向感稍强。

四、阿尔茨海默病简述

阿尔茨海默病（Alzheimer’s disease，AD）是一种起病隐匿的进行性发展的神经系统退行性疾病（图 14.6）。临床上以记忆障碍、失语、失用、失认、视空间功能损害和执行功能障碍，以及人格和行为改变等全面性痴呆表现为特征，病因迄今未明。

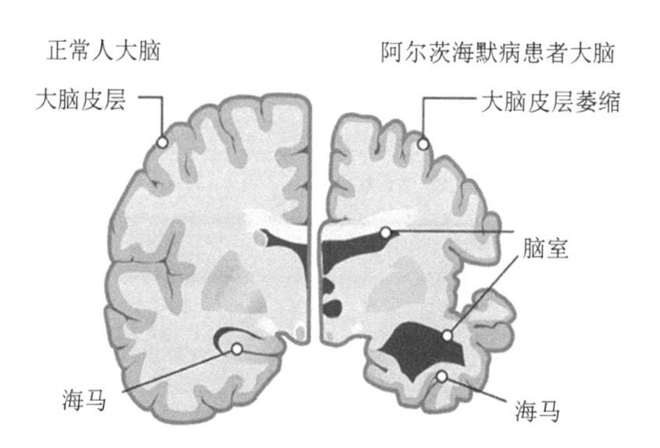

图 14.6　正常人与阿尔茨海默病患者的大脑比较

（一）阿尔茨海默病的发现

在 1901 年，德国医生阿尔茨海默（Dr. Alzheimer）迎来了一位来自德国法兰克福的女患者，其名为奥古斯特（Auguste）。这位 51 岁的患者有奇怪短期记忆丧失和精神症状。她的临床症状包括：记忆障碍，语无伦次，易怒；不能入睡，夜里大吵大闹；时空错位；情绪异常，焦虑，多疑。在一段她的病历中，记录着医生和她的对话（图 14.7）：

Dr. Alzheimer: “What are you eating?”（医生问：“你在吃什么？”）

Auguste: “Spinach.”（She was chewing meat.）（病人回答：“菠菜。”其实她正在嚼肉。）

Dr. Alzheimer: "What are you eating now?"（医生问："你现在在吃什么？"）

Auguste: "First I eat potatoes and then horseradish."（病人回答："我先吃了土豆，然后吃了辣根。"）

Dr. Alzheimer: "Write a '5'." She writes: "A woman."（医生要求她写数字"5"，她写了"一个女人"。）

Dr. Alzheimer: "Write an '8'." She writes: "Auguste."（医生要求她写数字"8"，她写了自己的名字"Auguste"。）

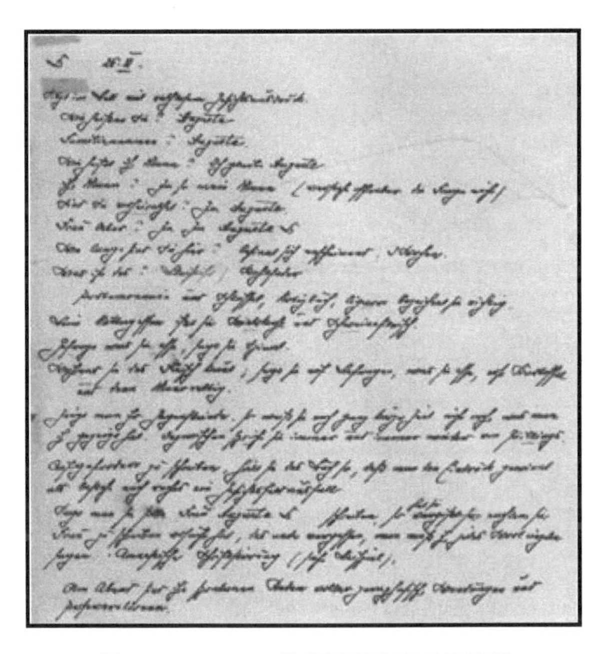

图 14.7　Auguste 的病历照片和对话翻译

这名患者在 1906 年 4 月死亡后，Alzheimer 医生将患者的病历和脑组织带到慕尼黑克雷珀林（Kraepelin）医生的实验室，同两名意大利医生一起，利用染色技术，发现了淀粉样蛋白斑和神经原纤维的缠结，并于 1910 年第一次将患者的病理和临床痴呆症状结合一起发表。此后，老年痴呆症就以 Alzheimer 的名字命名，并沿用至今。

（二）阿尔茨海默病的症状

阿尔茨海默病的病程，根据患者认知能力和身体功能的恶化程度，分成 4 个时期。

（1）前期：阿尔茨海默病最初的症状，常被误认为是老化或是压力。这些早期症状可以影响大部分复杂的日常生活，最明显的缺陷是短期记忆障碍，主要是难以记住最近发生的事和无法吸收新信息。其他症状包括管控注意力、规划事情、弹性处理、抽象思考和语义记忆等方面的问题。冷漠也是此时期会出现的症状之一，并会是在病程中持续出现的精神症状。

（2）早期：阿尔茨海默病病患的学习与记忆障碍会愈见明显。在少部分病患中，语言障碍、执行障碍、认知障碍或技能障碍会比记忆障碍更明显。阿尔茨海默病并不会对所有记忆能力都有同等的影响，相对于新近发生的事情或记忆，病患长期的情节记忆、语义记忆和内隐记忆（身体记住如何做一件事，如使用筷子吃东西）受到的影响比较少。阿尔茨海默病患者的语言障碍主要为原发性进行性失语症，特征是病患可使用的词汇变少，且流畅度降低，导致病患的口语和书面表达变得困难。在这一时期，病患通常还能适当表达简单的想法，但是当需要进行精细动作时（如写作、画图或是穿衣），可能会出现些微的动作不协调和计划困难，但这些征兆常会被忽略。随着疾病进展，阿尔茨海默病患者通常仍能独立完成许多事情，但是大部分需要认知功能的活动可能就需要协助。

（3）中期：随着病情的恶化，病患将失去独立生活的能力，而无法进行大部分的日常活动。患者的语言障碍逐渐变得明显，常会无法想起词汇（命名不能症），会使用错误的字汇来替换（言语错乱症）。同时，也渐渐失去读写能力，患者在执行复杂的动作序列时会变得不协调，增加了跌倒的风险。在这一时期，记忆问题也会恶化，病患可能无法认出亲近的家属，之前仍完整的长期记忆也受到影响。此时期行为和神经精神病学的变化也更为显著，常见的表现包括游荡、易怒和情绪不稳，这些变化会导致病患突然哭泣、突发的非故意攻击行为或是拒绝接受照顾，此时也会出现日落综合征。大约30%的患者会出现妄想错认或其他妄想症状，另外，也可能会尿失禁。患者无法体认到疾病的进展（病觉缺失症）。

（4）晚期：在阿尔茨海默病的最终时期，病患已经完全依赖看护者，语言能力退化至简单的词语甚至单字，最后完全失去谈话能力，除了失去口语能力之外，病患通常能理解并回应情感刺激。虽然攻击行为仍然存在，但大多时间表现得极度冷漠和疲倦。病患最终无法独立进行任何简单的事情，肌肉质量和行动能力退化至长期卧床，也无法自行进食。目前阿尔茨海默病还是一种“绝症”，但死因通常是外在因素，例如，褥疮感染或肺炎，而不是疾病本身。

针对阿尔茨海默病患者大脑的病理鉴定结果分析，研究人员认为阿尔茨海默病有四大病理特征，分别是：①大脑皮层萎缩和神经元丢失；②Aβ 沉积和老年斑形成；③Tau 蛋白磷酸化和神经原纤维缠结形成；④胶质细胞激活及免疫炎症反应（图 14.8）。其中，老年斑（senile plaques，SP）或神经炎性斑（neuritic plaque，NP）主要由淀粉样蛋白在细胞外沉积而成。典型的 SP 的核心聚集有许多直径为 8nm 左右的淀粉样蛋白丝，周围有营养不良的神经突起、星形胶质细胞和小胶质细胞围绕，形成致密的纤维斑块，通常呈球形，直径最小的为 10μm，最大的可达几百微米，能被银或刚果红染色。SP 中的淀粉样蛋白丝是由含 β 片层结构的淀粉样蛋白聚集而成。SP 多出现在海马回、额叶皮质，在基底节、丘脑、小脑也可被发现。但这种典型的 SP 只占少数，多数为弥散性淀粉样斑块。

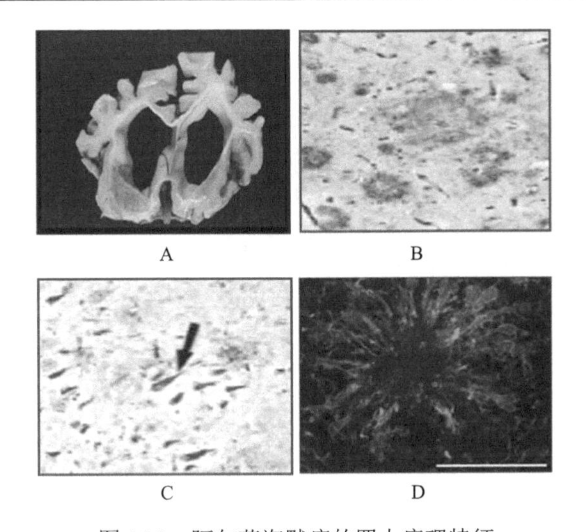

图 14.8　阿尔茨海默病的四大病理特征

A. 大脑皮层萎缩和神经元丢失；B. Aβ 沉积和老年斑形成；C. Tau 蛋白磷酸化和神经原纤维缠结形成；D. 胶质细胞激活及免疫炎症反应

五、阿尔茨海默病的治疗

近年来，APP 对阿尔茨海默病影响的研究报道越来越多。人们通过脑病理研究发现，阿尔茨海默病患者脑组织内 Aβ 明显增多，并形成了大量的老年斑。前面已经描述，老年斑、神经原纤维缠结和血管壁淀粉样变性，是阿尔茨海默病患者大脑的特征性病理改变，而 Aβ 是老年斑和血管壁淀粉样变性的主要成分。现有大量实验的结果和临床资料表明，Aβ 是各种原因诱发阿尔茨海默病的共同通路之一，是阿尔茨海默病形成和发展的关键因素。Aβ 是由 APP 经 β-分泌酶和 γ-分泌酶的蛋白水解作用而产生的含有 39～43 个氨基酸的多肽。它可由多种细胞产生，循环于血液、脑脊液和脑间质液中，大多与伴侣蛋白分子结合，少数以游离状态存在。APP 是一种在各种组织中广泛存在，并集中表达于神经元突触部位的膜蛋白质，Aβ 片段即位于其跨膜区域。β-分泌酶首先在 β 位点将 APP 裂解为 β-N 端片段（sAPPβ）和 β-C 端片段，然后 γ-分泌酶在 β-C 端片段的近 N 端跨膜区域水解释放出由 39～43 个氨基酸组成的 Aβ 肽段（图 14.9）。

（一）γ-分泌酶抑制剂的挑战

基于上述 Aβ 产生的原理，越来越多的科学家开始研发 γ-分泌酶抑制剂，期望通过抑制 γ-分泌酶的活性，从而抑制 APP 释放 Aβ 肽段，达到减少 Aβ 聚集的目的。一系列的 γ-分泌酶抑制剂被开发出来，根据 γ-分泌酶抑制剂的化学结构，可分为肽醛类、双氟酮类、内酰胺类、芳基磺胺类、羟乙基二肽电子等排体类、苯丙二氮类、含 4-氯-异香豆素母核结构的非肽类化合物以及具有 α 螺旋结构的小肽类等。Higaki 等通过研究发现，肽醛类苄氧羰基-缬氨酸-苯丙氨酸能抑制中国仓鼠卵巢细胞 Aβ 等的生成，从而达到抑

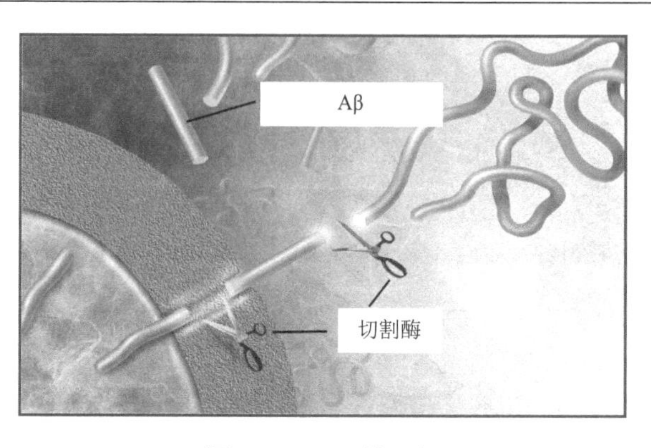

图 14.9　APP 被切割

制 γ-分泌酶活性的作用。双氟酮类 γ-分泌酶抑制剂可以直接作用于 γ-分泌酶，而不影响 α-分泌酶和 β-分泌酶的作用。根据遗传突变研究发现，具有羟乙基二肽电子等排体类的化合物，对 γ-分泌酶存在高抑制性和高选择性，其选择性高达其他天冬氨酸蛋白酶的 50～100 倍，而不影响 α-分泌酶和 β-分泌酶的活性。迄今，研究并开发的 γ-分泌酶抑制剂结构复杂，形式多样，其虽然能够抑制 Aβ 在脑内的产生，但对 Aβ42/β40 的作用存在一定的差异。为了更好地特异性抑制 γ-分泌酶，亟须对 γ-分泌酶的结构进行清晰的解析。在 2015 年，我国科学家施一公团队在著名学术期刊 *Nature* 上，发表了 γ-分泌酶的结构，他们成功解析了 γ-分泌酶的 4 个亚基。同时，基于结构分析了家族性阿尔茨海默病中 PS1（presenilin1）两个突变点对 Aβ42/β40 的影响，为理解 γ-分泌酶的工作机制以及阿尔茨海默病的发病机制，提供了重要基础。

尽管如此，但令人失望的是，γ-分泌酶抑制剂的临床治疗效果并不显著，甚至出现严重不良反应。γ-分泌酶由 PS1、Aph-1、PEN-2 以及 NCT4 个亚基组成，其假说立项是基于基因的突变，但是敲除其中的一个亚基 PS1 会致死。因此，抑制 γ-分泌酶的抑制剂可导致严重的副作用，美国 FDA 不得不叫停相关临床试验。另外，γ-分泌酶的作用底物仍然包括细胞膜上的 Notch 受体等重要跨膜蛋白，该受体的作用对于正常生理代谢十分重要，但其在成熟中枢神经系统的作用研究尚不明确，这导致 γ-分泌酶抑制剂相关的药物在阿尔茨海默病的临床试验上全军覆没。

（二）β-分泌酶的发现

在 APP 水解产生 Aβ 的过程中，β-分泌酶和 γ-分泌酶发挥了至关重要的作用。因此，寻找具有 β-分泌酶活性的蛋白质，对于揭示阿尔茨海默病的发病机制和研究其预防及治疗，具有重要价值。1999 年，3 个不同的研究小组，各自独立地获得了具有 β-分泌酶活性的基因克隆，并将其所编码的蛋白质分别命名为 BACE（beta-site APP-cleaving enzyme）、Asp2 和 memapsin2。体内抑制实验和体外活性实验都表明，这些蛋白质具有 β-分泌酶已知的全部功能和特征；序列对比显示它们是同一分子，现在通常将其称之为 BACE 或 BACE1。β-分泌酶是一种天冬氨酸蛋白酶。2000 年，活性形式的晶体结构被解析；2001 年，BACE 被证实发挥 β-分泌酶活性；2002～2007 年，报道了阿尔茨海默病患者脑内及脑脊液中 BACE 活性与阿尔茨海默病病理的相关性。就目前所知，BACE 是确认的唯一具有 β-分泌酶活性的蛋白酶：将 BACE 过度表达，能够提高 β-分泌酶的活性及其水解产物；将 BACE 纯合基因敲除后，检测不到任何 Aβ 的产生；BACE 和 APP 及 Aβ 在脑内和细胞内表达部位和水平一致，都位于反面高尔基网（TGN）和胞吞体中。BACE 的另一种亚型 BACE2，与 BACE 一样都能水解 APP，但两者的降解位点存在差异：BACE 可在 Aβ 序列的 N 端及 Aβ1 和 Aβ10 之间水解 APP；而 BACE2 水解位点主要位于 Aβ 的内部，产生的片段不能形成淀粉样物质，神经毒性较小。

由于 Aβ 在阿尔茨海默病的发病中起至关重要的作用，因此，减少 Aβ 的产生，阻止其聚集，加快其消除以及降低 Aβ 的毒性和抑制它产生的免疫反应，都可以成为阿尔茨海默病的治疗策略。为了证实抑制 BACE 不会对正常组织和细胞产生毒害作用，多个研究团队发现，BACE 缺失小鼠生长正常，与正常小鼠无显著差异。研究底物与 BACE 活性部位的相互作用的结构信息，对于研究小分子 BACE 抑制剂具有重要意义。对蛋白质结构的研究发现，虽然 BACE 与其他的天冬氨酸蛋白酶的同源性较低，但是其催化结构域与其他天冬氨酸蛋白酶具有相似性。BACE 的活性位点比其他天冬氨酸蛋白酶的活性位点更开阔，疏水性更低。模拟结果发现，BACE 抑制剂在催化位点与天冬氨酸残基（Asp93，Asp289）之间形成 4 个氢键，与其他氨基酸残基形成 10 个氢键。目前，BACE 抑制剂主要是针对 Swedish 突变 APP 酶切位点附近的氨基酸序列设计的过渡态类似物。

（三）Aβ 级联假说

目前，科学家提出多种广为认可的阿尔茨海默病发病机制假说，如 Aβ 级联假说、胆碱能假说、Tau 蛋白异常磷酸化假说、神经炎症假说、金属离子紊乱假说等，但其致病机制仍无法明确。目前，该疾病仍无法治愈，成为医学界一大难题。其中 Aβ 级联假说是一项得到实验结果支持的重要假说，该假说认为阿尔茨海默病脑组织中淀粉样斑块沉积是导致神经元丢失直至痴呆症状的早期和重要因素。

支持这一假说的证据主要集中于 Aβ 与阿尔茨海默病患病率的相关性以及与神经病理的联系，其中最具说服力的是过量 Aβ 与阿尔茨海默病病理的高度相关性——①家族性阿尔茨海默病患者的基因一般存在家族性基因突变，它们会生成更多的 Aβ，脑组织中 APP 的 mRNA 增加；②唐氏综合征患者多一条 21 号染色体，其上有 APP 基因，过度表达 APP 的 mRNA，因此产生过量 Aβ，最终出现与阿尔茨海默病患者类似的症状；③大量体内外实验证明 APP 过表达、Aβ 转基因会诱发阿尔茨海默病样的病理特征和神经毒性。

（四）异常修饰的 Tau 蛋白

微管系统是神经细胞骨架成分，可参与多种细胞功能。微管由微管蛋白及微管相关蛋白组成，神经元胞体与轴突间营养物质运输依赖于微管系统的完整性。Tau 蛋白是含量最高的微管相关蛋白。正常人脑中 Tau 蛋白的细胞功能是与微管蛋白结合促进其聚合形成微管；与形成的微管结合，维持微管稳定性，降低微管蛋白分子的解离，并诱导微管成束。阿尔茨海默病的另一重要病理学特征，为阿尔茨海默病患者脑内的 Tau 蛋白过度磷酸化，患者脑中 Tau 蛋白总量多于正常人，并且正常 Tau 蛋白减少而异常过度磷酸化 Tau 蛋白大量增加。病理早期，阿尔茨海默病患者脑内 Tau 蛋白磷酸化，进而造成神经原纤维缠结，加速神经元死亡及神经突触丢失；Tau 蛋白的堆积导致神经元及其轴突树突退行性变化。因此，近年来，已有多种疗法试图靶向 Tau 蛋白的产生和清除过程来治疗阿尔茨海默病。

最近，研究人员主要集中在用于诊断和治疗阿尔茨海默病的磷酸化 Tau 蛋白上。2020 年 4 月 1 日，来自美国加州大学圣芭芭拉分校的肯尼斯•科西克（Kenneth Kosik）课题组在 *Nature* 期刊上发表了研究论文，报道了低密度脂蛋白相关蛋白 1（LRP1）可以控制 Tau 蛋白内吞及后续扩散传播，从而鉴定出 LRP1 是调节 Tau 蛋白扩散的关键因子，这一结果提示 LRP1 可以成为治疗与 Tau 蛋白扩散及聚集相关疾病的重要靶标。该研究鉴定了 LRP1 是介导 Tau 蛋白在神经元内吞过程中的重要调节因子，同时也发现，LRP1 也在大脑内 Tau 蛋白的传播过程中发挥重要作用，表现在敲减神经元 LRP1 后 Tau 蛋白传播显著降低。因此，该项研究提供了治疗 Tau 蛋白相关的神经退行性疾病的新治疗靶标。

（五）炎症与阿尔茨海默病

小胶质细胞（microglia）又称微胶细胞，是一种存在于脑与脊髓中的神经胶质细胞，占脑细胞数量的 10%～15%。作为存在于中枢神经系统中的巨噬细胞类群，小胶质细胞是中枢神经系统中反应最快、也是最主要的免疫屏障。小胶质细胞在中枢神经系统的分布区域通常与其他神经胶质细胞（如星形胶质细胞）互不重叠。小胶质细胞对维持中枢神经系统的正常功能十分重要：它们能清除中枢神经系统中的神经炎性斑、病原体，以及损伤无功能的神经元与轴突。小胶质细胞能通过细胞表面存在的一种特殊钾离子通道，感知到细胞外钾离子浓度的微小变化，进而使其得以对中枢神经系统的潜在微小病变及时做出反应，以防止这样的微小病变扩大为足以威胁机体生命的疾病。研究人员发现，在体外加入 Aβ 模拟脑内损伤的情况时，小胶质细胞被激活，这说明阿尔茨海默病患者大脑内可能存在严重的炎症反应（图 14.10）。

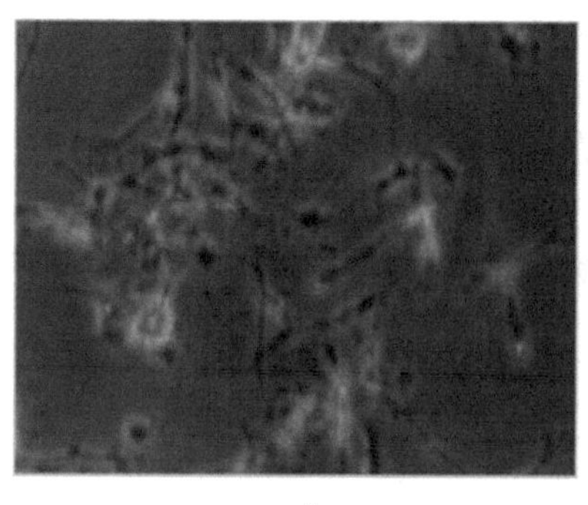

A

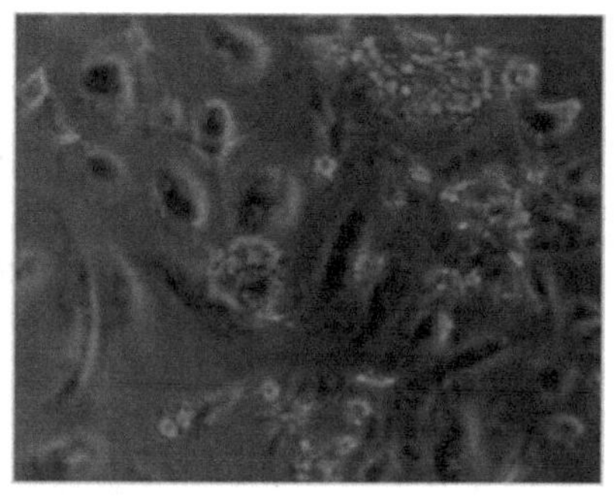

B

图 14.10　小胶质细胞被激活

A. 静息状态；B. 损伤状态

最新的基因研究也表明了免疫系统和阿尔茨海默病发生的密切关系，是一大有力证据。研究人员对超过45.5万人进行全基因组分析（患者71 880人，对照组383 378人），研究对象包括临床已经诊断的患者群体和父母为阿尔茨海默病状态的参与者。对于所有参与者而言，研究者利用其遗传信息来搜索其基因组中可能的遗传风险因素，随后他们鉴别出了与疾病相关的29个全基因组重要位点，其中包括9个新型的遗传位点。

研究结果表明，参与机体免疫系统功能的基因的遗传缺陷和与脂质相关的组分，或与个体患阿尔茨海默病有关。大脑有自己的“免疫系统”：沿硬脑膜窦分布有淋巴管，与颈深淋巴结相连。同时，阿尔茨海默病患者脑内的小胶质细胞和外周免疫细胞共同介导了脑内的免疫炎症过程，并与阿尔茨海默病脑内的标志性病理特征老年斑相互促进。神经免疫系统异常在阿尔茨海默病发病中占有重要地位，甚至是阿尔茨海默病病理性特征出现之前的早期事件。但是，神经免疫系统异常如何参与阿尔茨海默病尚属未知。

免疫系统最重要的功能，就是保护机体抵御外源病原体的入侵，包括细菌和病毒。关于病毒与阿尔茨海默病相关的说法由来已久，起源或许追溯到20世纪50年代。1991年，科学家首次在阿尔茨海默病致死患者大脑里发现单纯疱疹病毒1（HSV-1, herpes simplex virus），从而打开了微生物与阿尔茨海默病关联研究的大门。迄今已经有近百篇学术论文解析了HSV-1感染和阿尔茨海默病之间的关联性。

2018年，《神经元》杂志发表了一项研究，西奈山伊坎医学院研究者分析了900余个人类大脑样本，其中622个样本来自阿尔茨海默病患者，322个样本来自健康捐献者。他们做了两个测试，第一个是分析DNA，了解两者的遗传信息有何不同；第二个是分析RNA，了解两者的基因表达水平是否一致，发现阿尔茨海默病患者脑内居然普遍高水平存在两种疱疹病毒亚型HHV-6A（human herpes virus）和HHV-7，特别是HHV-6A。HHV-6A参与宿主的基因调控，波及的基因囊括了BACE、APBB2等诸多阿尔茨海默病风险基因。这是首个采用大数据和无偏见（unbiased）的方法，通过有力的证据表明病原体参与阿尔茨海默病的研究。2018年，在亚洲某地的一项研究显示，感染了疱疹病毒的人群比没有感染的人患阿尔茨海默病的风险足足高了2.564倍，而接受了抗病毒治疗之后，这些人的发病风险能够降低90%之多。这些病毒很常见，据估计，90%的人到70岁时都会携带HSV-1，而几乎每个婴儿出生后都会感染人类疱疹病毒6型（HHV-6），这些病毒能够静静地在我们体内潜伏数十年。

2018年，阿尔茨海默病和痴呆（dementia）的一项长期跟踪研究表明，幽门螺杆菌感染与阿尔茨海默病发生相关。2019年，加州大学旧金山分校的史蒂芬•多米尼（Stephen Dominy）博士领导的团队发现，引起牙周炎的细菌——牙龈卟啉单胞菌，同样会导致阿尔茨海默病。在这个研究中，史蒂芬团队先是在阿尔茨海默病患者的大脑中检测到了牙龈卟啉单胞菌的存在，又通过小鼠实验证实牙龈卟啉单胞菌进入大脑后释放的一种分泌蛋白才是导致阿尔茨海默病的关键。随后，他们在人体中还发现抑制该蛋白能够起到治疗阿尔茨海默病的作用。除此之外，异常的肠道菌群紊乱对炎症的调控作用的丧失，导致系统的炎症反应增加，可能促进了阿尔茨海默病的发生，而外周肠道菌群异常地进入脑内，促进脑内的炎症发生，以及对小胶质细胞功能的破坏，也可能促进了阿尔茨海默病的发生。

与阿尔茨海默病发病机制相关的炎症因子，有 IL-1β（白细胞介素-1β）、IL-4、IL-6、IL-10、IL-12/23、TGF-β（转化生长因子 β）、IFN-γ（干扰素 γ）和 TNF-α（肿瘤坏死因子 α）等。基于此，研究人员发现，TNF 受体（TNFR）在 APP 代谢中发挥重要作用——在阿尔茨海默病小鼠上敲除 TNFRI 可以减少阿尔茨海默病小鼠脑中的神经元死亡。TNFR 也许将成为一个既抑制 Aβ，又降低炎症的重要靶点。借助计算机的分子设计（CAMD），对 TNF-α 和 TNFR 的结合位点进行药物筛选，科研人员筛选到一款“老药”——手性沙利度胺，并发现沙利度胺可以降低阿尔茨海默病模型小鼠脑内的 Aβ 老年斑和 BACE 酶活性。除此之外，文中还展示了许多靶向炎症因子治疗阿尔茨海默病相关药物的临床研究，如降低病患脑脊液中 CD40 和 TNF-α 浓度的 CHF5074、结合小胶质细胞上的 P2Y6 受体以增强其噬菌能力的 GC021109、激活小胶质细胞对 Aβ 免疫应答的沙格司亭等。

六、阿尔茨海默病的早期诊断

目前，阿尔茨海默病的诊断标准已经更新。最大亮点是，将阿尔茨海默病视为一个包括轻度认知功能损害（MCI）在内的连续的疾病过程，并将生物标志物纳入阿尔茨海默病的诊断标准中。目前的研究方向包括：①探究 BACE 作为老年认知功能下降早期诊断的标志物——通过收集队列人群样本，分析其血清中是否存在内源性 BACE 与相应的 Swedish 突变。②单细胞转录组测序构建血液免疫细胞类群与基因表达图谱，寻找新型血液标志物——采集阿尔茨海默病患者与健康志愿者的血样，从中分离出不同细胞，并对其进行细胞分选、单细胞获取，最后构建单细胞测序文库，期望通过数据分析，比较阿尔茨海默病患者与健康志愿者之间细胞图谱的差异。③利用新型影像示踪剂 ^{18}F-AV45 精确早期诊断阿尔茨海默病——更精确的标记 Aβ，并展示其在脑中的图像，有助于早期的诊断。④发展活体眼底视网膜淀粉样蛋白成像新技术——利用血管眼底造影、线扫描共聚焦眼底成像系统（姜黄素标记 Aβ）、视神经光学相干断层扫描技术（视神经 OCT），更好地早期可视化诊断。

主要参考文献

Bai X C, Yan C Y, Yang G H, et al., 2015. An atomic structure of human γ-secretase[J]. Nature, 525(7568): 212-217.

Budelier M M, Bateman R J, 2020. Biomarkers of Alzheimer’s disease[J]. The Journal of Applied Laboratory Medicine, 5(1): 194-208.

Burns A, Iliffe S, 2009. Alzheimer’s disease[J]. BMJ, 338: b158.

Förstl H, Kurz A, 1999. Clinical features of Alzheimer’s disease[J]. European Archives of Psychiatry and Clinical Neuroscience, 249: 288-290.

Frank E M, 1994. Effect of Alzheimer’s disease on communication function[J]. Journal of the South Carolina Medical Association (1975), 90(9): 417-423.

Sinha S, Anderson J P, Barbour R, et al., 1999. Purification and cloning of amyloid precursor protein β-secretase from human brain[J]. Nature, 402(6761): 537-540.

Sperling R A, Aisen P S, Beckett L A, et al., 2011. Toward defining the preclinical stages of Alzheimer's disease: recommendations from the National Institute on Aging-Alzheimer's Association workgroups on diagnostic guidelines for Alzheimer's disease[J]. Alzheimer's & Dementia, 7(3): 280-292.

Vassar R, Bennett B D, Babu-Khan S, et al., 1999. Beta-secretase cleavage of Alzheimer's amyloid precursor protein by the transmembrane aspartic protease BACE[J]. Science, 286(5440): 735-741.

Wang H B, Li R N, Shen Y, 2013. β-Secretase: its biology as a therapeutic target in diseases[J]. Trends in Pharmacological Sciences, 34(4): 215-225.

Yan R Q, Bienkowski M J, Shuck M E, et al., 1999. Membrane-anchored aspartyl protease with Alzheimer's disease β-secretase activity[J]. Nature, 402(6761): 533-537.

Yang L B, Lindholm K, Yan R Q, et al., 2003. Elevated beta-secretase expression and enzymatic activity detected in sporadic Alzheimer disease[J]. Nature Medicine, 9(1): 3-4.

第十五讲　从光子感知到修复失明

薛　天 教授，神经生物学家，国家杰出青年科学基金获得者。

如果说几十亿年前生命的诞生是地球上迄今最美的奇迹，那么生物体的神经系统便堪称是这个奇迹中的巅峰之作。人类大脑的复杂程度与奥妙之处被很多神经科学家认为并不亚于广袤无垠充满未知的浩瀚宇宙。大脑是由近千亿个各类神经元及其 10^{15} 个突触连接组成的复杂神经网络。虽然人们已经对神经元的信号产生、传递以及一些感觉信号加工等的神经环路等有了初步了解，但对于大脑的复杂功能，如学习记忆、意识、注意和决策等仍然知之甚少。且神经退行性疾病、神经损伤、抑郁和精神分裂等脑疾病仍然缺乏有效的治愈方案，这也给许多家庭和社会带来了不幸。

1989 年 7 月，美国乔治・布什签署了总统宣言，将 20 世纪 90 年代命名为“大脑的十年”并投入巨资进行脑科学研究，这吸引人们开始注意脑科学。进入 21 世纪以后，世界各国争相开展脑计划，如美国脑计划（BRAIN Initiative），欧盟脑计划（Human Brain Project），日本脑/思维计划（Brain/MINDS）等，从人脑结构功能的基本原理，脑疾病发生机制与诊疗，脑开发与人工智能技术等进行多方面研究。中国也在 2021 年从认知功能的神经基础和脑疾病诊疗与新技术发展两个方面开展了自己的脑计划。

一、认　识　脑

（一）脑的分叶

人类中枢神经系统主要由脑和脊髓构成，脑包括大脑和小脑。平常所说的脑一般是指大脑。人类大脑的重量为 1～1.5kg，体积在 1300cm^3 左右，包含大约 1000 亿个神经元。大脑由左、右两个半球组成，相互之间有神经纤维联系。人的大脑表面有很多下凹的沟和隆起的回，因而大大增加了大脑皮层的面积，小鼠等动物的脑表面则没有这些沟回结构，表面比较光滑。大脑半球借沟和裂分为 4 叶，即额叶、颞叶、顶叶、枕叶（图 15.1）。以中央沟为准，中央沟之前为额叶，中央沟之后为顶叶，顶叶之后位于枕骨的部分为枕叶，外侧裂下方的为颞叶。虽然每个部分都有一些特定的功能，如枕叶与视觉信息处理有关，颞叶与听觉和语言信息处理有关，额叶与运动、精神、认知、情感等有关，但大多数神经活动需要双侧半球的多个脑区相互协调工作。

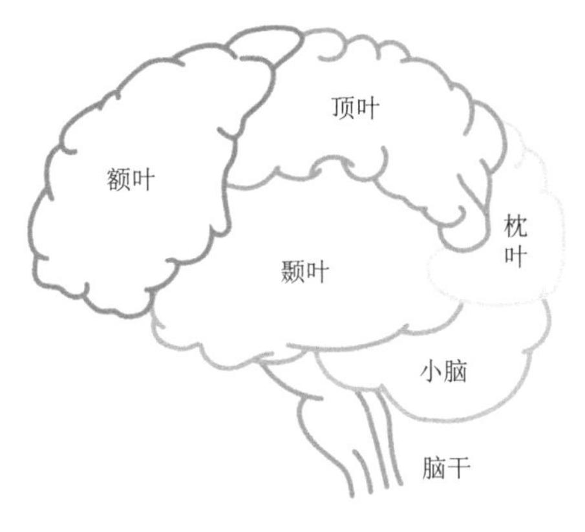

图 15.1　脑的结构

（二）脑的解剖学结构

个体从受精卵开始发育，并逐渐形成具有外胚层、中胚层和内胚层三层结构的原肠胚，神经系统的发育起源于外胚层。在外胚层背部，特定部位的细胞逐渐增多增厚，形成板状结构——神经板。随后神经板中心轴凹陷形成神经沟，板的边缘逐渐靠近并融合，最终形成神经管，这就是神经系统发育的最初形态。神经管的中空部分形成脑室，前面部分发育成 3 个脑泡，后面部分发育成脊髓，3 个脑泡可进一步分为前脑、中脑和后脑（图 15.2）。

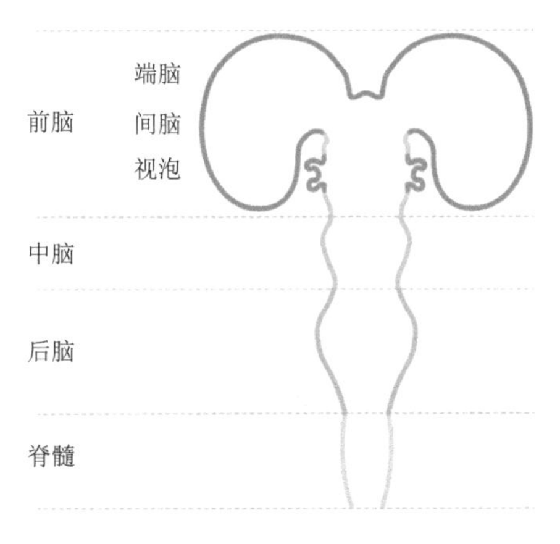

图 15.2　大脑发育中的形态

前脑泡在原来的基础上，逐渐向前向外发育，并覆盖住原来的部分。新发育的部分称为端脑，被覆盖的部分称为间脑。端脑是脑的最大组成部分，主要包括大脑皮质、白质和埋在白质深部的基底神经节、侧脑室等部分，与感觉、运动及脑的高级功能有关。间脑也在原来的基础上分化成丘脑和下丘脑。丘脑主要接收来自视觉、听觉、躯体感觉等的输入，是除嗅觉外其他感觉输入中枢的中继站。下丘脑，顾名思义，位于丘脑的下方，主要负责机体的稳态并在饮食、饮水、交配等活动中起重要作用。中脑泡发育成中脑，主要接收视听觉信息输入并在运动、奖赏、情绪中起作用。后脑泡的前面部分分化成小脑、脑桥，后面部分分化成延髓。小脑是主要的运动控制中心，与身体平衡和运动记忆有关；脑桥主要是运动和感觉纤维转导通路；延髓是呼吸中枢和心血管中枢的所在地。中脑、脑桥和延髓又合称为脑干。

二、神经科学极简史

神经科学也被称为脑科学，是研究大脑结构与功能的学科。人们对意识、思维等的认识和研究早在公元前就已开始，我国战国时期思想家、哲学家孟子（公元前 372～公元前 289 年）在《孟子·告子上》曾认为“心之官则思”，即心脏的功能是思维。很多古人认为心脏是思维的中心，从而导致中文很多口头语都与心字相关——“我当时心里在想……”或“我其实心里想的是……”。这可能与当时所采用的研究方法——观察法有关，当我们在安静思考问题的时候，能明显观察到自己的心跳，故古人认为心在思维的过程中起重要作用。而在西方，“医学之父”希波克拉底（Hippocratēs，公元前 460～公元前 377 年）观察到一侧大脑半球的损伤会引起另一侧肢体的痉挛或抽搐，因此，他认为大脑在控制人类感觉和运动中起重要作用。古希腊医生希罗菲卢斯（Herophilus）作为第一个公开进行人体解剖的学者，依靠解剖学证据，在心脏研究基础上提出大脑是人思维承载之地，并区分了大脑和小脑。盖伦（Galenus）作为古罗马角斗士医生，见证了许多在角斗过程中因脑部受伤而出现肢体功能障碍的病例，并通过解剖动物脑组织得出小脑控制肌肉而大脑处理感觉信息的结论。另外，人们所熟知的意大利文艺复兴时期著名画家达·芬奇也曾经学习过解剖学并绘制了多幅局部解剖图，其中就包括脑及神经。

人脑包含约 10^{11} 个神经元，这些神经元之间及神经元与所支配的靶器官之间通过树突、轴突和突触相互联系，形成极为复杂但高度有序的神经网络（图 15.3）。这种复杂的系统通过动态自组织过程形成了高度有序的网络结构，其中高度协调的神经活动是感知、意识、学习、思维等脑功能的基础。环路的结构或者活动出现损伤则会导致各种各样疾病的产生。

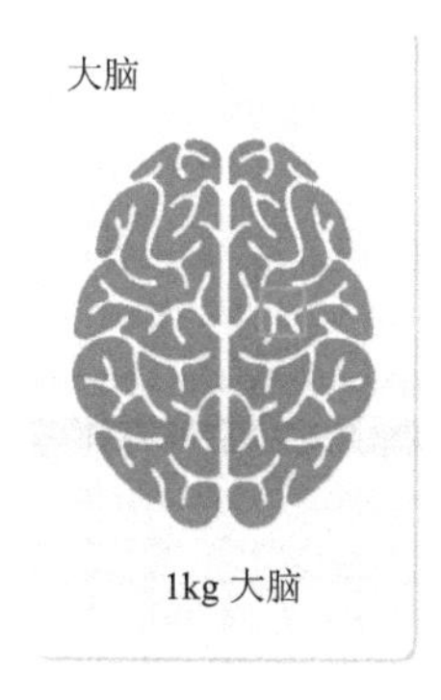

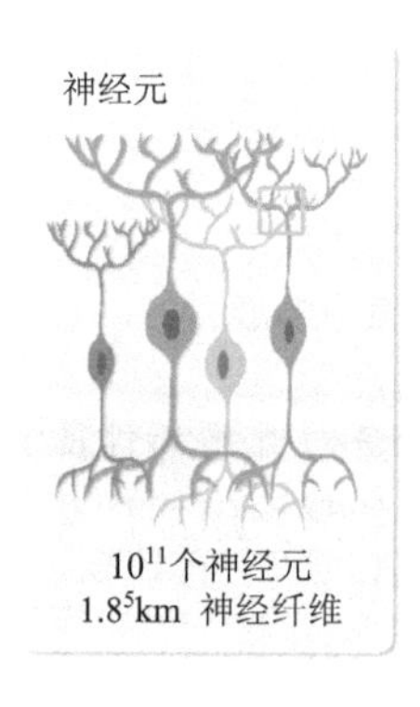

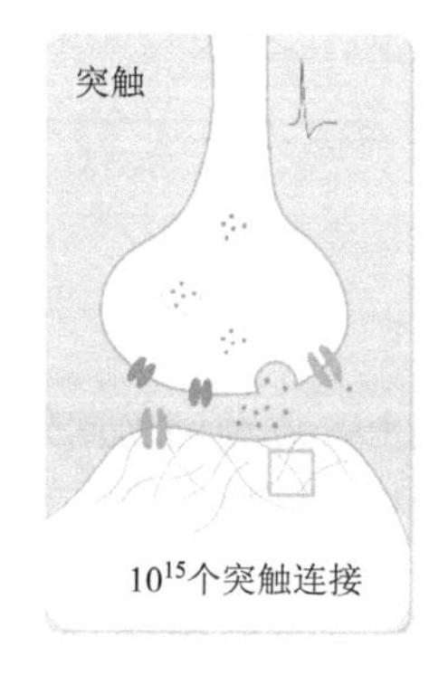

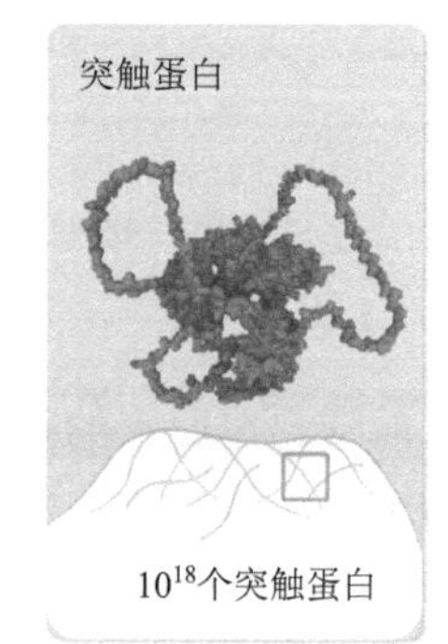

图 15.3　脑神经网络的组成

因为脑组织和其他组织不同，其构成的细胞（神经元）除了有胞体外，还有树突或轴突等突起结构，而且相互之间联系紧密，肉眼很难观察到其形态。19 世纪末 20 世纪初，意大利科学家高尔基（Camillo Golgi，1843～1926 年）发明了一种神经组织染色方法——将神经组织浸泡在重铬酸钾和硝酸银溶液后，可以随机将部分神经元染色，而且一旦染色，整个神经元的胞体、树突和轴突都会被染色（图 15.4）。采用这种方法，研究者可以在显微镜下观察整个神经元的形态。通过这种观察，高尔基认为神经元与神经元之间通过突起之间的联系是联通的，构成了一个巨大的网络。后来，西班牙神经组织学家卡哈尔（Santiago Ramón y Cajal，1852～1934 年）通过改进该染色方法，观察到了神经元的更多细节。同时，他采用了神经元数目较少的胚胎和幼小动物脑组织进行研究，绘制出了各种各样的神经细胞。卡哈尔还发现，两个神经元之间是通过特殊结构相互交流的，这个特殊结构就是后来通过电子显微镜证实的“突触”结构。

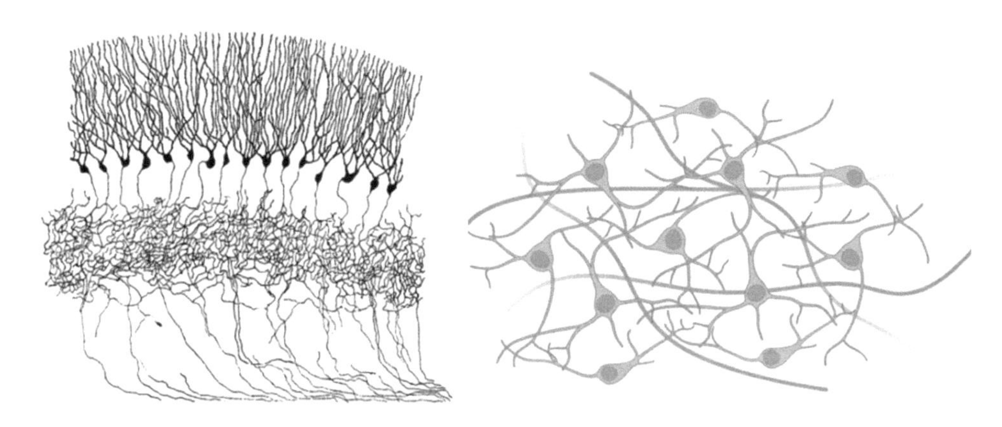

图 15.4　神经元的染色示意图

虽然卡哈尔和高尔基都通过高尔基染色法观察到了同样的结构，但卡哈尔通过更易于观察的标本及细致的分析发现并确立了“神经元学说”。尽管两位学者的神经生理观点相悖，但由于他们均对神经系统的研究做出了重大贡献，两位科学家共同获得了 1906 年的诺贝尔生理学或医学奖，以表彰他们对神经系统结构研究的贡献。

随着对神经系统的研究和认识不断加深，人们知道了神经元之间是通过电信号进行沟通和联系的，但是并不清楚电信号是如何产生的，其产生的基础又是什么。英国生理学家霍奇金和赫胥黎利用电压钳技术，创造性地在枪乌贼的巨大轴突（直径最大可达 1.5mm）上，通过改变细胞外液的离子浓度，发现了动作电位产生的离子基础是钠离子和钾离子。两人也因此获得了 1963 年的诺贝尔生理学或医学奖，以表彰他们在解释动作电位的产生和传播方面的奠基性贡献。钠离子和钾离子之所以可以影响动作电位甚至静息电位的形成，其原因是细胞膜上有该离子进出的通道——离子通道。但离子通道的具体特性是什么，其开放或关闭的影响因素又是什么？德国科学家内尔（Erwin Neher）和萨克曼（Bert Sakmann）使用膜片钳技术，采用尖端只有几微米的玻璃微电极与细胞膜形成高阻封接，使电极尖端仅存在几个或一个离子通道，进而通过改变膜电位记录离子出入该通道的情况，发现了离子通道具有开放、关闭或失活等几种状态，以及这些不同的状态在动作电位中的作用。两人也因此获得了 1991 年的诺贝尔生理学或医学奖，以表彰他们在细胞离子通道功能方面的发现。

随着科技的发展，除了更成熟的方法和更先进的生物学技术外，也有越来越多的数学、物理、化学、计算机等技术被应用到神经科学，这也进一步推动了神经科学的发展。在了解了这些基本原理的基础上，科学家们开始期望了解如何调控或操纵神经活动，进而对受损、异常或缺失的神经功能进行补偿。近些年，光遗传学技术发展迅速，其基本原理就是通过病毒载体，将光感基因（如 ChR2，NpHR3.0，Arch 等）转入神经系统特定类型的细胞中，表达特殊的光感离子通道。这些光感离子通道在不同波长的光照刺激下对阳离子或者阴离子的通透性会发生改变，从而使细胞膜两边的膜电位发生变化，达到选择性兴奋或者抑制神经元的目的。该技术综合了基因操作、电生理、光学等方面的知识，由斯坦福大学迪赛罗斯（Karl Deisseroth）首次提出。在经典的神经科学实验中，操控神经活动通常需要电刺激、损伤、化学药物等，此类技术存在范围难以控制、损伤性大等特点。然而，光遗传学病毒可以表达在特定类型神经元或者某一个特定核团中，对人们理解相关神经元或核团在神经环路中的意义和功能具有非常重要的作用。此项技术也因此被《自然 • 方法》（*Nature Methods*）杂志评为 2010 年年度方法。

人们对于神经结构的了解也随着技术的发展更加深入。科学家们采用“透明脑”技术，将脑的某一小部分细胞进行荧光标记，从而可以观察到神经元的结构以及神经元之间高密度的连接。此外，高通量光学显微镜技术也帮助科学家们解析了脑组织神经环路的复杂结构，如单个神经元之间的相互连接。当科学家们对神经电活动、神经系统结构有了深入的了解之后，才有可能进行神经操控的活动。尽管这些年来神经科学迅猛发展，但目前人类距离真正实现无缝的脑机接口还有很长的距离。

三、视觉神经系统

光对生命体的重要性不言而喻，经历数十亿年演化的地球生命体的光感知系统，不仅为我们提供了视觉能力，而且还调控了一系列重要的神经生理功能。人类对外界刺激，即环境信息的获取及处理，主要由感觉系统负责，包括视觉、听觉、嗅觉、味觉和触觉等系统。在人类获取的所有外界信息中，视觉信息占比约 87%，可以说视觉系统是人类最为重要的感觉系统（图 15.5）。此外，视觉信息不仅能帮助人们感知世界，还能够影响人脑的认知、决策、情感乃至于潜意识等活动。

（一）光是什么？

视觉的产生离不开光。那么，光是什么呢？古希腊哲学家最先开始了对于视觉工作机制的思考。他们认为，眼睛会发出微弱的光线进行探测并收集周围物体的信息。但后来又有人质疑，如果我们眼睛能发光，为什么在黑暗中却看不见任何东西？17 世纪，艾萨克 • 牛顿（Isaac Newton）用三棱镜研究日光，发现白光是由不同颜色的光混合而成的，

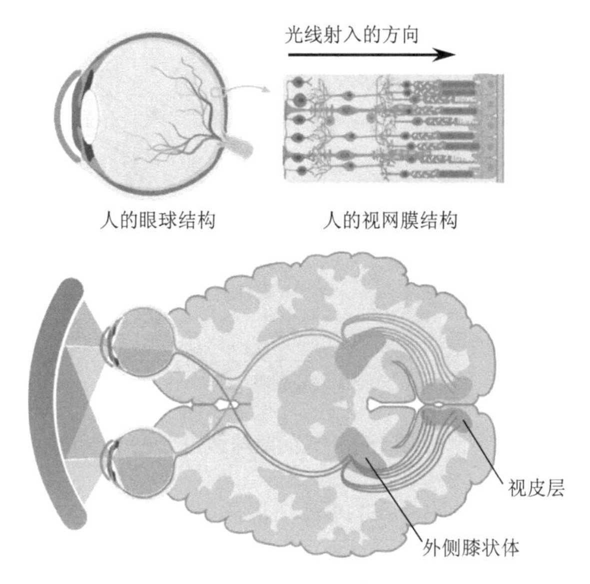

图 15.5　视觉系统

不同波长的光有不同的折射率。他提出了微粒理论，即光是由微小光粒子组成的，该理论可以解释光的反射和折射。因此，人们逐渐接受了我们之所以能看见物体的图像，是由于接收到从物体上反射的光线。之后，托马斯·杨（Thomas Young）通过双缝干涉实验，证明了光是一种波，干涉图样只有在波的形式下，波峰与波峰叠加，波峰与波谷相遇则抵消的情况下才能产生。随后，普朗克（Max Planck）和爱因斯坦（Albert Einstein）等提出了光的量子学说，爱因斯坦最终将波动性和粒子性进行了统一，说明光具有波粒二象性，而光的能量可以通过 $E=hc/\lambda$（h 是普朗克常数，c 是光的速度，λ 是光的波长）进行计算。通过复杂的实验和探索，人们知道了光或者可见光是可以被人眼感知的电磁辐射，所有的电磁辐射的频谱被称为电磁频谱。可见光是波长在 380～700nm 的电磁波。在整个电磁频谱上，除了可见光之外，可见光左侧依次是紫外线、X 射线、γ 射线等，右侧是红外线、微波、毫米波等，这些本质上都和可见光没有区别，只不过肉眼无法看见。那么，我们又是怎么看到光的呢？其中视觉神经系统起到了重要作用。光通过眼球的视网膜传入大脑，进入视皮层，视皮层对相应的信息进一步加工，从而得到了视觉感知。

（二）视觉感光系统

如果将眼睛（眼球）从中间纵向切开，从前向后可以看到角膜、晶状体等（图 15.6）。我们之所以能够看到外界的物体，是因为其反射的光经过眼部的角膜、瞳孔、晶状体、玻璃体等最后聚焦到视网膜上，在此发生了一次神奇的光电转换，即将光信号转换成电信号。因此，视网膜是接收视觉信息的第一站，对于高等动物而言，视网膜也是唯一的视觉信息来源。

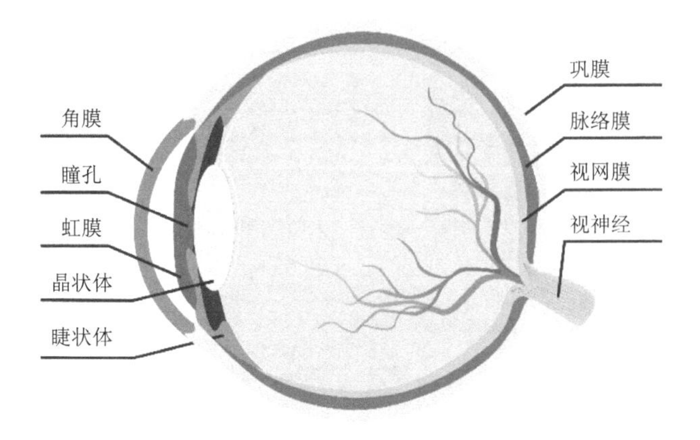

图 15.6　人的眼球结构

如果将视网膜进一步放大细分，可以看到最底部的是视锥细胞、视杆细胞以及一系列其他神经细胞（图 15.7）。视网膜的细胞层结构顶部为视网膜神经节细胞，而底部为感光细胞——视锥细胞和视杆细胞。感光细胞在感受到光之后，会将信息向下级的神经元依次传递。双极细胞负责接收光感受器输出的信号并传递给下游的视网膜神经节细胞，在信息从光感受器到双极细胞以及从双极细胞到神经节细胞的传递过程中，信息又分别受到水平细胞和无长突细胞的调节。而视网膜神经节细胞则是视觉信息在视网膜中的最后一站，视网膜神经节细胞的轴突一条条集结成束之后就形成了视神经。视网膜神经节细胞，通过对信息的加工整合，将电信号通过视神经向大脑进行传递。神经元间的信息传递主要通过化学突触来完成，即上一级神经元的电活动能够促使其分泌特定的化学物质（即神经递质）并作用在下一级神经元上，进而引起下一级神经元电活动的变化。不同的神经递质可以增强或抑制下一级神经元的电活动。

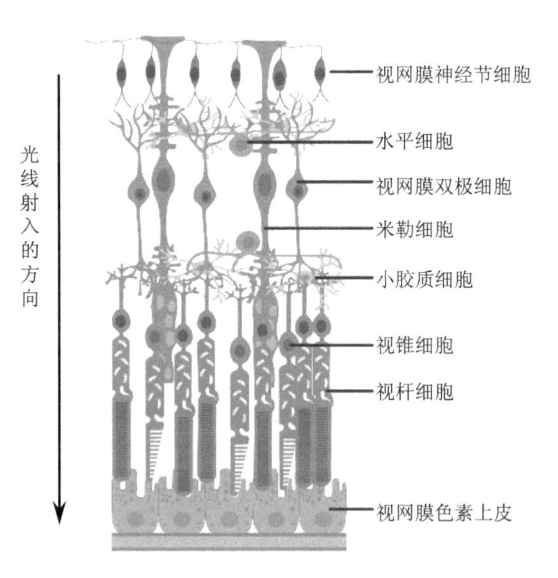

图 15.7　人的视网膜结构

视杆细胞、视锥细胞的名字均来源于其形态。这两种细胞的感光部分，也称为外段。视杆细胞外段是均匀的杆状，其下方埋藏着相对较大的胞体；而视锥细胞的外段是一个锥体形状，如果顺着其排布方向纵向剖开，用透射电镜可以观察到更精细的结构，即外段里面堆叠了极其密集的脂膜。视杆细胞外段的质膜是多层的结构（图 15.8）。在宽度约为 1μm，长度约为 10μm 的一个视杆细胞内有约上千层的质膜堆积，这样的结构是为了有效吸收光子。

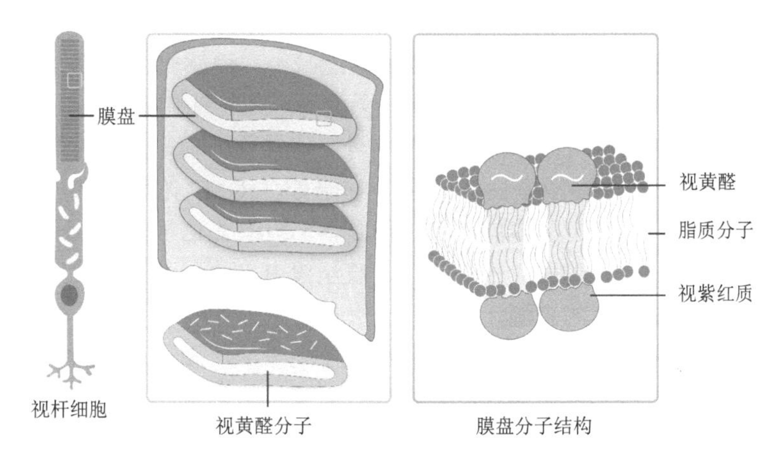

图 15.8　视杆细胞结构

（三）从光子到神经电信号

如果将视网膜从眼球剥离，可以在显微镜下观察到许多细杆状的细胞，即视杆细胞。科学家们通过将视杆细胞外段吸到记录电极中的方式观测这一现象——使用口径只有 1μm 宽的电极，刚好可以容纳一个视杆细胞进入时，在没有可见光的暗环境下给外段一个光刺激，就可以将视杆细胞外段中发生的电活动记录下来。

光子在感光细胞上实现了从光到电的转化，然后通过电信号再向下传递到其他的神经元。那么，感光细胞到底是怎样捕捉光子，又是如何把它转化成电信号的？我们已经知道视杆细胞外段里面有堆积的质膜，这些质膜组成一个个层状的膜盘。这些膜上面镶嵌着大量的感光蛋白，在视杆细胞里，这些感光蛋白被称为视紫红质。它具有一定的光谱吸收特性，在暗中呈亮紫红色。视紫红质作为一种视色素，由两部分组成，一部分是视蛋白，另一部分为生色基团——视黄醛（维生素 A 的醛类）。视黄醛因为有若干碳的双键，所以具有几种不同的空间构型，如 11-顺式视黄醛（11-*cis*-retinal）和全反式视黄醛（all-*trans*-retinal）等。通常，同一个分子的顺式结构的能量高于反式结构，这是因为顺式结构表示其空间位置相距较近，即电子云相互距离更近，在能量上是不稳定的。较高的能量不利于视黄醛结构的稳定，一旦双键被打破之后，它便会向反式结构变化，拉成全直的长链。所以在暗处呈扭曲形的 11-顺式视黄醛，在吸收一个光子的能量后就会打破碳双键并发生异构反应，转变为直线形的全反式视黄醛。在我们的眼睛中，无时无刻不在发生着这样的化学反应，如果以数量计算的话，每一秒都有数亿计的反应在发生。

当光子被吸收之后，11-顺式视黄醛的双键被打破，视紫红质由此被激活。视紫红质属于G蛋白偶联受体，是一个信号蛋白，它被激活后会产生一系列级联反应，激活其下游的信号和分子，最终转变为细胞膜上的电流变化。视蛋白会与G蛋白（包括α亚基、β亚基、γ亚基等）结合并激活，被激活的α亚基会进一步激活附近的磷酸二酯酶（PDE），PDE可以使外段中大量的环化GMP（cGMP）分解为无活性的5′-GMP。每一级的激活都是放大反应，第一级放大10倍，第二级放大100倍，第三级放大到1000倍。经过这样逐级放大，细胞内的cGMP信号分子浓度迅速减少，而感光细胞膜上的离子通道对cGMP浓度较为敏感，浓度较低时离子通道就会关闭，感光细胞膜上的电流也随之消失。

当眼睛处在暗处时，视杆细胞会发出电信号，这被称为暗电流。暗电流主要是钠离子通过cGMP门控阳离子通道内流时产生的。在暗处，cGMP浓度很高，维持cGMP通道处于开放状态，并产生稳定的内向电流。但是，一旦有光信号出现，cGMP就会得到消耗，电流也会被压抑。光越强，压抑越大，直至没有电流，并最终导致视杆细胞产生超极化，这就是视觉中电流的来源。

当光子从人的视杆细胞中穿过的时候，经过了上千层质膜，而这上千层质膜上面又堆积了大量的视紫红质，其中所包含的视黄醛有大量的机会吸收光子。通过估算，光子在经过这上千层密集堆积的质膜时，有50%的概率会被吸收，并产生G蛋白偶联反应，最终造成膜上的电流的变化，形成我们所感受到的光的值。

科学家们还发现，即使在完全没有光的情况下，感光细胞在仪器中所记录到的电流也并不是毫无波动的，而是会不断出现类似于光子被吸后产生的微弱电流变化。但当光出现之后，所有的光电流又会全部被压抑，代表系统本身没有噪声。那么，暗条件下的这些噪声来源于什么？通过前文可知，视觉系统为了实现极强的单光子感知，每一个感光细胞里都有上千层膜盘，以及上百万的视紫红质，整个系统中有上亿甚至更多视紫红质等待被光子激活。大量的分子产生其自身的分子振动热，使一些顺式视黄醛双键随机发生断裂，形成反式视黄醛。因此，尽管视杆细胞非常灵敏，但在没有光的情况下，分子热动力也可以随机地激发一些脂蛋白，造成了在全暗的情况下，还能够产生一个个类似光的反应，此种光被称为暗光（dark light）。暗光定义了视觉系统的最低灵敏度，即所有的信号要比在完全暗的情况下更高才能够被检测到，这也是我们的眼睛有感知极限的原因。

四、红外视觉

（一）可见光和红绿色盲

人类的可见光波长范围在360～760nm。在该范围内，假如我们的视觉感受波谱存在损坏，视觉感受就会产生问题，即色盲。男性的红绿色盲比例远高于女性，其主要的原因是感受这两种颜色的基因是位于X染色体上。男性只有一条X染色体，因此只要存在一个色盲基因就会表现出色盲。而女性有两条X染色体，因此需有一对致病的等位基因，才会出现异常，所以女性比男性患有色盲的概率要小得多。但如果女性是色盲基因携带者，则有可能传给下一代的男性。

（二）为什么我们看不到紫外线和红外线

为什么我们看不到红外线，也看不到紫外线？相较于看不到红外线，无法看到紫外线会更容易理解，因为蛋白质含有一些芳香族氨基酸，比如苯丙氨酸、酪氨酸等，具有共轭双键结构，能产生电子跃迁，因此能够在近紫外光区产生光吸收，且蛋白质的紫外吸收峰在 200～300nm 处。视网膜前面的角膜、晶状体、房水中含有大量的蛋白质，蛋白质会吸收紫外线，因此紫外线很难通过我们的眼睛直接照射到眼底。生物医学上一些有趣的实验现象和临床的观察也可以佐证这一理论。在早年没有人工晶状体的时候，白内障手术通常是把患者浑浊的晶状体取出来，而不放新的晶状体进去。做了白内障手术的人，会对紫外光的感受增强，如果他们看验钞机的紫外线，就会发现验钞机的蓝光特别耀眼。即便是现在植入人工晶体的患者，如果人工晶体的紫外吸收和其原来的晶状体不匹配，或者是没有达到同样标准的话，看验钞机的蓝光也会觉得特别耀眼，因为此时的紫外线可以被肉眼看到。法国印象派画家莫奈特别擅长光与影的表现技法，尤其在其中晚年时期，画睡莲的颜色和风格发生了巨大的变化。其实是因为他当时得了白内障，在进行了白内障手术后，作为一个对于色彩极其敏感的艺术家而言，他发现手术后看到的世界完全不一样了，莫奈的色觉发生了变化。

人类看不到红外线的原因与前文提到视紫红质的视黄醛顺式和反式之间结构的变化，即异构反应有关，异构反应的发生需要光子的能量。根据方程 $E=hc/\lambda$，红外线的波长更长，故其所需光子的能量是小于可见光的。当感光蛋白发生异构反应时，需要一个能级跃迁，翻过能垒之后，它才会发生反应。由于感受不同颜色的蛋白质不一样，不管是视紫红质还是不同的视锥蛋白，如红色视锥蛋白、绿色视锥蛋白、蓝色视锥蛋白，都会影响到分子被越过能垒的高度，从而调节我们看到的不同颜色的能力。这说明，对于越长的波长，它会有更低的能级。假如视网膜里的感光蛋白能够发展出感受红外光的能力，那么它必须要降低光化学反应的能垒，才能允许红外线的吸收并产生后面的反应。但是前文提到，没有光时也会产生随机跃迁，从而产生信号。能垒越低，越容易发生热能驱动的自发跃迁，在没有光的时候，能级一刻不停地发生跃迁，然后展现在人眼中的就全是“金星”，因此，自然界无法进化出红外线的感光蛋白是由物理原理所决定的。目前，在已发现的整个自然界所有的动物植物中，感光蛋白的吸收峰最高约 700nm。

（三）蛇或其他动物为什么会有红外视觉？

有人可能会说，虽然人看不到，但有些动物可以感受到红外线，比如蛇类。实际上蛇感受红外线并不是利用视觉能力，而是热感。蛇的眼睛下面有一个窝，名为颊窝（图 15.9），即蛇感受红外线的地方。如果解剖颊窝就会发现，这个窝形结构前面是一个小孔，最后侧是骨头，窝中间有一层很薄的膜，将颊窝分成内外两个室，膜前后都是空气，薄膜上面有丰富的神经纤维。其工作原理是通过小孔成像的方式，外面的热源在这里通过小孔，在某一个膜区域上产生比其他的地方稍高一点的温度，能让热源迅速在某点产生温差。与此同时，膜上面的温度感受神经元非常敏感，可以帮助蛇检测到冷热，代表着对应的位置上有热源，这就是它的红外感知。所以，蛇并不是通过感知光子状态的方式，而是通过利用热感知间接感受红外线。

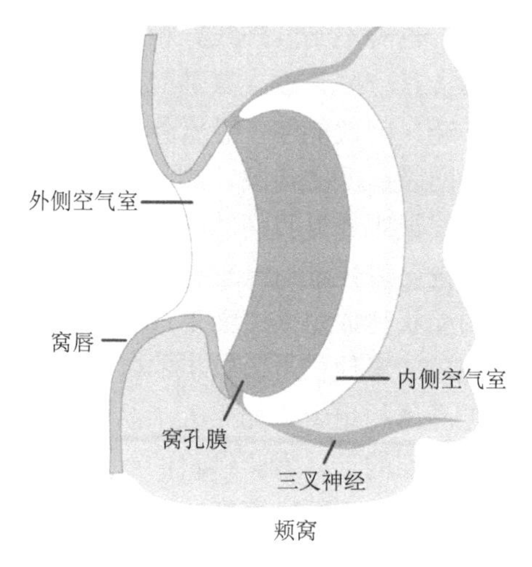

图 15.9　蛇的颊窝结构

（四）如何实现裸眼红外视觉

人类可以依靠红外夜视仪等设备观察到红外图像。这种技术使人可以在很暗的环境下进行观察，探索红外目标。但这种设备有诸多不便之处，如不易佩戴，需要特定的供能装置，且在强光下很容易过曝。那么，有没有可能实现裸眼红外视觉呢？

有一种很有趣的材料，称为上转换纳米材料。这种材料有一些反常的特性，它可以吸收红外线，而放出可见光，或是放出紫外线。这与前文所述略显矛盾，根据之前提到的物理原理，长波长光的能量小于短波长的光，而吸收长波长光放出短波长光，就违反了能量守恒。但这种材料其实又是遵守能量守恒定律的，当一个纳米粒子吸收多个红外线，且所吸收的红外线的能量积累到一定能垒之后，就可以发射一个高能量短波长的光子，这就是它可以吸收红外线而发射可见光的工作原理。这也给了科学家启示：是否可以把这种材料压缩成几个纳米的形式，并和感光细胞结合在一起，使纳米材料成为一个不需要电源的天线，将红外线转化成可见光呢？首先，科学家们在纳米材料上面接了一些连接蛋白，称为刀豆素，刀豆素可以和感光细胞外段上面的糖基紧密结合，然后将这些纳米材料注射到小鼠的视网膜下腔。通过对视网膜的感光细胞和纳米材料进行染色，可以观察到绿色的纳米材料紧紧包裹在视锥细胞和视杆细胞的外段上，从图 15.10 中可以看到纳米材料将视觉感光细胞的外段包裹在一起。

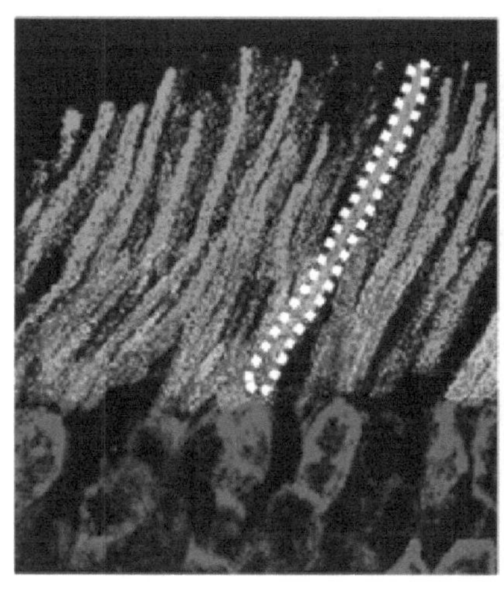
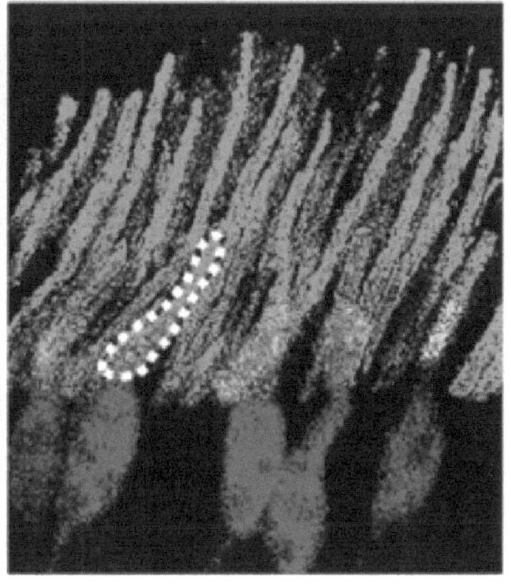

图 15.10　感光细胞及纳米材料荧光染色图片

这种纳米材料和感光细胞外段结合也影响了后者的生理功能。通过感光细胞记录光电流可知，如果动物在视网膜注射了纳米材料，该动物视网膜对近红外光的敏感度大幅度提升，该动物理论上可以感受到红外线。

（五）如何知道实验小鼠看到了红外图像

电生理功能上的研究证明纳米材料吸收红外光后会有可见光的反应，但如何确认注射纳米材料的小鼠看到了红外图像呢？神经科学家通过动物行为学范式，设计了一些巧妙的实验，让动物的行为、举动展现它所感知到的情况，或者它的喜怒哀乐，即让不会说话的动物通过行为展现它们的选择和回答。

Y 水迷宫（图 15.11）为空间学习的测试程序提供了各种可能性。俯瞰迷宫设备，中间放置了隔板，将其分成左右两个部分，内部有水呈现牛奶色看不到底。在水迷宫的另外一端放置了两个屏幕，可以播放各种图像。其中一侧近屏幕的地方在水面之下有一个隐藏的平台。将实验小鼠放在起点，因为小鼠不喜欢水，进入水中的小鼠就会拼命找寻可以落脚的地方，最终会随机找到这个隐藏在水下的平台。我们通过在屏幕上播放横向条纹或纵向条纹，将隐藏平台放置在横向条纹下。通过几次学习小鼠可以很聪明地学习到横向条纹下存在隐藏平台，当把它放置到起始位置，它很快就会朝横向条纹游去并找到隐藏的平台。通过在两个屏幕上用 LED 设置红外图像形式的纵向和横向条纹，虽然肉眼来看屏幕是一片漆黑，但当把训练过的小鼠放到水迷宫一端，可以看到没有注射纳米材料的小鼠是随机无序地在迷宫中寻找隐藏平台，即使找到也是随机找到的，而且需要花费很长的时间。但如果是注射过纳米材料的小鼠，则很容易就能找到平台，且不管平台是否随机设置都可以找到。这说明注射过纳米材料的小鼠是可以通过红外线转化为可见光看到横向条纹的，所以每次都可以很快地找到平台。

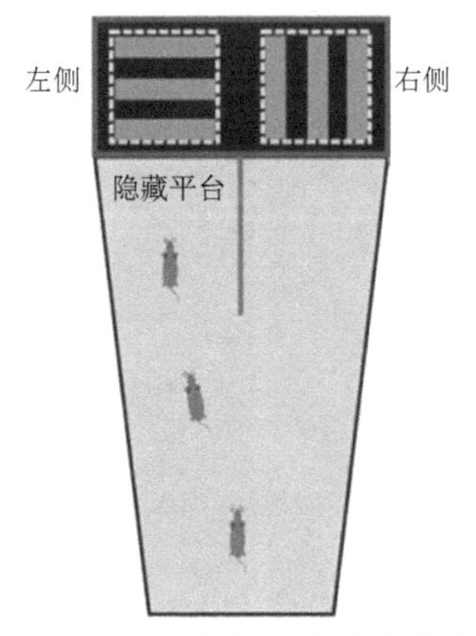

图 15.11　小鼠的 Y 水迷宫实验

五、基因编辑治疗失明

（一）为什么要用基因编辑治疗失明

感光细胞死亡会导致失明。感光细胞属于神经细胞，绝大多数神经细胞的死亡是不可再生的。对于老年黄斑变性患者来说，由于部分感光细胞死亡，其视觉仿佛出现一个烧灼的黑色孔洞，随后孔洞逐渐地扩大，最终患者丧失视觉能力。由于此类患者视网膜到大脑间的连接正常，因此阻止患者感光细胞的死亡可以拯救这一类型的失明。

（二）CRISPR/Cas9 技术

作为一种先进的基因组编辑技术，规律性重复短回文序列簇（CRISPR/Cas9）技术获得来了 2020 年的诺贝尔化学奖。细菌利用 CRISPR/Cas9 抵抗病毒的入侵、防止噬菌体病毒的感染。虽然相较于人类的免疫系统，细菌的免疫系统较为简单，但在抵抗入侵时却十分有效。细菌中携带 RNA 序列的蛋白被称为指导 RNA（guide RNA），此 RNA 不属于细菌本身体内的基因，属于经常攻击细菌的噬菌体或者其他病毒。蛋白通过基因剪刀，将病毒 DNA 切割并消除（图 15.12），使病毒基因不能够有效复制且被清除，这种机制为科学家们进行基因编辑提供了灵感。

图 15.12　CRISPR/Cas9 系统示意图

基因剪刀破坏起来容易，精准修复却很难。因此，切割基因组之后一般会发生两种DNA修复途径：非同源末端连接（NHEJ）和同源重组修复（homology directed repair，HDR）。如果提供模板DNA，切割后的DNA可以按照模板DNA的编码进行修复，这种修复称为HDR。由于HDR可以精准地把错误基因根据模板修复为正确的序列，因此其具有更为优秀的治疗遗传性疾病的潜力。直接基因编辑修复受遗传突变影响器官的成体细胞，可以在定点的恢复受累器官功能的同时又不触及生殖细胞，是安全有效地基因编辑治疗遗传疾病的策略。而自然发生的HDR依赖于细胞有丝分裂，对于出生后失去分裂能力的多种体细胞（如感光细胞）来说，HDR发生效率极低，难以实现在体基因修复，极大地限制了其在治疗遗传疾病中的应用。因此，如何提高在体HDR效率成为基因编辑治疗遗传疾病的关键。

（三）在体基因编辑退化的感光细胞

为了解决上述问题，实现在体同源重组精准修复，从而为视网膜色素变性等遗传性疾病的治疗提供思路，研究人员尝试开发新型的精准基因编辑方法，并且结合遗传性视网膜色素变性动物模型，以实现对视网膜色素变性小鼠在体精准基因矫正和视觉修复的治疗。在CRISPR/Cas9的基础上，科学家们创新性引入MS2-RecA复合蛋白系统。RecA是原核表达的可促进同源重组的蛋白酶，通过改造获得具有MS2结合区的向导RNA，使MS2可以与其结合。这样的MS2-RecA复合蛋白得以在DNA切割部位附近招募更多的模板DNA，并协助同源重组的发生，从而提高在体HDR的效率，在停止分裂的视杆细胞中实现了基因编辑。新型基因编辑方法有效地实现了出生后非分裂细胞的同源重组基因矫正和相关器官功能修复，解决了非分裂细胞内进行HDR的困难，未来有可能应用于人类遗传疾病的在体治疗。

主要参考文献

An K, Zhao H, Miao Y, et al., 2020. A circadian rhythm-gated subcortical pathway for nighttime-light-induced depressive-like behaviors in mice[J]. Nature Neuroscience, 23(7): 869-880.

Cai Y, Cheng T L, Yao Y C, et al., 2019. In vivo genome editing rescues photoreceptor degeneration via a Cas9/RecA-mediated homology-directed repair pathway[J]. Science Advances, 5(4): eaav3335.

Ma Y Q, Bao J, Zhang Y W, et al., 2019. Mammalian near-infrared image vision through injectable and self-powered retinal nanoantennae[J]. Cell, 177(2): 243-255.e15.

第十六讲　大脑的光控开关——光遗传技术

熊　伟 教授，神经生物学家，国家杰出青年科学基金获得者。

光遗传技术利用光和基因编码的光敏蛋白来控制活细胞和生物体的行为，是光学和遗传学技术的结合，开辟了一个新的让人兴奋的研究领域，改变了许多神经科学研究的方式，被 *Nature Methods* 杂志评选为2010年最受关注的技术成果。光遗传技术在神经科学以及细胞生物学信号通路的研究方面具有革命性的促进作用，越来越多地应用于世界各地的许多实验室和跨学科领域，其应用仍有待充分探索，并有可能照亮尚未探索的科学道路。

一、光遗传技术的基本原理

在经典的生物学实验中，控制神经细胞需要一些相对粗暴的手段，如电刺激、化学刺激或对脑区进行直接切割。实验过程费时费力且达到的实验效果也不尽如人意。长久以来，神经学家们一直梦想着，能够以精确的时空精度控制神经元活动。这个梦想被光遗传学实现了，它整合了光学、软件控制、基因操作技术、电生理等多种学科，是一门正在迅速发展的生物工程技术。

细菌、藻类等低等微生物和人类等高等动物可以通过视紫红质系统感知光。1973年，科学家发现细菌视紫红质（bacteriorhodopsin，BR）在光照后会转变为离子转运蛋白。1977年，研究人员在细菌中又发现另一种视紫红质——嗜盐菌视紫红质（halorhodopsin，HR 或 NpHR），后续证明其介导氯离子细胞内流。

1979年，克里克提出，神经科学领域急需开发出一种控制技术，进而在不改变其他条件的情况下对大脑里的某种细胞进行操控。由于电信号刺激和化学信号刺激无法对细胞进行精确的定位刺激和定时控制，于是克里克考虑是否可以利用光控技术。例如，人眼中有多重的感光细胞，外界光线进入眼睛，在视网膜后转变为化学信号和电信号，通过神经元的传输进入大脑。受此启发，我们是不是也可以通过光来给神经元下命令，操控它们的活动呢？

2002年，纽约斯隆-凯特林癌症研究中心的吉罗·麦森伯克（Gero Miesenbock）教授在大鼠细胞上表达来自无脊椎动物的光感蛋白，并在培养皿中看到了神经元响应光信号刺激。2005年，他成功实现了利用光信号控制无头的果蝇扇动翅膀，Gero Miesenbock 教授也被称为光遗传学的奠基人。

2003年，视紫红质蛋白家族中通道视紫红质1（channel rhodopsin 1，ChR1）和通道视紫红质2（channel rhodopsin 2，ChR2）被发现，科学家们开始尝试在哺乳动物细胞中表达光感蛋白。ChR1 和 ChR2 是一种光控的离子通道，能够响应光刺激进行细胞内外离子转运（图 16.1），实现类似神经元活动的电位变化，还能够连接荧光蛋白使刺激过程可视化。2005 年，斯坦福大学卡尔·迪赛罗斯（Karl Deisseroth）教授通过使用慢病毒载体将 ChR2 转染到神经元中，实现动作电位与突触传导的兴奋性/抑制性控制。在这一过程中，斯坦福大学本科生张锋构建出了包含 ChR2 的病毒载体，大大增加了转染效率。该项工作于 2005 年发表于 *Nature Neuroscience* 杂志，该文章也被看作光遗传学领域真正意义上的开山之作。自此，光遗传学的时代来临。

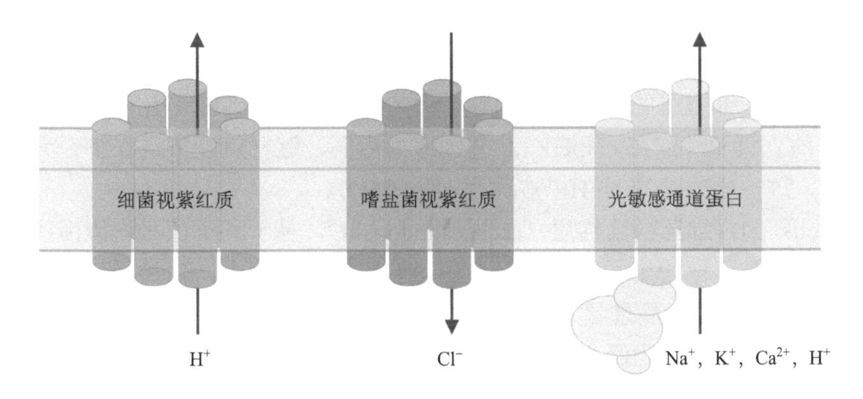

图 16.1 光遗传学常用的三类光敏感蛋白

简单来说，光遗传技术的基本原理是借助遗传学手段，将能够对光起响应的通道蛋白表达在特定细胞中，实现通过光来激活或抑制神经元活动的目标。其中，激活或抑制的原理在于不同通道对阳离子或阴离子的通透性不同：如果转入细胞的通道是 ChR 通道，那么细胞在接受蓝色激光照射时通道开放，阳离子内流，会产生去极化电位，诱发动作电位的发出，激活细胞；如果转入细胞的是 HR 通道，细胞接受黄色激光照射时，阴离子内流，产生超极化电位，导致动作电位不易发放，抑制细胞活动；此外，还有一类通道在光激活后改变的是胞内激酶系统，进而影响细胞活动。因此，不同光遗传学技术的核心差异在于光敏感通道的选择。

经过多年的研究与发展，激活型和抑制型光敏蛋白均发展出几种不同的突变型，可以根据激光器和实验需求选择合适的光遗传蛋白。

1. 激活型通道蛋白

（1）ChR2（H134R）：为 ChR2 的突变体，将第 134 个氨基酸由组氨酸突变为精氨酸，该蛋白质可以产生两倍的光电流，但通道开关速度比野生型 ChR2 慢一倍，该突变体是运用最广的一种类型。

（2）ChR2（C128S/D156A）：为 ChR2 的突变体，超灵敏光敏感通道，蓝色激光激活，绿色或黄色激光关闭通道，其离子通道的开放时间可长达 30min。

（3）ChR2（E123T/T159C）：为 ChR2 的突变体，具有更大的光电流和更快的动力学变化。

（4）C1V1：为由 ChR1 及由团藻发现的 VChR1 组合在一起的通道蛋白，在红色激光刺激下打开通道，该通道蛋白类型更利于双光子激发。

（5）ReaChR：能在大脑深处或透过头盖骨激活。

2. 抑制型通道蛋白

（1）NpHR：为第一个有效抑制神经元活动的光遗传学工具，在黄绿激光照射下会将氯离子泵进神经元内，而抑制神经元活动，当把 NpHR 表达在哺乳动物脑内时，会聚集在内质网上，而如果将内质网输出元件加在 NpHR 基因序列后面，这样可以使得 NpHR 在胞内高量表达，而且不会聚集在内质网上，这样修改过的 NpHR 被称为 eNpHR2.0。但是 eNpHR2.0 在细胞膜的聚集仍然不够，而将一个高尔基体输出元件和来自于钾离子通道 Kir2.1 的上膜元件加在 eNpHR2.0 基因序列后面，这样就能实现在神经元细胞膜上的高量聚集，这种修改过的 NpHR 被称为 eNpHR3.0。

（2）Arch：为古细菌视紫红质（archaerhodopsin），是一种黄色激光激活的外向整流质子泵，能够将带正电的质子从神经元内移动到细胞外环境中，使神经元处于超极化状态，从而保证神经元处于静息状态。在特定条件下，可用于增加细胞内 pH 或减少细胞外基质 pH。和 NpHR 相比，当激光关闭的时候，Arch 立即从通道打开状态恢复到关闭状态。

（3）Mac：为黄斑细球藻真菌视蛋白（Leptosphaeria maculans fungal opsin），是一种蓝色激光激活的质子泵，能够将带正电的质子从神经元内移动到细胞外环境中，使神经元保持超极化状态，从而保证神经元处于静息状态。

光遗传技术操作包括两个部分，首先在细胞表达特定的编码光敏蛋白的基因，然后使用光来改变细胞的行为。光遗传学控制细胞功能的基本步骤如下：

（1）选择合适的光敏蛋白。如天然蛋白，或对天然蛋白进行化学修饰之后得到对光敏感的人工改造蛋白。光敏蛋白可分为激活型和抑制型两种，能够引起神经元兴奋或抑制。其光灵敏度和动力学之间存在负相关，激活或抑制能力强弱与时间的精准控制密切相关，所以，根据光敏蛋白的不同特性寻找合适的光敏蛋白是首要步骤。

（2）构建病毒载体。利用分子生物学技术将编码光敏蛋白的基因插入病毒载体。

（3）将遗传信息传递给靶细胞。病毒转染是光遗传学研究的主导手段，主要采用慢病毒和腺病毒，可将编码光敏蛋白的基因转染到靶细胞中。腺病毒对大脑有特异组织倾向性，使其成为光遗传研究中的重要工具。也可以使用转基因动物或转染的方式实现遗传信息的传递。

（4）对光信号进行时空调控。可采用导入光纤或控制激光的方式将光导入目标区域，选择不同的参数（波长、光强度、频率和占空比）进行光刺激，以达到对神经元活动的时间调控；通过选择性照射细胞局部的方法来实现对神经元活动的空间调控。

（5）收集输出信号，读取结果。一般采用电极记录神经元细胞膜内外的电压变化，并可用荧光性生物传感器来检测不同细胞数值，通过电生理记录或行为学测试等方法，将光刺激对神经元、神经回路或动物行为的改变呈现出来（图 16.2）。

光遗传技术相比于传统研究技术具有众多优势。

（1）时间精确度高：光遗传技术可以通过控制激光频率使时间精准度到毫秒级甚至是亚毫秒级。

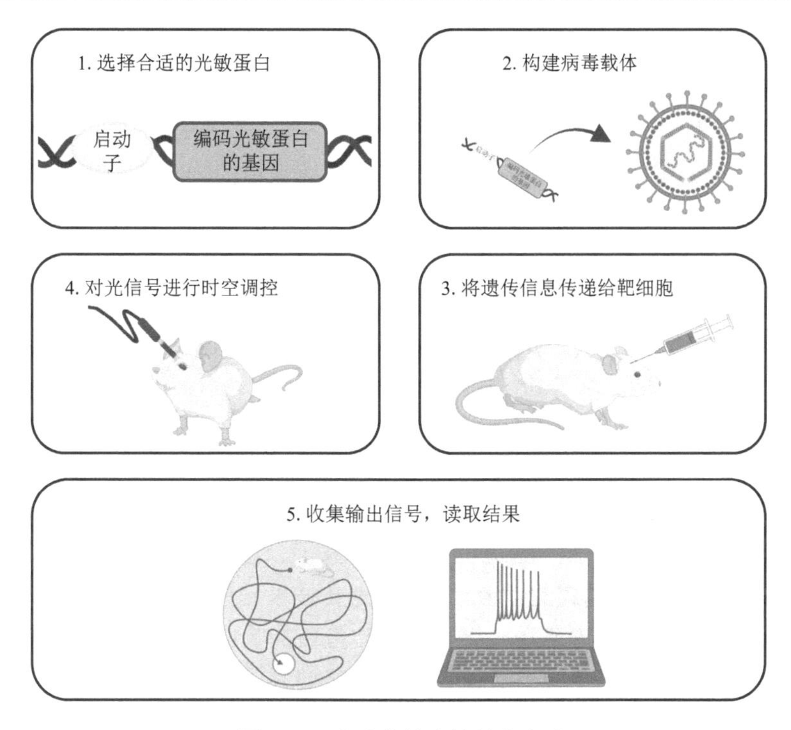

图 16.2　光遗传技术的基本步骤

（2）刺激强度的精确性高：光遗传技术通过控制光强度，可以精准地、随时地调节刺激神经元的强度，这对于某些刺激强度依赖的神经环路研究有不可替代的优势。

（3）空间特异性强：光遗传学技术可以通过脑定位注射、特异性启动子甚至是亚细胞器定位肽，将光敏蛋白锚定在靶向细胞或细胞器上进行操作，可达到单个细胞的级别，实现精准定位。

（4）作用工具多样：目前人们已经突变了一系列新的光敏感通道，这些通道的时间特性和激发光要求都不同，可根据具体的实验需求进行选择。

（5）作用直接：不像特定药物激活受体技术需要依赖于动物代谢水平，光遗传技术通过激光操控细胞的激活或抑制，作用直接。

但是，虽然近年来光遗传技术取得了瞩目的成就，目前仍存在一些亟待解决的问题。

（1）刺激或抑制水平超过生理范围：有学者认为，光遗传学激活和抑制神经元的标准不确定，对神经环路引入外来刺激可能使神经元应答超出生理范围，神经环路会出现非自然变化，最后导致不正确的生理学结论。

（2）光敏蛋白的表达和光照在神经元群体中不均匀：例如发生光的散射时，结果可能导致光遗传学操纵的量级和范围出现异质性。

（3）大范围光刺激同时作用在神经元群体上，可能使环路出现非生理性的活动模式：例如靶向特化的某些细胞时产生的能量沉积等问题。

（4）对轴突的不利影响：直接用光刺激轴突，可能会引起非生理性的神经递质释放，容易使人过高估计突触连接的影响；直接对轴突进行光遗传学刺激，还可能引起逆行激活；长期高水平表达 ChR2 会造成轴突形态异常。

（5）这项技术应用到临床研究必须开发更好的病毒体系，仔细评估病毒递送系统的长期安全性和有效性。

（6）由于神经细胞的轴突、树突互相交联，光敏蛋白的响应信号很容易干扰周边的神经细胞，因此需要开发一些仅表达在胞体上的光敏蛋白（如新发现的光敏蛋白 soCoChR）。

二、光遗传技术的应用实例

斯坦福大学实验室通过在神经细胞中表达光敏蛋白，响应不同波长的光刺激实现对神经功能的调控，宣布人类正式拥有了精准操控大脑的工具。这是一项令人兴奋的技术。长久以来，我们对神经元之间相互作用的理解仅仅停留在相关性上，有了光遗传技术，现在终于有能力探究特定的神经回路和大脑功能之间的因果关系了。这项技术微创、精准，作为神经科学研究工具来说，无疑是跨越式的进步。最近光遗传技术又有了新的突破。

由于神经细胞的轴突、树突互相交联，光敏蛋白的响应信号很容易干扰周边的神经细胞，随着光学技术研究精度的不断提升，科学家们为了实现对单细胞的光刺激，借助了两个新工具：更灵敏、定点更准确的光敏通道蛋白，以及优化的全息双光子显微镜。2014 年，美国麻省理工学院爱德华 • 博伊登（Edward Boyden）教授发现了一种新的光敏通道蛋白 CoChR，它对光更敏感、产生的电流更强，大概是第一代光敏通道蛋白 ChR2 的十倍。在 CoChR 的基础上，Boyden 教授利用基因工程技术给它添加了一个红藻氨酸受体（kainate receptor）KA2 的残基。经过改造之后，新的光敏通道蛋白 soCoChR 可以集中在神经细胞的细胞体中，避免了轴突和树突对周边神经细胞的干扰。

解决了干扰的问题，巴黎笛卡尔大学的瓦伦蒂娜 • 埃米利亚尼（Valentina Emiliani）教授提供了最新的激光技术——双光子计算机生成全息技术（two-photon CGH），实现了对时间和空间的精准控制，能够在照亮细胞的同时将照明时间最小化，将响应时间降低到毫秒级。同时这种技术还支持 3D 成像，奠定了生成复杂模型的基础。Boyden 教授说，使用这种单细胞光遗传技术，研究者可以精确刺激指定神经元，观察与其相连的细胞的反应；又或者，我们可以刺激彼此相邻的几个神经元，看看它们是由哪一个主导，还是共同接受其他神经元的控制。这将会帮助人们理解思考感觉和运动是如何发生的。

光遗传技术在各领域都得到了广泛的应用。神经退行性疾病，如阿尔茨海默病、帕金森病等所发生的病理生理变化会影响正常神经环路的功能，产生相应的临床症状，了解其神经环路的异常变化是理解疾病发生发展机制以及寻找相应治疗方案的必经途径，光遗传技术在此过程中发挥了重要作用。

1. 阿尔茨海默病

阿尔茨海默病是老年人中最常见的慢性神经退行性疾病，疾病的主要特征为进行性记忆衰退，患者随后具有更加广泛的认知障碍，受影响最显著的是学习与记忆神经环路。目前，海马区域的神经环路以及其与前额叶皮质区的相互联系被广泛研究。海马结构与前额叶皮质以双向方式相互作用，调节多种认知功能以及处理情绪信息，是大脑记忆系统中极为重要的结构，有助于新信息的快速编码，记忆网络的整合、检索与组织。发作性记忆进行性丧失是阿尔茨海默病早期的常见症状。阿尔茨海默病早期的记忆衰退的机制并不明确，可能是信息编码与整合或是存储与检索神经环路受损。

利用新一代光遗传学技术，研究人员发现印迹细胞倾向于通过重复性活动以同步、协调的方式进行工作，不同群体的印迹细胞组成不同类型的同步性活动呈现记忆。通过对阿尔茨海默病早期转基因小鼠海马区印迹与非印迹细胞进行长时间的区分、监测和调控，发现激活海马印迹细胞可以促使记忆恢复，说明阿尔茨海默病记忆损伤是由于记忆检索提取相关神经环路受损所致，而不是记忆存储的损伤所致。

同时，利用阿尔茨海默病小鼠模型，研究人员发现在阿尔茨海默病典型病理变化Aβ斑块沉积产生之前，小鼠的遗忘呈现出年龄依赖性，与海马齿状回的棘突密度有关。

此外，利用新一代光遗传学技术长期刺激齿状回神经元，通过诱导齿状回印迹细胞产生长时程增强，促进棘突密度以及长期记忆的恢复，并且去除这部分印迹细胞可以阻止长期记忆的恢复，提示阿尔茨海默病早期选择性地挽救恢复印迹细胞的棘突密度可能是治疗记忆丧失的有效靶点。

2. 帕金森病

帕金森病的病理特征是中脑黑质致密部和腹侧被盖区的多巴胺能神经元逐渐死亡。帕金森病的主要症状是运动障碍，包括静止性震颤、肌肉僵硬和运动无力。典型发病机制是纹状体功能失调，直接与间接通路功能失衡。涉及的主要神经元为中间多棘神经元（medium spiny neuron，MSN），主要表达多巴胺D1和D2两种受体。光遗传学研究提供了纹状体 MSN、中间神经元和传入神经元的详细信息，从而对于帕金森病的基本病理做出了解析。光遗传学在帕金森病的运动功能、多巴胺能神经元移植、病理环路研究上得到较多应用，特别是帕金森病环路功能失调，是目前的研究热门领域，近年获得了众多进展。

3. 癫痫

癫痫是一种神经元兴奋性异常增高导致短暂的大脑功能障碍的慢性疾病。以往用于解析癫痫神经环路异常的方法包括药物刺激和光刺激，然而这些方法的时空分辨率都较低。研究人员利用具有更高时间与空间分辨率的光遗传技术对以往存在质疑的失神发作环路进行了研究，发现丘脑皮质神经元的节律与脑电波发放具有同步性，诱发了失神发作中的同步尖峰放电。癫痫发作严重影响患者生存质量，造成患者认知损害和记忆损伤，前期研究认为可能与海马长期暴露于异常高钙离子浓度造成的损伤有关。常规技术无法在哺乳类动物海马神经元中观察其钙动力学，利用新一代光遗传学技术可以很好地弥补这一缺陷。

研究人员发现，不仅在癫痫发作期间，而且在癫痫发作之前，海马神经元的钙动力学就出现了明显异常，这种现象可以帮助研究者明确癫痫发作前的时机从而更好地控制癫痫的发作。海马神经元内的钙离子水平显著高于正常水平，提示钙兴奋性细胞毒性可能是癫痫导致认知损害的原因。有趣的是，常规抗癫痫药物丙戊酸钠并未改变癫痫发作中钙离子动力学的异常。未来可以利用大规模的神经元钙离子成像平台进行新的抗癫痫药物筛选，为癫痫治疗提供新视角。

三、光遗传技术的临床应用

光遗传技术还是一项年轻的技术，但从其诞生起，神经科学界对光遗传技术应用于临床的探索就没有停止过。近十年来，临床医疗研究者也在尝试利用非侵入性的光遗传学手段来治疗各种疾病，例如，嗜睡、抑郁症、惊恐发作、焦虑、疼痛和帕金森病，以及恢复记忆，治疗阿尔茨海默病、失明和糖尿病等。

1. 应用于治疗视觉相关疾病

2006年，美国韦恩州立大学华人科学家潘卓华教授课题组，将ChR2蛋白表达于感光细胞退化的小鼠视网膜神经节细胞内，使其获得了编码光信号的能力。作为一名视觉研究专家，潘卓华意识到眼睛可能是光遗传技术最容易应用的区域，因为眼睛不仅是感光器官，对光的反应敏感，又由于眼球直接暴露在体表，基因疗法在眼睛上也比较容易操作。另外，作为中枢神经系统的一部分，眼睛有一定的免疫豁免特性。同时因为眼睛直接暴露在光下，也不需要额外的光源。随后，RetroSense Therapeutics公司与潘教授合作探索使用光遗传技术临床治疗失明，并于2015年成功拿到了美国FDA的临床试验批准，可在视网膜色素变性的患者身上，测试基于光遗传技术的治疗方法。

视网膜色素变性是一种遗传性视网膜感光细胞退化疾病，与大约50多种基因突变有关，目前在全球约有150多万名患者。这些患者的视网膜上负责夜晚视觉的视杆细胞先死亡，负责白天视觉的视锥细胞随后死亡，使他们渐渐失去视觉。目前，对于视网膜色素变性还没有有效的药物或手段进行康复性治疗。RetroSense Therapeutics公司的光遗传技术治疗，将含有光敏感通道DNA的病毒载体注射进入眼睛玻璃体中央，而后视网膜最内层细胞——神经节细胞可被病毒所感染。一旦病毒载体将光敏感通道DNA导入神经节细胞，且神经节细胞开始制造光敏蛋白，它们就会在光线作用下被激活，重新对外界光线起反应。2016年3月，RetroSense Therapeutics公司正式开始实施视网膜色素变性的光遗传技术临床试验RST-001项目，并成功完成了第一例患者的试验，这也是世界上首例应用光遗传技术的临床治疗。

2. 应用于止痛、成瘾等领域

光遗传技术也被应用于许多亟待治疗的其他神经系统疾病，如针对慢性疼痛进行治疗，以取代那些需要脑深部刺激的疗法。因为受慢性疼痛影响的神经细胞在脊髓外侧，比脑深部的神经细胞容易接近，在早期的动物实验中，研究者成功地将光敏感通道蛋白表达于痛觉相关的神经细胞中，并关闭了痛觉产生的通路。在注射含有光敏感通道蛋白DNA的病毒进入外周神经细胞2周后，光敏通道蛋白就可以在其中稳定地表达。这种光敏感通道蛋白与治疗失明所用的蛋白不同，其效果刚好相反，用光照亮皮肤时，这种光敏感通道蛋白抑制了痛觉神经节细胞的活动，从而使痛觉感受和热敏感性显著降低。

研究发现，毒品成瘾大鼠的前边缘皮层活性降低，通过光遗传技术激活这个区域后，大鼠寻找毒品的行为减少。基于动物实验的结果，一项意大利的临床试验在人体上进行了相关探索，把光遗传学技术换成了无创的经颅磁刺激（transcranial magnetic stimulation，TMS）技术。人脑的背外侧前额叶皮层（dorsolateral prefrontal cortex，DLPFC）执行与大鼠前边缘皮层类似的功能，而且定位于人脑表面，易于接受 TMS 刺激。临床试验结果也令人振奋：69%的毒品成瘾患者在 TMS 治疗期间没有复吸，而进行药物治疗的对照组这一比例只有 19%。10 个药物治疗组的患者，原本有 8 个复吸，转入 TMS 组经过 TMS 治疗后，只有 3 个复吸。单纯的药物治疗和脑部刺激经常带来脱靶效应（作用的靶点与期望的不一致），且精确度不高。与临床更可行的治疗方法相比，光遗传学和神经回路机制指导的治疗方案，会实现更好的效果。

总而言之，光遗传学技术作为 21 世纪神经科学领域一项里程碑式创新技术，其应用研究领域涵盖了多个经典实验动物种系（果蝇、线虫、小鼠、大鼠、绒猴以及食蟹猕猴等），并涉及多个神经科学研究领域，包括神经环路基础研究、学习记忆研究、成瘾性研究、运动障碍研究、睡眠障碍研究、帕金森病模型研究、抑郁症和焦虑症动物模型应用等。光遗传技术具有特别的高时空分辨率和细胞类型特异性两大特点，克服了传统手段控制细胞或有机体活动的许多不足，能对神经元进行非侵入式的精准定位刺激操作，从而彻底改变了神经科学领域的研究状况，为神经科学界提供了突破性的研究手段，在将来还有可能发展出一系列中枢神经系统疾病的新疗法。

主要参考文献

Bègue A, Papagiakoumou E, Leshem B, et al., 2013. Two-photon excitation in scattering media by spatiotemporally shaped beams and their application in optogenetic stimulation[J]. Biomedical Optics Express, 4(12): 2869-2879.

Bi A D, Cui J J, Ma Y P, et al., 2006. Ectopic expression of a microbial-type rhodopsin restores visual responses in mice with photoreceptor degeneration[J]. Neuron, 50(1): 23-33.

Boyden E S, Zhang F, Bamberg E, et al., 2005. Millisecond-timescale, genetically targeted optical control of neural activity[J]. Nature Neuroscience, 8(9): 1263-1268.

Ferenczi E, Deisseroth K, 2016. Illuminating next-generation brain therapies[J]. Nature Neuroscience, 19(3): 414-416.

Karl D, 2015. Optogenetics: 10 years of microbial opsins in neuroscience[J]. Nature Neuroscience, 18(9): 1213-1225.

Klapoetke N C, Murata Y, Kim S S, et al., 2014. Independent optical excitation of distinct neural populations[J]. Nature Methods, 11(3): 338-346.

Papagiakoumou E, de Sars V, Oron D, et al., 2008. Patterned two-photon illumination by spatiotemporal shaping of ultrashort pulses[J]. Optics Express, 16(26): 22039-22047.

Pastrana E, 2011. Optogenetics: controlling cell function with light[J]. Nature Methods, 8(1): 24-25.

Valluru L, Xu J, Zhu Y L, et al., 2005. Ligand binding is a critical requirement for plasma membrane expression of heteromeric kainate receptors[J]. Journal of Biological Chemistry, 280(7): 6085-6093.

第十七讲　认知神经心理学

张效初　教授，神经生物学家，国家级人才项目特聘教授。

长期以来，人们对脑功能、意识与思维的研究，有两个途径：一是从神经科学角度研究人的大脑，二是从认知科学、心理学着手。

一、什么是认知神经心理学

人类对自身特有的精神、心理活动和认知活动的研究，已经有了数千年的历史。但是，在认知科学建立之前的研究，基本上是哲学思辨或直觉观察。而认知科学则在科学分析和科学实验基础上，研究认知特有的科学概念和科学方法论。认知科学诞生于 20 世纪 70 年代，1973 年，美国心理学家希金斯（R. L. Higgins）提出跨学科研究时，最早使用了认知科学一词。1979 年召开的首届认知科学年会，正式宣告认知科学这门新学科的诞生。认知科学的建立，被认为是第二次世界大战后最重要的科学进展之一。

按照我国认知科学学会会长陈霖院士的定义，认知科学是研究人类的认知和智力的本质和规律的科学，其范围包括知觉、注意、记忆、动作、语言、推理、抉择、思考和意识，乃至情感动机在内的各个层次和方面的人类的认知和智力活动。

认知神经科学是认知科学与神经科学的交叉学科，是认知科学中最重要的一个分支。1995 年，麻省理工学院出版社推出《认知神经科学》专著，标志着认知神经科学成为世界前沿科学。认知神经科学旨在阐明认知活动的机制，即人类大脑如何调用包括分子、细胞、脑组织区和全脑在内的不同层次和维度上的组件，产生意识、记忆和情感等各种精神活动。

认知神经心理学，是认知神经科学中偏向心理学的一个分支。它是近年来兴起的一门交叉学科，属于心理学、认知科学、神经科学的交叉领域。认知神经心理学，主要关心的是与某些心理过程或认知能力相关的脑功能和脑结构。相对认知神经科学，更偏向从全脑这个层次去研究心理认知过程的规律，更关注的是大脑组织这样偏高的维度，不关注分子、神经元、突触这些层次的变化。认知神经心理学更偏向于心理学内容，通过一些工具研究人的脑组织的区域或全脑、大脑网络如何完成人的心理过程。

二、认知神经心理学的研究工具

监测脑细胞活动性的金标准，是直接、侵入性地记录单个神经元细胞膜的电势能。然而，这些方法仅限于动物实验中使用。在以人为研究对象时，除尸检外，必须用非侵袭性的方法。随着科技的进步，各种无创或创伤较小的测量活体脑组织结构、描绘活体脑组织活动的空间和时间位置的技术诞生，这些技术大多以图像形式展示测量结果，称为脑功能成像技术。非侵袭性脑功能成像有两种方法：电生理的方法和代谢/血流的方法。

（一）脑损伤患者

早期受时代和技术限制，科学家们主要通过对脑损伤患者进行研究。在外伤、疾病甚至肿瘤的影响下，患者某一部分脑组织受损，导致他的某些认知功能和心理功能发生了改变。科学家们在患者活着的时候，对其进行各种心理测试，判断患者的哪些认知功能异常。随后在该患者去世后进行尸检，检测其大脑中哪个脑区受损，从而得出脑区与认知功能的对应关系。

患者亨利·莫莱森（Henry Molaison，以下简称其为H.M.）是神经科学史上最著名的失忆患者，对他的脑损伤的研究确立了有关记忆组织的关键原则。H.M.是一名癫痫患者，在27岁时（1953年）其由于癫痫加重无法正常工作和生活。此时，神经外科医生斯科维尔（W. Scoville）对他进行颞叶内侧切除术试图治疗他的癫痫，切除了H.M.大脑双侧内侧颞叶、杏仁核以及大部分海马组织。手术后，H.M.的癫痫症状得到控制，他的智力、知觉、性格都没有受到影响。然而，他患上了严重的顺行性遗忘症。他失去了创造新记忆的能力。他只能记住几分钟的人和谈话，然后这些记忆就会永远消失，无法形成长期记忆。

加拿大心理学家米尔纳（B. Milner）对H.M.进行了认知能力观察和测试，于1957年提出海马体和海马回在记忆信息保存中的重要作用。而在此之前，科学家们认为记忆功能广泛分布在大脑皮层中。由此，关于H.M.的研究结果确立了记忆的基本原理，即记忆是一种独特的大脑功能，与其他感知和认知能力分开，并确定颞叶内侧对记忆的形成很重要。

（二）电生理功能成像——脑电图（EEG）和事件相关电位（ERP）

大脑分为皮质和髓质。大脑皮质是神经细胞，大脑髓质是神经纤维。人大脑皮质约有220亿个神经元。大脑皮层的锥体细胞的顶树突释放兴奋性的神经递质，因此有电流会从细胞外穿过细胞膜流入细胞体，因而在顶树突区域的细胞膜外部带有负电荷，而同时为了形成一个闭合的电流环路，电流须从细胞体与基树突流出，导致这个区域带有正电荷。最终，顶树突的负电和细胞体的正电就形成了一个微小的偶极子（图17.1）。

一个偶极子就是一个小距离隔开的一对正负电位。来自于单个神经元的偶极子非常微小，不可能在头皮上记录到。但是在特定的条件下，多个神经元的偶极子发生累加，则有可能在头皮测量到累加的电压。可以在头皮上记录到的累加的电压需要有成千上万的偶极子同时作用，并且来自于单个神经元的偶极子还必须在空间上呈现一定的排列。如果神经元的朝向是随机排列的，则一个神经元的负电很可能会相邻于邻近神经元的正电，从而发生抵消。同样的，当一个神经元接收到兴奋性神经递质，而另一个神经元接收到抑制性神经递质时，则会导致神经元偶极子的朝向相反，也会发生互相抵消。只有所有神经元都有相近的朝向，而且都接收到同样的输入才会发生偶极子的累加，进而在头皮上可以测量到事件相关的电位值。这种情况最常见于皮层的锥体细胞，因为它们都垂直排列于皮层表面。

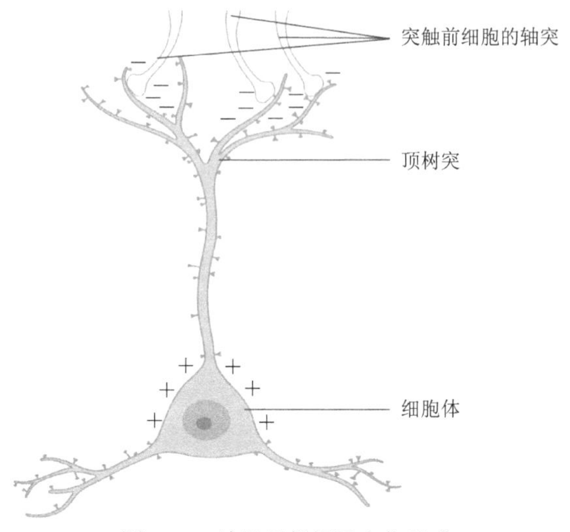

图 17.1　神经元偶极子电位形成

活的人脑总会不断放电，称为脑电，但成分复杂而不规则。正常的自发脑电一般处于几微伏到75μV之间。而由心理活动所引起的脑电比自发脑电更弱，一般只有2～10μV，通常淹埋在自发电位中。所以事件相关电位需要从脑电图中提取。

脑电是由皮质大量神经组织的突触后电位同步总和而成，而单个神经元电活动非常微小，不能在头皮记录到，只有神经元群的同步放电才能记录到。脑组织神经元排列方向一致的情况，构成所谓的开放电场，反之则是方向不一致相互抵消的封闭电场（图 17.2）。因此，事件相关电位只能反映某些脑部的激活情况，而有些脑部即使处于激活状态，但由于其神经元没有能够形成开放电场，事件相关电位上也是反映不出来的。除神经元的排列方式外，记录点与神经元活动的距离也会影响事件相关电位信号的采集。这样就区分出了近场源与远场源，初级体感诱发电位位于中央后回，是典型的近场源，而脑干听觉诱发电位是典型的远场源。离头皮越远则电位衰减越厉害，记录到的脑电波幅也很小。

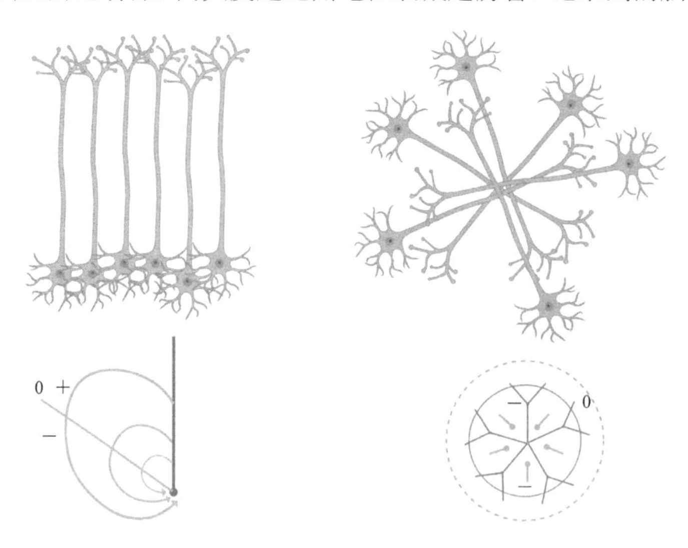

图 17.2　开放电场与封闭电场图示

脑电图是通过放置于头皮表面的电极记录的脑电波形图谱，是用神经电生理的方法检测脑部活动。而事件相关电位是脑电波形的一种，也称内源性诱发电位，是在事件刺激下所产生的脑电位波形变化。事件相关电位反映人类心理或生理活动的神经电生理变化，可用于研究大脑处理刺激的认知活动过程。将事件相关电位通过高密度记录系统和偶极子算法，计算出每一脑电活动成分从脑内发出的位置，转换成断层扫描图，称为高分辨率脑电成像技术。

脑电成像技术的主要优势是时间分辨率高，可以检测毫秒级的电位变化。因此该技术在观测认知活动的动态过程时具有巨大优势，可以实时记录认知过程的脑部变化。尤其在两个大脑活动信号之间的因果关系分析中发挥优势。此外，该技术没有任何侵入性，可以连续记录，记录过程无噪声，设备相对便宜便捷。

而脑电成像技术的最大缺陷是空间分辨率很低，是 1～2dm。头皮外记录的脑电信号很难计算出具体位置，不能对认知行为发生的脑区进行精确定位。此外，脑电信号会受到诸多因素的干扰影响，信噪比较低，通常需要多次测试去除噪声，因此耗时较长，对受试者的心理状态有一定影响，也会对实验结果产生影响。

（三）基于血流变化的功能成像——功能性磁共振成像

磁共振成像是随着计算机技术、电子电路技术、超导体技术的发展而迅速发展起来的一种生物磁学核自旋成像技术。它是利用磁场与射频脉冲使人体组织内进动的氢核（即 H^+）发生章动产生射频信号，经计算机处理而成像的。质子带正电荷，它们像地球一样在不停地绕轴旋转，并有自身的磁场。通常情况下，质子的排列处于无序的状态。当其处于强外磁场中，排列发生改变，与磁场纵轴平行或反平行。处于平行和反平行两个方向的质子所产生的磁力可相互抵消。但通常情况下，处于低能态、耗能少的质子占多数。剩余质子所产生的磁力形成一个总磁矢量，称为“纵向磁化”。当外加射频脉冲，原子核在进动中，吸收与原子核进动频率相同的射频脉冲，即外加交变磁场的频率等于拉莫频率，原子核就发生共振吸收，纵向磁化变为零，产生横向磁化。而当射频脉冲终止，横向磁化消退，纵向磁化恢复。原子核磁矩又把所吸收的能量中的一部分以电磁波的形式发射出来，称为共振发射。共振吸收和共振发射的过程称作“核磁共振”。

射频脉冲终止后，被激励的质子回复到原来平衡状态的过程为弛豫过程，所需时间为弛豫时间。弛豫时间有纵向弛豫（T_1）和横向弛豫时间（T_2）。纵向磁矩恢复到原来的（最大值）63%时，所需的时间定义为一个单位 T_1 时间，即 T_1 值。横向磁矩消失量达到63%所需的时间，即减少至最大值的 37%时，所需的时间定义为一个单位 T_2 时间，即 T_2 值。不同生物组织，正常组织和病变组织之间的 T_1 值和 T_2 值不一样。

人体血液中的血红蛋白所携带的氧含量影响血红蛋白的磁场特性。脱氧血红蛋白是顺磁性物质，会缩短所在部位的 T_2 值。含氧血红蛋白是逆磁性物质，会延长所在部位的 T_2 值。当外界刺激使局部脑组织兴奋时，此处神经细胞活动消耗氧气，能量需求增加，其附近的血流增加从而供氧供能。因此局部脑组织含氧血红蛋白增加，T_2 值延长，在磁共振成像时 T_2 像上表现出信号增强。这种利用磁共振成像检测大脑中神经元活动引发的血流动力学改变的技术，称为功能性磁共振成像（functional magnetic resonance imaging，fMRI）。

fMRI 结合了功能、解剖和影像三方面的因素。fMRI 技术空间分辨率约为 1mm，明显优于脑电技术，也可以检测到深部脑区的活动，可以对大脑活动的功能区进行精确的解剖定位。此外，fMRI 技术也具有无创伤性、无放射性、可重复性等优势。

fMRI 的不足之处也很明显，其时间分辨率约为 2s，无法追踪认知活动的时序变化。此外，fMRI 在采集数据过程中噪声较大，对受试者的心理状态有明显干扰。受试者不能佩戴或植入金属物。考虑到 fMRI 采集时的强磁场，孕妇也不可作为受试者。

（四）基于代谢的功能成像——正电子发射断层扫描

正电子发射断层扫描（positron emission tomography，PET）是关于脑功能的造影技术，利用正电子的放射反应获得数据，检测大脑不同区域放射性同位素标记的葡萄糖或其他代谢物的吸收率。

给受试者注射半衰期较短的放射性同位素标记的代谢物，如 ^{18}F-氟代脱氧葡萄糖（^{18}F-FDG）。当局部神经元兴奋时，葡萄糖代谢旺盛，吸收 ^{18}F-FDG。而放射性同位素 ^{18}F 经历 β 衰变，核内质子裂变产生正电子。正电子在飞离原子核的过程中与负电子相撞（距离正电子产生部位为 0～9mm），产生两条 180° 反方向的 γ 射线，被 γ 射线检测器探测到，从而可以对正电子湮没位点精确定位。

PET 反映的是大脑代谢图像，空间分辨率可达 3～4mm。除了葡萄糖，也可以检测多巴胺等神经递质的活动，且灵敏度非常高，可以检测到 10^{-9}mol/L 浓度的化合物。但 PET 的时间分辨率很低，测定的是 60s 以上的大脑区域活动，比 fMRI 时间分辨率更低。此外，该技术有侵入性，需要向受试者注射放射性同位素标记液，不适用于孕妇。同时 PET 仪器昂贵，认知科学研究使用率不高。

三、认知神经心理学在哲学问题中的应用：自由意志是否存在

意识是生物体对外部世界和自身心理、生理活动等客观事物的觉知或体验。如何从物质的运动中产生意识，是一个有趣的问题，至今未有定论。我们通常认为，自己是有意识的，而如何判定其他个体或动物也有意识，这个问题也是哲学中的一个经典主题：他人心知问题。认知神经心理学家们便利用前文所述的脑电图、功能性磁共振成像工具来研究意识。

（一）植物人状态与意识

植物人处于觉醒状态，基础代谢能力正常，有本能的神经反射，但无法对外界环境做出恰当反应。植物人状态是现代医学中道德上最麻烦的状态之一。在无法判断植物人是否有自主意识的情况下，我们很难决策是否还需要维持其生命。那么，植物人是否有自我意识呢？一些功能影像学研究表明，有一部分被诊断为植物人的人，仍然保留一部

分认知能力。

2006 年，英国科学家阿德里安 • M. 欧文（Adrian M. Owen）开展了一项检测植物人意识的研究。2005 年，一位 23 岁的女性遭遇车祸，颅脑外伤严重。她在事故发生 5 个月后仍保持睡眠觉醒周期，符合国际指南对植物人状态的判断标准。Owen 团队使用 fMRI 测量该患者在听到一句话时的神经反应，将其与该患者听到无意义的语句时的神经反应，以及健康志愿者在听到同一句话时的神经反应，进行仔细比较。结果显示，对该患者说出句子时（例如，“他的咖啡里有牛奶和糖”），在患者大脑的颞中回和颞上回区域，观察到双侧的语言特异性活动。并且与健康志愿者的反应区域相同。而在听到有歧义的语句时，该患者和健康志愿者的大脑均在左额下回区域产生额外的反应，这是对语义理解处理的区域。

对句子的神经反应，仍然不是一个人有意识的有力证据，人在无意识状态下可以进行言语感知和语义处理。于是，Owen 团队使用 fMRI 对该患者在听到指令时的大脑活动进行测量。对患者或健康志愿者发出指令：想象自己在打网球。此时，患者和志愿者的大脑辅助运动区观测到明显活动。当接收到指令：想象从大门开始在家里走动时，观察到患者大脑海马旁回、后顶叶皮层和外侧前运动皮层有明显活动，也与健康志愿者的神经反应没有区别（图 17.3）。在患者和 12 名健康志愿者（对照组）的想象打网球 fMRI 图像中，观察到辅助运动区（SMA）活动。当患者和同一组志愿者想象在家里来回走动时，检测到海马旁回（PPA）、后顶叶（PPC）和外侧前运动皮层（PMC）的活动。

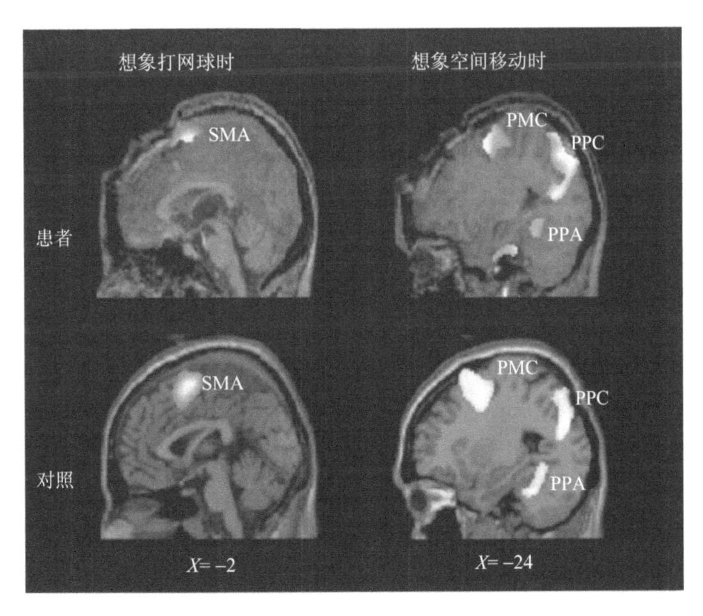

图 17.3　被诊断为植物人的患者也可能拥有意识

引自 Owen et al.，2006

这些结果证实，尽管该患者符合诊断植物人状态的临床标准，但患者仍保留了理解口头指令并通过其大脑活动，而不是通过言语或动作对其做出反应的能力。此外，患者在实验人员下达指令时通过想象特定任务来配合实验人员，这是一种明确的有意图行为。这些现象证实了患者对自己和周围环境是有意识的。当然，被诊断为植物人的患者的阴性结果，也不能作为该患者缺乏意识的证据。因为功能性神经影像学研究中的假阴性结果很常见。

这些研究也表明一些无法沟通的患者（包括被诊断为植物人、最低意识或闭锁综合征的患者）通过这种检测大脑认知活动的工具，也许能够利用他们可用的认知能力在一定程度上将他们的想法表达出来。

（二）自由意志——一种错觉

关于自由意志这个问题，人类已经争论了数千年，产生了各种思想流派。决定论认为，万事万物按照一种可预测的方式随时间发展，我们在做的所有事情都是遵循物理规律的结果，在宇宙诞生的时刻就已决定。这个理论使自由意志成为不可能存在的东西。而自由论或相容论认为自由意志与决定论的宇宙观点在逻辑上是可以兼容的，人类确实有自由意志。我们此刻做的事情和前期发生的事情有因果关系，但我们不完全是生物化学、物理规律的傀儡，我们仍然具有不可预测性，具有无限发展的可能。

关于人类自由意志是否存在的问题，科学家们试图用科学的方法进行佐证。在 1985 年，心理学家里贝特教授（B. Libet）进行了一项自由意志的测试。在被试面前的屏幕上，有一个时钟表盘，表盘中有一个红点绕着表盘进行圆周运动，每 2.56s 运动一圈。被试目视表盘，脑部连接感受器记录脑电波，手指连接感应器，当被试的手指活动时，红点运动停止。被试自主决定何时让红点终止运动，并记下决定动手指时的红点位置。此时有三个时间点，通常认为时间顺序是：①被试者想要按自己的意志动手指的时刻；②脑部发出运动指令信号的时刻；③实际上手指动了的时刻。

令人意外的是，里贝特实验发现，在被试者想要动手指时刻之前的 0.35s 左右，会提前出现脑活动，即“准备电位（readiness potential）”。真实的时间顺序是：②脑部发出运动指令信号的时刻；①被试者想要按自己的意志动手指的时刻；③实际上手指动了的时刻。这一实验表明，大脑甚至在受试者意识到之前就已经无意识地做出了移动的决定！

2008 年海恩斯（J.D. Haynes）教授等采用功能磁共振成像（fMRI）重复出了这一结论。被试者执行自由节奏的运动决策任务，同时对其进行 fMRI。被试者注视屏幕中央不停变动显示的字母，当他们做出决定时，会在左右手的食指操作的两个按钮中自由选择一个，然后立即按下。同时记下当他们有意识地做出运动决定时屏幕显示的字母。在受试者按下他们自由选择的按钮后，会出现一个带有 4 个字母选项的“反应映射”屏幕。受试者通过第二次按下按钮选择相应的字母来表明他们何时做出了运动决定。海恩斯教授发现，来自大脑额极皮层 BA10 区域的 fMRI 信号在被试者做出运动决定前 7s 就出现了（图 17.4）。考虑到 fMRI 成像中血氧动力学反应的滞后性，他们预测此处的神经冲动在有意识地运动决策之前 10s 就产生了。

海恩斯教授认为，认知延迟可能是由于高级控制区域的网络运行造成的，在进入意识知觉状态前，这些区域就得把即将做出的决策预备好。从根本上说，大脑首先开始无意识运转以酝酿出一个决策，一旦全套条件成熟，意识就参与进来，然后才产生运动。随后，2011 年，海恩斯教授团队的斯特凡·博德（Stefan Bode）进行了更精细的 fMRI 实验。实验进一步证明海恩斯的结论。

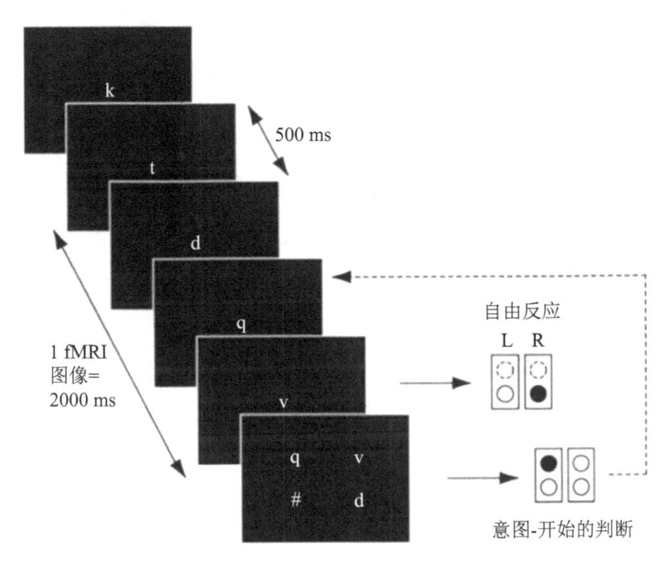

图 17.4 海恩斯实验示意图

引自 Soon，2008

而心理学家也通过心理学实验方法证明自由意志是一种错觉。1999 年，哈佛大学心理学教授韦格纳（D. M. Wegner）让真被试者与假被者戴着耳机相对而坐，目视屏幕（图 17.5）。两人中间摆放正方形板子，板子上放着电脑鼠标。两人分别通过指尖接触离自己最近的一端，一起缓慢操纵鼠标移动，使得屏幕上的光标移动。两人被告知耳机中会分别播放不一样的无指令意义的单词（如天鹅），随后播放 10s 的音乐，他们要在音乐停下前停止鼠标动作。而实际上假被试者的耳机里没有音乐，是指示假被试将光标移动到单词指示的图片位置（天鹅图片）上。当真被试者停下时，指针就只由假被者试控制着达到目标物，真被试者在这个阶段就有可能体会到虚假的控制感。被试者预期屏幕上的指针会移动到指定位置，尽管自己并没有操纵，仍然会因为与预期一致而产生自由意志的错觉。韦格纳根据自己的实验提出了一个行为产生的理论模型：行为产生的根本原因在意识之外，而自由意志体验其实并不是建立在行为产生的真实原因之上，因此是一种错觉。

也有一些持反对意见的人认为，自由意志实验解读数据的方式并不合理，而且实验过程过于草率，比如运用意志的脑区可能是更高级的脑区。此外，行动与运动两者时间的间隔太短，并且对时机的关注可能会导致数据失真。比如，实验对象可能受到了“选择预测”信号的影响。而且，自由意志的争论焦点是：自由论与宿命论。神经科学家们的实验结果也许可以解答行为的可预测性，却没办法解决宿命论的问题。这些问题需要哲学与科学的合作，用更精致的实验达到概念上的统一。目前，相对统一的三个结论是：①自由意志是错觉；②人对自由意志与决定论的关系的认识是存在边界条件的；③不相信自由意志的错觉是更好的。

图 17.5　韦格纳实验示意图

引自 Wegner，1999

主要参考文献

李先春, 2018. 超扫描技术与社会认知[M]. 上海: 华东师范大学出版社.

沈政, 方方, 杨炯炯, 等, 2010. 认知神经科学导论[M]. 北京: 北京大学出版社.

魏景汉, 阎克乐, 等, 2008. 认知神经科学基础[M]. 北京: 人民教育出版社.

武秀波, 苗霖, 吴丽娟, 等, 2007. 认知科学概论[M]. 北京: 科学出版社.

张淑华, 朱启文, 杜庆东, 等, 2007. 认知科学基础[M]. 北京: 科学出版社.

Bode S, He A H, Soon C S, et al., 2011. Tracking the unconscious generation of free decisions using ultra-high field fMRI[J]. PLoS One, 6(6): e21612.

Libet B, 1993. Unconscious cerebral initiative and the role of conscious will in voluntary action[M]// Neurophysiology of Consciousness. Boston: Birkhäuser.

Owen A M, Coleman M R, Boly M, et al., 2006. Detecting awareness in the vegetative state[J]. Science, 313(5792): 1402.

Soon C S, Brass M, Heinze H J, et al., 2008. Unconscious determinants of free decisions in the human brain[J]. Nature Neuroscience, 11(5): 543-545.

Squire L R, 2009. The legacy of patient H.M. for neuroscience[J]. Neuron, 61(1): 6-9.

Wegner D M, Wheatley T, 1999. Apparent mental causation: sources of the experience of will[J]. The American Psychologist, 54(7): 480-492.

第十八讲　受损神经的再生之谜

胡　兵 教授，神经生物学专家，中国科学院引进专家。

损伤的神经可以再生修复吗？高等哺乳类神经可以再生吗？哺乳类神经系统中枢神经可以再生吗？这些问题至今尚未完全回答清晰。*Science* 在创刊 125 年时发布过 125 个世界前沿科学难题，其中医学与健康领域中 11 个问题之一就有“人类的组织器官能否完全再生？”。因此，本讲通过几个有趣的科学实验来探讨神经系统可否再生的问题。

一、从壁虎断尾到神经再生

在动物为了逃避捕食者而进化出的许多逃生策略中，主动脱落自体组织是一个有趣又神奇的方式——动物主动切断身体部位，只是为了躲避攻击者的追捕。科学家们认为，动物脱落身体部位的难易程度取决于将该部位与其身体连接起来的关节的解剖结构。可是，动物是如何确保这个结构在正常活动期间不会自行解离，又是如何确保当它努力摆脱捕食者的控制时，还能很容易快速地脱离的呢？2022 年 2 月发表在 *Science* 上的一项科学研究表明，对于在受到威胁时主动截断自身尾巴的蜥蜴，其尾巴的分层微观结构在这种平衡中起着重要作用。

蜥蜴的尾巴由明显隔开的不同层组成，层间裂缝是薄弱区域（图 18.1）。这些层并不光滑，它们由更加微小的结构组成，尺寸从数百微米到数十纳米不等。整体而言，尾巴由楔形组织组成，其近端和远端部分形成“插头和插座”类型的排列。放大到更小尺度后，可以看到组织表面包含蘑菇形状的柱状结构。进一步放大，“蘑菇头”上有纳米孔样的结构，在某些情况下，还有珠状的结构。科学家们利用扫描电子显微镜技术发现，构成尾巴切割表面的蘑菇头样结构不会与动物的主体通过机械连接或共价结合，而是通过黏附力形成物理键而结合的。

自体切除是生物体为了逃避捕食者的捕获进化出的一种策略。然而，它与其他生存技能之间有着明显的差异，其他的技能要么在伪装原则上起作用，要么在先发制人的打击策略上起作用。例如，喷洒热的有毒化学物质或渗出难闻的气味等。其中，使用这种方式进行自保的生物并不在少数，一些植物物种也会使用自体切除的方式来生存。例如，酢浆草（*Oxalis corniculata*）使用自体切除的方式以保护自己在被食草动物拉动时，不会被完全连根拔起。酢浆草的叶子与茎根部的缺口充当薄弱环节，确保只有叶子被撕掉，从而拯救整个植株。

大自然最为神奇的地方在于，即使将大块组织切除掉，生物体也能再重新从断面处生长出新的组织。这不禁引起我们的遐想，这样的技术方法是否可以应用于其他组织器官，甚至是其他生物呢？

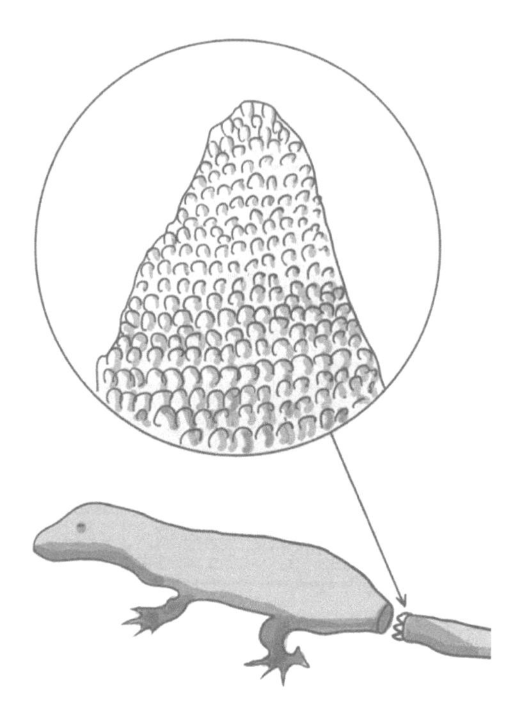

图 18.1　蜥蜴的尾巴断面

在这里，我们关注到了神经系统的再生领域。神经元的发育和再生是神经科学令人关注的研究领域。19 世纪末至 20 世纪初，科学家们发现低等脊椎动物如鱼类和两栖类的中枢神经系统（central nervous system，CNS）和周围神经系统（peripheral nervous system，PNS）损伤后都能再生。然而在哺乳动物中，只有周围神经系统损伤后可以再生，而在中枢神经系统则不能。

二、神经系统的再生研究

（一）传统观点认为神经不可再生

早在 20 世纪初期，现代神经生物学的创始人之一，西班牙神经学家圣地亚哥 · 拉蒙 · 卡哈尔（Santiago Ramón y Cajal）就提出了神经不可再生的概念。Cajal 写道："成年人的中枢神经系统是固定的，终末的，不可改变的。万物皆会走向衰亡。" 由此，神经不可再生的思想主导了一个多世纪的神经科学。但他同时也指出："如果可能的话，未来科学的关键是改变这一看法。" 科学的发展随着研究的深入，一切原有的概念都有可能发生改变。

（二）神经营养因子的发现

20 世纪 60 年代，神经营养因子（neurotrophin，NT）的发现为神经再生研究提供了新的希望。人类发现的第一个神经营养因子——神经生长因子（nerve growth factor，NGF）

是由意大利神经科学家丽塔·列维-蒙塔尔奇尼（Rita Levi-Montalcini）和美国生物化学家斯坦利·科恩（Stanley Cohen）于 1956 年分离成功的，为此，他们于 1986 年共同获得了诺贝尔生理学或医学奖。

神经营养因子是一类由神经以及所支配的组织和星形胶质细胞产生的，且为神经元生长与存活所必需的蛋白质分子。神经营养因子通常在神经末梢以受体介导方式入胞而进入神经末梢，再经逆向轴浆运输抵达胞体，促进胞体合成有关的蛋白质，从而发挥其支持神经元生长、发育和功能完整性的作用。近年来，也发现有些神经营养因子由神经元产生，经顺向轴浆运输到达神经末梢，对突触后神经元的形态和功能完整性起支持作用。神经营养因子家族的成员包括神经生长因子（NGF），脑源性生长因子（BDNF），神经营养因子-3（NT-3），神经营养因子-4（NT-4）等。

NGF 的发现揭示了神经生长的必要条件，为神经科学开拓出崭新的领域。由小鼠颌下腺提取的 NGF 是一种分子量为 140kDa，在机体组织器官（包括脑）分布广泛的蛋白质。其生物效应是维持和促进发育中的交感神经细胞及来自神经嵴的感觉神经细胞的存活、分化、成熟以及执行其功能。科学家们发现，给新生动物注入抗 NGF 的抗体将使交感神经系统产生永久性的损伤，其损害程度与动物的年龄成反比。相应的，将 NGF 注入新生大鼠隔区、海马和新皮质，这些脑区胆碱能神经元的 cAMP 活性明显升高，胆碱乙酰酶活性增高 2 倍，表明 NGF 对脑细胞的正常发育和功能维持有明显作用。除此以外，NGF 对轴突生长方向也具有决定性的诱导作用。连续 7～10 天给新生大鼠脑内注入 NGF，交感神经细胞的神经纤维将通过背根神经节进入脊髓，并向注入 NGF 的脑干方向生长。此外，NGF 具有调节神经元前体细胞增殖和分化的作用。

睫状神经营养因子（CNTF）是一种分子量为 20～24kDa 的酸性蛋白质，因能促进体外培养的鸡胚副交感睫状节神经原存活而命名。许多研究表明，CNTF 能支持多种类型神经元存活（如副交感神经元、交感节前神经元、交感节后神经元、感觉神经元、脊髓运动神经元等），抑制鸡胚交感神经元的增殖，并促使其向胆碱能分化。在病理条件下，CNTF 对保护神经元，使其免于在轴突切断后变性坏死的生理过程中起到很大作用。

脑源性神经营养因子（BDNF）是由猪脑提取液中获得的一种神经营养因子，是分子量为 12kDa 左右的碱性蛋白。其氨基酸序列的 55%～60%与 NGF、NT-3 同源。它不但对多种神经元的发育分化和生长再生具有维持及促进作用，也能挽救脊髓运动神经元和感觉神经元的损伤。科学家们发现，将胚胎脊髓植入成年鼠脊髓后可以挽救成年鼠脊髓损伤，且 BDNF 的含量在移植受体小鼠部位显著升高。随着损伤神经再生持续的时间延长，正常情况下再生非常有限的脊髓神经纤维会向移植方向迅速延伸，提示可能是 BDNF 为这些损伤神经元提供了营养。此前，国外已开始尝试使用脑内注射 BDNF 治疗某些神经系统疾病（如帕金森病、肌萎缩侧索硬化症等），但由于大规模生产和用药途径等问题未得到解决，目前还不能真正应用于临床。

此外，分子量为 13.6kDa 的神经营养因子-3（NT-3）也是一种重要的神经营养因子家族蛋白，研究表明其对鸡背根节、三叉神经节部分神经元和交感神经节的生长起作用。视网膜神经节细胞诱向因子（RGNTF）具有支持和促进视网膜神经节细胞存活和生长的作用，同时对其轴突有明显的诱导作用。研究中还发现，RGNTF 能使培养的新生大鼠视网神经节细胞存活时间延长 12 倍，RGNTF 单克隆抗体对视网膜神经节细胞生长活性的抑制率达到 70%，进一步研究表明，出生后 RGNTF 主要由上丘的神经细胞合成，并随年龄的增长而减少。

过去的研究表明，神经营养因子有两种不同的膜蛋白受体，分别为 p75NTR 受体和酪氨酸激酶受体 Trk。神经营养因子通过与这两种受体的胞外区相互作用，将有关神经细胞存活和凋亡的信号传递到细胞内部，从而调控细胞的发育与凋亡。科学家们认为，神经营养因子及其受体可能是打开神经再生之门及治疗神经损伤等疾病的潜在药物标靶。

（三）神经生长抑制因子的发现

神经生长抑制因子的发现为中枢神经系统的再生难题提出了新的解释。周围神经系统髓鞘中的施万细胞（Schwann cell）能产生神经营养因子，促进轴突生长，而中枢神经系统髓鞘中的少突胶质细胞（oligodendrocyte）则会产生神经生长抑制因子，不利于中枢神经系统轴突的再生。如果一个神经细胞在轴突损伤后能存活下来，必须通过某些机制使轴突延长并与相应的靶器官重建联系，中枢神经系统的轴突通常缺乏这种能力。以往的概念认为是缺乏再生的神经营养因子所致，但新的观点认为，中枢神经系统中存在神经生长抑制因子，该方面的发展也为研究中枢神经再生开辟了新途径。

现在普遍认为，在 CNS 的神经生长、再生时，引导轴突向靶器官生长延伸过程中存在 4 种信号类型：由神经细胞表面分子所产生的超短距离作用的排斥因子和吸引因子；可扩散的超长距离作用的化学排斥因子和化学吸引因子。上述吸引因子和排斥因子对于引导轴突延伸起着同等重要的作用。

有科学家认为，分子的短距离作用是通过轴突对细胞的黏附和接触而发生作用的。Tessier-Lavigne 研究组在 1994 年发现的 netrin-1 是几十年来发现的第一个起化学吸引作用的因子，这是神经靶细胞释放的吸引相应轴突的一种蛋白。紧接着，Raper 研究组和 Tessier-Lavigne 研究组分别发现了化学排斥因子 Collapsin-1/SemaphorinIII，两者结构相似，作用相同，可特异性引起轴突冠萎缩，并抑制轴突延伸，因此起到了抑制轴突生长延伸的作用和排斥性引导作用。所谓排斥性引导是指对不同的神经元作用不同，其抑制性作用有特异性，能特异性阻断某种神经元轴突的生长，而对其他某些神经元轴突的生长无抑制作用。结果表现为一些特定的神经元的轴突生长受到抑制和排斥作用，而另一些未受抑制和排斥作用的神经元的轴突可按一定方面生长，从而起了排斥性引导作用。Collapsin-1 来源于鸡的脑组织，是一种分子量为 100kDa 左右的分泌型糖蛋白，经静电作用与细胞膜结合，具有高度活性。体外试验在浓度为 10pmol/L 时就可引起背根神经节（DRG）的生长冠萎缩。其主要分布在脊髓腹侧。Collapsin-1 存在于各种动物中，鸡与人的 Collapsin-1 有 90%的氨基酸序列相同，提示我们这一蛋白在不同物种中具有相同功能。现已发现有多种来源于鸡的 Collapsin 分子，这些同家族蛋白相互间在结构上约有 50%氨基酸序列相同，其抑制作用有特异性，Collapsin-1 作用于 DRG，而 Collapsin-3 作用于交感神经节，其他 Collapsin 分子的作用尚不明确。

Collapsin 的受体 Neuropilin 由 Tessier-Lavigne 研究组和 Ginty 研究组在 1997 年报道发现。Neuropilin 是一种膜转运蛋白，存在于包括 DRG 神经元和脊髓运动神经在内的多种神经元上。关于神经生长抑制因子及其受体作用、分布，新因子的发现及作用的研究仍在研究中。至于多种抑制因子之间、抑制因子与营养因子有无相互作用及作用方式，抑制因子的基因调控及其临床应用前景、中枢神经系统损伤后能否重建神经发育的内环境等，以上问题的探讨将是未来非常有意义的工作。

最近的一项研究表明：在提供一定的外界环境条件下，哺乳动物中枢神经系统神经纤维在损伤后可以再生。有学者将外周神经移植到中枢神经损伤区，观察到中枢神经的再生纤维可在外周神经移植物中延伸相当长的距离。但若预先破坏移植的外周神经的施万细胞，损伤的轴突则不能长入外周神经移植物中，提示施万细胞分泌对中枢神经系统再生有促进作用的神经营养因子。再生纤维进入中枢神经系统靶区后生长再次受阻，往往不超过 1mm。以前学者多主张施用神经营养因子以促进其生长，将来也可以施用生长抑制因子的抗体来阻断抑制因子的作用，促进中枢神经系统再生。总之，近年的研究已预示中枢神经系统再生不再是不可能的。这方面的研究已成为新的热点，相信中枢神经损伤后的再生治疗将为期不远。

三、模式动物——斑马鱼

虽然与包括大鼠或小鼠在内的经典生物实验室研究物种相比，斑马鱼是一个相对较新的物种，但近年来，斑马鱼在生物学各个学科中的应用迅速普及，在行为学、神经科学和遗传学等研究领域已经占有相当重要的位置。

根据 ISI Web of Science 中的记录，第一篇斑马鱼研究论文于 1954 年发表。PubMed 数据库中记录的第一项利用斑马鱼来研究生物医学问题于 1957 年发表，但接下来的 30 年中，使用斑马鱼的研究工作仍然很少。直到 20 世纪 90 年代初，与斑马鱼相关的研究开始迅速增多，到 2016 年，每年至少有 3000 篇以斑马鱼为主体进行研究的论文发表。值得注意的是，尽管仍然比关于小鼠或大鼠的数量论文少几个数量级，但斑马鱼相关出版物数量的增加显著超过了后两个物种。这不禁引发我们思考，是什么让科学家们开始热衷于斑马鱼研究呢？

斑马鱼（图 18.2）是一种脊椎动物，其基因的核苷酸序列与人类同源基因相似，通常达到或超过 70%的同源性。这种高度的遗传保守性表明，当发现基因在斑马鱼中具有特定功能时，相似的基因将在人类中行使相同的功能。与小鼠或大鼠等实验室哺乳动物相比，使用斑马鱼进行基因操作更经济省时。例如，一些研究利用斑马鱼幼体进行行为学研究，仅在受精后 5～10 天时幼鱼就可以自主游泳，这些体长仅约 1mm 的斑马鱼已表现出相当复杂的行为表型，并对所有可能形式的各种刺激做出反应。由于幼鱼的尺寸极小，研究人员可以使用 96 孔板量化行为反应。

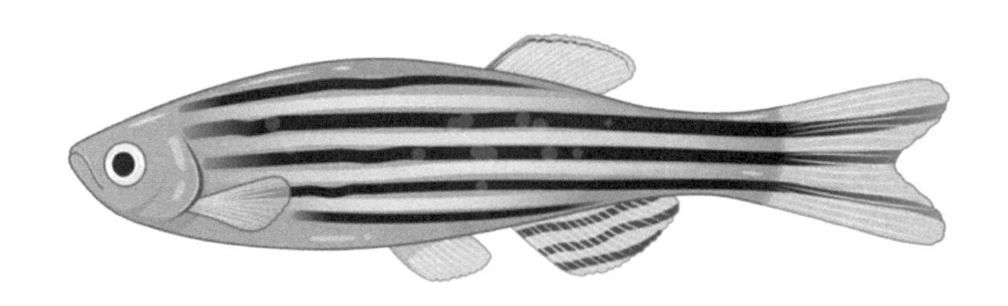

图 18.2　斑马鱼

市面上已经开发了许多斑马鱼运动分析和刺激系统，这些系统利用 96 孔板进行检测，可以快速测量大量鱼类。大多数行为学实验长度不超过 10min，因此只需使用单个 96 孔板系统，一次实验就可以获得 4600 多条鱼的详细视频，用于运动跟踪和数据分析。这种通量比啮齿动物行为筛查研究整整提升了两个数量级。成年斑马鱼比幼体斑马鱼需要更多的空间，但通常即使是成年鱼也比啮齿动物的实验周期短。用于成年斑马鱼的行为学实验体系已经非常成型，科学家们可以在一天之内对数百条成年斑马鱼进行实验检测。此外，从动物伦理角度来看，斑马鱼比小鼠更加符合“减少”及“优化”两项原则，因为与哺乳动物实验室物种相比，它是一种更低等的动物。但斑马鱼又是一种脊椎动物，因此比果蝇或线虫（它们是遗传学和神经科学中最常用的两种非脊椎动物模式生物）更复杂，在进化上更接近人类。总之，斑马鱼已经成为在生物系统复杂性和实际操作简单性之间的最佳折中选项，也已成为正向和反向遗传研究的经典工具之一，这类研究侧重于与发育生物学相关的表型研究上。最近几年，斑马鱼还被越来越多其他研究领域使用，行为神经科学和药理学就是新的应用范例。

斑马鱼作为一种优秀的实验模型，不仅在遗传学层面上与人类较为相似，在其生物组织的许多层面上也具备进化保守的特征。例如，它有一个典型的脊椎动物大脑，与其他脊椎动物物种大脑的基本神经解剖学布局类似，其神经递质系统也与哺乳动物相似。因此，斑马鱼经常用于药物开发实验，因为这些药物通常可以在斑马鱼中通过与哺乳动物相似的受体和生化机制起作用。由于以上这些原因，斑马鱼成为一种优秀的实验室工具，它不仅可以筛选突变，还可以筛选药物和化合物。许多公司和科研实验室在药物研究中开发了大量的化合物，对高效筛选工具的需求是显而易见的。

除了以上的原因，人类脑部疾病发病数量迅速上升带来的药物开发需求，进一步解释了斑马鱼备受青睐的原因。大脑可能是人体最复杂的器官，其功能发生障碍的机制还没有被研究透彻。大脑也是生物学研究的最前沿器官之一，脑部疾病的诊疗需求代表着大量未满足的医疗需求。为了解决这些问题并缓解这种需求，科学家们需要有能够支撑起转化研究的动物模型，用于探索广泛的人脑疾病和与此类疾病有关的神经生物学机制。斑马鱼不仅是此类研究中唯一的工具，且很可能是最有效和最便宜的方法之一。成体斑马鱼体长仅约 4cm，可以经济高效地进行大量饲养，单个成年雌性斑马鱼每周能够产卵 2～3 次，每次可产出 200～300 个卵。斑马鱼非常便于基因编辑和表型检测，这不仅意味着一次实验可以在许多样本中进行可重复测量，还可以进行长期行为表型的观察，从而可以识别短期观察中可能遗漏的表型。尽管斑马鱼和哺乳动物物种之间有许多相似之处，但鉴于斑马鱼在进化上更为古老，其大脑远不如哺乳动物大脑复杂，这一特征从另一个角度理解，也可以认为是更能使研究人员发现一个疾病中更基本、更核心，因此也可能是更重要的机制。不过，使用斑马鱼进行神经活性或其他改变大脑功能的化合物实验研究时也会受到一些因素的阻碍。首先，斑马鱼实验通常无法适用于哺乳动物的一些行为学筛选方法；其次，斑马鱼是精神药理学中相对较新的物种，可参考的信息不多。此外，化合物的药物吸收、分布、代谢和排泄（ADME）在幼虫或成年斑马鱼中的差别，通常与哺乳动物相差较大。

对于许多复杂多基因疾病建模所涉及的实验研究而言，斑马鱼模型也是一种非常有竞争力的模型，特别是对于需要经济高效地制备筛选药物的动物模型，或者需要制备表型复杂的遗传模型。其中最为吸引研究者的一个特征是斑马鱼在其幼虫阶段是光学透明的，并且幼鱼在母体外部发育，这就允许研究者可以直接观察到斑马鱼在早期发育过程中发生的变化。斑马鱼的大脑发育迅速，幼鱼在受精后 28h 就从单个受精卵转变为具有完全成型体轴的胚胎，并且该胚胎具有独特的脊椎动物形态和解剖学细分的胚胎脑。在受精后五天，斑马鱼的主要神经递质和肽神经元亚型发育完成，幼鱼已经能够进行复杂的行为运动。由于幼鱼脑足够小，可以进行全组织抗体染色和成像，全面可视化观察主要轴突束的形成，并观察中枢神经系统的发育过程。许多细胞的分化、迁移和形态学特征可以很容易通过斑马鱼这种模型来进行体内追踪，科学家们只需要在感兴趣的细胞中表达荧光蛋白（如绿色荧光蛋白，GFP）即可进行追踪。

现在的实验研究中，科学家们已经开发出许多斑马鱼转基因品系，方便实验人员追踪各种脑科学疾病相关的神经元，例如，抑制性 GABA 能中间神经元或表达神经肽催产素的神经元，这种神经元被认为可以调节许多物种的社交行为。在这些斑马鱼模型中，实验人员可以在几天内对完整动物进行延时摄影拍摄，以可视化神经元的分化和迁移，轴突和树突的投射，以及突触的形成和破坏，乃至观察所有与疾病相关的功能障碍。此外，科研人员还可以操纵神经元以探究某种神经元功能，例如，使用遗传编码的钙指示剂可视化神经元活动，用细胞特异性毒素或激光消融神经元，或者用小分子（即化学遗传学）或光（即光遗传学）激活或抑制神经元。全脑活动的观察也可以直接使用基因与 c-fos 进行原位杂交以标记神经元活动，或使用磷酸化 ERK 的抗体染色来检测神经元。总之，这些用于探究神经发育和功能的工具模型，将能够帮助科研人员在体内模拟各种脑科学疾病风险基因突变时发生的变化。

斑马鱼模型另一个吸引人的特点是其在早期发育时出现的丰富行为。在受精 24h 后，幼虫已经能够进行简单的行为，如响应触摸而卷曲。受精后三天的幼鱼视网膜可以对视觉刺激做出反应。到第五天时，幼虫可以自由游泳并表现出复杂的行为，幼鱼的多种感官可以感知内部和外部刺激，可以进行如狩猎、运动学习和睡眠等活动。许多与孤独症谱系障碍（autism spectrum disorder，ASD）相关的主要疾病现象，包括睡眠觉醒障碍、癫痫发作和胃肠道症状，都可以在早期幼虫阶段进行研究。通过使用高速相机，对幼虫自发和视觉诱发的运动反应进行详细运动学分析，可以检测肌肉协调，回合间隔，游泳速度和其他变化。对斑马鱼感觉敏感性的测试，可以通过检查感觉运动门控和对声学或视觉刺激的惊吓反应的习惯性来测量。对斑马鱼几天内的长期行为跟踪可以研究脊椎动物 24h 昼夜周期中睡眠模式的变化。科学家们可以使用行为和电生理学实验在斑马鱼上观察自发性和药物诱导的癫痫发作（例如，通过将幼虫暴露于 GABA 受体拮抗剂 Pentylenetrazol，简称 PTZ）。斑马鱼也可以用于研究非行为扰动：例如，通过喂养幼虫荧光材料和测量运输时间，可以在斑马鱼中检测肠道功能。重要的是，科研人员可以在一次实验中同时测量数百个甚至数千个幼虫，可以通过将小分子直接添加于幼虫水中来进行药物筛选。

斑马鱼同时也是高度社会化的动物，在三周大时，斑马鱼在简单的 T 迷宫中表现出对同种的明显偏好。浅滩行为（群体形成）在受精后 15 天的幼鱼身上发生，此外，这些幼鱼还可以进行复杂的社会互动。

用斑马鱼进行脑科学研究也仍然存在一定障碍，最大的原因是目前人们尚不清楚控制斑马鱼社会行为的神经环路和神经生物学机制在多大程度上和哺乳动物（包括人类）是相似的。然而，我们有理由相信使用斑马鱼进行脑科学研究将是一个潜力无穷的研究途径。

四、毛特纳神经细胞

毛特纳细胞（Mauthner cell，M-cell）是一种存在于硬骨鱼延脑左右的一对大型的神经细胞，它是由维也纳眼科医生毛特纳（L. Mauthner）所发现的。这种细胞呈弓形，从占据中央部的细胞体向侧面或腹面伸出两根粗的树突（图 18.3）。从毛特纳细胞体发出的轴突是有髓的，直径达 50μm，交叉后沿脊髓下行至尾端，伸出许多侧枝，与运动神经元的轴突相连接。

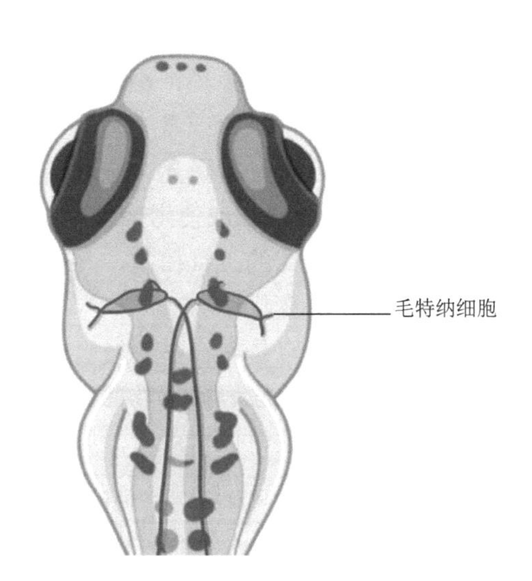

扫码查看彩图

图 18.3　毛特纳细胞（蓝色）

一般认为，毛特纳细胞与硬骨鱼的惊愕反射有关。在毛特纳细胞的表面除了能看到棒状末端或小头状末端等的突触末端外，还能看到包围着轴突起始部，并称为轴突帽的球形结构，其内部分布着螺旋纤维等许多神经纤维。其中，小头状末端与兴奋性及抑制性的化学传导有关。有趣的是棒状末端和轴突帽，前者构成兴奋性的电传导突触，后者构成抑制性的电传导突触，另外，在脊髓的水平上，位于两侧的毛特纳细胞间，有相互抑制作用。例如，如果使两侧的毛特纳细胞同时活动，鱼尾则完全不运动，如果一侧稍先行活动，只在该侧的鱼尾出现运动，而在晚活动的一侧却不出现肌肉收缩。

逃逸行为对物种生存至关重要，大多数脊椎动物，包括哺乳动物，都有高度发达的神经网络来检测接近的捕食者，决定何时开始逃生和遵循轨迹。惊吓反应是对潜在威胁伤害的保护功能以及逃跑或战斗反应的准备阶段，在哺乳动物中惊吓本身并不一定意味着逃跑，然而在许多硬骨鱼中，惊吓是具有明确功能的真正逃逸行为的一部分——意味着中断所有正在进行的其他行为并进行运动准备，从而导致对威胁的逃生反应。这种逃逸的连锁反应始于躯干肌肉的快速和大规模的单侧收缩，导致鱼呈现“C”形（第一阶段），然后迅速向相反方向运动，在这一过程中尾巴用力，推动动物远离潜在危险（第二阶段）。

逃逸反射的第一阶段由一对大型脑干神经元毛特纳细胞启动，毛特纳细胞是典型的整合发放（integrate-and-fire，LIF）神经元，其从声侧、前庭、视觉和躯体感觉系统接收大量感觉输入。两个毛特纳细胞之一中的单一动作电位（action potential，AP）足以激活对侧躯干肌肉上的运动网络，同时抑制同侧的运动网络。如果在斑马鱼中敲除毛特纳细胞则会逃逸第一阶段的延迟发生。

第二阶段决定了最终的逃生轨迹，鱼类的逃生方向受刺激来源和环境障碍物的影响。这种灵活性取决于网状脊髓神经元的激活，例如，与毛特纳细胞结合的毛特纳细胞同源细胞，以上这些统称为脑干逃逸网络（BEN）。事实上，毛特纳细胞的同源细胞与毛特纳细胞彼此连接并接收听觉输入，尽管它们的激活阈值和投射模式与毛特纳细胞不同。总之，毛特纳细胞的活性决定了逃逸反射的可能性、潜伏期和初始转向方向，脑干逃逸网络中的其他神经元为行为的表达增加了逃逸反射的可塑性。

毛特纳细胞有两个形态简单的主要树突，一个腹向和一个侧向，从胞体发出的轴突是有髓的，直径达 50μm。由于其大小、形态学和电生理特征（异常大的细胞外场电位），科学家们可以很方便地利用鱼体内的毛特纳细胞胞体及轴突进行研究。毛特纳细胞的兴奋性感觉输入来自包括听觉的传入输入，前庭、视觉、躯体感觉等系统，其中与生理刺激触发惊吓反应相关的两种感觉系统，是强烈或逐渐增加的视觉或听觉刺激。LED 闪光灯可以导致斑马鱼转变由原本的声音刺激引发的逃生方向，这样的研究体现了毛特纳细胞在感官处理中的复杂功能。

目前，我们可以实现在位活体单个毛特纳神经元的电转染、基因操作、标记、成像。从而可以实时观察单个神经元的损伤后再生过程。

五、如何重建神经网络

急性机体损伤和神经退行性疾病往往会给中枢神经系统带来不可逆转的损伤甚至导致功能丧失。在哺乳动物中，这种功能丧失的原因是成年的中枢神经系统神经元无法再生。近年来，科学家们在发现导致再生失败的分子和细胞机制方面取得了显著的进步，然而在促进神经再生方面，目前尚不能恢复神经通路至接近正常的水平。

（一）中枢神经系统和周围神经系统再生潜力的区别

关于再生，我们前面已经提到有些爬行动物和两栖动物有惊人的再生潜力，比如蜥蜴和蝾螈能够再生切除的肢体或者尾巴，并且完全恢复正常的运动功能。在哺乳动物中，周围神经系统（peripheral nervous system，PNS）的神经元虽然没有像爬行动物和两栖动物那么强的再生能力，但是也具有一定程度的再生潜力。以往的研究指出，即使在成年哺乳动物中，脊髓神经元支配肌肉的外周神经在受到损伤后可以再生并且重新与肌肉产生连接。然而，中枢神经系统的神经元则没有这种再生能力。它们之间有什么区别？

一个重要的区别是在哺乳动物中，周围神经系统和中枢神经系统对损伤的反应大不相同。在周围神经系统发生损伤后，外周髓鞘的施万细胞会积极清除损伤产生的破损组织和碎片。此外，周围神经系统神经元损伤后激发的重编程也会帮助神经元的再生。在周围神经系统神经元中，mTOR 和 STAT3 等信号通路的激活均能促进外周神经的再生。

中枢神经系统神经元的再生受到内在和外在因素的影响，包括受到转录调控和促生长信号通路等细胞内在因素的影响，以及受损轴突在环境中遇到的分子和细胞等外在因素的影响。

（二）中枢神经系统再生的内在因素

受损伤的中枢神经系统神经元再生的第一步是生成一个生长锥。再生神经元的生长锥像一个手掌，指头一样的突起是丝足，后者对生长锥感知周围环境，并且向目标迁移至关重要。

在中枢神经系统中，如果将背根神经节（dorsal root ganglia，DRG）细胞投射向中枢神经系统的分支切断，大约三分之一受损的轴突会在两天内生成生长锥并开始再生。这代表着中枢神经系统轴突的最初再生反应（虽然它的持续时间不长）。而大部分中枢神经系统轴突在遇到环境中的蛋白聚糖后，形成了收缩球结构，这一结构不会继续生长。研究显示，生长锥中微管结构的不稳定和紊乱会导致生长锥变成收缩球，而使用一款 FDA 批准的药物 epothilone B 能够逆转这一效果，特异性敲除名为 RhoA 的 GTP 酶也能起到同样的作用。

成熟中枢神经系统神经元会下调在发育过程中的多个转录程序，因而限制了它们的再生潜力。比如，调节 mTOR 的信号通路在新生中枢神经系统神经元中增强细胞的生存、生长、代谢和蛋白质合成。然而在成年中枢神经系统神经元中，mTOR 的负面调节因子

PTEN 的活性显著降低了 mTOR 信号水平。已有实验显示，调节 mTOR 信号通路是一种促进轴突生长和细胞生存的有力方式，在视觉和脊髓中枢神经系统损伤模型中都获得了可喜的结果。除了 mTOR 信号通路之外，调节 Sox11、KLF 等转录因子的活性也可以激活促进生长的内在因素。

（三）调节中枢神经系统再生的外在因素

调节中枢神经系统再生的主要外在因素来自受损轴突的髓鞘碎片，以及由星状细胞、成纤维细胞、小胶质细胞、源于血液循环的免疫细胞和细胞外基质在损伤处生成的胶质瘢痕。中枢神经系统与周围神经系统的重要不同之处在于中枢神经的髓鞘是由少突胶质细胞生成的。少突胶质细胞在神经受损之后并不会像周围神经系统的施万细胞一样吞噬并清除髓鞘碎片。在中枢神经系统中，小胶质细胞吞噬髓鞘碎片的能力也不如巨噬细胞。这导致髓鞘碎片无法从损伤处清除，给神经再生设立了障碍。

另一个被认为阻碍中枢神经系统再生的障碍，是在损伤处形成的胶质瘢痕。早期研究显示胶质瘢痕表达大量抑制神经生长的分子，包括硫酸软骨素蛋白聚糖（CSPG），信号素 3A 和肝配蛋白 B 等。然而，并不是所有在胶质瘢痕中发现的分子都对轴突生长产生抑制作用，有些糖胺聚糖支链反而能够促进轴突的生长，对胶质瘢痕中细胞的转录组研究发现，多种分子促进神经再生。这些研究综合起来显示，胶质瘢痕并不是一个完全抑制性环境，而是由允许神经再生的信号和抑制神经再生的信号构成的复杂环境，再生的轴突必须穿越这个复杂环境才能够达到目的地。

（四）促进中枢神经系统再生的策略

一些研究表明，在脊髓损伤之后调节内在和外在因素可以促进轴突再生。比如，增强哺乳动物雷帕霉素靶蛋白（mTOR）活性和神经元的电活动可以促进轴突再生并且穿越受伤部位。通过神经干细胞移植或者过度表达 Oct4、Sox2 和 KLF4 转录因子，可以将成熟的神经元重新编程为与发育时期类似的状态，从而促进轴突的再生和功能的恢复。

此外，从恢复功能的角度来看，另一种策略是通过生长因子或者导向分子，诱使未受到损伤的神经干生长旁支，这些旁支可以绕过受到损伤的部分，与远端的神经元产生新的突触连接，从而促进功能的恢复。大多数现实中的神经损伤会保留一部分未受伤害的神经元和轴突，因此，如何保护这些残留的神经元使其最大化并恢复功能，是目前急需解决的问题。

已有研究显示，促进轴突旁支的生长可以在脊髓损伤的动物中促进运动回路的功能恢复。这一策略的潜在缺陷是持续上调促进生长的信号可能导致丰富但不正常的旁支生长，这不见得有利于构建可以恢复功能的神经回路。

当科学家们考虑靶向不同基因，治疗人类神经系统疾病患者时，需要注意一个问题，即上调通常只在发育早期活跃的促生长信号通路，可能有致癌风险。因此，目前的很多研究可以作为模型来理解神经损伤后轴突再生和靶点支配的机制，但也需要注意将这些靶点转化为更为安全的促再生策略。比如，将无致癌效应的轴突生长刺激策略（如锌元素偶联）和退化神经清除策略两者联合，可能在获得有利临床治疗结果的同时降低不良副作用的风险。目前，科学家们已经在多种不同的动物模型中证明了轴突再生的可能性，这给在不远的未来，在人类患者中实现损伤后的中枢神经系统恢复功能带来了希望。再生医学，即利用生物学及工程学的理论方法创造丢失或功能损害的组织和器官，使其具备正常组织和器官的结构及功能。这些涉及生命科学、医学、工程学、材料学、计算机科学和人工智能等交叉科学的不断融合，将使得再生医学方兴未艾。

主要参考文献

Ghatak A, 2022. How does a lizard shed its tail?[J]. Science, 375(6582): 721-722.

Hu B B, Chen M, Huang R C, et al., 2018. In vivo imaging of Mauthner axon regeneration, remyelination and synapses re-establishment after laser axotomy in zebrafish larvae[J]. Experimental Neurology, 300: 67-73.

Marsden K C, Granato M, 2015. In vivo Ca^{2+} imaging reveals that decreased dendritic excitability drives startle habituation[J]. Cell Reports, 13(9): 1733-1740.

Varadarajan S G, Hunyara J L, Hamilton N R, et al., 2022. Central nervous system regeneration[J]. Cell, 185(1): 77-94.

第十九讲　基因编辑和疾病治疗

程临钊 教授，干细胞与再生医学领域专家，国家级人才项目特聘教授。

1985 年，第一代基因编辑技术——锌指蛋白核酸酶（ZFN）技术的成功实现标志着基因编辑技术正式问世。首代基因编辑技术的真正形成距今不到 40 年的时间，但这一领域已经衍生出了至少三代基因组编辑技术。基因编辑技术的发展在精准医疗、农业、畜牧业、国防等领域都有十分重要的作用。本讲将从基因编辑技术的理论基础、DNA 测序技术的发展、基因编辑技术的发展以及基因编辑技术的应用等四个方面为大家介绍基因编辑技术及其在精准医疗中的应用。

一、基因编辑技术的理论基础

（一）遗传学的发展

基因编辑技术的理论基础是遗传学。遗传学是一门以基因结构与功能为主线，以基因型和表型分析为核心，以遗传分析思想为导向，从群体、物种、个体、细胞和基因等多个层次揭示生物遗传变异规律的学科。遗传学与生命科学中多个学科的发展相辅相成。现代遗传学已经形成了诸如植物遗传学、动物遗传学、微生物遗传学、人类遗传学、生理遗传学、发育遗传学等多个亚学科。遗传学研究所产生的理论与新型技术，不断推动着现代医学、农业、工业、畜牧业和国防等领域的发展。

在遗传学的发展史中，有多位重要的科学家做出了巨大贡献。这些杰出的贡献共同为现代遗传学与基因编辑技术提供了扎实的理论基础。纵观遗传的发展历史可以分为如下几个时期。

1. 遗传学的启蒙时代

自 17 世纪以来，多位科学家利用实验生物学手段对生命起源以及物种形成与进化的原因进行了探索。

18 世纪的瑞典分类学家林奈（C. Linnaeus）建立了动植物的系统分类学，并创立了双名法将动、植物分为纲、目、属、种和变种 5 个阶元。系统分类学的建立为动植物育种、杂交试验提供了选择亲本的重要依据。然而受当时宗教背景的影响，林奈对神创论深信不疑，崇尚物种不变学说，使其的理论研究停滞不前。

18 世纪的德国植物育种学家克尔罗伊特（J. G. Kölreuter）被认为是世界上第一位通过杂交育种成功地培育出新植物品种的人。柯尔络特首先将两组不同烟草植株杂交，然后再将杂交种反复与其亲本进行回交，培育出新的烟草品种。尽管他在育种过程中观察到了性状的分离现象，但由于他也深信物种不变学说，对自己的实验结果深感困惑，并没有提出新的遗传学理论。

1809 年，法国学者拉马克在总结古希腊哲学家的思想之后，发表了《动物的哲学》。他在书中首次提出了用进废退的观点，推翻了物种不变论。英国博物学家达尔文在通过长达 5 年的环球旅行和生物学考察后，提出了生物通过生存斗争以及自然选择的进化论。1859 年达尔文所著的《物种起源》横空问世，达尔文这一著作，给当时笼罩在教会“神创论”乌云下的社会，撕开一道口子，引入科学的光明。达尔文认为生物在长时间内积累微小的有利变异，当发生生殖隔离后就形成一个物种，新物种能够继续发生进化变异。《物种起源》不仅否定了物种不变论的谬论，而且有力地论证了生物由简单到复杂、由低级到高级的进化论，也推翻了拉马克的用进废退观点。

2. 遗传学诞生期

1865 年，孟德尔通过对豌豆的杂交试验进行分析和总结，得出生物性状的遗传是受遗传因子的控制，并提出了遗传因子分离和自由组合的基本遗传规律，此项研究为遗传的发展奠定了坚实的基石。孟德尔的论文被认为是遗传学形成和建立的开端，因此他被公认为遗传学之父。随后，哈迪和温伯格也提出了群体中遗传因子频率的平衡法则，即哈迪-温伯格平衡。

孟德尔定律、哈迪-温伯格平衡以及杜布赞斯基的《遗传学与物种起源》是群体遗传学中的里程碑，标志着遗传学走向科学化和规范化。

3. 细胞遗传学时期

1900～1941 年间，遗传学的研究进入了细胞遗传学时期。1905 年英国的科学家贝特逊（W. Bateson）依据古希腊的“生殖”一词正式为遗传学命名，并将孟德尔最初提出的一对性状相关的遗传因子命名为等位基因。1903 年，萨顿（W. Sutton）发现了染色体行为与遗传因子行为的一致性，提出了染色体是遗传因子载体的观点。1909 年，丹麦遗传学家约翰逊（W. Johansen）提出了用基因一词代替遗传因子。1910 年左右，美国遗传学家摩尔根（Th. H. Morgan）利用果蝇杂交实验：①证明了基因是染色体的一部分；②证明了孟德尔定律，发现了伴性遗传；③测定了果蝇中基因的相对位置和距离，绘制了果蝇染色体图谱；④发现了缺失、重复、倒位和易位等染色体畸变现象。

4. 微生物遗传及生化遗传学时期

1941 年比德尔（G. Beadle）和塔特姆（E. Tatum）在《美国国家科学院院刊》（PNAS）上发表了一篇文章，该文第一次证明：基因是通过控制细胞的代谢反应而起作用的。此文一出在学术界引起了很大的反响，这篇文章第一次证明“一个基因一个代谢反应”，因为代谢反应是由酶参与的，故而引申为“一个基因一个酶”。而基因是什么呢？早期推断基因是一种是蛋白质，后来的实验证明基因是 DNA。

1928 年，雷德里克·格里菲斯（Frederick Griffith）以小鼠为实验材料研究肺炎双球菌如何引起人类大叶性肺炎。此实验利用了两株不同的肺炎双球菌菌株，一株是III-S 型

（平滑型，有毒性），另一株是Ⅱ-R 型（粗糙型，无毒性）。其中Ⅲ-S 菌株细胞壁表面具有荚膜多糖，可保护自身，抵抗宿主吞噬细胞的吞噬作用，进而导致宿主（小鼠）死亡。Ⅱ-R 菌株没有荚膜多糖，因此不能幸免于免疫系统的攻击。实验主要分成四种不同的步骤与处理方式，如表 19.1 所示。

表 19.1　肺炎双球菌转化实验结果

肺炎双球菌类型	荚膜	预期结果
Ⅱ-R（粗糙型）	无荚膜	存活
Ⅲ-S（平滑型）	有荚膜	死亡
死的Ⅲ-S		存活
死的Ⅲ-S＋活的Ⅱ-R		死亡

格里菲斯将Ⅲ-S 型细菌以高温杀死，再将其残骸与活的Ⅱ-R 型细菌混合。实验结果显示此组合可将宿主老鼠杀死，而且从这些死亡的老鼠体内，可分离出活的Ⅲ-S 与Ⅱ-R 型肺炎双球菌。因此格里菲斯提出一项结论，他认为Ⅱ-R 型菌株被死亡的Ⅲ-S 型菌株所含的一种转化因子（transforming principle）“转型”成为具有致死性的Ⅲ-S 型菌株。随后奥斯瓦尔德·艾弗里（Oswald Avery）发现，虽然Ⅲ-S 型菌已经死亡，但是 DNA 在加热过程中仍然能够保存，因此当Ⅲ-S 残骸与活体Ⅱ-R 混合在一起时，Ⅱ-R 便接收了源自Ⅲ-S 的 DNA，进而获得能够生成荚膜多糖的基因，宿主的免疫系统无法杀死转化后的细菌，造成宿主的死亡，由此证明了这种转化因子是 DNA。后来，赫尔希（A. Hershey）和蔡斯（M. Chase）以 T2 噬菌体为实验材料，进行了噬菌体侵染实验，再一次证明了遗传物质为 DNA 而非蛋白质。

5. 分子遗传学时期

1953 年沃森和克里克发现 DNA 双螺旋结构，将遗传学的研究带入分子生物学时期。DNA 双螺旋的建立为分子遗传学奠定了核心基础。1953 年尼伦伯格（M. W. Nirenberg）和科兰纳（H. G. Khorana）对遗传密码进行了破译，1961 年雅可布（Jacob）和莫诺（Monod）发现乳糖操纵子，都推动分子遗传学向前迈进。

20 世纪 70 年代霍华德·特明（Howard Temin）发现了逆转录酶。1967 年，世界上有五个实验室几乎同时发现了 DNA 连接酶，其中 1970 年由科兰纳等发现的 T4 DNA 连接酶，是直至目前都常用的高连接活性的 DNA 连接酶。随后限制性内切酶的发现为现代基因编辑技术的发展提供了可能性。20 世纪 60 年代初维尔纳·阿伯（Werner Arber）提出一种设想：可能有一种酶，可以切断病毒的 DNA 来限制病毒增殖。随后肯特·威尔科克斯（Kent Wilcox）和汉密尔顿·史密斯（Hamilton Smith）发现了第一种Ⅱ型限制性内切酶 *Hind* Ⅱ，能够精准切割 DNA。凯瑟琳·丹娜（Kathleen Danna）和丹尼尔·内森斯（Daniel Nathans）通过研究流感嗜血杆菌限制酶对 SV40 DNA 的特异性切割，得到限制性内切酶图谱。丹尼尔·内森斯、汉密尔顿·史密斯和维尔纳·阿伯凭借在限制性内切酶领域开创性的研究，共同获得 1978 年诺贝尔生理学或医学奖。

截至目前，科学家已从原核生物中分离出多种限制性内切酶，成为基因编辑技术中重要的“手术刀”，并且已经商品化，在基因编辑技术中广泛应用。

（二）遗传学中的基本概念

1. 基因

基因的英文是 gene，是“开始”“生育”的意思。这个名词最初在 1909 年由丹麦学者约翰森正式提出。在现代观点中，认为基因是核酸中储存遗传信息的基本单位，也是储存有功能的蛋白质多肽链或者 RNA 序列信息以及表达这些信息所必需的全部核苷酸序列。

2. 基因的结构

基因有结构基因和非结构基因之分。所谓结构基因是指那些能够编码蛋白质多肽链或者一些具有特定功能的 RNA 序列，又称为编码基因。对于原核生物而言，这些编码序列是连续的。而在真核生物中，这些编码序列中间还穿插着一些非编码序列。我们将真核生物中的编码序列称为外显子，非编码序列称为内含子。内含子在转录成 mRNA 后会被切掉，不会存在于成熟的 mRNA 中。非结构基因是指那些对基因表达起调控作用的区域。这些区域紧邻于基因转录区的前后，又被称为顺式调控元件，包括启动子、增强子、沉默子等。

3. 遗传学

遗传学是研究生物遗传与变异规律的科学。而现代遗传学是研究生物基因的结构与功能，基因的传递与变异，基因的表达与调控的科学。

4. 基因组学

基因组学的概念最早于 1986 年由美国遗传学家罗德里克（Th. H. Roderick）提出。基因组学是对生物体所有基因进行集体表征、定量研究及不同基因组比较研究的一门交叉生物学学科。基因组学主要研究基因组的结构、功能、进化、定位和编辑等，以及它们对生物体的影响。基因组学的目的是对一个生物体所有基因进行集体表征和量化，并研究它们之间的相互关系及对生物体的影响。

5. 中心法则

在了解了上述概念后我们就能十分清楚地理解了图 19.1，在从基因到个体的过程中，存在一条被精密调控的生物信息流，我们将其称之为中心法则。具体是指承载了生物体遗传信息的 DNA 会在体内先后被转录成 RNA 进而被翻译成蛋白质，即完成遗传信息的转录和翻译过程。蛋白质之间的相互配合，就会促使器官形态与功能的形成，这些器官最终会形成一个复杂的系统，每个环节相互影响、相互配合最终就形成了生物个体。这是所有具有细胞结构的生物所遵循的法则。

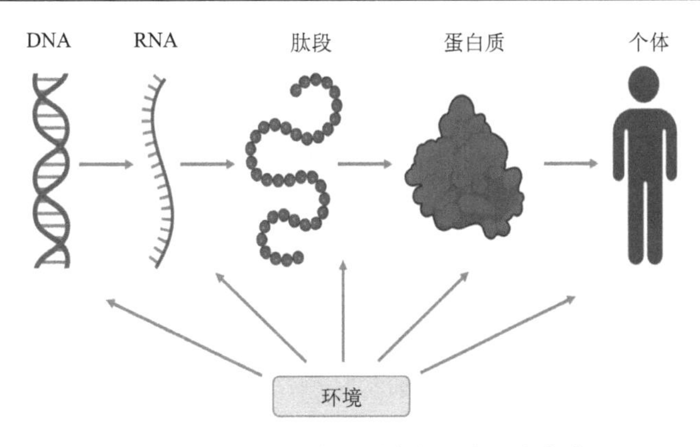

图 19.1　从 DNA 发育到个体的生物信息流

二、DNA 测序技术的发展

2003 年，人类基因组计划初步完成之后，DNA 测序技术不断向着更加优化、更加便宜、更加快捷的方向发展，完成了从第一代 DNA 测序技术到第三代 DNA 测序技术上的进步。

（一）第一代 DNA 测序技术

成熟的 DNA 测序技术始于 20 世纪 70 年代中期，包括三项杰出的发明：

（1）1977 年桑格（Sanger）发明双脱氧链终止法。其原理是：核酸模板在 DNA 聚合酶、引物、4 种 dNTP 存在条件下复制，在四管反应系统中分别按比例引入 4 种双脱氧核苷三磷酸（ddNTP）。因为双脱氧核苷没有 3′-OH，所以只要双脱氧核苷掺入链的末端，该链就停止延长，若链端掺入单脱氧核苷，链就可以继续延伸。如此每管反应体系中便合成以各自的双脱氧碱基为 3′端的一系列长度不等的核酸片段。反应终止后，分 4 个泳道进行凝胶电泳，分离长短不一的核酸片段，长度相邻的片段相差一个碱基。经过放射自显影后，根据片段 3′端的双脱氧核苷，便可依次阅读合成片段的碱基排列顺序。

（2）马克萨姆（A. Maxam）和吉尔伯特（W. Gilbert）发明化学降解测定 DNA 序列方法。其原理是：一个末端被放射性标记的 DNA 片段在 5 组互相独立的化学反应中分别被部分降解，其中每一组反应特异地针对某种碱基。生成 5 组放射性标记的分子，每组混合物中均含有长短不一的 DNA 分子，其长度取决于该组反应所针对的碱基在原 DNA 片段上的位置。

（3）荧光测序技术。基于 Sanger 原理，用四种不同的荧光混合物分别标记四种反应的产物，用四种反应物混合在一起进行电泳，在激光的激发下四种带有不同荧光染料标记物的 ddNTP 可以在同一反应管中终止测序反应，并于变性的聚丙烯酰胺凝胶的同一泳道中进行电泳检测。当带有某种荧光素标记的 DNA 片段，电泳到激光探头的检测范围时，激光所激发的荧光信号被探测器接收，经过计算机分析数据，自动排列出 DNA 序列。

（二）第二代 DNA 测序技术

第二代 DNA 测序的核心思想是边合成边测序，即通过捕捉新合成的末端的标记来确定 DNA 的序列。包括：

（1）罗氏 454 公司的 GS FLX 测序平台：GS FLX 系统的测序也是一种依靠生物发光进行 DNA 序列分析的新技术。在 DNA 聚合酶、ATP 硫酸化酶、萤光素酶和双磷酸酶的协同作用下，将引物上每一个 dNTP 的聚合与一次荧光信号释放偶联起来。通过检测荧光信号释放的有无和强度，就可以达到实时测定 DNA 序列的目的。此技术不需要荧光标记的引物或核酸探针，也不需要进行电泳；特点是分析结果快速、准确、灵敏度高和自动化。

（2）Illumina 公司的 Solexa Genome Analyzer 测序平台：Genome Analyzer 系统同样应用边合成边测序原理。加入改造过的 DNA 聚合酶和带有 4 种荧光标记的 dNTP，这些核苷酸是“可逆终止子”，因为 3'羟基末端带有可化学切割的部分，它只容许每个循环掺入单个碱基。此时，用激光扫描反应板表面，读取每条模板序列第一轮反应所聚合上去的核苷酸种类。之后，将这些基团化学切割，恢复 3'端黏性，继续聚合第二个核苷酸。这样，统计每轮收集到的荧光信号结果，就可以得知每个模板 DNA 片段的序列。目前的配对末端读序可达到 2×50bp，更长的读序也能实现，但错误率会增高。读长会受到多个引起信号衰减的因素影响，如荧光标记的不完全切割。特点是：①通量高，目前一台机器在两周内最高可产出 360GB 的数据；②准确率高，可高达 98.5%或以上，同时也有效地解决了多聚重复序列的读取问题；③成本低，仅仅是传统 Sanger 测序技术成本的 1%，DNA 序列的读取长度不断增加，当前单条序列读长可达到 150bp；④可以进行 Pair-end（PE）双向测序，PE 文库插入片段大小范围可由 150bp 到 10kb。正确选择插入片段长度有利于高重复序列含量基因组的组装，这进一步扩展了该技术的应用范围。

（3）ABI 公司的 SOLiD 测序平台：ABI 3730xl 常规测序平台采用毛细管电泳技术取代传统的聚丙烯酰胺平板电泳，应用该公司专利的四色荧光染料标记 ddNTP（标记终止物法），因此通过单引物 PCR 测序反应，生成的 PCR 产物则是相差 1 个碱基的 3'端为 4 种不同荧光染料的单链 DNA 混合物，使得 4 种荧光染料的测序 PCR 产物可在一根毛细管内电泳，从而避免了泳道间迁移率差异的影响，大大提高了测序的精确度。由于分子大小不同，在毛细管电泳中的迁移率也不同，当其通过毛细管读数窗口段时，激光检测器窗口中的电荷耦合器件（charge-coupled device，CCD）摄影机检测器就可对荧光分子逐个进行检测，激发的荧光经光栅分光，以区分代表不同碱基信息的不同颜色的荧光，并在 CCD 摄影机上同步成像，分析软件可自动将不同荧光转变为 DNA 序列，从而达到 DNA 测序的目的。分析结果能以凝胶电泳图谱、荧光吸收峰图或碱基排列顺序等多种形式输出。

（三）第三代 DNA 测序技术

第二代 DNA 测序技术在制备测序文库的时候都需要经过 PCR 扩增，而这一 PCR 过程可能引入突变或者改变样品中核酸分子的比例关系。另外，第二代测序的读长普遍偏短，在进行数据拼接时会遇到麻烦。为了克服这样的缺点，业界发展出了以单分子实时测序和纳米孔为标志的第三代DNA测序技术。包括：

（1）Heliscope单分子测序仪。基于边合成边测序的思想，将待测序列随机打断成小片段并在3'端加上Poly（A），用末端转移酶在接头末端加上Cy3荧光标记。用小片段与表面带有寡聚Poly（T）的平板杂交。然后，加入DNA聚合酶和Cy5荧光标记的dNTP进行DNA合成反应，每一轮反应加一种dNTP。将未参与合成的dNTP和DNA聚合酶洗脱。检测上一步记录的杂交位置上是否有荧光信号，如果有则说明该位置上结合了所加入的这种 dNTP。用化学试剂去掉荧光标记，以便进行下一轮反应。经过不断重复合成、洗脱、成像、猝灭等过程完成测序。

（2）Pacific Biosciences公司的SMRT技术。同样基于边合成边测序的思想，以SMRT芯片为测序载体进行测序反应。SMRT芯片是一种带有很多ZMW孔的厚度为100nm的金属片。将DNA聚合酶、待测序列和不同荧光标记的dNTP放入ZMW孔的底部，进行合成反应。与其他技术不同的是，荧光标记的位置是磷酸基团而不是碱基。当一个dNTP被添加到合成链上的同时，它会进入ZMW孔的荧光信号检测区并在激光束的激发下发出荧光，根据荧光的种类就可以判定dNTP的种类。此外，由于dNTP在荧光信号检测区停留的时间（毫秒级）与它进入和离开的时间（微秒级）相比更长，所以信号强度会很大。其他未参与合成的dNTP由于没进入荧光信号检测区而不会发出荧光。在下一个dNTP被添加到合成链之前，这个dNTP的磷酸基团被氟聚合物切割并释放，荧光分子离开荧光信号检测区。

（3）Oxford Nanopore Technologies公司正在研究的纳米孔单分子技术。这是一种基于电信号的测序技术。他们设计了一种以α-溶血素为材料制作的纳米孔，在孔内共价结合分子接头环糊精。用核酸外切酶切割ssDNA时，被切下来的单个碱基会落入纳米孔，并和纳米孔内的环糊精相互作用，短暂地影响流过纳米孔的电流强度，这种电流强度的变化幅度就成为每种碱基的特征。

三、基因编辑技术的发展

DNA测序技术的发展为基因编辑技术提供物质基础。人们在建立了对DNA序列进行精准读取之后，意识到许多遗传相关的疾病是由于基因突变引起的。这促使人们开始思考，能否建立基因编辑技术，通过改变基因的序列来治疗一些遗传性的疾病，于是基因编辑技术横空出世。

基因编辑技术，最初起始于用同源重组方法，将外源基因成功转化到酿酒酵母的基因组中并稳定表达，这一技术在1985年就被尝试应用于治疗疾病，如今的基因编辑技术在经历了三代技术发展以后，形成了基于人工核酸内切酶的基因编辑技术。

（一）第一代基因编辑技术——锌指蛋白核酸酶技术

锌指蛋白核酸酶（ZFN）技术由人工构建的锌指蛋白（zinc finger protein，ZFP）DNA 结合结构域和非限制性核酸酶 Fok Ⅰ 的切割结构域两部分组成。

ZFN 主要分为 C2H2（Cys 2-His 2）型、C4 型和 C6 型，其中 C2H2 型 ZFN 在转录调控因子中广泛存在。1985 年，米勒等最早发现并阐述了 C2H2 型锌指结构域的功能，每个锌指结构域中第 8 位和第 13 位的半胱氨酸（cysteine，Cys）以及第 26 位和第 30 位的组氨酸（histidine，His）非常保守，它们络合 Zn^{2+}形成稳定的指形结构，并折叠成 α-β-β 二级结构，单个 ZFN 包括三个锌指结构域和核酸酶，每个指识别大约 3bp 的 DNA，因此，单个 ZFN 可结合一个 9bp 的靶点。

Fok Ⅰ 是一种ⅡS 型限制性内切酶，当其切割结构域形成二聚化则可发挥切割活性。但有时候会出现 Fok Ⅰ 自身二聚化导致的非特异切割的问题，所以通常要将 Fok Ⅰ 内切酶进行突变，使 Fok Ⅰ 内切酶只有在异源二聚化时，才能发挥切割活性。因此，当两个单体分别与靶位点特异性结合且这两个靶位点之间的距离满足一定的要求时，两个 Fok Ⅰ 切割结构域才能形成二聚体，在两个靶位点中间的间隔区进行切割，造成双链断裂（图 19.2）。

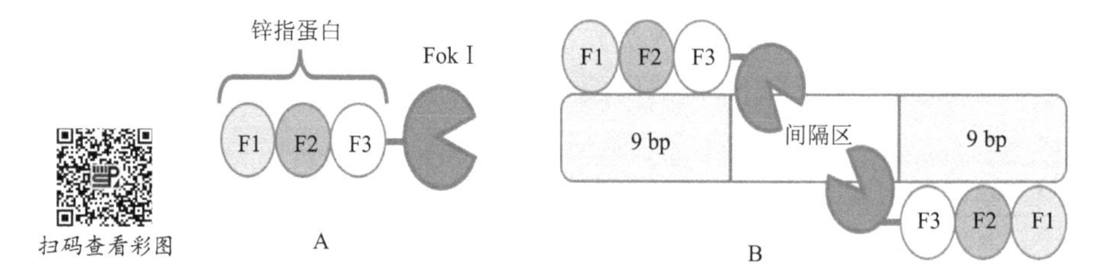

图 19.2　ZFN 技术进行基因编辑原理

A. ZFN；B. ZFN 二聚体结合到目标位点的示意图

每个锌指蛋白区域用彩色球体表示，F1 代表氨基端指，F2 代表中指，F3 代表羧基端指。Fok Ⅰ DNA 的裂解区域以一个白色四边形表示，两个 9bp 位点之间的间隔区可以是 5 或 6 个碱基对

研究者可以通过加工改造 ZFN 的锌指 DNA 结合域，靶向定位于不同的 DNA 序列，从而使得 ZFN 可以结合复杂基因组中的目的序列，并由 DNA 切割域进行特异性切割。然而，基因工程化锌指 DNA 结合蛋白难度较大，且 ZFN 技术容易脱靶。

（二）第二代基因编辑技术——转录激活因子样效应物核酸酶技术

虽然 ZFN 结构基元可以随意组合，但要覆盖所有的 DNA 序列，就要 64 种识别不同三碱基的锌指结构基元，其复杂程度阻碍了 ZFN 技术的进一步发展。所以下一代可编程的核酸酶也很快被发掘出来，这个基因编辑技术就称作转录激活因子样效应物核酸酶（TALEN）技术。

TALEN 技术发明于 2011 年，其工作原理与 ZFN 技术类似，核心元件的结构也类似，均由 DNA 识别域和 DNA 剪切域组成。TALEN 技术通过 DNA 识别域结合到特定的 DNA

序列上，再由 Fok Ⅰ 核酸内切酶构成的 DNA 剪切域对靶基因进行剪切，最后利用细胞自带的 DNA 修复系统完成基因编辑。TALEN 技术与 ZFN 技术的区别在于 DNA 识别域对 DNA 序列的识别模式。在 ZFN 技术中，每个锌指蛋白识别一个 DNA 三碱基序列；在 TALEN 技术中，每 2 个氨基酸组合对应着一个特定的碱基。因此，通过人为地删减、添加和自由组合不同的氨基酸，科学家可以轻而易举地构造出结合特定 DNA 序列的蛋白，从而实现 TALEN 在人类基因组 DNA 上的精确定位。TALEN 技术主要包含两步过程：①两个 TALEN 蛋白先对特定的基因组进行识别和结合。②由 Fok Ⅰ 核酸酶负责对 DNA 特定位点进行切割，从而造成 DNA 双链断裂，诱发细胞的 DNA 损伤修复机制，保护基因组稳定性，从而实现对基因组靶位点的编辑。

TALEN 蛋白如何识别 A、T、G、C 的结构基元？TALEN 元件的结构由四个部分组成，分别是：N 端分泌信号、中央的 DNA 结合域、核定位信号和 C 端的激活域。不同 TALEN 蛋白中的 DNA 结合域有一个共同的特点，即由数目不同的（12～30 个）、高度保守的重复单元组成，每个重复单元含有 33～35 个氨基酸。这些重复单元氨基酸的组成相当保守，除了第 12 和 13 位氨基酸可变外，其他氨基酸都是相同的。这两个可变氨基酸被称为重复序列可变的双氨基酸残基（RVD）。如果 TALEN 要特异识别和结合某一特定 DNA 序列（靶位点），理论上我们可以按照该核酸的序列，将多个对应 TALEN 重复单元进行串联，就可以“量身打造”出特异识别 DNA 序列的 TALEN 蛋白，然后在 TALEN 蛋白的 C 端融合一个非特异的核酸内切酶 Fok Ⅰ，就构成了可以用于靶向基因组编辑的 TALEN 单体（图 19.3）。

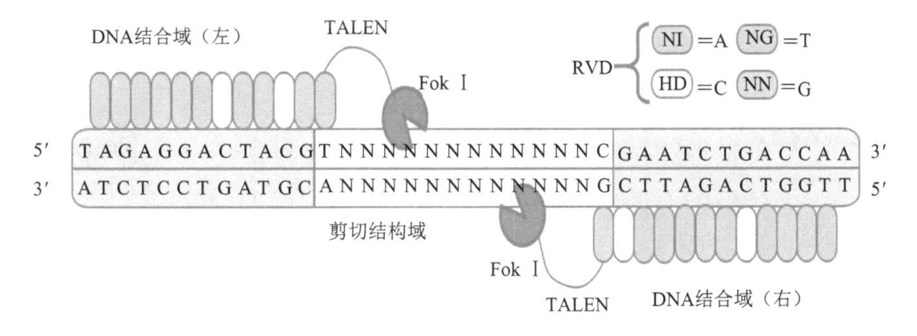

图 19.3　TALEN 技术介导的基因编辑的原理

近几年，TALEN 技术已成功运用于体外培养的人类细胞、水蚤、斑马鱼、鼠、牛等物种，并实现了基因组定点突变。TALEN 技术自得到应用以来，无疑在基因编辑领域技术上获得突破性进展。在基因精确修改方面，TALEN 技术的应用使得人们有条件研究一些复杂的基因功能，而且 TALEN 技术介导的基因编辑要比用传统的基因打靶方案更加有效、快捷。

不同的双氨基酸残基（RVD）能够相对特异地分别识别 A、T、C、G 这 4 种碱基中的一种：NN 识别碱基 G；NG 识别碱基 T；NI 识别碱基 A；HD 识别碱基 C。RVD 的第 1 位氨基酸与蛋白质骨架结合，起到稳定 RVD 的作用；第 2 位氨基酸则直接通过 DNA 识别模块将 TALEN 元件靶向特异性的 DNA 位点并结合，然后在 Fok Ⅰ 核酸酶的作用下完成特定位点的剪切。

（三）第三代基因编辑技术——CRISPR/Cas9 技术

使用 ZFN 技术与 TALEN 技术始终存在一个问题，每次需要切割新的序列时，都需要重新组合模块，其复杂的分子克隆过程严重阻碍了 ZFN 技术和 TALEN 技术的推广，特别是对于一般的生物学实验室，很难独立完成所需的 ZFN 或 TALEN 分子构建。2012 年，仅仅是 TALEN 技术被发明 1 年后，全新的基因编辑系统——CRISPR/Cas 技术诞生。由于其简单的操作体系和高效编辑效率，它迅速地取代 ZFN 技术和 TALEN 技术，成为每个生物实验室必备的基因编辑技术。

CRISPR/Cas 系统的英文全名是 clustered regularly interspaced short palindromic repeat/CRISPR-associated system，它本身是真细菌和古细菌中普遍存在的一类抵御病毒和质粒入侵的适应性免疫系统。早在 20 世纪 80 年代，科学家就发现了 CRISPR 系统，但在很长的一段时间内，人们并不知道 CRISPR 系统在微生物内所起到的作用。直到 2010 年左右，科学家才明确了 CRISPR/Cas 作为微生物适应性免疫系统的作用机制，即噬菌体入侵微生物之后，噬菌体本身的核酸首先被捕获，以此为模板产生 crRNA，当噬菌体再次入侵微生物时，crRNA 通过碱基互补配对原理，识别再次入侵的噬菌体的核酸序列，并借助 Cas 蛋白将其剪切，最终杀死入侵的噬菌体，起到免疫保护作用（图 19.4）。

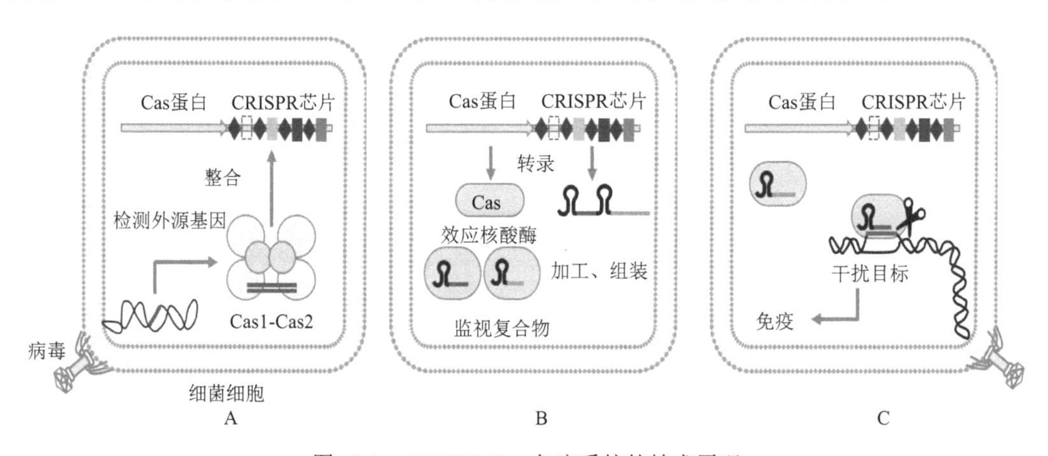

图 19.4　CRISPR/Cas 免疫系统的技术原理

A.适应阶段，Cas1-Cas2 获取外来遗传元件并在广义上称为适应的过程中整合到 CRISPR 序列中；B.表达阶段，表达 CRISPR 序列和相关的 Cas 蛋白，处理 CRISPR 序列，Cas 效应核酸酶与 crRNA 结合形成监视复合物；C.干扰阶段，Cas 效应核酸酶靶向与其 crRNA 互补的外源遗传元件，导致对靶点进行干扰从而产生免疫效应

CRISPR 系统极为庞大，在后续的研究中，科学家逐渐将 CRISPR 分为 Class Ⅰ和 Class Ⅱ两大家族，CRISPR/Cas9 属于 Class Ⅱ家族，它与 Class Ⅰ最大的区别在于执行 DNA 切割时只需要一个蛋白质，这无疑为我们利用它提供了巨大的便利。同时，CRISPR/Cas9 序列识别需要 crRNAs 和 tracrRNA 组合成特殊的双链 RNA 结构，而后续的实验中两条 RNA 可以通过一个颈环结构连成一条 RNA 单链，称为 single guide RNA （sgRNA），同样很容易获取（图 19.5）。具备这两个特点的 CRISPR/Cas9 可以说是科学家一直在寻找的理想的基因编辑工具，sgRNA 基于碱基互补配对来识别特定的 DNA 序列，虽然仍受到非靶向链上 PAM 序列（NGG）的限制，通过简单的分子克隆改变 sgRNA 后，Cas9/sgRNA 还是可以识别基因组的大部分区域。

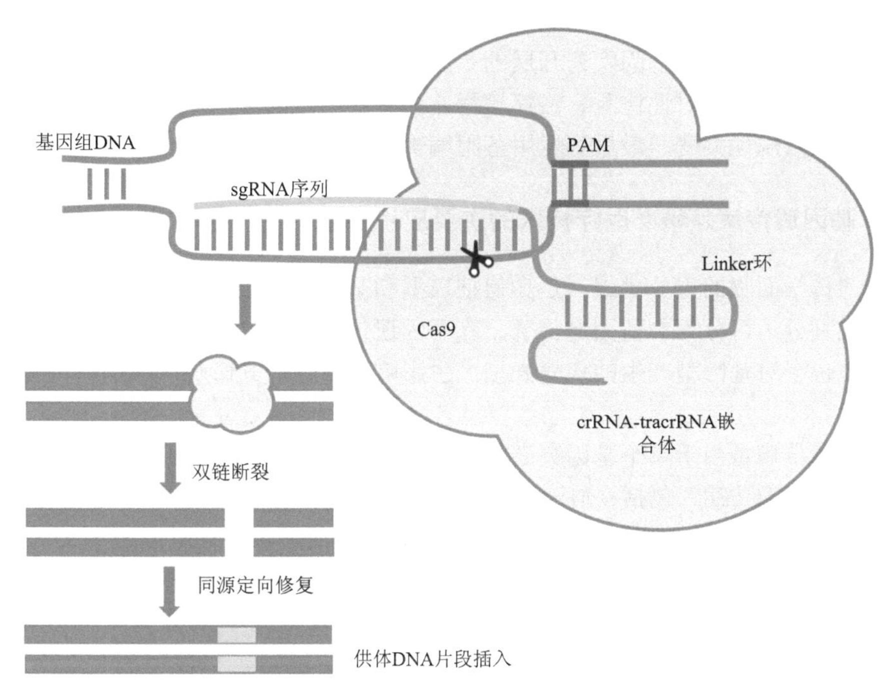

图 19.5　CRISPR/Cas 技术基因编辑系统的原理

在明确了 CRISPR/Cas 系统的工作机制后，2012 年詹妮弗 •杜德娜（Jennifer Doudna）和埃马纽埃尔 • 卡彭蒂耶（Emmanuelle Charpentier）率先在体外试验中证明，来自于细菌 *Streptococcus pyogenes* 的 CRISPR/Cas9 系统，可以基于 crRNA 与 DNA 的碱基互补配对切割 DNA 双链。紧接着在 2013 年 1 月，张锋和 George Church 等多个实验室就发文证实 CRISPR/Cas9 系统可以在哺乳动物细胞中造成 DNA 双链断裂，提高同源重组的概率。

2012 年以后，CRISPR 技术研究呈现爆发式增长，很快就成为主流的基因编辑工具。CRISPR 技术在诞生短短 8 年后，就获得了诺贝尔奖，是整个科研界对于 CRISPR 技术重要性的肯定，也离不开广大生物研究工作者对 CRISPR 技术开发和推广的不懈努力。关于 CRISPR 诺贝尔奖的授予目前仍有一些争议，虽然 Charpentier 和 Doudna 是 CRISPR 技术的开创者，但华人科学家张锋却是第一位在哺乳动物细胞中利用 CRISPR 进行基因编辑的科学家，是否也应该被同时授予诺贝尔奖，一直是学界中存在争议的问题。

四、基因编辑技术的应用

基因编辑技术为基因治疗带来了新机遇。基因编辑技术的产生，为我们解决遗传性疾病提供了理论基础。由于单基因病病因明确，且靶标单一，所以是基因编辑技术应用的理想靶标。目前针对单基因疾病开展的基因编辑疗法已经在如火如荼地开展，已经发展出了一整套完整的针对性检测、治疗流程。从患者细胞的基因测序，到序列比对，寻找突变，验证致病性突变，最后到运用基因编辑技术对患者进行精准治疗。

（一）单基因遗传病是精准医疗技术的主要应用目标

目前遗传学面临的主要挑战，是如何把表型和基因型对应起来。已有的疾病表型，从基因型上划分，可分为单基因遗传病、寡基因遗传病以及复杂遗传疾病。同时，机体所处的环境也会对基因型产生的疾病表型产生影响，而且对其影响随疾病基因型的复杂程度而增大。

单基因遗传病是由于单个基因突变导致的疾病，目前，全世界范围内发现了6000～10 000种单基因遗传病，包括：血液病（镰状细胞贫血、β地中海贫血、血友病）、肺部疾病（囊泡性纤维化）、免疫疾病（原发性免疫缺陷，如严重联合免疫缺陷）、心脏疾病（家族性高胆固醇血症）、皮肤疾病（遗传性大疱性表皮松解症）、遗传疾病（肌肉萎缩症）、神经性疾病（亨廷顿病、强直性肌营养不良）等。

1. 镰状细胞贫血与地中海贫血的发病机制

输血依赖性β地中海贫血（TDT）和镰状细胞贫血（SCD）是世界上最常见的单基因疾病，每年约有6万名患者被确诊为β地中海贫血，约30万名患者确诊为镰状细胞贫血。此两种疾病都是由血红蛋白β亚基（HBB）突变引起的。镰状细胞贫血是HBB点突变的结果，是第6位氨基酸谷氨酸被缬氨酸取代所导致（图19.6）。红细胞在缺氧的状态下出现变形、溶血、贫血、血管阻塞等症状，导致不可逆的终末器官损伤和寿命缩短。

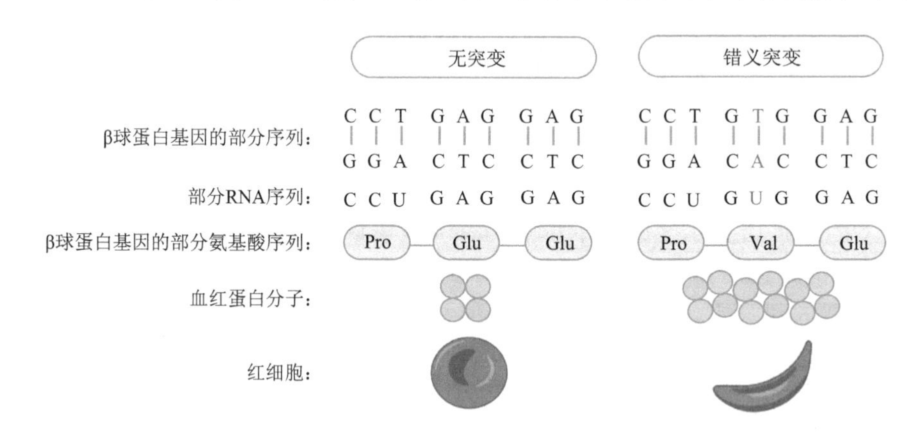

图19.6　镰状细胞贫血的发病机制

目前，β 地中海贫血患者的临床治疗方案主要为进行输血和铁螯合治疗，镰状细胞贫血患者通过输血和羟基脲来治疗。最近批准的 Luspatercept 与 Crizanlizumab 治疗，都不能从根本上治愈疾病，也不能完全改善患者临床。HBB 基因突变导致 β 地中海贫血，由于 β 珠蛋白合成减少（β+）或缺乏（β0）与血红蛋白 α 和 β 珠蛋白链之间的不平衡，从而导致无有效的红细胞生成（图 19.7）。

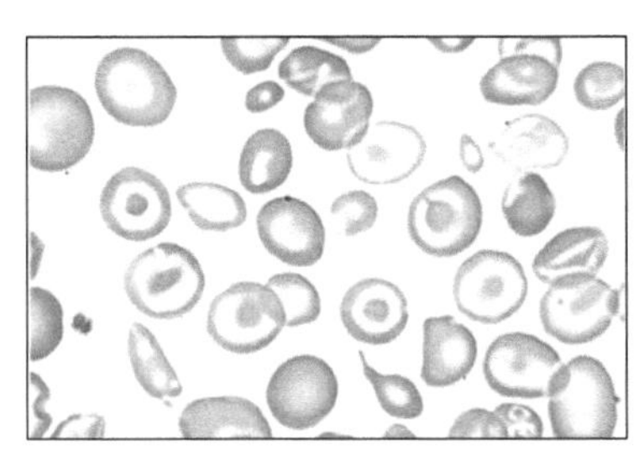

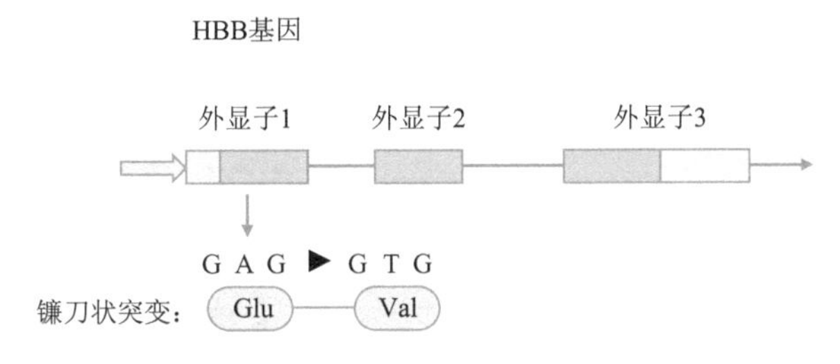

图 19.7 地中海贫血的发病机制

2. 修复 HBB 基因突变的基因治疗策略

镰状细胞贫血与地中海贫血符合基因编辑治疗的基本要求。首先，没有可以替代的治愈方案。其次，这两种疾病由单基因突变导致，基因与性状之间联系明确，符合基因编辑治疗的疾病要求。目前，利用基因编辑技术矫正 HBB 基因和重新激活 HBB 的表达是治疗地中海贫血与镰状细胞贫血的主要方式。因此，首先要了解一下 β 珠蛋白的基因结构与发育策略（图 19.8）。

在胚胎时期，胎儿血红蛋白（HbF）由两条 β 样 γ 珠蛋白链和两条 α 珠蛋白链组成。胚胎血红蛋白是妊娠期间主要的血红蛋白形式，支持胎儿体内的氧气运输。出生前后编码 γ 珠蛋白的两个基因 HBG1 和 HBG2 转录下降，编码成人型 β 珠蛋白的 HBB 基因的转录逐渐增加。这种“血红蛋白转换”通常在胎儿 6 个月时完成，解释了为什么患有 β 地中海贫血和镰状细胞贫血的患者在婴儿后期开始出现主要症状。极少数个体在 β 珠蛋白基因座的调节区域携带突变，抑制 γ-β 转换，导致终生胎儿血红蛋白升高，这是一种称为遗传性胎儿血红蛋白持续性存在（hereditary persistence of fetal hemoglobin，HPFH）的良性疾病。值得注意的是，伴随 HPFH 性状的镰状细胞贫血和地中海贫血的患者疾病严重程度降低，并且在某些情况下完全无症状。孤立性 HPFH 患者无症状，这表明高水平的胎儿血红蛋白在体内没有不良后果。这些临床观察表明，通过药物或基因操作预防或逆转 γ-to-β 珠蛋白转换可能是治疗镰状细胞贫血和地中海贫血的有效方法。

近期研究通过全基因组关联分析（GWAS），发现了促进 HbF 产生的新方法，最终确定多锌指转录因子 Bcl-11A 是 γ 珠蛋白表达的关键抑制因子和控制 γ-to-β 开关的关键调节因子。事实上，β 珠蛋白基因簇中的一些 HPFH 突变，可能通过阻止 Bcl-11A 与其靶区域结合，来促进 γ 珠蛋白基因转录。随后在小鼠镰状细胞贫血的模型中，人们发现通过 RNA 干扰或基因消融抑制 Bcl-11A 可将胚胎血红蛋白提高，并且能缓解小鼠的症状，且这种干预对其他红系基因的影响很小，临床并发症较少，故此，将 Bcl-11A 确定为 HbF 诱导的关键治疗靶点。

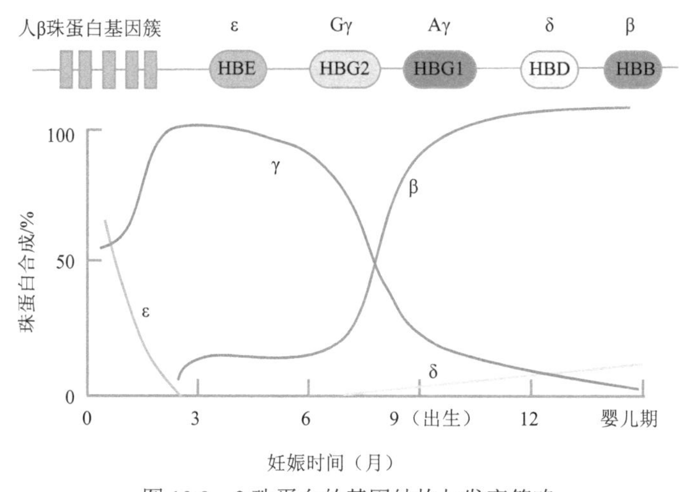

图 19.8　β 珠蛋白的基因结构与发育策略

然而，由于两个重要原因使抑制患者 Bcl-11A 的方法具有挑战性。首先，小分子难以抑制转录因子，其次，Bcl-11A 在包括淋巴细胞和神经元在内的非红细胞中具有重要功能。因此科学家考虑，只通过 RNA 干扰编辑造血干细胞中 Bcl-11A 基因，可能会规避其对非造血系统的一些影响。最近的工作已经确定了与 Bcl-11A 蛋白结合的人类 β 珠蛋白基因座内的红细胞特异性 Bcl-11A 增强子和顺式元件。这些 DNA 区域可能是基因编辑方法的有用靶标的药物靶点（图 19.9）。

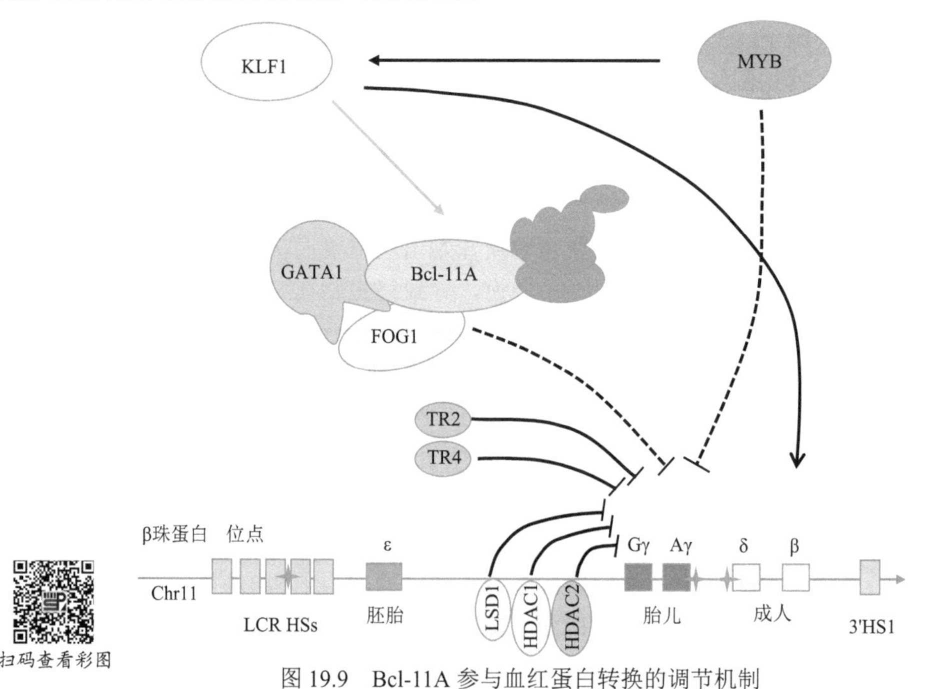

图 19.9　Bcl-11A 参与血红蛋白转换的调节机制

参与血红蛋白转换的调节蛋白包括 Bcl-11A、KLF1、MYB、TR2、TR4、LSD1、HDAC1 和 HDAC2 等。Bcl-11A 复合物可以在胚胎时期通过间接作用机制抑制 γ 珠蛋白，图中用虚线表示；Bcl-11A 的结合位点用星号表示；与 Bcl-11A 和其他调节因子相关的辅阻遏复合物用深色表示

（二）基因编辑技术的临床转化

基于使用 CRISPR 技术提高胎儿血红蛋白表达量的基因疗法已经进入临床阶段，CRISPR Therapeutics 公司已经向 FDA 递交了使用 CTX001 治疗 β 地中海贫血的临床试验申请。CTX001 疗法收集患者的血红细胞，利用 CRISPR 技术提高胎儿血红蛋白的表达，然后将这些经过基因工程改良的血红细胞注回患者体内达到治疗的效果。

随着基因编辑技术的发展，许多从事基因编辑的科学家开始成立以基因编辑为核心技术的公司，以寻求将此项技术进行临床转化的机会。我们应当期待这些临床试验能获得好的疗效，从而为这些患有严重的难治性的遗传疾病患者带来新生。

（三）基因编辑技术面临的伦理问题和潜在风险

每年 *Science* 杂志都会评选年度十大科学突破，2018 年 *Science* 杂志除了评选了十大年度科学突破（runners-up）外，还增加了三个年度科学事故（breakdowns）项目的评选，其中由于违背医学伦理对人类胚胎进行编辑的贺某入选了这一年度“breakdowns”。

2018 年，贺某宣布一对基因编辑双胞胎将于 11 月在中国出生，这对双胞胎父母，其父亲是一位艾滋病携带者。我们知道 $CD4^+T$ 细胞上的 CCR5 受体是 HIV 进入细胞的重要受体。因此贺某试图通过基因编辑技术，修改这对双胞胎婴儿的 CCR5 基因，意在使她们出生后即能天然抵抗 HIV 感染，如果成功，她们将成为世界首例免疫艾滋病的基因编辑婴儿。事实上多项研究证实，CCR5 基因本身对于免疫系统、神经系统的功能发育都有作用，一旦被敲除，可能影响人体的诸多功能，带来更多风险。除此之外，作为人体的正常基因，CCR5 编码的细胞膜 CCR5 蛋白只是 HIV 的受体之一，即便敲除这个基因，还有受体 CXCR4，这意味着即使经基因编辑，两名婴儿依然有感染艾滋病的风险。

此外，从医学的角度上来讲，贺某对这对婴儿的基因编辑不是必需的。这对婴儿的父亲是 HIV 携带者，母亲为 HIV 阴性，即母亲未感染 HIV，在精子清洗技术和试管婴儿存在的背景下，这一对婴儿完全有可能在不感染艾滋病的情况下出生。虽然 CRISPR/Cas9 技术在动物实验中能够有效地编辑哺乳动物细胞，但它目前仍有着尚未攻克的技术难题，就是脱靶效应。贺某把一项不成熟的技术应用到现实中，而且是在非必要的情况下直接应用于人类的胚胎编辑是十分疯狂的。事实上，这对双胞胎婴儿最后携带的 CCR5 并非原设想的可抗 HIV 的变体 CCR5，而是拥有完全不同新基因的版本。在未来，贺某造出的基因婴儿会有什么样的命运，以及对后代产生的影响，都值得人们持续地关注和思考。此事件立刻引发国内外科学界的质疑和谴责，112 位中国科学家针对此实验的联合声明中，称实验存在严重的生命伦理问题，实验者应受到应有惩罚。

基因编辑技术的迅速发展以及贺某事件的发生，使我们不得不思考一个重要的问题，何时对基因进行编辑是合适的。对于科学研究来说基因编辑只可以在有资质且管控规范的实验室中进行，可应用于人类早期发育的基础研究。对于临床应用方面，建议在进行遗传基因编辑治疗时，要建立非常严格的规范标准：①首先这项疾病应该是严重的，缺乏其他可以替代的治疗方案（比如体外受精和原发性移植物功能不全），被编辑的基因与疾病具有明确因果关系。②不能编辑在人群中常见且已知健康的序列，只能将病理序列恢复为正常序列。③在不侵犯患者隐私权的情况下保证治疗方案的透明，建立可靠的监督机制，以防止基因编辑扩展到治疗必要严重疾病以外的用途。除此之外，就目前来讲基因编辑技术的效率较低，还需要更多的基础研究以开发效率更高的基因编辑技术，最重要的是，应用基因编辑技术治疗疾病必须在国家法律允许的范畴。

主要参考文献

廖鹏飞, 聂旺, 余雅心, 等, 2016. ZFNs、TALENs 和 CRISPR-Cas 基因组靶向编辑技术及其在植物中的应用[J]. 基因组学与应用生物学, 35(2): 442-451.

马丽娜, 杨进波, 丁逸菲, 等, 2019. 三代测序技术及其应用研究进展[J]. 中国畜牧兽医, 46(8): 2246-2256.

Agarwal K L, Büchi H, Caruthers M H, et al., 1970. Total synthesis of the gene for an alanine transfer ribonucleic acid from yeast[J]. Nature, 227(5253): 27-34.

Avery O T, MacLeod C M, McCarty M, 2007. Studies on the chemical nature of the substance inducing transformation of Pneumococcal types[J]. Resonance, 12(9): 83-103.

Barrangou R, Fremaux C, Deveau H, et al., 2007. CRISPR provides acquired resistance against viruses in prokaryotes[J]. Science, 315(5819): 1709-1712.

Boch J, Scholze H, Schornack S, et al., 2009. Breaking the code of DNA binding specificity of TAL-type III effectors[J]. Science, 326(5959): 1509-1512.

Cho S W, Kim S, Kim J M, et al., 2013. Targeted genome engineering in human cells with the Cas9 RNA-guided endonuclease[J]. Nature Biotechnology, 31(3): 230-232.

Cong L, Ran F A, Cox D, et al., 2013. Multiplex genome engineering using CRISPR/Cas systems[J]. Science, 339(6121): 819-823.

Garneau J E, Dupuis M È, Villion M, et al., 2010. The CRISPR/Cas bacterial immune system cleaves bacteriophage and plasmid DNA[J]. Nature, 468(7320): 67-71.

Hartl L D, Jones E W, 2005. Genetics: analysis of genes and genomes[M]. 6th edition. Sudbury: Jones and Bartlett Publishers: 854.

Ishino Y, Shinagawa H, Makino K, et al., 1987. Nucleotide sequence of the iap gene, responsible for alkaline phosphatase isozyme conversion in *Escherichia coli*, and identification of the gene product[J]. Journal of Bacteriology, 169(12): 5429-5433.

Jinek M, Chylinski K, Fonfara I, et al., 2012. A programmable dual-RNA-guided DNA endonuclease in adaptive bacterial immunity[J]. Science, 337(6096): 816-821.

Jinek M, East A, Cheng A, et al., 2013. RNA-programmed genome editing in human cells[J]. eLife, 2: e00471.

Knott G J, Doudna J A, 2018. CRISPR-Cas guides the future of genetic engineering[J]. Science, 361(6405): 866-869.

Li T, Huang S, Zhao X F, et al., 2011. Modularly assembled designer TAL effector nucleases for targeted gene knockout and gene replacement in eukaryotes[J]. Nucleic Acids Research, 39(14): 6315-6325.

Mali P, Yang L H, Esvelt K M, et al., 2013. RNA-guided human genome engineering via Cas9[J]. Science, 339(6121): 823-826.

Miller J, McLachlan A D, Klug A, 1985. Repetitive zinc-binding domains in the protein transcription factor IIIA from *Xenopus* oocytes[J]. The EMBO Journal, 4(6): 1609-1614.

Miller J C, Tan S Y, Qiao G J, et al., 2011. A TALE nuclease architecture for efficient genome editing[J]. Nature Biotechnology, 29(2): 143-148.

Mohanraju P, Makarova K S, Zetsche B, et al., 2016. Diverse evolutionary roots and mechanistic variations of the CRISPR-Cas systems[J]. Science, 353(6299): aad5147.

Moscou M J, Bogdanove A J, 2009. A simple cipher governs DNA recognition by TAL effectors[J]. Science, 326(5959): 1501.

Sankaran V G, Weiss M J, 2015. Anemia: progress in molecular mechanisms and therapies[J]. Nature Medicine, 21(3): 221-230.

Sheridan C, 2021. CRISPR therapies March into clinic, but genotoxicity concerns linger[J]. Nature Biotechnology, 39: 897-899.

Sorek R, Kunin V, Hugenholtz P, 2008. CRISPR—a widespread system that provides acquired resistance against phages in bacteria and archaea[J]. Nature Reviews Microbiology, 6(3): 181-186.

Watson J D, Crick F H C, 1953. Molecular structure of nucleic acids: a structure for deoxyribose nucleic acid[J]. Nature, 171(4356): 737-738.

World Health Organization, 2002. Genomics and World Health: Report of the Advisory Committee on Health research[R]. Geneva: WHO.

第二十讲　生殖医学的故事

史庆华 教授，生殖细胞生物学专家，国家杰出青年科学基金获得者。

生殖是指由亲本产生新个体的生物过程。人类生殖属于有性生殖，母亲卵母细胞减数分裂产生的卵和父亲睾丸中减数分裂产生的单倍体精子，在母亲的输卵管相遇，结合形成二倍体受精卵。受精卵分裂分化形成早期胚胎，并种植在母亲子宫内膜上，并继续发育成为胎儿，经分娩排出母体成为新生儿，这就是生殖的基本过程。本讲因篇幅所限，仅介绍精子发生、卵子发生和受精卵形成的过程。

一、生殖的基本生理过程

（一）精子发生

男性生殖系统，包括睾丸、附睾、输精管、精囊、射精管和前列腺（图 20.1）。精子在睾丸中产生，进入附睾后在附睾中逐步成熟，成熟后储存于附睾的尾部。射精时，成熟的精子从附睾中排出，依次经过输精管和射精管，最后从尿道排出。排出来的精液中细胞成分主要为精子，液体成分则主要来自于精囊腺，约占 75%，20%为前列腺分泌的液体，其余为附睾所分泌。值得注意的是，无论是从睾丸到附睾，还是从附睾经输精管、射精管、尿道排出体外的过程中，精子都不是靠自身的运动排出来的，而是在液体中被动运输出来的。在这一过程中，精子不能发挥运动能力。

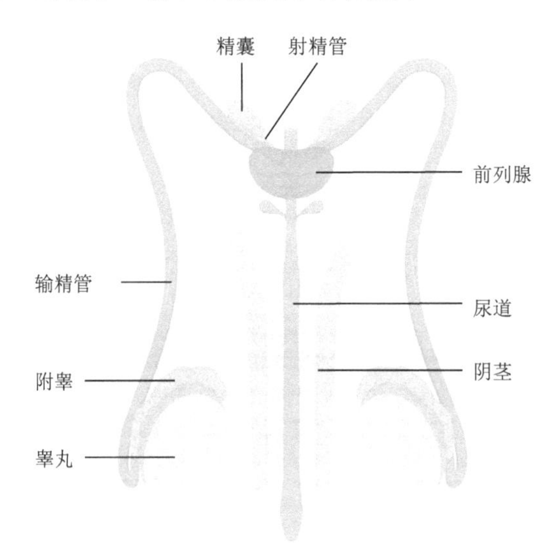

图 20.1　男性生殖系统

从青春期到老年期，睾丸都可以生成精子。人类的精子发生是一个连续过程，每时每刻都有精子生成，体内随时有成熟的精子存在，成年人每日可生成上亿精子。精子在睾丸生精小管（曲细精管）中生成，过程非常复杂，历时约 70 天。在生精小管中生成的精子，在形态和功能上都未成熟，需要在附睾中停留 15～25 天，完成精子的成熟过程，获得使卵子受精的能力。精子在附睾内可存活很长时间。精子的整个发生和成熟过程需要 3 个月左右。

人体睾丸呈椭圆形，位于阴囊中。一名男性有两个睾丸，每个睾丸约为 2.5cm×4cm，被称为白膜的厚结缔组织覆盖。睾丸实质被睾丸隔膜分成约 370 个圆锥形小叶。睾丸小叶内有生精小管和小管间组织，该组织包含间质细胞和其他细胞。在睾丸小叶内，生精小管形成缠绕的环，其末端延伸为直管状（称为直细精管），进入睾丸网。当生精小管排出精子时，睾丸网的作用是将收集到的精子运送到附睾中。来自人类睾丸网的 6～12 个传出管连接在一起形成附睾管。人类附睾管长 5～6m，盘绕并形成附睾的结构，附睾由头部、体部和尾部组成（图 20.2）。附睾尾部连接输精管。

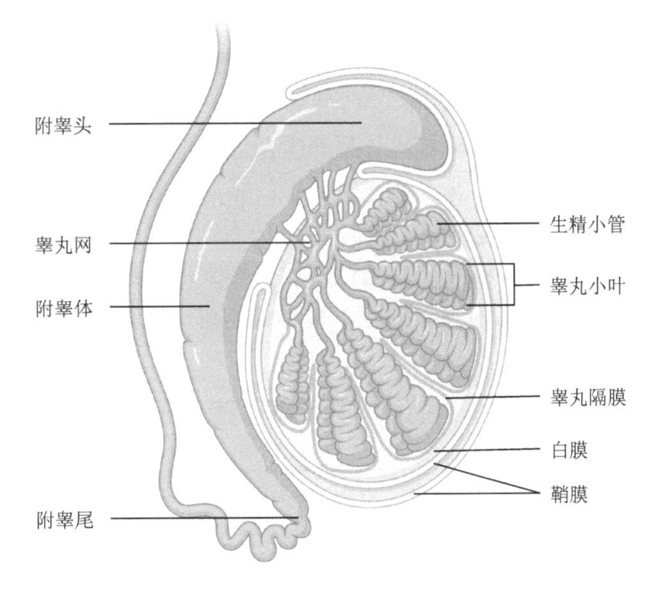

图 20.2 睾丸与附睾结构

精子发生是起始于精原干细胞的前体生殖细胞，经历一系列复杂的分裂和分化以形成精子的过程。这个过程发生在生精小管内，生精小管由基底膜、生精上皮和管腔组成。生精上皮被基底膜包围，由生殖细胞和支持细胞组成（图 20.3）。相邻的支持细胞间紧密连接形成血睾屏障，既防止来自生精小管外的物质接触生殖细胞损害精子发生，又避免来自精母细胞、精细胞或精子的物质外逸，与自体免疫细胞接触导致自身免疫。此外，支持细胞还为生殖细胞提供营养，调节精子发生。生精小管间的睾丸间质细胞，产生并分泌雄性生殖激素睾酮。睾酮对于男性生殖器官的发育，以及男性第二性征的形成至关重要，可以直接或通过垂体-睾丸轴调节精子发生。

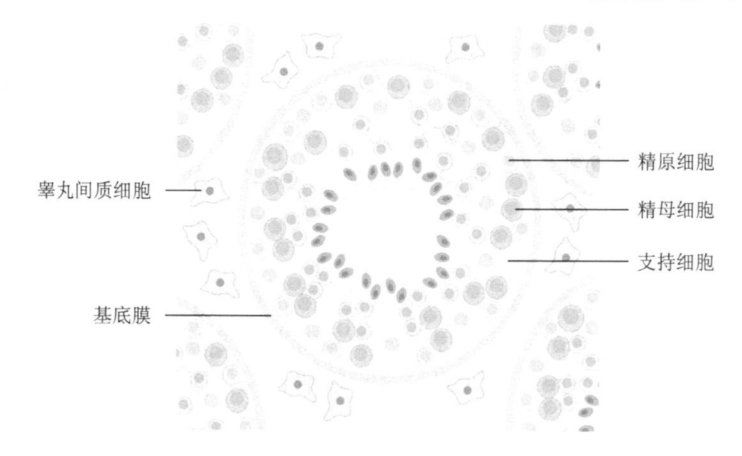

图 20.3　生精小管结构

精子发生可分为三个主要阶段：精原干细胞和精原细胞的有丝分裂及分化、精母细胞减数分裂、精细胞变形形成精子。当生殖细胞经历这些分裂和分化时，它们不会完全分开，而是通过细胞间的细胞质桥保持连接。这些细胞质桥在精子发生的几乎所有阶段都存在，促进细胞质的共享，从而使来自一个精原细胞的生殖细胞能同步分裂和分化成熟。

精原干细胞，一般通过不对称有丝分裂产生精原干细胞和精原细胞，从而维持精原干细胞的持续存在，保证了男性能终生产生精子。精原干细胞和精原细胞，位于生精小管的基底膜附近。由精原干细胞分裂产生的 A 型精原细胞，经过多次对称有丝分裂和分化，形成 B 型精原细胞。A 型精原细胞通过多次分裂来增加细胞数目，以确保产生大量精子。而 B 型精原细胞则分化为精母细胞，精母细胞进行减数分裂（图 20.4）。

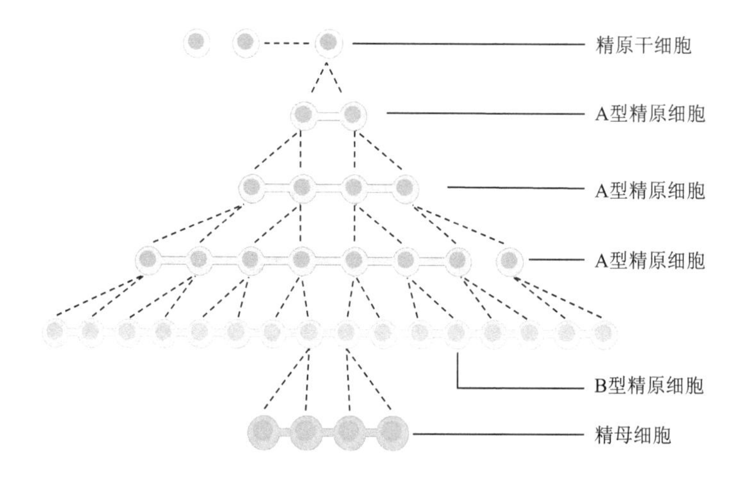

图 20.4　精子发生阶段：精原干细胞和精原细胞有丝分裂和分化

精母细胞减数分裂，是产生单倍体精子细胞的过程。精母细胞中来自父母双方的染色体通过减数分裂发生重新组合，从而确保了配子的遗传多样性。首先，精母细胞中 DNA

复制，使每条染色体由两条染色单体组成。随着同源染色体的配对和联会，两条非同源染色单体交换部分片段，从而在同源染色体间建立起物理连接，以确保减数分裂的正常完成，也导致了配子的遗传多样性。每个精母细胞通过两次连续的分裂，形成 4 个遗传组成各不相同、染色体数目减半的单倍体精细胞。

精细胞变形形成精子的过程，可分为几个步骤：形成顶体、细胞核包装、形成尾部、细胞质去除。顶体形成始于高尔基复合体产生的小泡，小泡融合变大形成顶体囊泡，内含顶体颗粒。它们迁移到核膜附近，形成帽状结构，覆盖 30%～50%的细胞核表面。随着圆形精细胞进一步分化，逐渐延伸为细胞核上方的“帽”。随着精细胞伸长，细胞核极化到顶体帽覆盖的区域，与细胞膜紧密贴合。极化后不久，精子细胞的染色质开始凝聚，细胞核的形状也随之发生变化。染色质的凝聚，先后经历过渡蛋白替换组蛋白，而后过渡蛋白又被富含精氨酸的鱼精蛋白替代。精子染色质随后变得高度稳定，并能抵抗生殖管道中的环境变化。精细胞变形导致细胞核体积显著减小、基因转录停止。在此过程中，两个中心粒分开，其中一个定位于细胞核后端形成的小凹，称为近端中心粒，而远端中心粒形成尾部鞭毛的中央轴丝（图 20.5）。精子的线粒体体积变小、伸长，并围绕中央轴丝，在精子尾部中段形成螺旋状排列的线粒体鞘，为精子的运动提供能量。精子细胞的细胞质向尾部迁移，并且体积显著减小，最后成为细胞质残体。其中，包括线粒体、脂质和核糖体颗粒等，被支持细胞吞噬，并移动到支持细胞的底部被溶酶体降解。

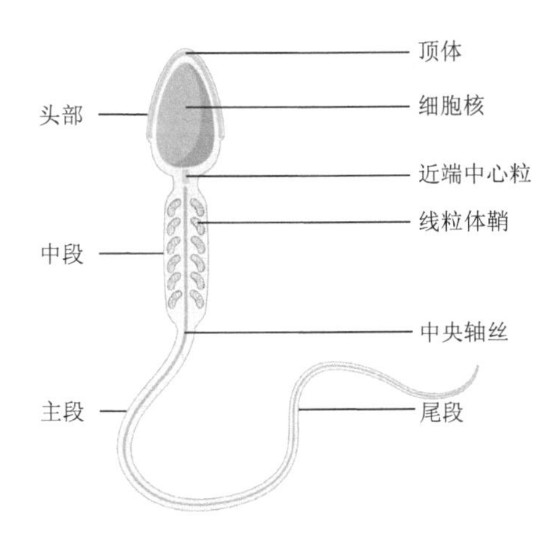

图 20.5　精子结构

在睾丸生精小管中生成的精子尚未成熟，不具备运动和受精的能力。此时的精子随着支持细胞分泌的液体，经睾丸网进入附睾头部。在附睾中水分被吸收，精子密度增加。随着精子依次通过附睾头部和体部，精子的鞭毛结构和质膜成分发生改变，线粒体供能体系完善，第二信使 cAMP、Ca^{2+}的浓度变化，使精子获得运动能力。同时，精子膜表面的透明质酸酶 PH-20 蛋白的分布和浓度发生改变，并使精子获得识别和黏附透明带，以及与卵细胞膜融合的能力，即受精能力。随后，精子被储存在附睾尾部。

（二）卵子发生

女性内生殖器官，包括卵巢、输卵管、子宫和阴道。卵子是人体内最大的细胞，直径约0.2mm。不同于成年男性每天都能产生大量精子，女性在出生时卵巢中的卵母细胞数量就已固定。虽然近年来有报道认为，成年女性卵巢中存在生殖干细胞，但并未得到学界的认可。

卵子发生是一个漫长的过程，起始于3个月大的女性胚胎的卵巢中，出生后卵母细胞停滞在减数分裂前期的双线期，青春期性成熟后卵母细胞陆续恢复减数分裂，发育成卵子。卵母细胞减数分裂前期，停滞时间长达10多年（女性第一次排卵）到数十年（即女性排出其一生中的最后一颗卵时）。胚胎在3～6孕周时已形成卵巢的雏形。出生前，卵巢中有数百万个初级卵母细胞，经过儿童期、青春期，到成年只剩10万多个初级卵母细胞。这些卵母细胞，都存在于被颗粒细胞包围形成的卵泡中。每月都有一批原始卵泡启动发育，但只有一个卵泡能发育为成熟卵泡并完成排卵，从卵巢排出的次级卵母细胞被运送到输卵管。女性一生中排卵300～400次，也就是能形成300～400个成熟的卵子。

在胚胎期，女性卵巢中的卵原细胞通过多次有丝分裂扩大数量。卵原细胞进入减数分裂形成初级卵母细胞。在出生前，卵母细胞已完成减数分裂前期，即经历细线期、偶线期、粗线期，最终停滞在双线期。此时，一些卵母细胞被一层扁平状的体细胞（前颗粒细胞）包裹，形成原始卵泡，而许多未被体细胞包围的卵母细胞则发生凋亡。原始卵泡无法更新，因此出生时卵巢中的原始卵泡数量（原始卵泡池）代表了女性终生的生育储备。

原始卵泡中，单层前颗粒细胞将卵母细胞包裹，使其保持休眠状态。当原始卵泡被选择性激活时，扁平状的前颗粒细胞发育成单层立方状颗粒细胞，卵母细胞内蛋白合成增多，体积增大。此时，原始卵泡发育成为初级卵泡。初级卵泡中的卵母细胞，开始分泌透明带蛋白形成透明带，隔离了卵母细胞和颗粒细胞。

当初级卵泡发育成次级卵泡时，单层颗粒细胞经过有丝分裂数目增加，形成多层颗粒细胞。在卵母细胞、透明带和多层颗粒细胞之外，还会形成卵泡膜。

次级卵泡进一步发育为有腔卵泡（图20.6）。此时，卵泡腔形成并逐渐扩大，卵泡分泌液体至卵泡腔中，卵母细胞则被挤到卵泡一边，形成卵丘。此时包围卵母细胞的颗粒细胞称为卵丘细胞，而其他颗粒细胞被称为壁层颗粒细胞。

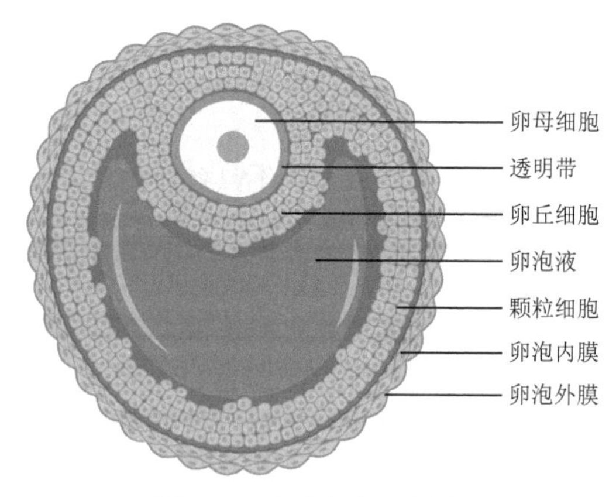

图20.6　有腔卵泡示意图

在月经周期的卵泡期（约第七天），随血清卵泡刺激素（FSH）升高，卵巢内的部分有腔卵泡被选择而进一步发育形成优势卵泡，最终形成成熟卵泡并完成排卵，而其他未被选择的卵泡则发生闭锁。这个过程又称为周期募集。成熟卵泡的卵泡腔内卵泡液增多，卵泡壁变薄，靠近卵母细胞的卵丘细胞形成放射冠。

成熟卵泡破裂，卵丘细胞包裹卵母细胞和透明带一起排出卵巢的过程，称作排卵。排卵阶段，颗粒细胞分泌大量细胞外基质，使卵丘细胞变松散。卵泡壁胶原层分解，卵泡膜出现小孔，卵母细胞、透明带和放射冠一起排出，进入输卵管。

排卵之后，卵泡液也流出，卵泡壁塌陷，卵泡壁的颗粒细胞和卵泡膜细胞进入卵泡腔中，发育成黄体（图 20.7）。受精后，黄体分泌孕激素和雌激素，促进胚胎植入和早期发育。如果未受精，黄体则退化形成白体。

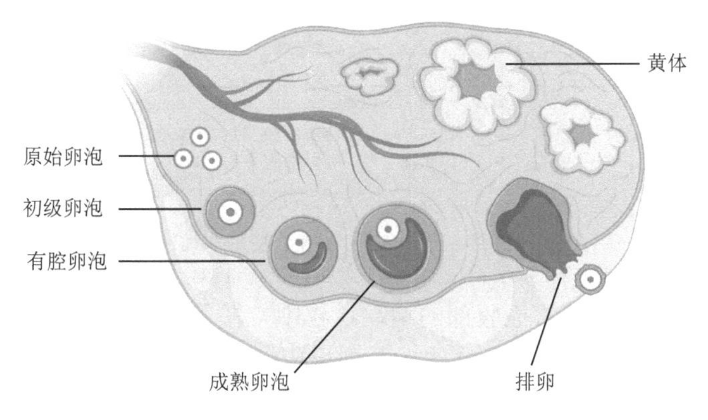

图 20.7　人卵巢的模式图

在排卵前，卵母细胞恢复减数分裂，并完成第一次减数分裂，生成次级卵母细胞和第一极体。次级卵母细胞停滞在第二次减数分裂中期，等待受精。如果发生受精，次级卵母细胞才能恢复减数分裂进程，并完成第二次减数分裂。

人类卵子发生与精子发生过程基本一致，但两者启动时间、进程、子细胞数和持续时间大不相同（图 20.8）。

（三）受精卵形成

精液进入阴道后迅速凝集而后液化，因阴道环境 pH 酸性，而精液 pH 偏碱性，pH 的改变促进精子运动能力增强。而阴道管壁的收缩，也进一步促进精子通过子宫颈进入子宫腔。在大约 2 亿个精子中，仅有不到 100 万个精子能通过子宫颈，其余运动能力不强的精子死亡。在子宫中，子宫肌肉收缩和精子纤毛摆动加快精子的运动速度。大约有几千个运动快的精子能顺利进入输卵管，而其余运动较慢的，则被子宫内活化的白细胞杀死并吞噬。而其中又只有一半的精子能进入输卵管。进入输卵管后，精子运动减缓。只有运动到输卵管壶腹部时，能与卵子相遇的精子才能完成受精。而那些运动过度，超过输卵管壶腹部的精子，则继续前行，经输卵管伞部进入腹腔而丢失。

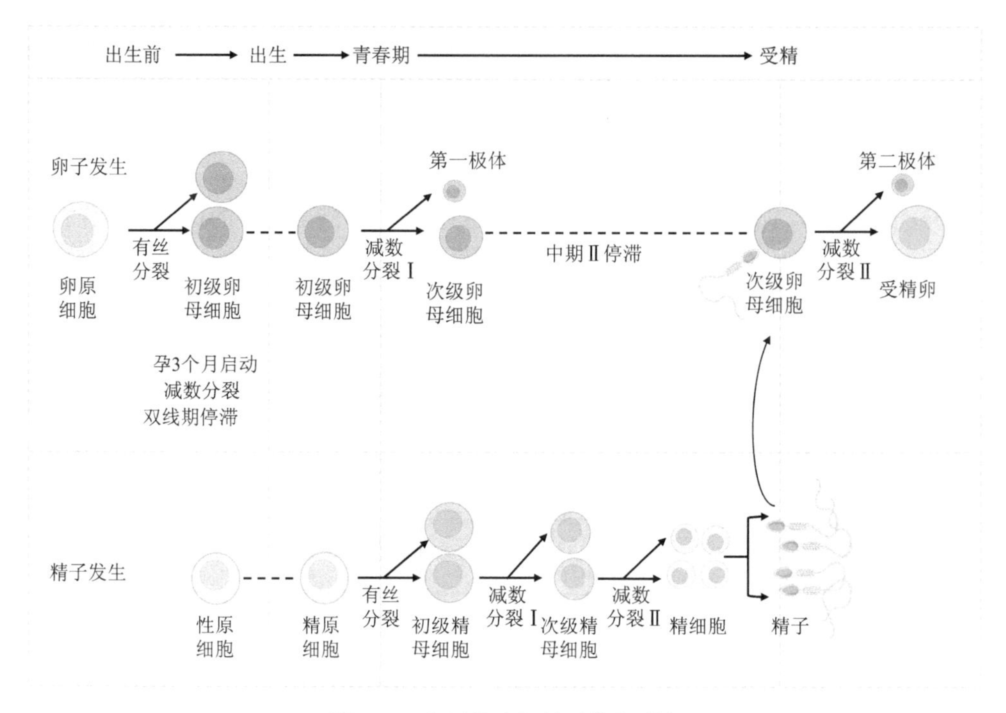

图 20.8 卵子发生与精子发生对比

在进入女性阴道到输卵管壶腹部的运动过程中，精子表面糖蛋白等被移除，使精子能结合在卵子透明带上，并完成受精的一系列反应，称为精子获能。精子进入子宫颈后，在子宫颈黏液环境中，精子便去除顶体表面附着的蛋白质和胆固醇（包括精浆蛋白），这些物质是附睾或精囊腺分泌的去能因子，会抑制精子受精。这些去能因子去除后，精子运动更快，并导致精子质膜稳定性下降，使精子对引发顶体反应的信号更敏感（图 20.9）。

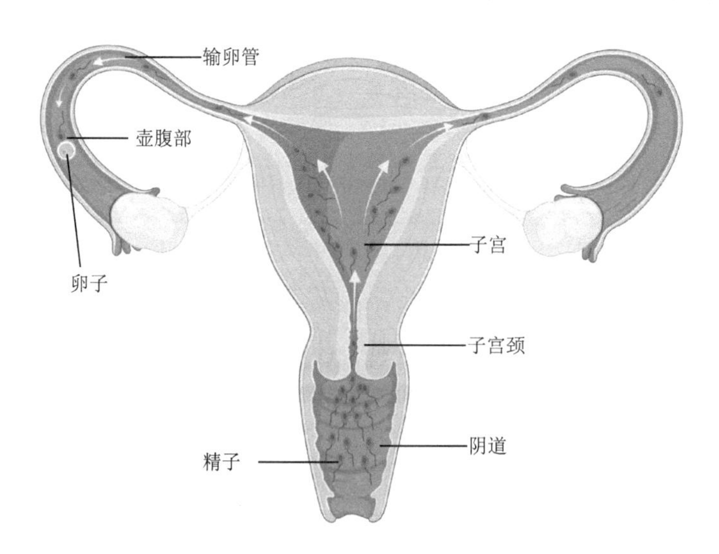

图 20.9 精子在女性生殖道的运动路径

精子与次级卵母细胞结合，细胞膜发生融合后，使精子细胞核进入次级卵母细胞并发育为雄原核，次级卵母细胞经减数分裂形成的卵细胞核发育为雌原核。雌雄原核融合形成受精卵，这一过程称为受精，一般发生在输卵管壶腹部。受精过程复杂，包括精子穿过卵丘细胞层、精子与卵母细胞透明带结合、发生顶体反应、穿过透明带、精卵细胞膜结合与融合、卵子激活、雌雄原核的发育与融合等。

排卵后的次级卵母细胞被透明带包围，透明带外围则是卵丘细胞。卵丘细胞处于富含透明质酸的胞外基质中。精子接触卵丘后，精子头部的透明质酸酶可降解卵丘中的透明质酸，使精子可以穿过卵丘细胞间隙到达透明带。

精子与卵母细胞的初次识别，发生在精子结合透明带时期。透明带是卵母细胞外的一层糖蛋白纤维组成的网，人的透明带主要由 ZP1、ZP2、ZP3 和 ZP4 四种透明带糖蛋白组成。精子表面的透明带受体（又称卵子结合蛋白）与透明带蛋白 ZP3 结合，发生初次识别。初次识别使得精子附着于透明带，并诱发顶体反应。顶体反应后的精子与透明带蛋白 ZP2 结合，称为次级识别。

初次识别后，精子顶体外膜与精子质膜融合，释放顶体内的多种蛋白水解酶，这一过程称为顶体反应。顶体释放的酶降解透明带，使得精子能穿过透明带到达卵周隙。

精子穿过卵周隙到达卵母细胞，其头部接触卵母细胞质膜。然后，头部的侧面黏附于卵母细胞质膜，随后在精子与卵母细胞膜蛋白的作用下，两者细胞膜融合，使精子头部进入卵母细胞。

精子头部进入卵母细胞后，诱发卵子激活。卵母细胞质膜去极化，胞质中钙离子浓度增加，恢复第二次减数分裂，形成卵子并排出第二极体。

精子入卵后，精子的细胞核在卵母细胞的胞质作用下核膜破裂，释放出致密的染色质。染色质中的鱼精蛋白被组蛋白替代，染色质去致密化。去致密化的染色质被新的核膜包裹形成雄原核。而卵子激活后，减数分裂生成的单倍体遗传物质也形成雌原核，与雄原核融合，形成合子，受精过程完成。

在人类受精过程中，为了防止出现多个精子入卵的情况，分别在精卵细胞膜融合时期发生透明带反应。在精子入卵后，发生卵质膜反应以阻止其他精子进入卵母细胞。卵母细胞含皮质颗粒，分布在细胞膜附近。精卵细胞膜融合，诱导皮质颗粒胞吐，将多种酶释放到细胞膜和透明带之间的间隙（卵周隙）中，使透明带中的初级识别受体 ZP3 蛋白不能识别游离的精子，降解次级识别受体 ZP2，使已进入透明带的精子不能继续穿越透明带，这一过程称为透明带反应。而卵周隙中还存在已经穿过透明带的精子，透明带反应不能阻止这些精子入卵，因此，提出了质膜反应阻止精子入卵的概念。但在哺乳动物中尚无确切证据表明，质膜反应阻止多精受精的作用。去除透明带的小鼠卵子，在体外受精约 1h 后，卵质膜才不再接收精子。

二、生殖障碍及其原因

（一）生殖障碍概述

以育龄期女子婚后或末次妊娠后，夫妇同居 2 年以上，男方生殖功能正常，未避孕而不受孕为主要表现的疾病，称为不孕症。以婚后女方正常，有正常性生活而两年不能生育为主要表现的男科疾病，称为不育。人类不孕不育的发生原因多种多样，临床表现异质性高（图 20.10）。在性腺水平，包括卵巢、睾丸的病变，如睾丸炎、睾丸萎缩、睾丸外伤、隐睾、多囊卵巢综合征（PCOS）、卵巢早衰（POF）、早发性卵巢功能不全（POI）等。在正常发育过程中，睾丸会从腹膜下降到阴囊，而隐睾患者的睾丸下降异常，保留在腹股沟或腹腔中。精子发生在低于正常体温 1～2℃才能正常进行，而睾丸处于阴囊中，比体温低大约 2℃。而隐睾患者的睾丸未能下降到阴囊内，因此，温度过高不能正常产生精子。

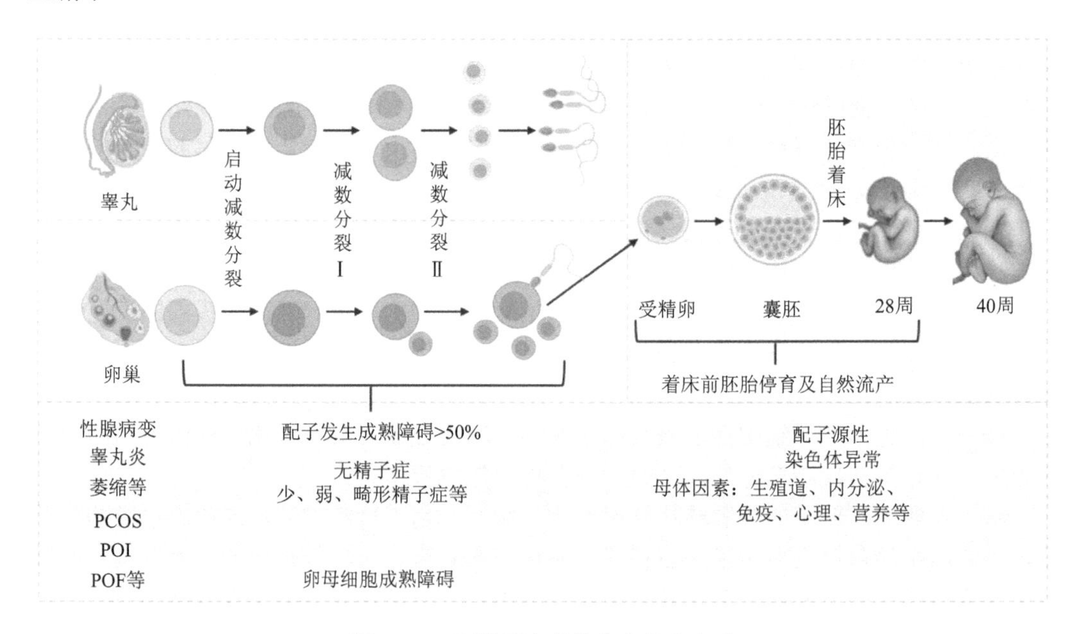

图 20.10　不孕不育的发生和临床表现

配子发生或成熟障碍，包括精子发生成熟障碍和卵子发生成熟障碍。现有研究表明，50%以上的不孕不育都是由于配子发生或成熟障碍造成的。对精子发生异常来说，临床表现包括无精子症和少精子症、弱精子症、畸形精子症（三者可任意组合，如少精子症、弱精子症、畸形精子症、少弱精子症、少畸形精子症、弱畸形精子症、少弱畸形精子症）。

此外，还有着床前胚胎停止发育和自然流产，造成的不孕不育。其原因包括染色体异常、母体生殖道病变、内分泌紊乱、免疫功能异常和心理因素及营养不足等。

（二）精子发生障碍

评估男性是否不育，应首先询问病史、有毒有害物质接触史，以及抽烟和饮酒等习惯。例如，询问是否有腮腺炎病史，因流行性腮腺炎可能并发睾丸炎，导致睾丸萎缩。接触史指是否长期接触有毒有害物质，习惯包括喜欢泡热水澡、抽烟喝酒等。随后应进行生殖器官外科检查、B 超检查、精液检查、染色体分析、检查睾丸大小和质地是否正常等。

精液分析前需要禁欲3～5天，取出的精液需在半小时内送至化验室，对精液体积和pH、精子总数、密度、活力和形态进行检测。

无精子症患者的精液中检测不到精子，其发病率占男性不育患者的10%～15%，占所有育龄男性的1%。无精子症可分为梗阻性无精子症和非梗阻性无精子症。睾丸中精子发生正常，但因输精管道阻塞导致的无精子症，被称为梗阻性无精子症。而非梗阻性无精子症，是由于睾丸中精子发生异常导致的。非梗阻性无精子症占无精子症的大部分，也是最严重的精子发生障碍，其中多数都无法治疗。

现在，《世界卫生组织人类精液检查与处理实验室手册》（第5版）对少精子症的定义是禁欲2～7天，至少2次或以上精液分析结果显示每次射精的精子总数$<39\times10^6$（或精子浓度$<15\times10^6$/mL），而精子活动率、精子正常形态率等参数正常。这一标准，由过去几十年逐渐降低至此，如20世纪80年代，少精子症的定义是精子浓度$<60\times10^6$/mL。弱精子症的定义是指能运动的精子少于40%，或者前向运动的精子少于32%。畸形精子症的定义是形态正常的精子少于4%。

导致精子发生异常的因素非常复杂，包括病毒感染、高温环境、抽烟喝酒等不良习惯、环境污染、作息不规律，以及遗传因素。除了腮腺炎导致病毒性睾丸炎致精子发生异常外，寨卡病毒感染也可能会影响精子发生。除了隐睾患者睾丸处于较高温度，久坐、泡温泉、蒸桑拿、穿紧身裤等，也与睾丸温度升高从而影响精子发生有关。在香烟的烟雾中，多种成分如尼古丁可能导致睾丸萎缩、功能减退，硫氰酸盐可能导致精液硫氰酸含量增高，抑制精子活力。而环境类雌激素污染物或睡眠不足等，可能导致内分泌紊乱、免疫力降低，进而导致精液质量下降。但这些因素都是导致男性不育的外因，遗传因素才是内在因素，是男性不育的根本原因，而且目前基本无法治疗。

（三）精子发生成熟障碍的遗传因素

精子发生与成熟的每一步都有多个基因参与，其中一些基因的突变会导致减数分裂停滞或异常，从而导致无精子症或少精子症、弱精子症、畸形精子症。根据对小鼠表型数据联盟数据库的统计，小鼠400多个基因的缺失或突变会导致精子发生障碍。而人类迄今，只有约14个基因（SPO11、SYCP3、DAZ、MEI1、MSH5、HFM1、MEIOB、SPATA22、STAG3、C11ORF80、SYCE1、SYCE4、ZSWIM7、RAD51AP2）的突变，经过功能实验证实会导致无精子症。

为了研究哪些基因的何种突变导致人类减数分裂异常进而诱发无精子症的，首先，需采集男性不育患者的外周血和睾丸组织，进行病理学检测和染色体分析等（图20.11）。取患者外周血进行染色体、免疫功能、内分泌等检查，排除已知因素导致的不育。取患者部分睾丸组织进行组织病理学分析，检测其精子发生停滞在哪个阶段。对睾丸组织进行减数分裂分析，观测同源染色体配对、联会是否有问题，以及有什么样的问题。通过上述研究，明确患者的病理特征与精细分类。随后，对患者进行全外显子测序和生物信息学分析，筛选出患者中突变的基因并根据突变基因在睾丸中的表达和定位等，确定导致患者无精子症的候选致病突变，并制备相应的基因突变敲入小鼠模型，研究携带该基因突变小鼠的精子发生。若模型小鼠的精子发生出现异常，且异常与患者的情况一致或相似，则认为该突变就是患者不育的致病原因。此外，该突变可用于对该类患者以及通过人工辅助生殖来自该患者精子的胚胎的遗传检测，阻断该突变传递给下一代。

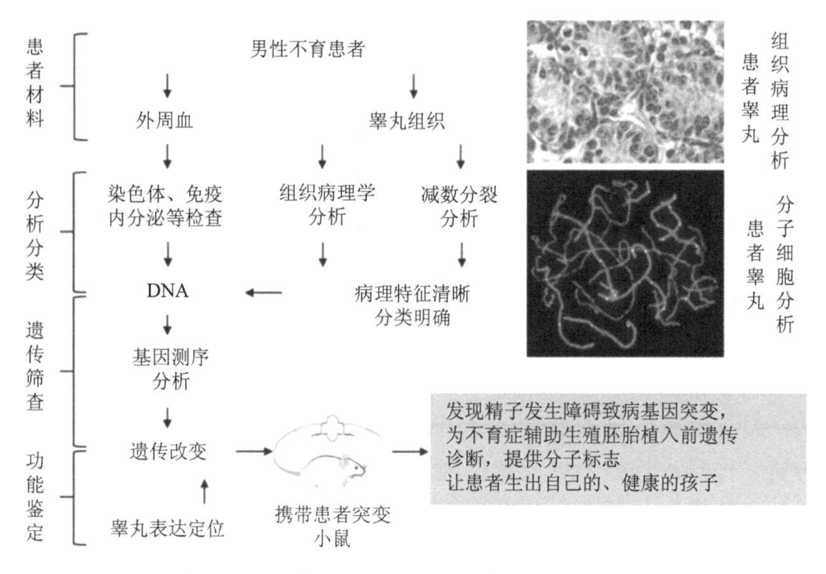

图 20.11 男性不育患者遗传学病因筛查的思路

外显子序列仅占人类基因组序列的约 1%，而迄今发现的致病突变中 85%以上均在外显子区。而且，全外显子组测序数据量远远小于全基因组测序的数据量，分析简单，发现致病变异的成功率高，且成本较低。因此，全外显子组测序（WES）分析是寻找致病突变基因的首选方法。分析患者基因组中外显子的三种突变：单核苷酸变异（single nucleotide variant，SNV）、插入和缺失突变（insertion-deletion，InDel，小于 50bp）、结构变异（structural variation，SV，大于 50bp）。去除测序数据中的假阳性突变后，把剩下的高质量变异，与公共数据库比对，筛选出新发、罕见或低频的基因变异。再根据这些突变基因在人和小鼠睾丸单细胞转录组数据，筛选出在睾丸中表达的突变基因，并明确其在哪些细胞中表达。随后，研究筛选出的突变基因的功能，以及突变后的有害性，从而得到生精障碍候选致病突变（图 20.12）。

为了研究突变基因的功能及其突变的有害性，使用 CRISPR/Cas9 技术构建携带与患者同样突变的小鼠，并对该小鼠的精子发生进行检测，即可确定该突变对精子发生造成的影响。首先，将 C57BL/6 背景的雌鼠与 DBA/2 背景的雄鼠杂交得到子代小鼠（称为 B6D2F1），对 B6D2F1 雌鼠注射孕马血清促性腺激素（PMSG）和人绒毛膜促性腺激素（HCG），诱导雌鼠的卵巢中有很多个卵泡发育，可以发育到成熟卵泡并排卵，即超排卵。把超排卵处理后的雌鼠与雄鼠合笼，次日取出受精卵。向受精卵内显微注射 Cas9 mRNA、sgRNA 和 dDNA（带有患者突变的 DNA 序列），并将受精卵移植到假孕小鼠的输卵管中，经过大约 19 天的发育产下仔鼠，对仔鼠进行基因型鉴定，筛选出与患者基因突变相同或相似的小鼠，即可用于基因突变效应的鉴定。

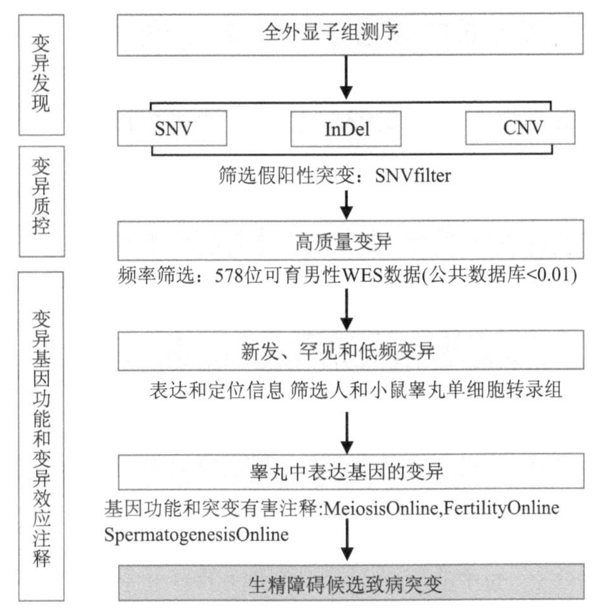

图 20.12　人类生精障碍候选致病突变筛选流程

CNV：拷贝数变异

（四）精子和卵子发生成熟障碍的遗传因素鉴定案例

在一个巴基斯坦近亲结婚家系（图 20.13）中，一位男性娶了其姨妈并生育多个子女，其中 4 位为原发性不孕不育症患者（3 名男性和 1 名女性）。

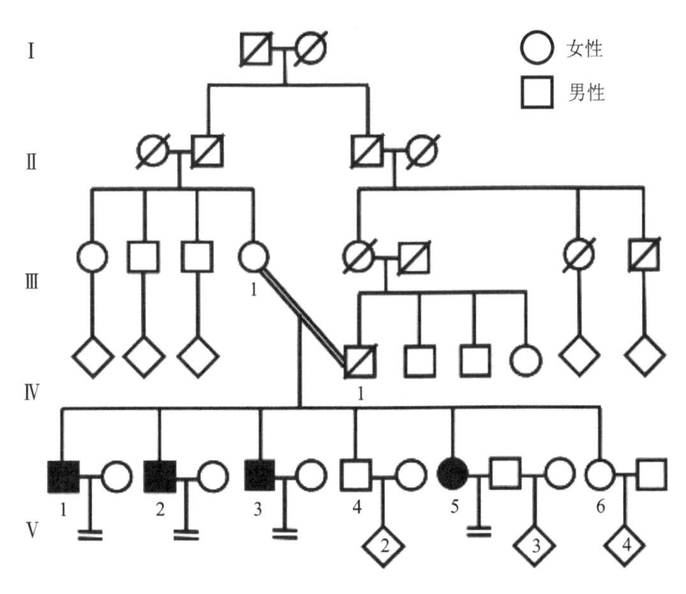

图 20.13　近亲结婚导致不育的家系

图中菱形及其中的数字分别代表“子女”和“子女的数目”，黑色圆代表“女患者”，黑色正方形代表“男患者”，斜线代表“死亡”，圆（或黑色圆）和正方形（或黑色正方形）间的一条横线代表“结婚”，圆和正方形间的两条平行线代表“近亲结婚”，两条短平行线代表“无子女”

3 名男患者（Ⅴ-1、Ⅴ-2 和Ⅴ-3）已分别结婚多年，但一直没有生出孩子，他们的睾丸较小，临床诊断为非梗阻性无精子症患者。女患者Ⅴ-5 已结婚 12 年，患有不明原因的不孕症。她有规律的月经周期（28～31 天），卵巢大小正常（右：8mL，超声检查观察到卵泡活动；左：4.5mL，没有卵泡发育）。该女患者结婚 7 年后，丈夫娶了另一个妻子，并与第二任妻子生了 3 个孩子。所有 4 位患者青春期正常，没有睾丸或卵巢损伤或感染史，也没有任何放射或化学治疗史。所有患者的血清性激素水平均在正常范围内。染色体分析显示，所有患者的核型正常，男性患者也未检测到 Y 染色体微缺失。

对患者Ⅴ-3 的睾丸组织切片进行苏木精-伊红（HE）染色，结果显示睾丸中存在大量精母细胞，而没有减数分裂后的精细胞和精子。顶体标记花生凝集素（PNA）染色，也进一步证实，患者的精子发生停滞在精母细胞阶段。

精母细胞第一次减数分裂，经历细线期、偶线期、粗线期、双线期、中期和后期。在偶线期，同源染色体开始配对、联会，形成联会复合体（SC）。为了检测患者的减数分裂缺陷，对患者Ⅴ-3 的精母细胞铺展后，进行免疫荧光染色，检测 SYCP3（SC 的横向元件）和 C14orf39（SC 的中央元件）。对照男性的睾丸中有许多粗线期精母细胞，具有典型的沿常染色体全长连续分布的 C14orf39 信号。然而，在患者样本中，未检测到粗线期精母细胞（图 20.14）。在对照精母细胞中，有沿着配对染色体轴分布的大量不连续的 C14orf39 线性信号的偶线期精母细胞，而在患者睾丸中也没有观察到这样的精母细胞。这些发现表明，患者Ⅴ-3 的减数分裂停滞在偶线期，从而导致其无精子。

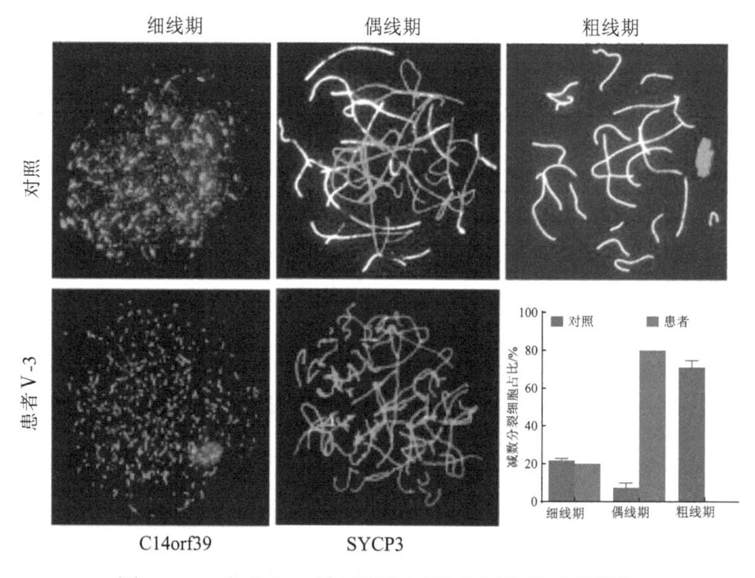

扫码查看彩图

图 20.14　患者Ⅴ-3 精子发生减数分裂停滞于偶线期

在偶线期 DNA 双链断裂（double-strand break，DSB）形成后，DNA 损伤修复蛋白 RPA 和 DMC1 立即被招募到 DSB 位点，进行同源重组修复。进一步进行免疫荧光染色发现，患者Ⅴ-3 精母细胞染色体轴上没有标志 DNA 断裂的 RPA 或 DMC1 信号，表明患者Ⅴ-3 的减数分裂程序性 DSB 不能产生。

随后，对Ⅴ-1患者、Ⅴ-3患者和他们的母亲进行了全外显子测序。由于患者都是近亲结婚的后代，因此，致病突变的传递更可能是常染色体隐性遗传模式。于是，选择母亲为杂合、两名患者均为纯合的突变作为关注对象。用一系列标准对变异进行过滤后，筛选出6个基因的6个突变。随后在该家系所有成员中，对这6个基因突变进行了Sanger测序检测，发现只有C11orf80$^{c.483dupT}$突变在该家系中的传递符合孟德尔定律，即在所有患者中为纯合，在所有正常可育成员中是野生型或杂合子。进一步研究，在患者Ⅴ-3的睾丸中，仍存在该突变基因表达的mRNA。

C11orf80$^{c.483dupT}$突变使其cDNA在第483位的碱基由C突变为TT，导致终止密码子TGA的产生。理论上，该突变会导致C11orf80蛋白翻译提前终止（图20.15）。C11orf80蛋白是DNA拓扑异构酶Ⅵ的β亚基，与α亚基SPO11形成TopⅥ复合物。TopⅥ复合物负责减数分裂程序性DNA双链断裂的产生。因此，为了验证突变的C11orf80蛋白是否还能与SPO11相互作用，我们进行了酵母双杂交试验。结果表明，野生型C11orf80可以与SPO11相互作用，而C11orf80的突变蛋白p.E162*（仅含1～161位氨基酸，等同C11orf80$^{c.483dupT}$突变）不能结合SPO11。这些结果表明，在该近亲结婚家系中，发现的C11orf80$^{c.483dupT}$突变，很可能通过诱导C11orf80翻译的过早终止，而阻碍了在减数分裂期间催化DSB形成的拓扑异构酶Ⅵ样复合物的形成，进而导致原发性不育。

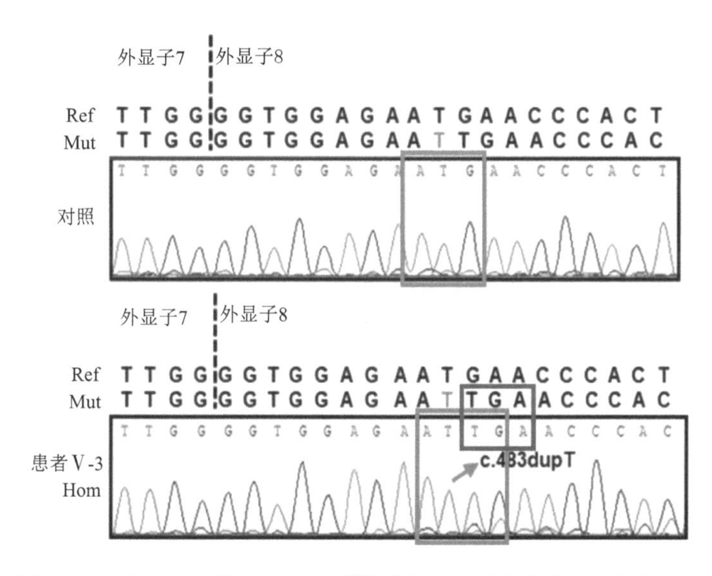

图20.15 患者Ⅴ-3的C11orf80$^{c.483dupT}$突变导致终止密码子提前出现

为了验证C11orf80$^{c.483dupT}$突变确实是导致不育的致病原因，我们制备了携带患者突变的小鼠模型对突变进行功能验证。人类C11orf80基因在小鼠中的同源基因是Gm960，利用CRISPR/Cas9技术构建了两种突变小鼠模型，每种模型都在Gm960基因中缺少7个碱基。第一种模型小鼠的cDNA缺失499～505位的碱基，可能导致会产生具有166个氨基酸残基的截短蛋白。第二种小鼠模型缺失504～510位的碱基，可能会产生具有168个氨基酸残基的截短蛋白。这与患者的突变（p.E162*）相似，这些突变都导致C端丢失。

Gm960 纯合突变雄性小鼠不能生育，睾丸比同窝的野生型（WT）小鼠明显减小（图 20.16A）。睾丸的组织学分析显示，WT 小鼠精小管中存在所有发育阶段的大量生精细胞，而突变鼠睾丸没有任何减数分裂后的细胞（精细胞和精子）（图 20.16B），这与患者的睾丸非常相似。与此一致，附睾尾的染色结果显示，WT 小鼠附睾中有大量的精子，但突变体中没有精子。

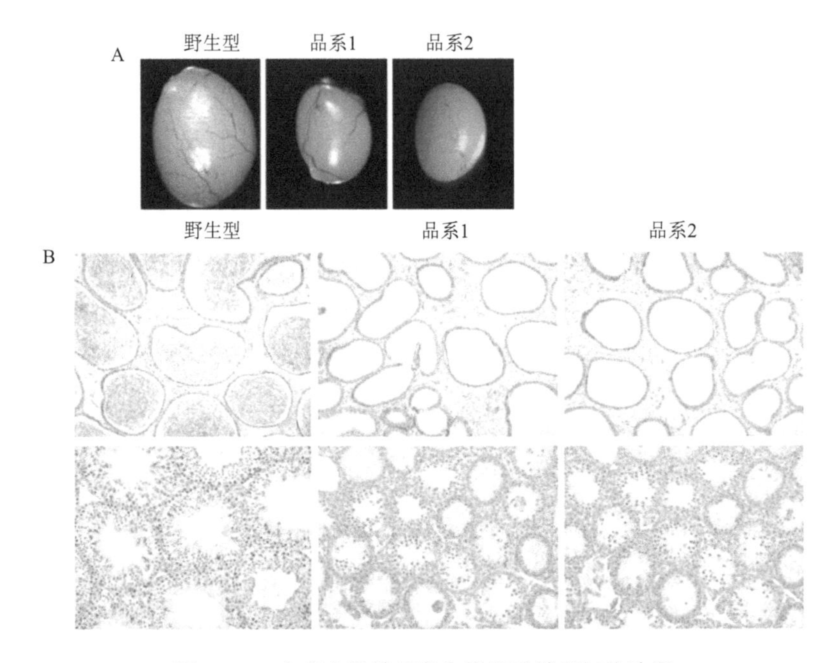

图 20.16　突变小鼠精子发生停滞于精母细胞阶段

A. 8 周小鼠的睾丸形态比较；B. 附睾尾（上排）与睾丸（下排）的切片比较

Gm960 纯合突变小鼠精母细胞铺展染色的结果，也显示出与患者Ⅴ-3 相同的表型，例如，染色体轴上缺乏 RPA2 和 DMC1 信号、减数分裂不能到达粗线期。这些小鼠体内数据表明，C11orf80$^{c.483dupT}$突变通过消除减数分裂 DSB 形成而导致减数分裂停滞在粗线期之前，进而导致非梗阻性无精子症和男性不育。

由于该家系中女性患者Ⅴ-5 也是该突变的纯合子，因此，我们对突变雌鼠的卵子发生也进行了细致研究。Gm960 纯合突变雌鼠未曾怀孕，其卵巢明显小于对照小鼠。组织学分析发现，突变小鼠卵泡明显减少，缺乏卵母细胞，表现出典型的卵巢早衰症状（图 20.17）。为了明确突变小鼠卵巢中卵母细胞何时消失，我们统计了不同年龄突变小鼠卵巢中的卵母细胞。与同窝对照小鼠卵巢相比，出生后第一天的突变小鼠卵母细胞的数量没有明显差异，但从第三天开始，随着年龄的增长卵母细胞明显减少。到第 15 周龄时，突变小鼠卵巢中卵母细胞很少，且仅出现在窦状卵泡中。

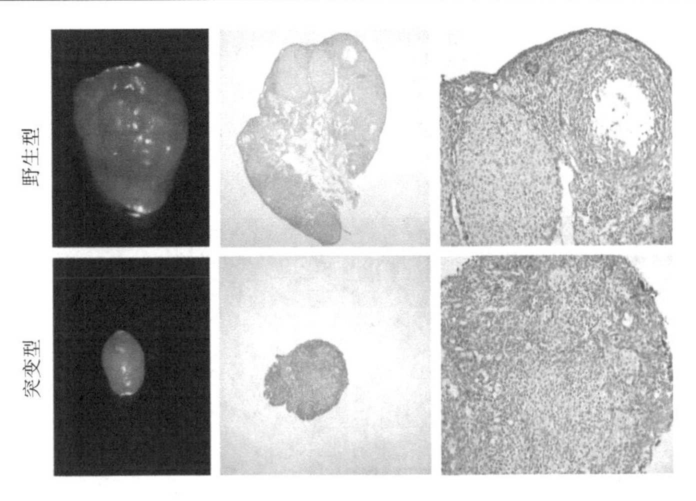

图 20.17 Gm960 突变小鼠卵巢早衰表现

对出生后 21 天的野生型和突变型小鼠进行超排卵处理后，获取卵母细胞进行培养。发现在 16h 的培养过程中，在 172 个 WT 小鼠卵母细胞中，有 135 个完成了减数分裂 I，排出了第一极体；而在 95 个突变小鼠卵母细胞中，只有 5 个完成了减数分裂 I 。为了进一步研究突变小鼠卵母细胞未能完成减数分裂 I 的原因，我们对卵母细胞的染色体和 α 微管蛋白进行染色。在 72.73%的 WT 小鼠卵母细胞中看到了典型的双极纺锤体，其染色体在赤道板上排列整齐。但是，在所有的突变小鼠卵母细胞中，染色体分布杂乱（图 20.18）。

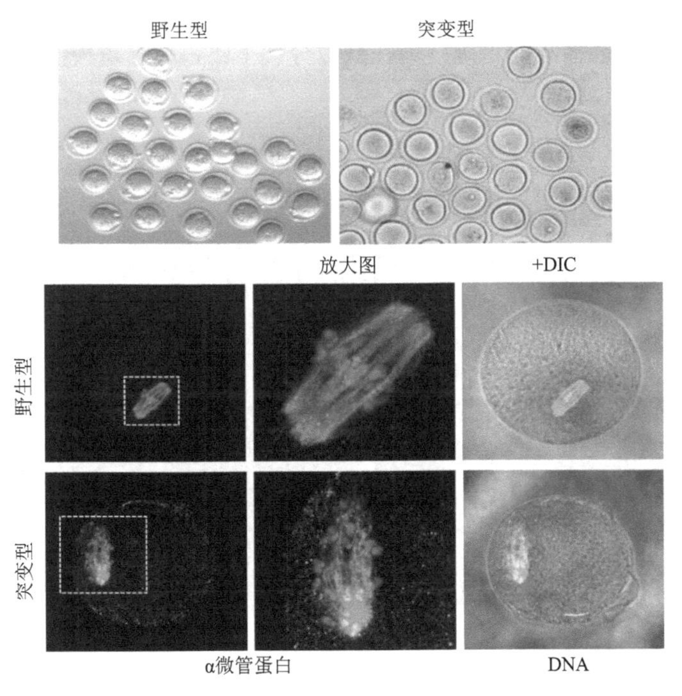

图 20.18 Gm960 突变型小鼠卵母细胞不能正常形成纺锤体

中期染色体铺展分析进一步表明，大多数 WT 小鼠卵母细胞具有 20 个典型的二价体（这是减数分裂重组在中期 I 的表现），但所有突变小鼠的卵母细胞都显示出 40 个单价体（图 20.19），表明突变型小鼠卵母细胞的同源染色体间无交叉互换。

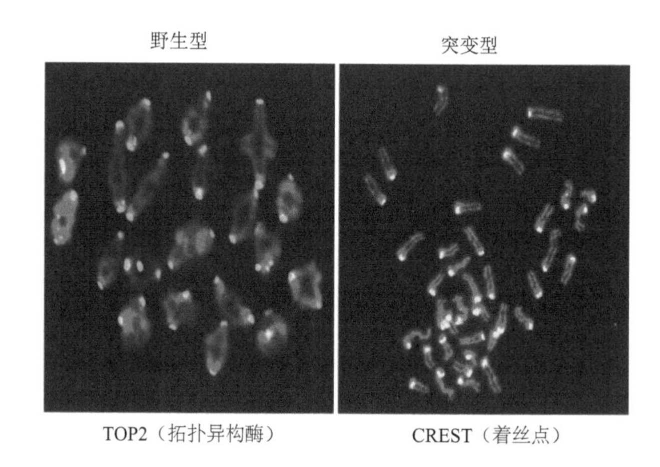

扫码查看彩图

图 20.19　Gm960 突变鼠卵母细胞的减数分裂中期 I 未能形成二价体

小鼠卵母细胞减数分裂重组，发生在胎儿卵巢中，起始于程序性 DSB 的形成。因此，我们取妊娠 16.5 天的胚胎卵巢，通过染色体铺展、重组修复蛋白 RPA2 和 DMC1 的荧光免疫染色，来检测卵母细胞中的 DSB。在 WT 鼠卵母细胞中，沿染色体轴可观察到数百个 RPA2 和 DMC1 信号，而在突变鼠卵母细胞中未检测到相关信号（图 20.20）。这表明，Gm960 截短突变也破坏了卵母细胞中程序性 DSB 的形成，使同源染色体间不能形成交叉互换，进而导致染色体不能正确排列在减数分裂 I 纺锤体赤道板上，最终诱发减数分裂中期 I 停滞和雌性小鼠不孕。

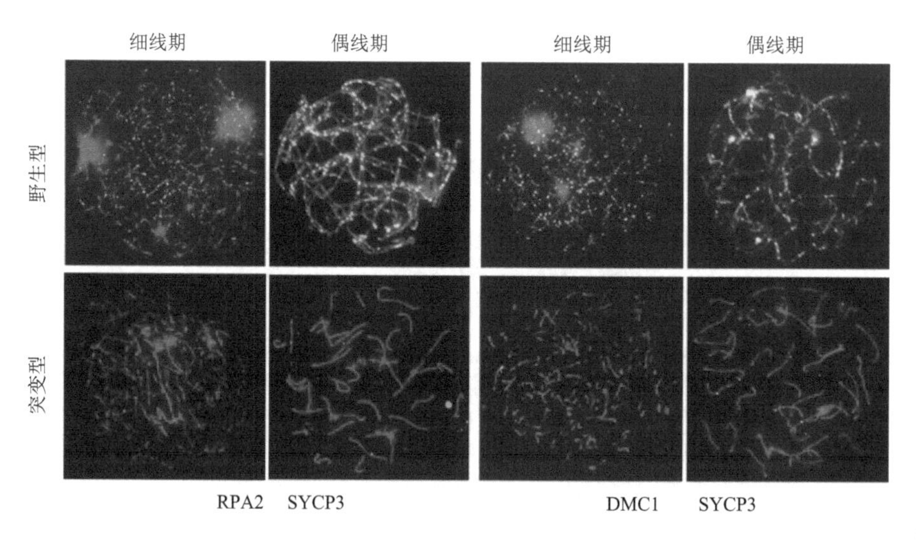

扫码查看彩图

图 20.20　Gm960 突变鼠卵母细胞 DSB 修复蛋白 RPA2、DMC1 免疫荧光染色

因此，以上研究结果表明，C11orf80/Gm960 突变导致减数分裂异常，不能产生精子或卵子，导致不孕不育。

主要参考文献

杨增明, 孙青原, 夏国良, 2019. 生殖生物学[M]. 2 版. 北京: 科学出版社.

Fahiminiya S, Labas V, Roche S, et al., 2011. Proteomic analysis of mare follicular fluid during late follicle development[J]. Proteome Science, 9: 1-19.

Jiao Y Y, Fan S X, Jabeen N, et al., 2020. A TOP6BL mutation abolishes meiotic DNA double-strand break formation and causes human infertility[J]. Science Bulletin, 65(24): 2120-2129.

第二十一讲　血液与脐血移植

孙自敏　主任医师，血液病专家。

目前，慢性髓细胞性白血病已经可以通过服用伊马替尼得到较好的控制，《我不是药神》这部电影让大众也认识到伊马替尼可以有效治疗慢性髓细胞性白血病。然而，对于其他亚型的白血病，造血干细胞移植是更为普遍的一种治疗手段。脐带血中含有能够重建人体造血和免疫系统的造血干细胞，可作为造血干细胞移植的来源，成为治疗多种血液疾病的重要手段。

一、血液学和血液病

（一）血液学

血液学是以血液和造血组织为主要研究对象的一个独立的医学科学分支学科。造血系统由造血器官和造血细胞两部分组成，是机体内制造血液成分的系统。造血器官主要包括卵黄囊、肝脏、脾、肾、胸腺、淋巴结和骨髓。

正常人体血细胞在骨髓及淋巴组织内生成。造血细胞均发生于胚胎的中胚层，随着胚胎的发育，造血中心也不断地变化，出生前的造血分为三个阶段：

（1）卵黄囊造血期：始于人胚第 3 周，停止于第 9 周，卵黄囊壁上的血岛是最初的造血中心。

（2）肝造血期：始于人胚第 6 周，至第 4～5 个月达高峰，以红、粒细胞造血为主，不生成淋巴细胞。此阶段还有脾、肾、胸腺和淋巴结等参与造血。脾脏自第 5 个月有淋巴细胞形成，至出生时成为淋巴细胞的器官。第 6～7 周的人胚已有胸腺，并开始有淋巴细胞形成，胸腺中的淋巴干细胞也来源于卵黄囊和骨髓。

（3）骨髓造血期：开始于人胚第 4 个月，到第 5 个月以后成为造血中心，从此肝、脾造血功能逐渐减退，骨髓造血功能迅速增加，成为红细胞、粒细胞和巨核细胞的主要生成器官，同时也生成淋巴细胞和单核细胞。淋巴结参与红细胞生成时间很短，从人胚第 4 个月以后成为终生产生淋巴细胞和浆细胞的器官，其多能干细胞来自胚胎肝脏和骨髓，淋巴干细胞来自于胸腺。刚出生时全身骨髓普遍造血，5 岁以后由四肢远端呈向心性退缩，正常成人红骨髓主要见于全身扁平骨，肱骨及股骨近端骨髓中尚残留有红骨髓组织，其余为黄骨髓。黄骨髓平时无造血功能，但在生理需要时，黄骨髓、肝、脾甚至淋巴结可恢复造血功能，称为髓外造血。

通过脾集落研究方法证实，现已公认各种血细胞均起源于共同的骨髓造血干细胞，自我更新与多向分化是造血干细胞的两大特征。血细胞的发育共分为 5 个阶段：

（1）初级多能干细胞，为最原始未分化干细胞。

（2）次级多能干细胞，部分分化，如脾集落生成单位，淋巴性干细胞。

（3）定向祖细胞，自我复制能力有限或消失，仅具有一系或二系分化潜能。

（4）前体细胞，如骨髓中形态已可辨认的各系幼稚细胞。

（5）各系血细胞，成熟血细胞（图 21.1）。

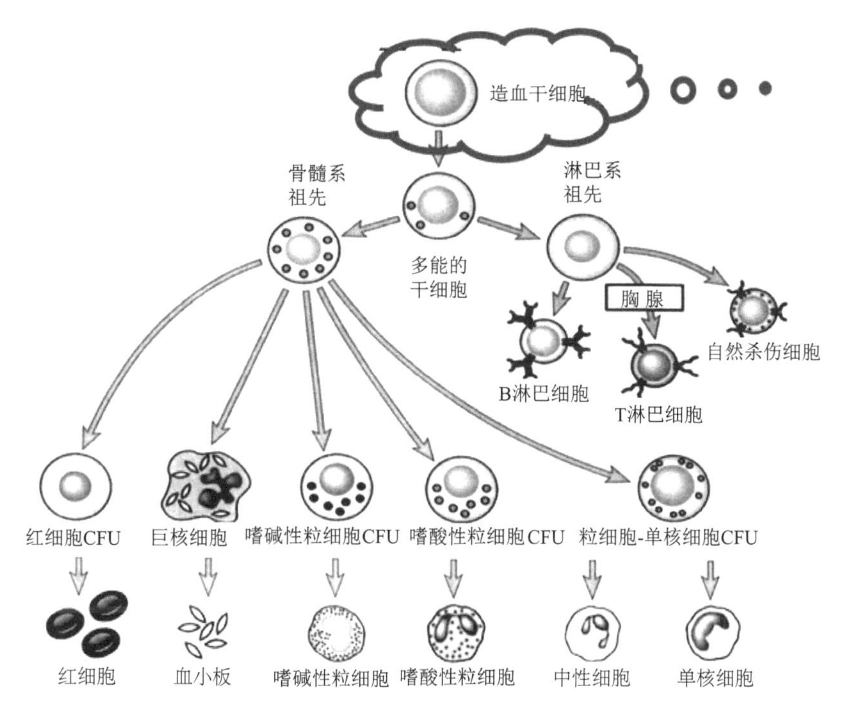

图 21.1　造血系统的发生与成熟

CFU：集落形成单位

血细胞生成除需要造血干细胞外，尚需有正常造血微环境及正、负造血调控因子的存在。造血组织中的非造血细胞成分，包括微血管系统、神经成分、网状细胞、基质及其他结缔组织，统称为造血微环境。造血微环境可直接与造血细胞接触或释放某些因子，影响或诱导造血细胞的生成。

调控造血功能的体液因子，包括刺激各种祖细胞增殖的正调控因子，如促红细胞生成素，集落刺激因子（colony-stimulating factor，CSF）及白细胞介素 3（IL-3）等，同时亦有各系的负调控因子，两者互相制约，维持体内造血功能的恒定。

红细胞的生存时间为 100～120 天，因此体内每天约有 1/120 红细胞被破坏，6.25g 血红蛋白分解，同时又有相应量的红细胞及血红蛋白生成，以保持动态平衡。红细胞的生理性破坏主要是由于衰老所致。红细胞衰老时，细胞内己糖激酶、磷酸葡萄糖异构酶等逐渐失去活力，ATP 酶含量亦逐渐降低，因而导致依赖于能量代谢的过程产生障碍，此外，磷酸己糖旁路的衰竭也导致血红蛋白结构和功能的改变。衰老的红细胞渗透脆性增加，可变形性的能力减小，变成球形红细胞。衰老的红细胞 10%在血管内破坏，但绝大部分在血管外破坏，其中脾脏起重要作用，衰老而变形性小的红细胞在脾循环中被阻留并被单核巨噬细胞所吞噬。肝脏也是破坏衰老红细胞的重要场所之一。其他器官的单核巨噬细胞也有清除异常红细胞的能力，但效率较低。

由于骨髓造血的代偿能力为正常造血的6～8倍，当红细胞的生存时间短至10天（正常的1/12），每天约有75g血红蛋白破坏，此时红细胞破坏超过了骨髓的代偿程度，而出现贫血。由于脾脏是识别、破坏异常红细胞的主要器官，因此临床上可采用脾切除来治疗某些溶血性贫血。

粒细胞在骨髓中成熟后即进入血液中，在血液循环中停留时间短，半存留期为6～7h，然后进入组织再重返血管内，成熟中性粒细胞存活期为9天。主要被单核巨噬细胞破坏，亦可随各器官的分泌物排出体外。

单核细胞在骨髓中成熟后立即进入血液循环，其半衰期为71h，以后进入组织成为组织巨噬细胞。

淋巴细胞可分为短寿及长寿两群，前者存活4～5天，后者经数月或数年未分裂而存活。两者功能上的意义还不清楚。淋巴细胞可在静脉-淋巴间进行循环，在其存活期内可往返循环达数百次之多。

血小板的寿命为7～10天，衰老的血小板被单核吞噬细胞系统所清除。血小板与粒细胞不同，在骨髓中并无储备，如血小板被大量破坏，则恢复较慢，至少3～5天才能恢复正常，这正是巨核细胞成熟至产生血小板所需要的时间。

因此，当骨髓功能发生严重障碍时，首先出现的症状为粒细胞缺乏所致的感染，随之为血小板减少所致的出血倾向，最后出现贫血，而淋巴细胞减少所致的免疫功能低下则十分隐匿而且迟缓。

（二）血液病

1. 血液病的致病因素

造血系统疾病俗称血液病，系原发于造血系统和/或累及造血系统的疾病。人体其他系统疾病出现血液方面改变者，称为系统疾病的血液学表现。引发血液病的原因有很多种，包括化学因素、物理因素、生物因素、遗传因素和免疫因素共5个因素。

（1）化学因素：一些药物，如磺胺类、青霉素类、奎尼丁、甲基多巴、头孢类等药物，可能会引起溶血；氯霉素、化疗药物、氨基比林、甲巯咪唑等可引起骨髓衰竭。接触某些有害化学制剂（如杀虫剂、苯等），可能会抑制骨髓造血。

（2）物理因素：长期接触X射线、放射性核素等，可直接损害造血干细胞和骨髓微环境，影响骨髓造血。

（3）生物因素：多年研究已证明人类T淋巴细胞白血病病毒（一种RNA逆转录病毒），可引起人类T淋巴细胞白血病；EB病毒感染与许多淋巴系统肿瘤有关；部分再生障碍性贫血的发生，可能与肝炎病毒、微小病毒B19等病毒感染有关。

（4）遗传因素：部分血液病与遗传有关，如β地中海贫血、遗传性红细胞增多症、葡萄糖-6-磷酸脱氢酶缺乏症（G-6-PD缺乏症）、范科尼（Fanconi）贫血、血友病A、血友病 B 等疾病为遗传性疾病。还有一些遗传性疾病如 21-三体综合征（Down 综合征）等，常伴有较高的血液系统肿瘤的发生率。

（5）免疫因素：多种血液病的发生和免疫相关，如再生障碍性贫血、自身免疫性溶血性贫血、特发性血小板减少性紫癜等血液系统疾病；部分血液系统肿瘤的发生也与免疫监视系统的缺陷有关。

2. 血液病的症状

血液系统疾病一般可分为：红细胞疾病，如各类贫血；白细胞疾病（包括粒细胞、单核巨噬细胞、淋巴细胞及浆细胞等疾病），如粒细胞缺乏症，各类淋巴瘤，急、慢性白血病，多发性骨髓瘤等；止血及血栓性疾病，如血管性紫癜、血友病、免疫性血小板减少症、易栓症等。血液病的症状与体征多种多样，常见的有贫血，出血，发热，淋巴结及肝脾肿大。

（1）贫血：贫血的临床表现可分为原发贫血病的表现和贫血相关的症状及体征。贫血相关症状表现为软弱无力、疲乏困倦、活动耐力减退等，是最常见及最早出现的症状；皮肤黏膜颜色苍白是最常见的客观体征；呼吸循环系统表现：心悸、气促等；神经系统表现为头昏、头痛、困倦、嗜睡、眼花、耳鸣、记忆力减退、反应迟钝等；消化系统症状为食欲减退、消化不良、恶心、呕吐等；泌尿生殖系统症状为夜尿增多、低比重尿、女性月经增多或继发闭经、性欲减退等。

（2）出血：也是血液病重要临床表现之一，主要表现为皮肤黏膜出血，如皮肤瘀点、瘀斑、血肿，也可表现为鼻出血、齿龈渗血和月经过多等。严重患者可出现内脏出血，如关节腔出血、血尿、消化道出血及颅内出血等，少数患者可因为严重出血导致死亡。引起出血的原因主要为血管性、血小板量和质的异常及凝血功能障碍。前两者多表现为皮肤黏膜的出血，凝血功能障碍多表现为深部肌肉血肿、关节腔出血及脏器出血。手术中创面出血多，局部压迫止血较持久者多为血管或血小板异常；手术中出血不太严重但术后却有严重渗血，局部压迫止血效果不佳者多为凝血功能异常所致。

（3）发热：是血液病临床表现之一，常是部分患者的首发表现。血液系统疾病发热的机制主要包括两方面：一是因为粒细胞减少或免疫功能减退等原因导致患者易被各种病原体感染，为感染性发热；二是血液系统疾病本身引起的发热，多数为肿瘤热，如淋巴瘤、白血病、骨髓纤维化等。霍奇金淋巴瘤常可引起特征性周期性发热。

（4）淋巴结及肝脾肿大：主要是造血系统肿瘤的浸润表现或因骨髓病变引起的髓外造血。可见于淋巴瘤、急性或慢性淋巴细胞白血病、急性或慢性髓细胞性白血病、浆细胞病、朗格汉斯细胞组织细胞增生症、原发性骨髓纤维化、类脂质沉积症等。严重溶血性贫血（尤其是血管外溶血）、脾功能亢进等都可致脾脏肿大。

二、血液学的重大发现及对医学的贡献

（一）人类红细胞血型的发现

奥地利著名生理学家、医学家卡尔•兰德斯坦纳，1900 年发现了 A、B、O 血型，1902

年发现 AB 血型，从此为人类揭开了血型的奥秘，并使输血成为安全度较大的临床治疗手段。1930 年兰德斯坦纳获得诺贝尔生理学或医学奖。红细胞血型指红细胞表面抗原由遗传所决定的个体差异，具有个体特异性和终身不变的特征，是血液的遗传标记，也是最早被发现和应用的一类遗传标记，红细胞血型包括 ABO、MN、P、Rh、Kell、Lewis、Duffy、Kidd 等 29 种血型。

1. ABO 血型系统

ABO 血型根据红细胞膜上是否存在凝集原 A 和/或凝集原 B 而分为 4 型。红细胞膜上只含凝集原 A 的称为 A 型；只含凝集原 B 的称为 B 型；存在 A 与 B 两种凝集原的称为 AB 型；A 与 B 两种凝集原都没有的称为 O 型。不同血型人的血清中含有不同的凝集素，即不含有对抗自身红细胞凝集原的凝集素。在 A 型人的血清中，只含有抗 B 凝集素；B 型人的血清中，只含有抗 A 凝集素；AB 型人的血清中没有抗 A 和抗 B 凝集素；而 O 型人的血清中则含有抗 A 和抗 B 凝集素。后来进一步发现 4 种血型的红细胞上都含有 H 物质。H 物质是形成 A、B 抗原的结构基础，但是 H 物质的抗原性很弱，因此血清中一般都没有抗 H 抗体。利用抗血清做细致的检测可以发现，A 型还可再区分为 A1 和 A2 亚型。在 A1 亚型红细胞上含有 A 和 A1 抗原，而 A2 型红细胞上仅含有 A 抗原。相应的在 A1 型血清中只有抗 B 凝集素，而 A2 型血清中除抗 B 凝集素之外，还含有抗 A1 凝集素。因此当将 A1 型的血液输给 A2 型的人时，A2 型人血清中的抗 A1 凝集素可能与 A1 型的人红细胞上的 A1 抗原结合产生凝集反应。

据调查，我国汉族人中 A2 型和 A2B 型分别不超过 A 型和 AB 型人群的 1%，即使如此，在测定血型和输血时都应注意到 A 亚型的存在（图 21.2）。

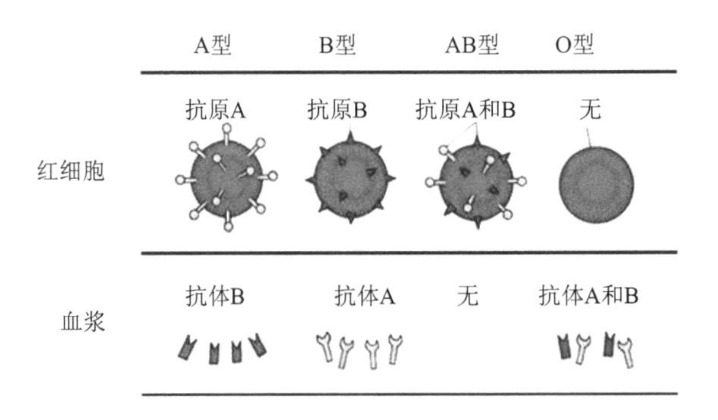

图 21.2 ABO 血型的分型及其物质基础

2. Rh 血型系统

（1）Rh 血型系统的发现及在人群中的分布。在寻找新血型物质的探索中，当把恒河猴即猕猴（*Macaca mulatta*）的红细胞重复注射入家兔体内，引起家兔产生免疫反应，此时在家兔血清中产生抗恒河猴红细胞的抗体（凝集素）。再用含这种抗体的血清与人的红细胞混合，发现在白种人中，约有 85%的人其红细胞可被这种血清凝集，表明这些人的红细胞上具有与恒河猴同样的抗原，故称为Rh阳性血型；另有约15%的人的红细胞不被这种血清凝集，称为Rh阴性血型，这一血型系统即称为Rh血型。在我国各族人中，汉族和其他大部分民族的人中Rh阳性的约占99%，Rh阴性的人仅占1%左右。但是在一些少数民族中，Rh阴性的人较多，如苗族为12.3%，塔塔尔族为15.8%。

Rh血型系统的基因型及其表达利用血清学实验揭示了人类红细胞上的Rh血型系统包括5种不同的抗原，分别称为C、c、D、E和e。从理论上推断，有3对等位基因Cc、Dd、Ee控制着6个抗原。但实际上未发现单一的抗d血清，因而认为d是“静止基因”，在红细胞表面不表达d抗原。在5个抗原中，D抗原的抗原性最强。因此通常将红细胞上含有D抗原的，即称为Rh阳性；而红细胞上缺乏D抗原的，称为Rh阴性。

（2）Rh血型的特点及其在医学实践中的意义。前述ABO血型时曾指出，从出生几个月之后在人血清中一直存在着ABO系统的凝集素，即天然抗体。但在人血清中不存在抗Rh的天然抗体，只有当Rh阴性的人，接受Rh阳性的血液后，通过体液免疫才产生出抗Rh的抗体。这样，第一次输血后一般不产生明显的反应，但在第二次，或多次输入Rh阳性血液时即可发生抗原-抗体反应，输入的Rh阳性红细胞即被凝集。

Rh系统与ABO系统比较时的另一个不同点是抗体的特征。ABO系统的抗体一般是完全抗体IgM。而Rh系统的抗体主要是不完全抗体IgG，后者分子较小能透过胎盘。因此，当Rh阴性的母亲怀有Rh阳性的胎儿时，Rh阳性胎儿的红细胞或D抗原可以进入母体，通过免疫反应，在母体的血液中产生免疫抗体，主要是抗D抗体。这种抗体可以透过胎盘进入胎儿的血液，可使胎儿的红细胞发生凝集和溶解，造成新生儿溶血性贫血，严重时可致胎儿死亡。但一般只有在分娩时才有较大量的胎儿红细胞进入母体，而母体血液中的抗体浓度是缓慢增加的，一般需要数月的时间，因此，第一次妊娠常不产生严重反应。如果Rh阴性母亲再次怀有Rh阳性胎儿时，此时，母体血液中高浓度的Rh抗体将会透过胎盘，大量破坏胎儿红细胞。

（二）MHC的发现

主要组织相容性复合体（major histocompatibility complex，MHC）是一组编码动物主要组织相容性抗原的基因群的统称。人类的MHC被称为HLA（human leukocyte antigen，HLA），即人白细胞抗原。小鼠MHC则被称为H-2。HLA位于人的6号染色体短臂上，H-2位于小鼠的17号染色体上。1958年法国医生多塞（Dausset）第一个发现了人类白细胞抗原（HLA）。MHC的发现，奠定了细胞和器官移植的基础，极大地推动了医学的发展。

根据基因的位置和功能，MHC分为三类，分别为MHC class Ⅰ，MHC class Ⅱ，MHC class Ⅲ。

MHC class Ⅰ（MHC-Ⅰ）：位于一般细胞表面上，可以提呈细胞内抗原，比如该细胞遭受病毒感染，则将病毒外膜碎片之氨基酸肽链（peptide chain）通过MHC提呈在细胞外侧，可以供“杀手”$CD8^+$ T细胞等辨识，以进行扑杀。

MHC class Ⅱ（MHC-Ⅱ）：大多位于抗原呈递细胞（APC）上，如巨噬细胞等。这类分子提呈细胞外部的抗原，如组织中有细菌侵入，则巨噬细胞进行吞噬后，把细菌碎片利用 MHC 提呈给 T 辅助淋巴细胞，启动免疫反应。

MHC class Ⅲ（MHC-Ⅲ）：主要编码补体成分、肿瘤坏死因子（TNF）、热休克蛋白 70（HSP70）和 21-羟化酶基因（CYP21A 和 CYP21B）等。

MHC 的生理意义：MHC 抗原最初是作为移植抗原而被发现的，是引起移植排斥的主要抗原系统。这种抗原不合，即可引起受体的免疫应答，对移植的供体组织进行排斥。19 世纪 70 年代后证明 MHC 分子还具有重要的免疫功能。MHC 分子在免疫应答过程中参与抗原识别。70 年代 R.M.津克纳泽尔等在小鼠实验中发现杀伤 T 淋巴细胞在杀伤感染病毒的靶细胞时，只能杀伤同系感染靶细胞，而对不同系的感染靶细胞则无杀伤作用，称这种现象为遗传限制性。随后证明杀伤 T 淋巴细胞与靶细胞的 MHC 必须一致才有杀伤作用，因此又称此现象为 MHC 限制性。

人们还发现外周血 B 淋巴细胞和单核细胞等非 T 淋巴细胞在体外能诱导某些自身反应性 T 淋巴细胞发生增殖反应，称这种现象为自身混合淋巴细胞反应（AMLR），并证明这是由非 T 淋巴细胞上 MHC-Ⅱ类抗原引起的。这种自身反应性 T 淋巴细胞在体内可能具有增强或抑制免疫功能的作用，借以维持机体的免疫稳定性，因此 MHC 分子也参与免疫调节作用。

研究证明，MHC 分子对 T 淋巴细胞在胸腺内的分化成熟过程也起重要作用。体外研究发现，去除胸腺中 MHC-Ⅱ类抗原阳性的基质细胞，则 CD4 T 淋巴细胞的发育受阻，在胸腺培养细胞中加入抗 MHC-Ⅱ类抗原的单克隆抗体，也能阻止 CD4 T 淋巴细胞的发育。目前认为 MHC 分子在 T 淋巴细胞自身耐受的形成和 T 淋巴细胞库的产生中都起着重要作用。

现已证明，MHC 不仅控制着同种移植排斥反应，更重要的是与机体免疫应答、免疫调节及某些病理状态的产生均密切相关。因此，MHC 的完整概念是指脊椎动物某一染色体上编码主要组织相容性抗原、控制细胞间相互识别、调节免疫应答的一组紧密连锁的基因群。

（三）血液治疗的突破

1. 传统化疗药物——靶向药物治疗

慢性髓细胞性白血病是我国慢性白血病的常见病种，约占慢性白血病的 70%，而西方国家则仅占慢性白血病的 30%左右，主要见于成人，随年龄增长发病率增加，也是老年人白血病的主要病种。男性多于女性，两者的比例为 1.4∶1。慢性髓细胞性白血病发展缓慢，病程长达数年，未经治疗的自然病程为 3 年左右。大多数病例经历慢性期、加速期，最后进入急变期转化为急性白血病而死亡。

随着 1960 年诺埃尔（Nowell）和亨格福德（Hungerford）发现费城染色体以来，人们开始认识到染色体异常在肿瘤中的重要作用。但染色体改变是肿瘤的结果，还是原因，尚且有争议。

随着研究技术的发展以及研究的深入，科学家们发现 9 号和 22 号染色体长臂之间相互易位的结果是产生 BCR-ABL 融合基因，它是一种抗细胞凋亡的基因，BCR-ABL 融合基因表达后形成一种称为 P210 的蛋白，具有高度酪氨酸激酶活性，可激活多种信号转导途径，使细胞过度增殖而使细胞调控发生紊乱。

1990 年研究者在动物模型中表达了 BCR-ABL，并证明 BCR-ABL 融合基因是白血病的致癌基因。因此，1960 年至 1990 年 30 年的时间，最终确定了 BCR-ABL 是慢性髓细胞性白血病的理想治疗靶点。它在所有慢性髓细胞性白血病患者中均有表达，并已被证明是慢性髓细胞性白血病的病因。研究者们预测酪氨酸激酶抑制剂是慢性髓细胞性白血病的有效和选择性治疗药物。此时正在研究其他酪氨酸激酶项目的德鲁克尔（Druker）教授与尼克（Nick）教授建立了工作关系，Druker 建议 Nick 研究 BCR-ABL 融合基因，认为其是作为验证激酶抑制模式治疗癌症的最好研究对象。

之后，Nick 教授的研究小组对化学文库进行了高通量筛选，寻找具有激酶抑制活性的化合物。通过这种耗时的方法，确定了 2-苯基氨基嘧啶类的先导化合物。1993 年，搬到俄勒冈健康与科学大学的 Druker 教授，建立了各种 BCR-ABL 驱动的模型，与 Nick 重新建立了联系。Nick 将筛选到的多种化合物送到 Druker 那里进行测试，最终，STI571（伊马替尼，格列卫）被确定为杀伤慢性髓细胞性白血病细胞特异性最强的化合物。基于伊马替尼良好的临床前数据，Druker 教授组建了一个研究者团队来协助临床试验的推进。

尽管有很好的临床前数据，但在临床试验开始之前仍存在许多障碍，其中包括对药物毒性的担忧，靶向单一激酶是否会是一种有效的抗癌策略，最重要的是对一家大型制药公司来说，其是否会对慢性髓细胞性白血病小病种投资。当时，Druker 教授的诊所恰好有慢性髓细胞性白血病患者，且这些患者已经没有其他有效的治疗选择。Druker 教授通过多方努力，最终得以推进这个项目进入临床研究。1998 年 6 月开始的 1 期临床研究入组的患者中：对干扰素治疗失败的慢性髓细胞性白血病慢性期患者，54 例患者中有 53 例（98%）达到了血液学完全缓解；慢性髓细胞性白血病急变期患者中，38 例患者中有 21 例（55%）达到了血液学缓解，其中 18%的缓解时间持续超过 1 年。这些可喜的 1 期临床数据，使 2 期临床试验迅速开展。2 期临床试验证实了 1 期临床研究中观察到的结果。1 期临床研究开始后不到 3 年的时间，2001 年 5 月美国 FDA 批准伊马替尼用于慢性髓细胞性白血病患者的治疗。获批临床治疗后进行的 3 期临床试验的结果显示，相比标准疗法，它在所有指标上都表现出了显著的疗效。在格列卫诞生前，只有 30%的慢性髓细胞性白血病患者能在确诊后活过 5 年。格列卫将这一数字从 30%提高到了 89%，且在 5 年后，依旧有 98%的患者取得了血液学上的完全缓解。格列卫也被列入了世界卫生组织的基本药物标准清单，被认为是医疗系统中“最为有效、最为安全，满足最重大需求”的基本药物之一。格列卫治疗显著增加了慢性髓细胞性白血病患者的生存期，同时提供了耐受良好的口服药物，开创了肿瘤靶向治疗的新篇章，也改写了慢性髓细胞性白血病治疗的指南。目前慢性髓细胞性白血病患者治疗已进入慢病管理，通过酪氨酸激酶抑制剂（TKI）一代、二代、三代等药物的治疗，可以使一些慢性髓细胞性白血病患者治疗后达到功能性治愈，并停药。

2. 血液病治疗的突破——APL（中国贡献）

急性早幼粒细胞白血病（acute promyelocytic leukemia，APL）是急性髓细胞性白血病（AML）的一种特殊类型，被 FAB 协作组定为急性髓细胞性白血病 M3 型。急性早幼粒细胞白血病发病急、进展快，若不及时治疗患者常于半年内死亡。

1878 年，美国波士顿医院的两名医生无意中发现，砷剂可以降低慢性髓细胞性白血病患者的白细胞计数，医生们开始使用砷化合物治疗白血病。但砷剂的毒副作用很大，随着化疗药物的诞生，它很快就被淘汰了。

100 年之后，中国医生让砷剂成为“神药”。1971 年，黑龙江林甸县一位老中医的手中有一张治疗癌症的药方吸引很多患者前去就医，哈尔滨医科大学附属第一医院的药剂师韩太云将该药方改成了见效更快的水针剂（即 713 注射剂，癌灵注射剂）。哈尔滨医科大学附属第一医院的张亭栋医师等研究人员，经研究发现该方剂中真正具有杀癌细胞作用的是三氧化二砷（As_2O_3，arsenic trioxide，ATO），并确定了亚砷酸静脉注射的给药方式，证实其对急性早幼粒细胞白血病具有非常显著的治疗效果，总体缓解率能够达到 90%。接着，上海交通大学医学院附属瑞金医院的王振义教授团队研究发现砷剂和维甲酸联合治疗能够产生很好的协同作用，联合方案能够使 90%以上的患者实现长期无病生存，相当于临床治愈。为此，2023 年，张亭栋和王振义共同获未来科学大奖。

1996 年，陈竺教授等对砷剂治疗急性早幼粒细胞白血病的机制进行了深入探索，将砷剂推向了世界。2000 年，亚砷酸注射液（ATO）（Trisenox®）获 FDA 批准用于治疗难治性复发性急性早幼粒细胞白血病，由 Cephalon 公司（Teva 子公司）上市销售，2016 年 11 月经 EMA 批准亚砷酸联合维甲酸作为一线治疗新确诊的中低危急性早幼粒细胞白血病的方案（上海方案）。

3. 过继性细胞治疗新技术——CAR-T 疗法

嵌合抗原受体 T 淋巴细胞免疫疗法（chimeric antigen receptor T lymphocyte immunotherapy，CAR-T 疗法），是指通过基因修饰技术，将带有特异性抗原识别结构域及 T 淋巴细胞激活信号的遗传物质转入 T 淋巴细胞，使 T 淋巴细胞直接与肿瘤细胞表面的特异性抗原相结合而被激活，通过释放穿孔素、颗粒酶 B 等直接杀伤肿瘤细胞，同时还通过释放细胞因子募集人体内源性免疫细胞杀伤肿瘤细胞，从而达到治疗肿瘤的目的，而且还可形成免疫记忆 T 淋巴细胞，从而获得特异性的抗肿瘤长效机制。

CAR 疗法最早由 Gross 等于 20 世纪 80 年代末提出，此前 LAK、TIL、CIK 等免疫细胞疗法的出现，为 CAR-T 疗法的研究奠定了基础。之后，经卡尔·朱恩（Carl June）等人的研究并推向临床应用。至今，除 CAR-T 疗法外，DC-CIK、CTL 等也是免疫细胞疗法的研究方向，但从技术成熟度和应用前景来看，目前学术界和产业界的关注焦点仍是 CAR-T 疗法。CAR-T 疗法在急性白血病和非霍奇金淋巴瘤的治疗上取得显著的疗效，在体外和临床试验中表现出良好的靶向性、杀伤性和持久性，展示了巨大的应用潜力和发展前景。

历经十余年，CAR-T 技术经历了四代结构改进，每一代结构改进都是在各个细节上突破，使 CAR-T 向更为精准、更为高效、更为持久的方向发展。T 淋巴细胞的完全激活一方面依赖于胞外抗原结合域与抗原的结合所传递的第一信号，另一方面也需要共刺激分子受体与其配体结合所传递的第二信号，而肿瘤细胞表面通常不表达这类共刺激配体。

第一代 CAR 设计结构相对简单，且并未考虑到这一点，从而致使一代 CAR-T 细胞缺少必要的共刺激信号，无法完全激活其活性，表现为体内扩增不良，在临床试验中的效果并不理想。

后来，第二代 CAR-T 技术引入了一个共刺激结构域 CD28 或者 4-1BB，在临床试验中显著改善了 CAR-T 免疫活性激活的问题，并提高了其作用的持久性。

第三代 CAR-T 技术则包含两个共刺激结构域，一个为 CD28 或 4-1BB，另一个为 OX40、CD28 或 4-1BB。相比于二代 CAR-T，第三代 CAR-T 虽然在一些前临床试验数据中表现出更强、更持久的作用活性，但也有报道指出，第三代 CAR-T 可能会造成 T 淋巴细胞刺激阈值的降低，引起信号泄漏，可能诱发细胞因子过量释放。2013 年 5 月，美国贝勒医学院发起了一项比较第二代 CD19 CAR-T（CD28）与第三代 CD19 CAR-T（CD28/4-1BB）在非霍奇金淋巴瘤、急性淋巴细胞白血病和慢性淋巴细胞白血病中治疗效果的临床试验，目前仍处于招募患者的阶段（NCT01853631）。

由于肿瘤细胞具有异质性，一部分肿瘤细胞不具有可被 T 淋巴细胞特异性识别的抗原，无法被传统的 CAR-T 细胞识别并清除。这一问题或可通过第四代 CAR-T 技术，募集除 T 淋巴细胞以外的免疫细胞至肿瘤所在区域来解决。第四代 CAR-T 细胞又被称为 TRUCK T 细胞（T-cells redirected for universal cytokine killing），含有一个活化 T 淋巴细胞核因子（nuclear factor of the activated T cell，NFAT）转录相应元件，可以使 CAR-T 细胞在肿瘤区域分泌特定的细胞因子（目前主要是 IL-12），从而修饰肿瘤微环境，募集并活化其他免疫细胞进行免疫反应。目前，第四代 CAR-T 疗法已经在包括神经母细胞瘤在内的实体瘤治疗的临床试验中开展。第二代 CAR-T 有较多的临床数据支持，稳定性高且技术工艺较为成熟，是目前的主流技术。未来，随着新结构在临床研究中的推广及生产工艺的改进，第三代、第四代 CAR-T 产品更为优良的疗效值得期待。

三、造血干细胞移植

造血干细胞移植技术是移植患者先接受大剂量放疗或化疗和联合免疫抑制药物，以清除体内的肿瘤细胞、异常克隆细胞和免疫细胞，然后回输采集的自体或他人的造血干细胞，患者体内重建正常造血和免疫功能的一种治疗技术。

（一）造血干细胞移植的分类

造血干细胞移植有多种分类方法。根据造血干细胞的来源，分为自体造血干细胞移植和异体（异基因或同基因）造血干细胞移植，其中异基因造血干细胞移植又按照供者与患者有无血缘关系分为血缘相关造血干细胞移植和非血缘相关造血干细胞移植（即无关移植）；根据移植物种类分为骨髓移植、外周血造血干细胞移植和脐血造血干细胞移植；

根据 HLA 相合的程度分为 HLA 相合、不全相合和单倍型移植。

用于自体造血干细胞移植的造血干细胞来源于自身，所以不会发生移植物排斥和移植物抗宿主病，移植相关并发症少，移植相关死亡率低，移植后生活质量好，也无供者来源的限制，但移植后缺乏移植物抗肿瘤作用以及采集的移植物中可能混有残留的肿瘤细胞，移植后原发病的复发率高。

异基因造血干细胞移植的造血干细胞来源于正常供者，无肿瘤细胞污染，且移植后移植物具有抗肿瘤效应，故移植后原发病的复发率低，长期无病生存率（也可以理解为治愈率）高，适应证广泛，目前是恶性血液病、骨髓衰竭性疾病和一些先天性遗传性代谢性疾病的治愈方法，但移植后可发生移植物抗宿主病，移植后并发症多，移植相关的死亡率较自体移植高，一些患者移植后生活质量较差，有些患者受供者来源的限制。

（二）造血干细胞移植发展的历史

造血干细胞移植主要包括骨髓移植、外周血干细胞移植、脐血干细胞移植。骨髓是人体的造血器官，早期进行的均为骨髓移植。1958 年法国肿瘤学家 Mathe 首先对放射性意外损伤造血功能的患者进行了骨髓移植。1968 年加蒂（Gatti）采用骨髓移植成功治疗了一例重症联合免疫缺陷患者。20 世纪 70 年代后，随着 HLA 的发现、血液制品及抗菌药物等支持治疗的进展，全环境保护性治疗措施以及造血生长因子的广泛应用，造血干细胞移植技术得到了快速的发展。1977 年唐纳尔 • 托马斯教授报道了 100 例晚期白血病患者经过 HLA 相合同胞骨髓移植后，其中 13 例患者奇迹般地长期生存，开创了白血病治疗的新纪元。从此，全世界应用骨髓移植治疗白血病、再生障碍性贫血、急性放射病及部分恶性肿瘤等方面取得巨大的成功，骨髓移植技术使众多白血病患者得到救治，长期生存率达 50%～70%。为发展此项技术做出了重要贡献的美国医学家托马斯教授，因而获得了 1990 年度的诺贝尔生理学或医学奖。

在中国，骨髓移植奠基人陆道培教授于 1964 年在亚洲率先成功开展了同基因骨髓移植，又于 1981 年在国内成功实施了异基因骨髓移植。目前，该中心异基因造血干细胞移植长期存活率已达 75%，居国际先进水平。20 世纪 70 年代科学家发现脐带血中富含造血干细胞，1988 年法国血液学专家格卢克曼（Gluckman）首先采用 HLA 相合的同胞脐血移植治疗一例范科尼贫血患儿获得成功，由此开创了人类脐血移植的先河。1989 年科学家发现粒细胞集落刺激因子（G-CSF）具有动员造血干细胞的作用，经骨髓动员的干细胞至外周血中，使用细胞采集机在外周血中获取造血干细胞，成为干细胞的一种新供源，1994 年国际上报告了第一例采用异基因外周血造血干细胞移植获得成功。

近 20 年来，不仅在造血干细胞移植的基础理论包括造血的发生与调控、造血干细胞的特性及移植免疫学等方面有了长足的发展，而且在临床应用的各个方面包括移植适应证的扩大、各种并发症的预防等方面也有了很大的发展，使移植的疗效不断得以提高，并且相继建立了一些国际性协作研究机构，如国际骨髓移植登记处（IBMTR）、欧洲血液及骨髓移植协作组、国际脐血移植登记处等，还建立了地区或国际性骨髓库，如美国国家骨髓供者库和中国造血干细胞捐献者资料库等，对推动造血干细胞移植的深入研究和广泛应用起到了积极作用。迄今全世界已完成骨髓移植和外周血造血干细胞移植的患者已超过 100 万例，其中非血缘供者骨髓移植和外周血干细胞移植已达数十万例，移植患者无病生存最长的已超过 40 余年。在国内，20 世纪 90 年代初开始建立了中国造血干细胞捐献者资料库，至 2022 年 9 月 30 日库容量达 3 116 395 人份，捐献造血干细胞 14 074 例进行非血缘供者造血干细胞移植。随后又在北京、天津、济南、广东、上海、四川和浙江建立了公共脐带血库，至今库存脐血数量超过 220 000 份，全国进行脐血移植近 5000 例。

（三）造血干细胞移植适应证

造血干细胞移植可以治疗很多血液病，包括：①血液系统恶性肿瘤，如急性白血病、慢性髓细胞性白血病、淋巴瘤、多发性骨髓瘤、骨髓增生异常综合征等；②骨髓衰竭性疾病，如重型再生障碍性贫血、范科尼贫血等；③先天性遗传性疾病，如地中海贫血、先天性免疫缺陷病、先天性纯红细胞再生障碍性贫血等。自体造血干细胞移植主要应用于对化疗或放疗敏感的淋巴瘤和多发性骨髓瘤患者；异基因造血干细胞移植主要用于中高危的急慢性白血病、骨髓增生异常综合征、重型再生障碍性贫血、先天性遗传性疾病等，异基因造血干细胞移植仍是治愈这些疾病的有效的治疗手段。

四、脐带血移植

脐带血是胎儿娩出、结扎脐带并离断后残留在胎盘和脐带中的血液，通常是废弃不用的。近几十年的研究发现，脐带血中含有能够重建人体造血和免疫系统的造血干细胞，可作为造血干细胞移植的来源，因而，脐带血移植（umbilical cord blood transplantation，UCBT）同样可用于治疗多种疾病。

（一）脐血移植的历史

自 1988 年 Gluckman 采用同胞妹妹 HLA 相合单份 UCBT 治疗 5 岁范科尼贫血的患儿获得成功以来，拉开了 UCBT 临床应用的帷幕。1990 年，瓦格纳（Wagner）等在美国及法国使用同胞 HLA 相合 UCBT 治疗儿童白血病并取得显著成效，引起了国际范围内的重视。1992 年世界上第 1 家脐血库在美国纽约血液中心建立，这也是当今世界上储存脐血最多的脐血库，1993 年世界首例非血缘 UCBT 成功开展。1996 年，库尔茨伯格（Kurtzberg）等报道了使用非血缘 UCBT 治疗 43 例血液系统恶性肿瘤患者的结果，移植后中性粒细胞植入率高达 88%，急性移植物抗宿主病（acute graft versus host disease，aGVHD）发生率为 54%，100 天的总生存期率为 64%，这些研究成果表明 HLA 不全相合的非血缘 UCBT 临床应用具有可行性，使 UCBT 进一步受到全球的关注。来自国际血液与骨髓移植研究中心（Center for International Blood and Marrow Transplant Research，CIBMTR）的罗恰（Rocha）等于 2000 年首次比较了骨髓移植和 UCBT 在治疗儿童白血病中移植物抗宿主病（graft versus host disease，GVHD）的发生情况，并发现 UCBT 后

GVHD 发生率较低。此外，有研究报道非血缘 UCBT 治疗 147 例急性白血病的患儿，急性 GVHD 发生率仅为 12%，慢性 GVHD 发生率仅为 10%，5 年非复发死亡累计发生率仅为 9%，无病生存期率为 44%。随着对 UCBT 及脐血中各种细胞成分研究的不断深入，2004 年首次在脐血中发现了非造血干细胞，并具有分化成为多种细胞类型的潜能，从而进一步拓展了脐血的应用。世界骨髓捐献者协会（World Marrow Donor Association，WMDA）数据显示，1999 年至 2021 年，亚洲 UCBT 数量总体呈现上升趋势。日本是世界上 UCBT 开展最多的国家，每年完成 UCBT 1500 余例。在 UCBT 临床应用 30 多年的今天，世界范围内脐血库冻存脐血超过 600 000 份备查备用，全球 UCBT 数量已超过 40 000 例。UCBT 已广泛应用于血液系统恶性肿瘤、造血衰竭性疾病以及先天性遗传代谢性疾病的治疗中。

（二）脐血与脐血移植的特点

（1）脐血是实物冻存，获得快捷，不会出现悔捐。

（2）脐血中的免疫细胞以幼稚型为主，免疫原性弱，可以耐受 HLA 不全相合（4/6 相合）的移植，大部分患者均能找到合适的脐血。

（3）临床结果显示脐血移植后可以产生很强的移植物抗白血病（GVL）效应，原发病的复发率低，尤其对高危恶性血液病患者及移植时白血病残留病阳性的患者，UCBT 后复发率较低。

（4）脐血移植后慢性 GVHD 发生率低且程度轻，患者生存质量高。

（5）单位脐血中的细胞数量是固定的，不能按照移植受者的体重采集，用于移植的细胞数量仅是其他类型移植的 1/20 及以下，移植后植入时间长于其他类型移植。因为脐血没有剩余的细胞，不能进行移植后的供者淋巴细胞输注。

（6）脐血与其他移植物相比，所含免疫细胞的各种亚型及比例不同，移植后免疫重建的规律也不同于其他类型的移植。

（7）脐血还含有间充质干细胞，具有促进组织修复和器官再生的能力。

（三）脐血移植的用途

脐血移植可以用来治疗多种血液系统疾病和免疫系统疾病，包括血液系统恶性肿瘤（如急性白血病、慢性白血病、骨髓异常增殖综合征、淋巴瘤等）、骨髓造血功能衰竭性疾病（如再生障碍性贫血）、先天性疾病（如地中海贫血、免疫缺陷疾病、丙酮酸激酶缺乏症、威斯科特-奥尔德里奇综合征等）、先天性代谢性疾病（如肾上腺脑白质营养不良、戈谢病等）。

（四）脐血的应用前景及展望

UCBT 临床应用 30 多年来取得了显著的成效，但也存在着一些亟待深入研究的问题。由于单份脐血中所包含的细胞数量如总有核细胞数、$CD34^+$细胞数等相对较少，经过移植技术的不断优化植入率已经高达 97%，但是植入速率仍比同胞 HLA 相合的造血干细胞移植慢，为了解决这一问题，脐血的体外扩增技术一直是国际上持续研究的热点，2021 年发表在 *Blood* 杂志的文章，一项随机对照Ⅲ期临床研究，采用体外扩增的单份脐血与未扩增的脐血移植治疗成人恶性血液病取得可喜的结果，经扩增的脐血移植后粒细胞造血重建明显快于对照组（12 天 vs.22 天），同时减少了移植中感染的发生率，缩短了住院时间，鉴于临床结果，美国 FDA 作为罕见药批准上市用于临床。UCBT 中发现 GVHD 和 GVL 分离的现象，在理论上阐明其机制，需要利用先进的技术方法，探明脐血中各种成分的特点，进一步认识脐血中富有活力而充满再造能力的细胞成分。临床上需要不断完善优化脐血方案，扩大 UCBT 临床应用的范围，脐血也是干细胞研究最理想的细胞来源之一。除此之外，脐血中还包括各类免疫细胞和前体细胞，后者又能够通过扩增和诱导分化成为功能成熟的效应细胞，包括细胞毒性 T 淋巴细胞、树突状细胞及调节性 T 淋巴细胞等。尤为重要的是经过 UCBT 后 1 个月，自然杀伤细胞即可恢复到正常水平。同时，脐血也是间充质干细胞的重要来源，能够促进损伤皮肤的修复，诱导脑卒中后皮质区再生，也能够促进神经的形成。可见脐血中多样的细胞种类赋予了脐血更多的效应功能，不断地拓展脐血应用的领域，将让优质的脐血细胞发挥更多的作用。

主要参考文献

陈育红, 黄晓军, 郭乃榄, 等, 2003. 异基因造血干细胞移植后急性移植物抗宿主病的发生及其危险因素的探讨[J]. 中华血液学杂志, 24(2): 61-63.

达万明, 2000. 造血干细胞移植的最新进展[J]. 中国实用内科杂志, 20(1): 41-43.

丁小萍, 周立, 李兰英, 等, 2001. 造血干细胞移植患者口腔粘膜炎的观察及护理[J]. 中华护理杂志, 36(1): 10-12.

韩明哲, 1995.脐血造血干细胞移植研究进展[J]. 中华血液学杂志, (7): 379-381.

韩伟, 陆道培, 黄晓军, 等, 2004. HLA 配型不合造血干细胞移植 GIAC 方案 100 例临床分析[J]. 中华血液学杂志, 25(8): 453-457.

黄绍良, 方建培, 陈纯, 等, 2001. 脐血造血干细胞移植治疗 β-地中海贫血[J]. 中华血液学杂志, 22(4): 182-185.

黄绍良, 周敦华, 2009. 非血缘异基因脐血造血干细胞移植现状、问题与对策[J]. 中国实验血液学杂志, 17(1): 1-7.

孙自敏, 方欣臣, 刘会兰, 等, 2010. 非血缘脐血造血干细胞移植治疗恶性血液病 50 例临床观察[J]. 中华器官移植杂志, 31(2): 84-88.

王筱慧, 朱建英, 王寿萍, 等, 2003. 造血干细胞移植护理进展[J]. 中华护理杂志, 38(6): 471.

第二十二讲　肝恶性肿瘤与肝移植

刘连新 教授，主任医师，肝胆外科专家，国家级人才项目特聘教授。

肝是人体重要的代谢器官，有着合成与分泌胆汁、储存糖原、调节脂质蛋白质等物质代谢的功能。肝肿瘤指肝部位发生的肿瘤病变，有良性肿瘤与恶性肿瘤之分。对肝肿瘤的治疗，临床上主要采用的疗法包括手术切除、肝动脉化疗栓塞、射频、化疗和放射治疗等。而对于各类终末期肝病，当前最有效的治疗手段则是肝移植。

一、肝的解剖与生理

（一）肝解剖学简述

肝是人体最大的实质脏器及消化腺。成年人肝重一般为 1100～1600g。肝的血液供应非常丰富，因此呈红褐色，质地软而脆，呈不规则楔形。肝左右径为25cm，前后径为15cm，上下径为6cm，大部分位于右上腹部，上部紧贴膈肌；下部与胃、十二指肠、结肠右曲相邻；后侧接触右肾、肾上腺和食管贲门部。

肝具有上、下两个面，前、后、左、右四个缘。肝上面因与膈相邻，又称膈面（图22.1）。膈面有镰状韧带附着，并借此将肝分为左、右两叶，肝右叶圆钝，肝左叶扁薄。肝下面因与腹腔器官毗邻，又称脏面（图22.2）。脏面中部有呈“H”形的沟状结构，由左纵沟、右纵沟和横沟组成。横沟位于脏面正中。肝左、右管，肝固有动脉左、右支，肝门静脉左、右支，以及肝的神经、淋巴管等，均经横沟出入，被称为第一肝门，通称肝门。出入肝门的结构被结缔组织包绕，构成肝蒂。左侧纵沟窄而深，有肝圆韧带与静

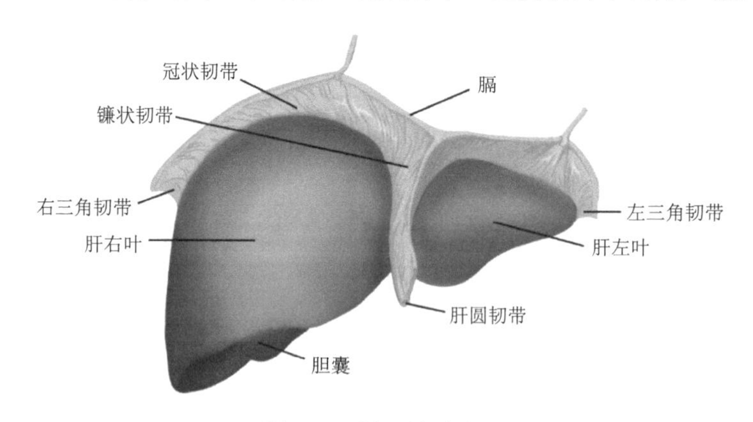

图 22.1　肝（膈面观）

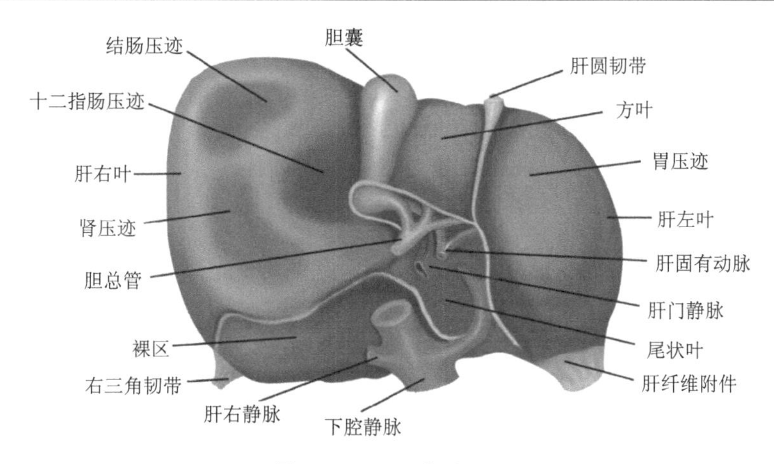

图 22.2 肝（脏面观）

脉韧带通过。右侧纵沟宽而浅，前部有一浅窝容纳胆囊，称为胆囊窝，后部为腔静脉沟，有肝左、中右静脉注入下腔静脉处，称为第二肝门，另有数条来自肝右叶和尾状叶等的肝小静脉汇入下腔静脉处，称为第三肝门。在脏面，可以通过“H”形的沟、窝、裂将肝分为 4 叶：左纵沟左侧的肝左叶；右纵沟右侧的肝右叶；位于肝门之前，肝圆韧带裂与胆囊窝之间的方叶；位于肝门之后，静脉韧带裂与腔静脉沟之间的尾状叶。脏面的肝左叶与膈面的肝左叶一致。脏面的肝右叶、方叶和尾状叶一起，相当于膈面的肝右叶。

肝内部的管道结构非常复杂（图 22.3）。肝内管道被分为两个管道系统，即格利森（Glisson）系统与肝静脉系统。Glisson 系统由包裹于结缔组织鞘内的门静脉、肝动脉和肝胆管及其分支组成。而位于叶间的肝静脉组成了肝静脉系统。肝内有若干自然裂隙缺少 Glisson 系统的分布，这些裂隙是肝内分叶的自然界线，称为肝裂。

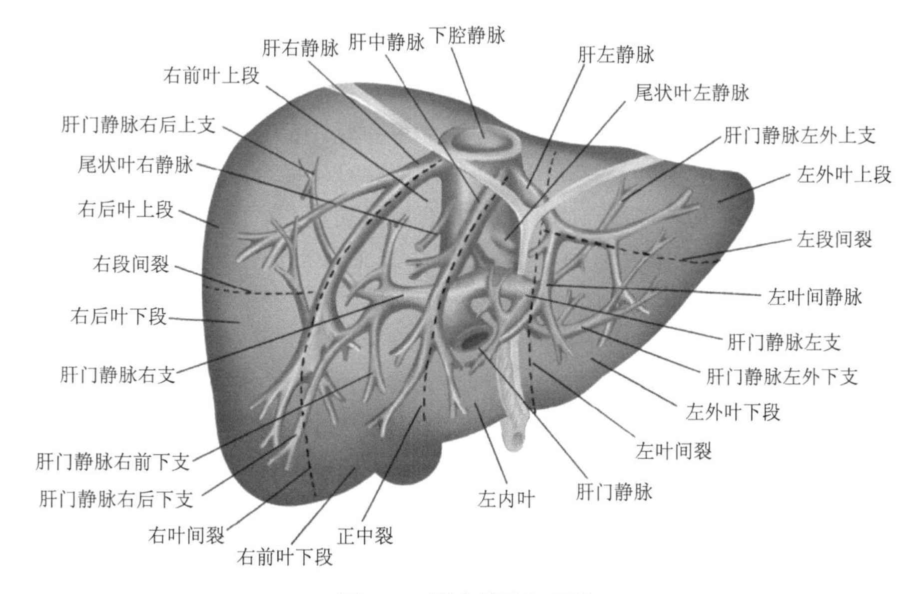

图 22.3 肝内管道与肝裂

按外形划分肝不完全符合肝内管道系统的分布规律，因而不能满足肝内占位性病变影像学定位诊断和肝外科手术切除治疗的要求。当前更加实用的分段方法为 Couinaud 分段法，该分段法依据 Glisson 系统与肝静脉系统在肝内的分布与分段对肝进行划分，将肝分为左、右半肝，5 个叶和 9 个段（图 22.4）。独立肝段中，肝门静脉、肝固有动脉和肝管的各级分支在肝内的走行、分支和配布基本一致，并一起被囊性结构包绕。因此，每个肝段可视为功能和解剖上的独立单位，恶性肿瘤手术时可根据情况单独或与相邻肝段一起切除。

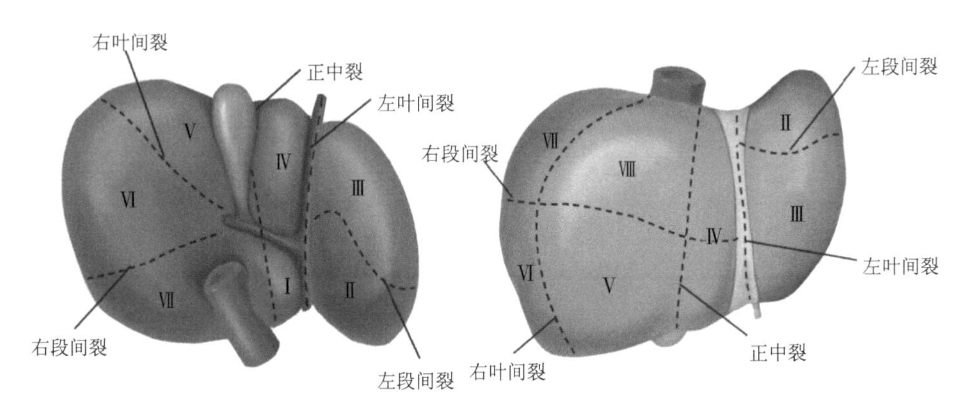

图 22.4　肝裂与肝段

引自人民卫生出版社《系统解剖学》（第 9 版）

（二）肝的功能

肝有着重要的生理功能。首先是合成与分泌胆汁。肝每天分泌 800～1000mL 胆汁，以帮助消化脂肪及吸收部分脂溶性维生素。肝也是体内的代谢中心。肝调节糖代谢，是葡萄糖储存和分配的主要调节器。肝可以储存糖原，当血糖减少时，向肝外循环释放葡萄糖和乙酰乙酸等能源物质，为外周组织提供能量。肝还参与许多物质代谢，如脂质、蛋白质、维生素、激素等。肝具有调节凝血的功能，肝可以合成并储存参与凝血作用的纤维蛋白原、凝血酶原及多种凝血因子。肝具有解毒功能，可以清除代谢产生的及外来的毒素。此外，肝还可以具有免疫及吞噬的作用。肝血供丰富并储备大量铁、维生素 B_{12} 等造血相关因子，因此肝也具备调节血液循环的功能。

临床上，肝功能检测常被用于探测肝有无疾病、肝损害程度以及查明肝病原因、判断预后等。肝功能指标一般包括谷丙转氨酶（ALT）、谷草转氨酶（AST）、谷氨酰转移酶（GGT）、碱性磷酸酶（ALP）、总胆红素（TBIL）、直接胆红素（DBIL）、间接胆红素（IBIL）、总蛋白（TP）、白蛋白（ALB）、球蛋白（GLB）、白球比（A/G）、乳酸脱氢酶（LDH-L）等。

为了评价肝功能，临床上会使用蔡-皮（Child-Pugh）评分进行分级。所采用的临床指标包括肝性脑病、腹水、血清胆红素、血浆清蛋白浓度及凝血酶原延长时间。按照该五个指标的不同状态进行评分并分数累加，分数总和最低为 5 分，最高为 15 分。肝切除术后的存活率与这个分数呈负相关。根据分数总和由低到高将肝脏储备功能分为 A、B、C 三级，预示着三种不同严重程度的肝损害，其中 C 级肝储备功能最差（表 22.1）。

表 22.1　Child-Pugh 分级

项目	异常程度得分		
	1	2	3
血清胆红素/（μmol/L）	＜34.2	34.2～51.3	＞51.3
血浆清蛋白/（g/L）	＞35	28～35	＜28
凝血酶原延长时间/s	1～3	4～6	＞6
腹水	无	少量，易控制	中量，难控制
肝性脑病	无	轻度	中度以上

注：总分 5～6 分者肝功能良好（A 级），7～9 分者中等（B 级），10 分以上者肝功能差（C 级）

二、肝恶性肿瘤

（一）肝恶性肿瘤的概念

肝恶性肿瘤包括原发性肝癌、继发性肝癌、肝母细胞瘤及肝肉瘤等。

原发性肝癌（primary liver cancer）指由肝细胞或胆管上皮细胞发生的恶性肿瘤，是肝最常见的恶性肿瘤。原发性肝癌恶性程度高，进展快，5 年生存率仅为 18%。全球每年新增肝癌 78 万例，其中中国超过 35 万例。2003～2015 年中国肝癌五年整体生存率仅有 12.5%。

继发性肝癌又称转移性肝癌，最常见结直肠癌的肝转移。胃癌、乳腺癌、肺癌等许多部位的恶性肿瘤同样可以发生肝转移。病变既已转移到肝，说明病情已达到晚期，既往的观点是一般不能手术切除，没有特别的治疗措施。随着现代医疗水平的发展，外科技术、辅助化疗药物等都有了飞速的进步，目前，临床上已经出现大量转移性肝癌治疗成功的病例。

而肝母细胞瘤则是在儿童肝恶性肿瘤中较为常见者。

由于原发性肝癌是最常见的肝恶性肿瘤，因此接下来主要介绍原发性肝癌相关内容。

（二）病理、病因及临床表现

根据病理组织学特征，原发性肝癌被分为三类：肝细胞型、胆管细胞型和两者同时出现的混合型。其中肝细胞型最为常见。根据形态可以分为块状型、结节型、弥散型。①块状型多为单发病灶，也可由多结节融合而成，肿块直径在 5cm 以上，大于 10cm 者为巨块型。此类癌块分界较明显，癌旁组织常被挤压形成假包膜，容易发生坏死、出血，引起肝破裂。②结节型最为多见，可分为单结节、多结节和融合性结节，一般直径不超过 5cm，多数在肝右叶，患者多伴有肝硬化。③弥散型最少见，全肝满布米粒至黄豆大小灰白色点状结节，不易与肝硬化区分，患者肝肿大不明显甚至可以缩小，肝功能衰竭严重。

肝细胞癌（hepatocellular carcinoma，HCC）是肝癌的主要组织学亚型，占原发性肝癌的90%，是世界范围内最常见的恶性肿瘤之一。其具体病因尚不明确，目前认为可能与肝硬化、病毒性肝炎、黄曲霉毒素等化学致癌物质和环境因素有关。男性的发病率是女性的2～8倍，这可能与相关危险因素，如吸烟、酗酒及雌雄激素水平等有关。肝内胆管癌（intrahepatic cholangiocarcinoma，ICC）是第二常见原发性肝脏肿瘤。其病因可能与高龄、胆管结石、胆管腺瘤、胆管乳头状瘤病、卡罗利（Caroli）病、胆总管囊肿、病毒性肝炎、肝硬化、原发性硬化性胆管炎、溃疡性结肠炎、化学毒素、吸烟、肝片吸虫或华支睾吸虫感染等导致胆管上皮损伤、胆汁淤积导致的慢性炎症等有关。

肝癌患者早期很少出现临床症状，当发展到中晚期时常具有以下临床表现：

（1）肝区疼痛：半数以上患者肝区疼痛为首发症状，多为持续性钝痛、刺痛或胀痛。主要是肿瘤迅速生长，使肝包膜张力增加所致。位于肝右叶顶部的癌肿累及横膈，则疼痛可牵涉至右肩背部。当肝癌结节发生坏死、破裂时，可引起腹腔内出血，出现腹膜刺激征等急腹症表现。

（2）全身和消化道症状：主要表现为乏力、消瘦、食欲减退、腹胀等。部分患者可伴有恶心、呕吐、发热、腹泻等症状。晚期则出现贫血、黄疸、腹水、下肢水肿、皮下出血及恶病质等。

（3）肝大：肝大呈进行性，肝质地坚硬，边缘不规则，表面凹凸不平呈大小结节或巨块。

肝癌如发生肺、骨、脑等处转移，可产生相应症状。少数患者可有低血糖症、红细胞增多症、高钙血症和高胆固醇血症等特殊表现。原发性肝癌的并发症主要有肝性昏迷、上消化道出血、癌肿破裂出血及继发感染。

（三）诊断

影像学检查是诊断肝癌的重要手段。常见影像学检查手段包括超声检查、磁共振成像（magnetic resonance imaging，MRI）、计算机断层扫描（computed tomography，CT）。

超声检查利用超声波作为探测媒介，当其在人体内传播过程中，遇到密度不同的组织和器官产生反射、折射和衰减等现象，在示波屏上显示为回波的距离、弱强和多少，以及衰减是否明显，从而显示体内脏器的性状变化与活动功能。常用的超声检查包括B超、彩色B超与超声造影技术，其诊断符合率可达90%，是有较好诊断价值的无创性检查方法。

磁共振成像是应用磁共振的现象产生磁共振信号从而形成图像的核磁检查，检测时长在15～60min不等。该项检查对机体没有任何的损害或放射性，对于孕妇也适用。但是值得注意的是，检查使用了强外加磁场，对金属的吸附力极大；强大的核磁共振射频场也可以产生致热效应导致金属物质发烫，铁磁性物质的功能也可能异常；金属器件的存在还会干扰磁共振的显影结果。因此考虑到人体的安全、诊断结果的准确性以及设备的寿命，对于体内有金属物品与磁铁物品，如心脏起搏器、钢钉和节育器者，应避免进行该项检查。

CT 检查利用精确准直的 X 射线、γ 射线、超声波等作为探测媒介，围绕人体的某一部位做连续层断面扫描，使用高灵敏度探测器接收光信号，光信号转化为电信号后，经计算机数字模拟并算法处理，最终展示为重建图像。CT 具有扫描迅速、图像分辨率高等特点，用于多种疾病的检查，对肝癌的诊断符合率可达 90%以上，可检测出直径为 1.0cm 左右的微小癌灶。

此外，利用造影剂辅助完成的超声造影、增强 CT 或增强磁共振可以根据肝癌肿块中血流“快进快出”的影像特征，更好地与良性肿物鉴别。

生化指标肿瘤标志物甲胎蛋白（AFP）对肝细胞肝癌的诊断有很大的帮助。超过半数的肝细胞肝癌患者中，AFP 血清浓度高于 400ng/mL。但 AFP 升高不一定代表肝细胞肝癌的发生，慢性活动性病毒性肝炎、某些生殖腺胚胎肿瘤或妇女妊娠期等情况下 AFP 也会升高。肝内胆管癌（ICC）患者 AFP 普遍阴性。

肝经皮穿刺活检有助于提高检测阳性率。在 B 型超声导引下，进行细针穿刺，适用于经过各种检查仍不能确诊但又高度怀疑者。

（四）治疗

肝癌的治疗手段丰富。手术切除是肝癌最有效的且为首选的治疗方案。根治性切除手术一般要求切缘距离肿瘤边缘＞1cm，该手术适用于单发的微小肝癌或小肝癌、破坏肝组织少于 30%的单发大肝癌、局限一叶或一段的少于 3 个病灶的多发肿瘤。姑息性切除属非根治性手术，目的在于解除症状，提高患者生存质量。该手术适用于 3～5 个病灶的多发肿瘤、边界清晰且未发生侵袭的大肝癌或巨大肝癌、中央区的大肝癌以及肝门淋巴结转移或周围脏器受侵犯的肝癌。此外，对于终末期的肝癌，肝移植是唯一的有效手段，手术效果良好。

根据肝癌的不同阶段酌情进行个体化综合治疗，是提高疗效的关键。治疗方法包括肝动脉化疗栓塞、射频、化疗和放疗等。射频消融术（radiofrequency ablation，RFA）是一种微创肿瘤原位治疗技术，在超声等技术定位下，引导电极针直接插入肿瘤内，通过射频能量使病灶局部组织产生高温、干燥环境，最终凝固和灭活软组织和肿瘤。经导管动脉化疗栓塞术（transcatheter arterial chemoembolization，TACE）将导管选择性或超选择性插入肿瘤供血靶动脉后，以适当的速度注入适量的栓塞剂，使靶动脉闭塞，引起肿瘤组织的缺血坏死。免疫治疗近些年也越来越受到关注，其中最著名的抗肿瘤治疗靶点便是 PD-1/PD-L1，针对机体被肿瘤抑制的免疫状态，使用药物阻断靶点，从而增强机体的免疫功能，以达到治疗肿瘤的目的。此外，中医中药治疗在肝癌中也多有应用，常与其他疗法配合应用，通过采取辨证施治、攻补兼施的方法，提高机体抗病力，改善全身状况和症状，减轻化疗、放疗不良反应。

三、肝　移　植

（一）肝移植的历史发展

早先，对于终末期肝病的治疗多采取“对症治疗”的方式，即对于肿瘤的姑息性切除，对于重症肝病肝硬化失代偿的内科综合治疗。其不能从根本上治疗原发病，因此疗效欠佳。“肝移植”的提出与发展开拓了终末期肝病的新篇章，为各类终末期肝病患者提供了有效的治疗手段。在我国，肝移植适应证主要包括：原发性肝癌、肝硬化失代偿与重症肝炎等，其中肝恶性肿瘤肝移植比例占 40%以上。

1955 年，韦尔奇是第一个将肝移植科学地描述为一种治疗方法的人。当时，他提议在腹腔进行体外肝移植。1958 年，弗朗西斯・摩尔尝试了犬的第一次原位肝移植。

1963 年 3 月 1 日，美国医师托马斯・厄尔・斯塔兹尔（Thomas Earl Starzl）教授与他的团队进行了世界上第一次肝移植，被医学界称为“现代器官移植之父”。患者是一名患有胆道闭锁的 3 岁男孩，他接受了肝移植，然而，他在手术中死于凝血障碍和失控出血。早先的肝移植抗免疫治疗方案中，所有肝移植患者都接受了用于肾脏移植的免疫抑制方案，即硫唑嘌呤和皮质激素，以避免受体自身的免疫系统对供者肝脏免疫攻击。但是令人沮丧的是，在前 5 次肝移植中，患者存活均未超过 23 天。缺血再灌注损伤和免疫排斥最终不可避免地发展为了肝衰竭或败血症。

Starzl 认识到肝移植的巨大困难，开始逐步制定指导肝移植的程序和原则。1967 年，剑桥大学的罗伊・卡尔尼（Roy Calne）教授使用抗胸腺细胞球蛋白控制受体的排异反应，从而成功实施了 36 例器官移植，包括 32 例肾脏、2 例胰腺与 2 例肝脏。Starzl 受到 Calne 的启发，也通过使用抗胸腺细胞球蛋白，在科罗拉多大学成功进行了几次肝脏移植。其中第一例病例是一名晚期肝细胞癌患者，肝移植手术后，他存活了 1 年多，最终死于疾病复发。

肝移植中的感染并发症和慢性排斥反应分别是早期和晚期死亡的主要原因。因此，更好的免疫抑制剂和抗感染剂有待开发。1967 年到 1977 年间，世界上已经进行了约 200 次移植。在此期间，更加明确地指出了胆道重建、术中凝血病治疗和供体取肝的手术技术等技术问题。在接下来的 15 年里，只有科罗拉多大学和剑桥大学进行了肝移植的实验性临床研究。

1979 年，Calne 首次在两名接受肝移植的患者中使用环孢素，开启了肝移植史上的新一步。1983 年，美国国立卫生研究院在评估了 531 例病例的结果后，批准肝移植作为治疗终末期肝病的有效治疗方法。

1987 年，美国威斯康星大学发明了 UW 器官保存液（the University of Wisconsin solution），使肝脏冷缺血时间可以延长至 24 天，使远距离运输供肝成为可能，外科医生也有充分的时间准备受体患者，同时使供肝的保存质量显著提高，大大减少了诸如原发性移植物无功能等供肝保存过程中易发的并发症，使肝移植手术从急诊手术变成半择期手术。供肝保存时间的延长，使减体积性肝移植、劈离式肝移植和活供体肝移植等新技术得到了发展。

1989 年，Starzl 报告称，1179 名接受肝移植的患者在手术后 1～5 年存活率分别为 73%和 64%，相比使用传统抗排异药物硫唑嘌呤和皮质激素的患者，存活率翻了一番。同年，背驮式肝移植技术也在临床上开始应用。后来，Starzl 和 Calne 一起获得了拉斯克奖。

1990 年，Starzl 发现，对于常规排异药物无疗效的患者使用新型免疫抑制剂他克莫司（FK506），排异反应得到缓解。此后，随着有效性与安全性的进一步确认，他克莫司逐步取代了环孢素，成为肝移植的主要免疫抑制剂。

中国肝移植技术的发展也不甘落后。1958 年，夏穗生教授于武汉同济医院（即华中科技大学同济医学院附属同济医院）率先开展了肝移植动物实验。1977 年，上海瑞金医院（即上海交通大学医学院附属瑞金医院）的林言箴教授完成中国首例原位肝移植。同年，裘法祖和夏穗生教授也完成了肝移植手术。1993 年末，夏穗生教授实施了一例肝癌患者肝移植，患者存活 264 天，中国肝移植逐渐走出低谷。往后 5 年，全国实施肝移植 72 例，其中存活超过 10 年者 1 例。到 21 世纪，中国器官移植迎来了新的浪潮。

世界上第一次肝移植距今已有 60 年。到目前为止，世界上已经进行了超过 10 万次肝移植。外科操作技术的提高及新技术的应用、移植免疫机制认识的提高和新型免疫抑制剂的应用、UW 液的研制成功与临床应用使供肝保存时间延长和保存质量提高、患者感染得到有效预防和控制，以及受体适应证的严格把控，使得患者预后得到改善。目前，肝移植患者第一年的存活率为 80%～90%。在许多国家，肝移植已成为治疗终末期肝病的常规方案。

器官捐献数量急速增长，也带来了一些问题，其中涉及资源分配与捐献操作的合法合规，以及临床移植的效果评估。2005 年 11 月菲律宾马尼拉召开世界卫生组织移植会议，时任中国卫生部副部长的黄洁夫教授代表卫生部向世界许诺：中国要改革器官移植体系。2006 年，“广州宣言”建立中国移植专业人员资格审批制度。2007 年，中国发布《人体器官移植条例》。2010 年，中国公民身后自愿器官捐献（DCD）试点工作启动。2011 年，《中华人民共和国刑法修正案（八）》施行，增加刑事罪名“器官买卖罪”。2012 年，中国人体器官分配与共享计算机系统建立。2013 年，人体器官获取与分配管理办法开始试行。2015 年，中国器官获取组织（OPO）联盟成立。2016 年，在全球第 26 届器官移植大会上，中国做了主旨发言，介绍了中国十年改革路。

我国器官捐献与移植工作经过数十年的探索与实践，器官捐献总量已较十余年前增长了 150 倍。其中，肝移植总量位居全球第二，较大移植中心肝移植围手术期病死率已降至 5%以下，受者的术后 1、5 和 10 年生存率已分别达到 90%、80%和 70%。中国肝移植事业已经走向世界舞台的中央。

（二）肝脏植入方式

肝移植手术通常分两组进行：供肝切取组和受者手术组。供肝切取组负责将供肝完整切取，做降温灌洗、低温保存，并在植入前做必要的修整。受者手术组则先切除病肝，然后植入供肝，吻合血管和重建胆道。

根据移植肝植入位置分原位肝移植和异位肝移植。根据移植肝的来源分为脑死亡供肝肝移植、无心跳供肝肝移植、活体供肝肝移植及多米诺肝移植。根据静脉重建方式分为经典式肝移植和背驮式肝移植。根据移植肝是否为完整肝脏还可分为全肝移植和部分肝移植，部分肝移植包括减体积肝移植、劈离式肝移植等。

在经典式肝移植术式中需进行包括肝上下腔静脉吻合、肝下下腔静脉吻合、门静脉吻合、供肝复流、动脉吻合以及胆道重建等工作。背驮式（piggy back）肝移植与经典式肝移植的不同之处主要是肝静脉流出道的重建方面，即受体肝静脉成形，与供肝肝上下腔静脉开口端端吻合，或采用供受者下腔静脉侧侧吻合（图 22.5）。

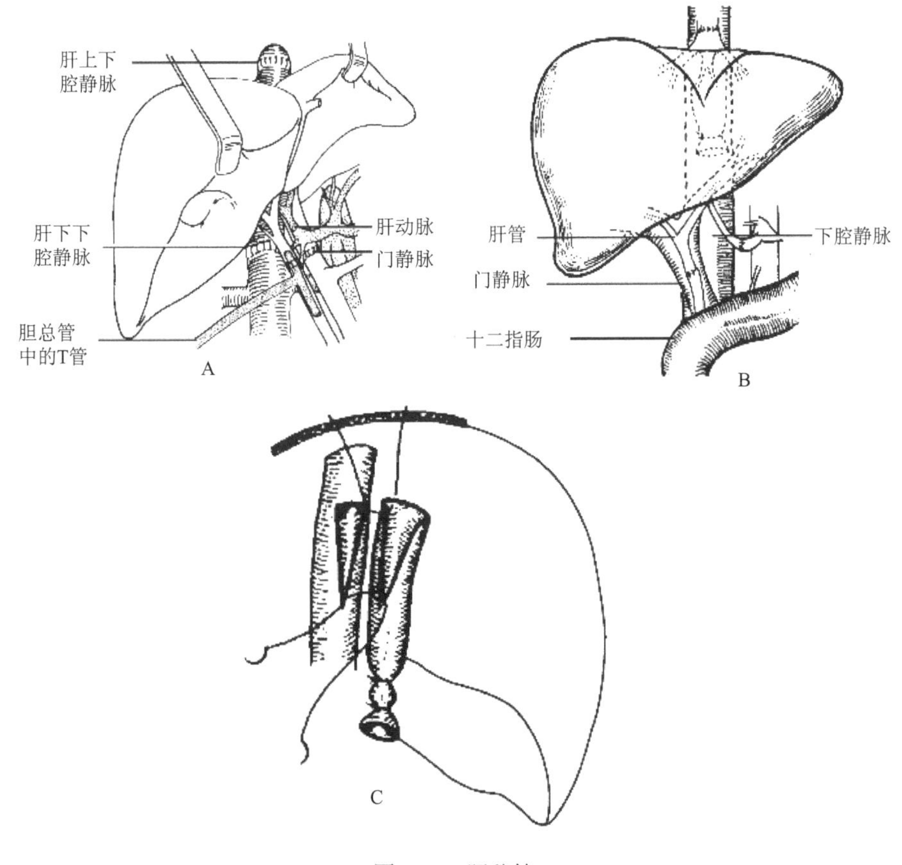

图 22.5　肝移植

A. 原位肝移植；B. 背驮式肝移植；C. 改良背驮式肝移植

活体肝移植以健康成人的一部分肝脏作为供体移植给患者。术式多采用右半肝供肝，包括含肝中静脉与不含肝中静脉的右半肝供肝。若供受体体重差异过大，单独一个供体即便提供最大体积的供肝也不能满足受体最小体积的需求，此时则需要两个供体供肝，称为活体双供肝肝移植。

劈离式肝移植是将完整的供肝使用外科技术分成两个部分，分别移植给两个受者。

最初，两部分肝脏通常应用于一个儿童及一个成人的受者。现在，也可以进行两个成人受者的劈离式肝移植。劈离式肝移植可以一定程度上缓解供肝不足的情况。

减体积肝移植是将肝按解剖结构切除部分，只移植部分肝脏，未移植的部分予以抛弃，因为只有一个受者，因此可以获得较长的血管及胆管，手术难度和复杂程度远比劈离式肝移植低。减体积肝移植应用之初主要是用于儿童受者，虽然，它增加了儿童肝脏移植的例数，却同时减少了成人的移植机会。当前供体短缺，减体积肝移植已很少进行，而改为劈离式肝移植。辅助肝移植保留了受者部分或全部肝脏，将供肝全部或部分植入受者，使肝衰竭者得到临时的支持以等待原肝功能的恢复，或使原肝缺失的代谢、解毒功能得以代偿。

此外，还发展出了多米诺肝移植，也称连续性肝移植，即将供体肝移植到第一个受体，受体切除的废肝（多米诺供肝）再移植到第二个受体（多米诺受体）。多米诺肝移植可以使患有不同种代谢性疾病的肝形成互补，在肝源短缺的当下挽救更多生命。

（三）肝移植治疗受者筛选标准

肝移植手术技术逐步稳定,预后跟踪调查也报道了相比其他手术方式更高的治愈率。肝移植候选的肝癌患者数量稳步增长。但是，并非所有肝癌患者都能成为肝移植的候选者。医生需要考虑哪些患者可以在肝移植后获得较大的生存益处，哪些患者不适合做肝移植，从而合理地利用稀缺的肝源。综合临床经验与预后调查，临床研究人员定制并不断更新选择策略，包括了米兰（Milan）标准、匹兹堡改良的 TNF 标准、加利福尼亚州立大学旧金山市分校（UCSF）标准、土耳其（Turkey）标准、柏林（Berlin）标准、东京大学 5-5 标准、京都标准、韩国蔚山标准、杭州标准和上海复旦标准等。

1996 年，意大利的马扎费罗（Mazzaferro）等提出的米兰标准，是第一个得到国际大多数移植中心认可的肝癌行肝移植治疗的受者筛选标准。米兰标准规定肝移植候选肝癌患者需要具有以下标准：①无大血管侵犯，无淋巴结或肝外转移；②单一肿瘤结节直径≤5cm；③多个肿瘤结节≤3 个，且每个直径≤3cm。

自将米兰标准引入临床使用以来，肝癌肝移植的存活率显著提高。目前米兰标准内患者的 5 年总生存率达到与非肿瘤适应证肝移植相似的水平，为 65%～70%。

然而，严格符合米兰标准的肝癌患者只有少数。因此，世界各国的移植中心对这一经典的标准尝试了不同程度的扩展。研究人员给米兰标准外的患者进行一些“减负”治疗，比如介入或者射频。对治疗后的患者再进行移植。结果表明，这些患者虽然减负治疗前病灶肿瘤负担超过米兰标准,但只要在减负治疗后肿瘤负担能够稳定在米兰标准内,移植后也可以保证较高的生存率。这样可以接受肝移植的候选人范围就大大增加了。由此，便有了 2001 年美国 UCSF 标准，该标准拓宽了米兰标准，标准如下：①单个肿瘤直径≤6.5cm；②多发肿瘤数目≤3 个，且每个肿瘤直径均≤4.5cm；③所有肿瘤直径总和≤8cm。

2008 年，浙江大学郑树森院士提出杭州标准，该标准对肿瘤负荷的要求相比加利福尼亚标准更加宽放，但额外参考了肿瘤标志物 AFP 的水平，标准如下：①无大血管侵犯和肝外转移；②所有肿瘤结节直径之和≤8cm；或所有肿瘤结节直径之和＞8cm，但是满足术前甲胎蛋白（AFP）水平＜400ng / L，且组织学分级为高、中分化。

杭州标准安全地扩大了肝癌移植受者人群，使约 1/2 原本失去救治机会的肝癌患者获得了肝移植机会。

主要参考文献

柏树令，应大君，丁文龙，等, 2018. 系统解剖学[M]. 9 版. 北京：人民卫生出版社.

陈孝平，汪建平，赵继宗，等, 2018. 外科学[M]. 9 版. 北京：人民卫生出版社.

Bismuth H, 2013. Revisiting liver anatomy and terminology of hepatectomies[J]. Annals of Surgery, 257(3): 383-386.

Meirelles R F Jr, Salvalaggio P, de Rezende M B, et al., 2015. Liver transplantation: history, outcomes and perspectives[J]. Einstein, 13(1): 149-152.

Pavel M C, Fuster J, 2018. Expansion of the hepatocellular carcinoma Milan criteria in liver transplantation: future directions[J]. World Journal of Gastroenterology, 24(32): 3626-3636.

Qu Z, Ling Q, Gwiasda J, et al., 2018. Hangzhou criteria are more accurate than Milan criteria in predicting long-term survival after liver transplantation for HCC in Germany[J]. Langenbeck's Archives of Surgery, 403(5): 643-654.

Sapisochin G, Bruix J, 2017. Liver transplantation for hepatocellular carcinoma: outcomes and novel surgical approaches[J]. Nature Reviews Gastroenterology & Hepatology, 14(4): 203-217.

第二十三讲　医学研究的价值

翁建平 教授，主任医师，糖尿病学专家，国家杰出青年科学基金获得者。

医学是以预防、诊断、治疗和研究人类生理和心理疾病，以及保护人类健康、提高身体和心理素质为目的的一门应用科学。在现代医学体系中，医学主要分为六大分支，分别是临床医学、基础医学、预防医学、检验医学、康复医学和保健医学。作为庞大分支的临床医学和基础医学支撑起现代医学的半壁江山，其中临床医学包括内科学、外科学、妇产科学和儿科学等，基础医学包括生理学、病理生理学、病理学、微生物学和免疫学等。

一、医生的职责

医生的本职工作是救死扶伤。在美国纽约东北部的萨拉纳克湖畔，医生特鲁多（Trudeau，1848～1915年，美国著名医生）的墓碑上镌刻着这样一段铭文：有时去治愈；常常去帮助；总是去安慰。

随着时代的发展，医学也在不断地进步。从古代基于宗教巫术神灵主义思想的神灵主义医学模式，发展到基于古代自然哲学理论的自然哲学医学模式，再发展为经验医学模式，以现代随机化安慰剂对照的临床试验（RCT）研究为基础的循证医学模式，价值医学模式以及未来医学模式。医学模式的发展，也是人类文明成果的提炼和升华，不断调整人们的思想和行为。与此同时，新时代的医生除了有传统职责救死扶伤之外，也被赋予了新的任务。如今，医生的学识与技能既可以直接获取，也可以间接获取——直接的经验、知识来源于临床实践中的“摸爬滚打”，间接的经验、知识来源于指南、文献、学术会议等。新时代的医生既要治病救人，也要从事医学研究工作，因为只有医生投入医学研究工作，才能创造出适用于临床的先进技术，引领制定更有效的预防、诊疗规则，从而把握住医学的发展。这充分体现了医生的职责。

时代在发展，医学科学技术也取得了突飞猛进的进步。早在1981年，HIV被发现，但是科学家们耗费了两年半的时间，在1983年分离出HIV，随后SARS病毒的分离使用了6个月，而COVID-19的分离仅仅使用了1周时间。上述事例说明，广大的医学科研人员和医务工作者具有高度的社会责任感。

二、临床医学研究

医学研究是利用人类已掌握的知识和工具，用实验研究、临床观察、调查分析等方法探求人类生命活动的本质和规律以及与外界环境的相互关系，揭示疾病发生、发展、转归等客观过程，探寻防病治病、增进健康、延长寿命的途径和方法的活动。

医学研究分为基础医学研究、转化医学研究和临床医学研究。其中基础医学研究包括免疫学、遗传学研究等，转化医学研究包括生物标志物研究、基因组学研究等，临床医学研究包括随机对照试验、系统评价和荟萃分析（Meta 分析）等（图 23.1）。

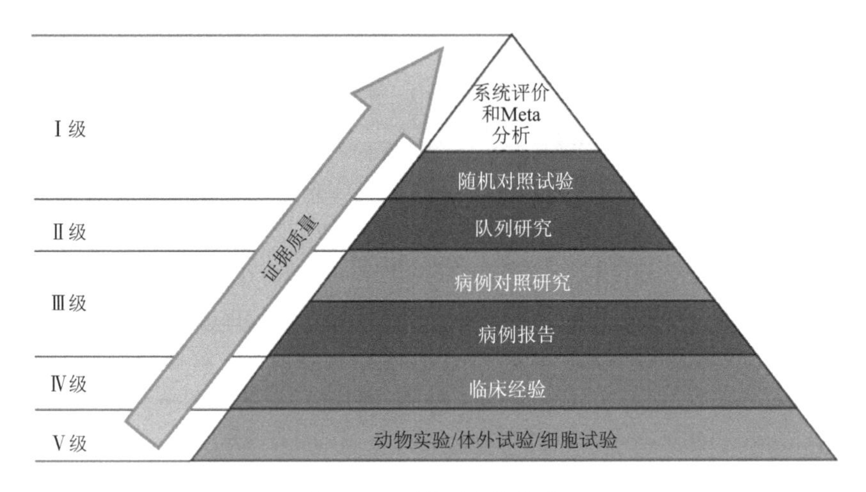

图 23.1　医学研究的类型

将医学研究成果应用至临床实践需要遵循循证医学的方法。循证医学，意为“遵循证据的医学”，是一种医学诊疗方法，强调应用完善设计与执行的研究（证据）将决策最佳化。循证医学与传统医学有着重要的区别。传统医学以个人经验为主，医生根据自己的实践经验、高年资医师的指导、教科书和医学期刊上零散的研究报告为依据来处理患者。结果是一些真正有效的疗法因不为大部分医生所了解而长期未被临床采用，而一些实际无效甚至有害的疗法因从理论上推断可能有效而被长期、广泛使用。

循证医学既重视个人临床经验，又强调采用现有的、最好的研究依据。一位优秀的临床医生应该具备丰富的临床经验，又能依据现有的、最好的研究结果来指导临床实践，两者缺一不可。这种现有的、最好的研究结果主要是指临床研究获得的依据。基础理论或动物实验等依据，只能在没有临床研究依据的情况下作为参考，因为理论与实践的差距、模式动物和人类的差距都是巨大的。一种治疗方法理论上的疗效或在实验动物上的疗效并不等于在患者身上的实际疗效，而实际疗效需要临床试验予以证明。循证医学的目的是解决临床问题，包括发现疾病的危险因素以认识与预防疾病，更早、更准确地诊断疾病，更精准、更有效地治疗疾病，提高患者的生活质量，合理用药和促进卫生管理及决策科学化。循证医学的核心思想是在医疗决策中将临床证据、个人经验与患者的实际状况和意愿三者相结合，其中临床证据主要来自大样本的临床随机对照试验和系统评价或 Meta 分析。

（一）什么是临床研究

临床研究是以疾病的诊断、治疗、预后、病因和预防为主要研究内容，以患者为主要研究对象，以医疗服务机构为主要研究基地，由多学科人员共同参与组织实施的科学研究活动。举例来说，人们用临床研究来检验肿瘤预防、筛查、治疗的方法能否降低肿瘤的发病率、提高肿瘤患者生存质量以及它们的安全性如何。一位患者进入一项治疗研究并不意味着他仅仅接受实验性治疗，而经常是新药物或新疗法与现有的、有效的药物或疗法的结合应用，来观察是否有额外的效果。临床研究分为干预性研究和观察性研究，在干预性研究中根据是否随机又进一步分为随机对照研究和非随机对照研究；观察性研究根据有无对照组分为分析性研究和描述性研究。

药物临床研究包括临床试验和生物等效性试验。临床试验分为Ⅰ、Ⅱ、Ⅲ、Ⅳ期。

Ⅰ期临床试验：指初步的临床药理学及人体安全性评价试验阶段。观察人体对于新药的耐受程度和药代动力学，为制定给药方案提供依据。

Ⅱ期临床试验：指治疗作用初步评价阶段。其目的是初步评价药物对目标适应证患者的治疗作用和安全性，也包括为Ⅲ期临床试验研究设计和给药剂量方案的确定提供依据。此阶段的研究设计可以根据具体的研究目的，采用多种形式，包括随机盲法对照临床试验。

Ⅲ期临床试验：指治疗作用确证阶段。其目的是进一步验证药物对目标适应证患者的治疗作用和安全性，评价利益与风险关系，最终为药物注册申请的审查提供充分的依据。试验一般应为具有足够样本量的随机盲法对照试验。

Ⅳ期临床试验：指新药上市后应用研究阶段。其目的是考察在广泛使用条件下药物的疗效和不良反应，评价在普通或者特殊人群中使用的利益与风险关系以及改进给药剂量等。

生物等效性试验，是指用生物利用度研究的方法，以药代动力学参数为指标，比较同一种药物的相同或者不同剂型的制剂，在相同的试验条件下，其活性成分吸收程度和速度有无统计学差异的人体实验，通常由专职的临床研究员进行。

（二）临床研究与基础研究相结合

胰岛素的发现以及使用就是临床研究与基础研究结合的优秀案例。外科医生弗雷德里克·格兰特·班廷（Frederick Grant Banting）发现了胰岛素，并因此获得了1923年的诺贝尔生理学或医学奖，随后生化学家桑格（Sanger）因完整确定了胰岛素的氨基酸序列，推导出完整的胰岛素结构，获得了1958年的诺贝尔化学奖，随后商业化胰岛素问世，为糖尿病患者带来了希望的曙光。

临床研究与基础研究的不同之处主要有三个：①出发点不同，临床研究课题往往直接来源于临床实践中的疑难和困惑；②过程不同，临床研究虽然会越来越频繁地运用基础研究的技术手段和方法，但最终要立足于临床；③结果不同，问题来源于临床，通过临床研究、基础研究，回归于临床。临床研究为制定疾病诊疗指南提供直接证据，指导临床实践。比如美国医学史上最重要的流行病学研究之一的弗拉明汉心脏研究，通过长期随访一个无心血管疾病（CVD）、未发作心肌梗死或脑卒中的大规模人群，确定CVD的危险因素和疾病特征，并给全世界带来了启示：一级预防至关重要。

另外一个作为糖尿病领域里程碑研究之一的英国前瞻性糖尿病研究（United Kindom Prospective Diabetes Study，UKPDS），它研究了一个科学问题：在 2 型糖尿病患者中，强化血糖控制能否降低糖尿病相关并发症的风险？通过研究发现了代谢记忆效益，明确了早期控制血糖的获益，将血糖控制目标设定为 HbA1c＜7.0%并纳入糖尿病诊疗指南。临床研究的意义在于推动医学科学进步，帮助人类预防与战胜疾病；更新医生的知识，规范医疗行为，从经验医学向循证医学迈进；规范医院管理，提高医疗安全性，提升医学学科地位（图 23.2）。

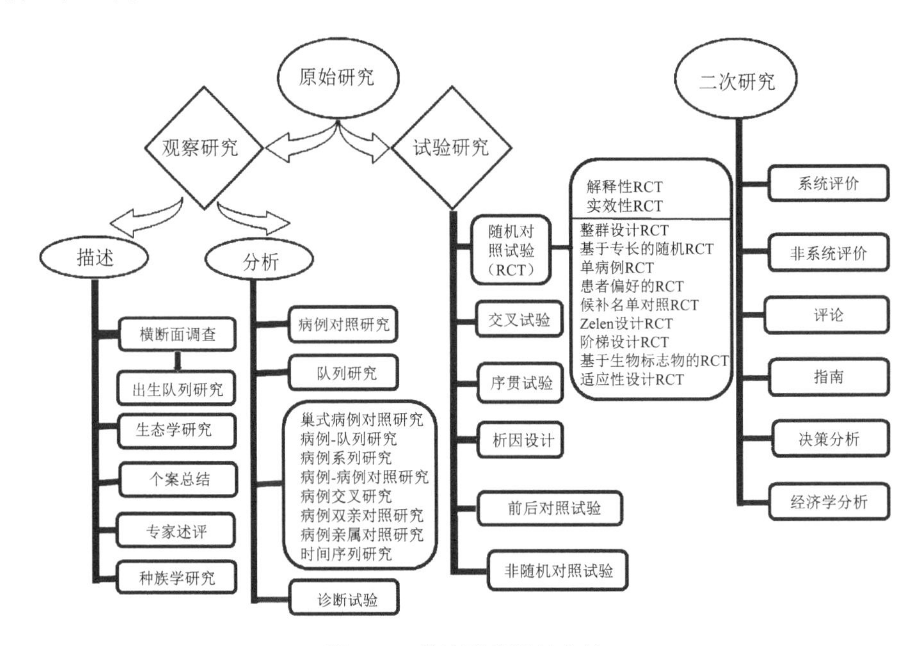

图 23.2　临床研究设计方法

临床研究的国际报告规范主要有：随机对照试验——CONSORT 规范；非随机对照试验——TREND 规范；观察性研究——STROBE 规范；诊断准确性研究——STARD 规范；病例报告——CARE 规范；系统评价和 Meta 分析——QUOROM、MOOSE、PRISMA 规范；遗传学关联研究——STREGA 规范。

（三）临床研究为临床服务

以 COVID-19 为例，在疫情初期重大公共卫生 I 级响应期间，96h 内中国科学院临床研究医院应对疫情防控科技攻关指挥部成立，明确了工作内容，落实全面支撑决策，找准方向加快速度，统一思想统一行动，建立平台提供数据。与此同时，找出抗疫政策决策需要解决的医学关键问题：①从潜伏期至确诊病例的临床特点——早期诊断；②不同病程阶段病毒载量和排毒时间等信息——不同病程阶段传染力的评估；③不同免疫状态与临床表型相关性——临床诊治依据；④不同免疫状态与临床转归的相关性——临床预后判断。

在疫情防控临床决策中也存在着核心问题，比如感染病毒的患者会出现不同程度的症状，感染病毒后不同时期核酸检测结果会有差异，新型冠状病毒所致疾病没有特效疗法，国家缺乏新型冠状病毒全病程发展曲线，缺乏对潜在新型冠状病毒高危人群的调研数据。围绕药物研发、疫苗研制和实际检测三个方向特事特办，快速立项，包括炎症风暴与重症治疗的药物临床试验研究项目、COVID-19 核酸检测试剂盒的临床应用研究项目、病毒核酸样本标准盘制作项目、患者复检研究项目、病例随访队列及生物信息平台建设项目等。

（四）临床研究展望

随着科技的进步，理论和实践的提升，临床研究进入了新时代。从单打独斗到多中心协作；从追求随机对照研究，到进入真实世界研究，研究规模与年限迅速放大，从手工操作进入信息化时代。

1. 医学数据库的发展

互联网的进步与发展，为医学领域提供了海量的数据，比如基因数据库、蛋白数据库、代谢数据库、微生物数据库以及表观基因数据库，还有解剖与医学影像的数据共享平台。人工智能也从很大程度上助力了基础医学的研究，建立了从基因到细胞、组织、器官、系统的多层次深度时空全息网络，可以从遗传与变异、生活方式、环境暴露和生理病理表型等不同层面对疾病进行分析。

2014 年，微软利用 Intelligence Engine 剖析健康数据，为患者就诊和意外急诊做准备；2015 年，IBM 通过分析医学文献和病患诊疗记录，为患者提供高质量、循证型、个体化的诊疗方案；2016 年，谷歌的健康风险警告系统，借助移动终端推送健康风险警告，并及时通知医生。可见人工智能治疗是医学转化的战略高地。

2. AI 在医疗领域的应用

人工智能技术（AI）与医疗健康领域的融合不断加深，随着人工智能领域的语音交互、计算机视觉和认知计算等技术的逐渐成熟，人工智能的应用场景越发丰富，人工智能技术也逐渐成为影响医疗行业发展，提升医疗服务水平的重要因素。其应用主要包括：语音录入病历、医疗影像辅助诊断、药物研发、医疗机器人和个人健康大数据的智能分析等。

应用一：人工智能语音电子病历。机器可以自己完成学习并达到业内的一流水平，人工智能不像以前给人的刻板印象那样，只能在简单重复的劳动中帮助人类，现在，在复杂的脑力劳动中，甚至一些深度专业的领域内，人工智能也可以完成技能学习并帮助人类。人工智能已经开始改变我们的生活。例如，合肥市语音电子病历及医疗大数据中心项目已完成试点，该项目使得医生的看病方式发生了改变，人工智能可以自动生成电子病历，可以长期保存，解决了医生听不懂方言、病历丢失、手写病历字迹潦草、病历篡改等问题，提高了医生办公效率，也提高了患者的就诊满意度。

应用二：国内首个 AI 三类医疗器械“冠状动脉 CT 血流储备分数计算软件”获批上

市。2020 年 1 月 15 日，科亚医疗科技股份有限公司旗下公司研发的产品通过国家药品监督管理局医疗器械技术审评中心审批，这是我国首个应用人工智能技术的三类器械过审，该产品是基于冠状动脉 CT 血管影像，由安装光盘和加密锁组成，该技术采用的是无创技术，可以减少患者很多不必要的手术，降低费用。

应用三：医疗机器人。医疗机器人是指用于医院、诊所等医疗场景以辅助医疗的机器人。医疗机器人在我国医疗中处于导入阶段，2014 年我国开始引入外科手术机器人。我国一批医疗机器人企业发展迅速，产业聚集特征明显，5G、人工智能等新技术与医疗机器人加速融合。相比于人类医生，医疗机器人的感知能力更强，细节上更精细。随着科技和社会的发展，医疗机器人有着非常广阔的发展空间。

应用四：健康管理与大数据分析。健康医疗大数据是大数据在医疗领域的一个分支，是指在与人类健康相关活动中产生的与生命健康和医疗有关的数据。阿里健康是阿里巴巴集团“Double H”战略在医疗健康领域的旗舰平台，凭借阿里巴巴集团在电子商务、大数据和云计算领域的优势，为医药健康行业提供了全面的、以用户为核心的互联网解决方案。随着健康中国战略的持续推进，健康产业正在逐渐占据顶层设计的重要位置。随着人工智能、大数据等新技术的介入，人们享受健康管理的成本有所降低。在未来，我们要提高健康医疗的服务效率及质量，扩大资源供给，不断满足人民多层次的健康需求，促进健康产业稳步增长。

应用五：当药物研发遇上 AI。AI 在药物研发领域有很大的应用前景，AI 在药物研发过程中通过虚拟演算可对化合物构效关系、小分子药物晶型进行快速、大通量的预测，减少了对化学背景专业工作人员的依赖，大大提高了研发效率。中国科学院上海药物研究所蒋华良课题组与周兵课题组、罗成课题组通力合作，基于深度学习，设计发现了有效的、高选择性的 p300/CBP 组蛋白的小分子抑制剂。AI 可以提高药物研发效率，降低经济成本、时间成本，是未来药物开发的必备手段。

3. AI 在医疗领域的优势

在我国的传统医疗模式下，医疗资源紧张，各医院可谓人满为患，患者有时可能因为没能得到及时的治疗而错过了最佳的治疗时机。AI 在医疗领域的出现可谓是雪中送炭，分担了部分医护人员的工作，在如下几个方面大大缓解了医疗资源的紧张：①AI 自动化的工作流程可以大幅减轻医生、护士们的工作步骤，优先处理紧急事件，并且可以自动化地分析患者的数据，甚至界面图形化。②AI 手术辅助系统可以提供给医生更清晰的视角，让医生可以精准快捷地做手术，并且对患者造成较小的伤害、较小的伤痕，尽快恢复健康。③AI 在药物研发方面可以提高研发阶段的效率，降低成本。

4. AI 在医疗领域的弊端

医学存在着不确定性和开放性，决策路径复杂，所以 AI 在医疗领域还存在着如下问题：①诸如神经网络、深度神经网络、深度学习、梯度增强模型等黑盒模型虽然拥有很高的准确性，却极难理解其内部工作机制，可解释性差。医生只能得到 AI 计算的结果，却不知其原理，长久以往地使用而产生依赖后较难发现产品出错。②AI 需要大量高质量的数据进行训练，但医疗数据具有维度多、复杂度高的特征，医疗数据产权关系不清，医疗数据人为因素影响严重，因此满足训练条件的数据较少。③AI 的使用涉及患者的隐私问题。在通过大量数据训练 AI 的同时，容易造成患者数据的泄露。

三、临床医生的角色

（一）学习性角色

作为一种职业角色，医生角色是个体经过自身努力而获得的。在我国，医生角色的承担者们一般都经过五年以上的刻苦学习和实践，通过严格的考试（执业医师资格考试）才能获得医师资格，成为名副其实的医生。

（二）规定性角色

医生角色的扮演有着严格的规定性。一方面，医生诊断、治疗疾病必须严格按照诊疗规范来进行；另一方面，医生职业的行为规范不仅体现在职业道德中，也体现在法律层面，医生角色有明确严格的行为规范。

（三）表现性角色

医生角色的主要职能不是为了获得经济收益，而在于通过治病救人，体现医学人道主义及社会公平，让患者在获得健康的同时感受到我国社会公平和社会制度的优越性。医生角色应该表现出社会的主流价值观和道德规范。

（四）自觉性角色

所有的职业角色都应以自觉性角色的状态出现为宜，医生角色也不例外。因为这种角色的职能和规范较明确具体，与人的健康和生命紧密相关，所以需要角色扮演者有较强的自觉意识，时刻展现医生职业的人道主义精神。

主要参考文献

杨镇, 2009. 如何开展外科临床研究: 转化医学在外科临床中的应用[J]. 中国实用外科杂志, 29(1): 5-7.
张鸣明, 刘鸣, 2000. 循证医学的概念和起源[J]. 中国中医药信息杂志, 7(1): 71.
赵一鸣, 曾琳, 李楠, 2012. 临床研究的四个基本特征[J]. 中华医学杂志, 92(36): 2521-2523.
Auñón-Chancellor S M, Pattarini J M, Moll S, et al., 2020. Venous thrombosis during spaceflight[J]. The New England Journal of Medicine, 382(1): 89-90.
Ge C X, Tan J, Lou D S, et al., 2022. Mulberrin confers protection against hepatic fibrosis by Trim31/Nrf2 signaling[J]. Redox Biology, 51: 102274.
Gottlieb M S, Schroff R, Schanker H M, et al., 1982. *Pneumocystis carinii* pneumonia and mucosal candidiasis in previously healthy homosexual men. evidence of a new acquired cellular

immunodeficiency[J]. Journal of Urology, 128(2): 444.

Kodama T, Yi J, Newberg J Y, et al., 2018. Molecular profiling of nonalcoholic fatty liver disease-associated hepatocellular carcinoma using SB transposon mutagenesis[J]. Proceedings of the National Academy of Sciences of the United States of America, 115(44): E10417-E10426.

Ksiazek T G, Erdman D, Goldsmith C S, et al., 2003. A novel coronavirus associated with severe acute respiratory syndrome[J]. The New England Journal of Medicine, 348(20): 1953-1966.

Leslie R D, 1999. United Kingdom prospective diabetes study (UKPDS): what now or so what?[J]. Diabetes/Metabolism Research and Reviews, 15(1): 65-71.

Mahmood S S, Levy D, Vasan R S, et al., 2014. The Framingham heart study and the epidemiology of cardiovascular disease: a historical perspective[J]. The Lancet, 383(9921): 999-1008.

Peng J J, Li J C, Huang J, et al., 2019. p300/CBP inhibitor A-485 alleviates acute liver injury by regulating macrophage activation and polarization[J]. Theranostics, 9(26): 8344-8361.

Powell E E, Wong V W S, Rinella M, 2021. Non-alcoholic fatty liver disease[J]. The Lancet, 397(10290): 2212-2224.